V. V. KOSOLAPOV, A. N. ŠČERBAN

Die Optimierung der wissenschaftlichen Forschung

V. V. KOSOLAPOV · A. N. ŠČERBAN

Die Optimierung der wissenschaftlichen Forschung

AKADEMIE-VERLAG · BERLIN
1975

Russischer Originaltitel:
Оптимизация научно-исследовательской деятельности
Erschienen im Verlag „Naukova Dumka", Kiev 1971.

Ins Deutsche übersetzt von einem Kollektiv von Studenten der Sektion Wissenschaftstheorie und -organisation der Humboldt-Universität zu Berlin unter Leitung von Prof. Dr. sc. phil. Heinz Engelbert.

Erschienen im Akademie-Verlag, 108 Berlin, Leipziger Str. 3–4

Lizenznummer: 202 · 100/237/75
Lektor: Dieter Graf
Gesamtherstellung: IV/2/14 VEB Druckerei »Gottfried Wilhelm Leibniz«, 445 Gräfenhainichen/DDR · 4311
Einbandgestaltung: R. Kunze
Bestellnummer: 752 320 4 (6106) · LSV 1085

EVP 24,–

Inhaltsverzeichnis

Einleitung

Eine charakteristische Besonderheit in der Entwicklung der modernen wissenschaftlichen Erkenntnis besteht in der Extrapolation exakter naturwissenschaftlicher Methoden auf das Gebiet der Selbsterkenntnis des menschlichen Denkens. Systemtheorie und Operationsforschung, Spieltheorie und Optimierungstheorie finden immer häufiger beim Studium der äußerst komplizierten Prozesse, die sich beim wissenschaftlich-technischen Schöpfertum vollziehen, Anwendung. Die elektronische Datenverarbeitungstechnik wird zu einer notwendigen Voraussetzung für die Realisierung vieler wissenschaftlicher Forschungsarbeiten. Die Mathematisierung der Beschreibung von Erscheinungen der Wissenschaft sowie die Entwicklung formalisierter Untersuchungsmethoden für das Studium der Wissenschaft gewinnen im Zusammenhang hiermit besonders an Aktualität.

Die Hauptaufgabe der wissenschaftswissenschaftlichen Forschung besteht darin, nach Wegen zu suchen, um die Effektivität der wissenschaftlichen Forschungsarbeit zu steigern. Es wurde festgestellt, daß die intensive Entwicklung der modernen Wissenschaft, die Verwandlung der wissenschaftlichen Tätigkeit in einen Massenberuf und die Anwendung teurer Ausrüstungen dazu führen, daß die neu zu gewinnenden wissenschaftlichen Ergebnisse immer mehr kosten und daß die Aufgaben der Gesellschaft für jede Einheit an wissenschaftlicher „Produktion" immer mehr wachsen. Die Zunahme der „Fondsintensität" der wissenschaftlichen Produktion besitzt die Tendenz, dem Zuwachs an neuen wissenschaftlichen Ergebnissen ständig vorauszueilen. In den USA hat sich z. B. in einem Jahrzehnt (in den 50er Jahren) der reale Wert der Ergebnisse aus Forschung und Entwicklung für die Gesellschaft verdoppelt, wobei aber die Gesamtkosten, die zu ihrer Gewinnung notwendig wurden, sich auf das 4,5fache erhöhten. Die Ausgaben für wissenschaftliche Forschungsarbeiten in der Industrie der USA waren in den 60er Jahren 30mal höher als in den 30er Jahren, die Zahl der patentfähigen Erfindungen erhöhte sich in dieser Zeit aber nur von 45 000 auf 46 000 im Jahr. In der Zeit von 1950 bis 1965 war eine Verdopplung der Ausgaben für wissenschaftliche Forschungs-

und Entwicklungsarbeiten alle 5 bis 6 Jahre festzustellen, wohingegen der Umfang der wissenschaftlichen Informationen sich alle 10 bis 15 Jahre verdoppelte; das heißt, die Zahl der wissenschaftlichen Publikationen, der Forschungs- und Entwicklungsberichte, der Patente und anderen Schutzrechte pro Kopf der in der amerikanischen Wissenschaft tätigen Spezialisten nahm ständig ab [1, S. 277].

Eine analoge Tendenz ist auch in der Sowjetunion zu verzeichnen. Wenn man als die Hauptarten der wissenschaftlichen „Produktion" die Zunahme der Zahl der Doktoren und Kandidaten der Wissenschaften, der Anträge auf Anerkennung von wissenschaftlichen Entdeckungen und Erfindungen, der Zahl der erteilten Patente und Urheberscheine, der in die Produktion eingeführten Erfindungen, der wissenschaftlichen Bücher und Broschüren ansieht, so kann man die Entwicklung dieser Kennziffern mit der Zunahme der auf dem Gebiet der Wissenschaft tätigen Beschäftigten sowie der Wissenschaftler vergleichen, die wissenschaftliche Grade besitzen, sowie mit dem steigenden finanziellen Aufwand für die Wissenschaft. Eine solche Gegenüberstellung wurde von G. M. Dobrov u. a. vorgenommen [2, S. 105f.]. Von ihnen wurden folgende Ergebnisse erzielt (die Zwischenergebnisse wurden von uns weggelassen):

Tabelle 1
Veränderungen der Produktivität
der wissenschaftlichen Forschungsarbeit in den Jahren 1950–1965

Art der wissenschaftlichen Produktion	Jahr	Zunahme der Hauptarten der wissenschaftlichen Produktion in der UdSSR			
		je 1000 in der Wissenschaft Beschäftigten	je 1000 Wissenschaftler	je 1000 graduierte Wissenschaftler	je 1 Mio Rubel Ausgaben für die Wissenschaft
Doktoren der Wissenschaften, Personen	1950	0,69	3,0	9,2	0,56
	1965	0,63	2,5	11,1	0,28
Kandidaten der Wissenschaften, Personen	1950	6,9	30,2	91,2	5,6
	1965	5,8	22,9	101,8	2,6
Anmeldungen wissenschaftlicher Entdeckungen, in Stück	1958	0,11	0,47	1,3	0,05
	1965	0,29	1,14	5,1	0,13
Anmeldungen von Erfindungen in Stück	1950	45,5	200	603	37,2
	1965	39,7	157	693	17,6

Fortsetzung Tabelle 1

Art der wissenschaftlichen Produktion	Jahr	Zunahme der Hauptarten der wissenschaftlichen Produktion in der UdSSR			
		je 1000 in der Wissenschaft Beschäftigten	je 1000 Wissenschaftler	je 1000 graduierte Wissenschaftler	je 1 Mio Rubel Ausgaben für die Wissenschaft
Anzahl der Patente und Urheberscheine,	1950	16,3	71,5	21,7	13,4
in Stück	1965	5,05	19,9	88,5	2,2
Anwendung von Erfindungen, in Stück	1958	1,15	5,45	15,5	0,64
	1965	2,64	10,4	46,4	1,18
Wissenschaftliche Bücher und Broschüren, Anzahl	1950	34,6	152	459	28,3
der Titel	1965	19,3	75	333	9,2

Diese statistischen Angaben zeugen davon, daß die Kosten der erzeugten Arten an wissenschaftlicher Produktion im Jahre 1965 etwa um das zwei- bis zweieinhalbfache höher waren als im Jahre 1950, daß sich die Ergebnisse nur um 1000 graduierte Wissenschaftler erhöhten, obwohl dabei bei einer so wichtigen Kennziffer, wie der Zahl der Titel der veröffentlichten wissenschaftlichen Bücher und Broschüren, sich die Ergebnisse ebenfalls bedeutend verschlechterten. Während dieser Jahre sank die Zahl der pro 1000 Wissenschaftler verteidigten Kandidatendissertationen um 23 Prozent und die Zahl der Doktordissertationen um 17 Prozent. Um die Hälfte weniger Bücher und Broschüren pro Tausend Wissenschaftler wurden veröffentlicht, um fast 20 Prozent sank die Zahl der Erfindungsanmeldungen ab, und die Zahl der erteilten Patente und Urheberzeugnisse ging auf 1/3 zurück. Eine Fortsetzung dieser Tendenz ist auch in den folgenden Jahren festzustellen.

Man kann folglich die Schlußfolgerung ziehen: In dem Maße, wie sich die Wissenschaft entwickelt, erfordern die neu zu gewinnenden Ergebnisse einen immer höheren Aufwand an Arbeitskräften und materiellen Ressourcen der Gesellschaft. Bereits in der Gegenwart geben die entwickelten sozialistischen und kapitalistischen Länder für die wissenschaftliche Forschung 1,5 Prozent bis 4 Prozent ihres Nationaleinkommens aus. Die Ausgaben für die Wissenschaft betrugen in der UdSSR im Jahre 1966 7,2 Milliarden Rubel, und unter Berücksichtigung der Investitionen für den Bau von wissenschaftlichen Einrichtungen, etwa 9 Milliarden Rubel, das sind 4 Prozent des Nationaleinkommens und etwa 20 Prozent der jährlichen Investitionen in der Volkswirtschaft [3].

„Mit der Entwicklung der Wissenschaft", so schreibt Prof. A. M. Weinberg, „nehmen auch die Forderungen zu, die an die Ressourcen unserer Gesellschaft gestellt werden. Es erscheint unausbleiblich, daß diese Forderungen in der Zukunft durch die realen Möglichkeiten der Gesellschaft begrenzt sein werden und daß wir dann vor der Notwenkeit einer Wahl stehen" [4, S. 3]. In der Tat, wenn sich die Ausgaben für die Wissenschaft weiter in einem solchen Tempo erhöhen, wie im Moment, so erreichen im Jahre 2020, und in einigen Ländern bereits schon früher, diese Ausgaben die Größe der gegenwärtigen Nationaleinkommen der industriell entwickelten Staaten. Die gesamte erwerbstätige Bevölkerung dieser Länder würde dann auf dem Gebiet der Wissenschaft arbeiten. In der Gegenwart sind viele Forschungsarbeiten (zum Beispiel auf dem Gebiet der Weltraumforschung, der Kernphysik und so weiter) für eine Reihe von Ländern allein nicht mehr zu bewältigen. Aus diesem Grunde entstehen internationale wissenschaftliche Forschungseinrichtungen, die Forschungsarbeiten gleichzeitig im Interesse mehrerer Staaten betreiben und die Ausgaben für diese Arbeiten gemeinsam tragen. In dem Maße jedoch, wie unsere wissenschaftliche Erkenntnis fortschreitet, kann man voraussehen, daß auch solche wissenschaftlichen Probleme entstehen werden, deren kurzfristige und erschöpfende Bearbeitung mit Ausgaben verbunden sein wird, die selbst die gesamte Menschheit nicht zu erbringen vermag. Aus diesem Grunde ist die Lösung der Aufgabe, die Effektivität der wissenschaftlichen Tätigkeit in der Sowjetunion zu steigern, Methoden zur Senkung der Kosten für die Gewinnung neuer wissenschaftlicher Ergebnisse zu entwickeln, unmittelbar mit dem wissenschaftlich-technischen Fortschritt, mit der Errichtung der materiell-technischen Basis der kommunistischen Gesellschaft verbunden.

In der Gegenwart gibt es wohl kein stärker diskutiertes Problem unter den Wissenschaftswissenschaftlern als die Suche nach Wegen zur Erhöhung der Effektivität der wissenschaftlichen Tätigkeit. In der Sowjetunion beschäftigten sich im Jahre 1966 0,3 Prozent der Gesamtbevölkerung des Landes oder 13,6 Prozent aller Personen mit abgeschlossener Hochschulbildung mit wissenschaftlicher Arbeit. Im Durchschnitt hat die Zahl der wissenschaftlich Tätigen pro Jahr um 12,3 Prozent zugenommen, während die Zahl der Arbeiter und Angestellten im Durchschnitt um 4,3 Prozent und die der Ingenieure um 7,8 Prozent angewachsen ist. Von 1940 bis 1965 ist die Zahl der Beschäftigten in der Wissenschaft und der mit wissenschaftlichen Hilfsarbeiten beschäftigten Personen auf mehr als das Siebenfache angewachsen, während zur gleichen Zeit die Zahl der in der Industrie Beschäftigten nur wenig angestiegen ist und sich die Zahl der Beschäftigten im Gesundheitswesen auf das 2,8fache, im Volksbildungswesen auf das 2,4fache und im Bauwesen auf das 3,4fache erhöht hat [5, S. 560]. Folglich findet in der Volkswirtschaft der Sowjetunion ein Prozeß der Umverteilung der Arbeitskräfte statt; auf Kosten anderer Zweige der Volkswirtschaft nehmen die in der Sphäre der Wissenschaft Beschäftigten zu. Letzten Endes führt dies zu einem Wachstum der Wirtschaft und zur Erhöhung des Nationaleinkommens. Werden jedoch die Möglichkeiten der Wissenschaft in vollem Maße ausgeschöpft? Gibt es eine Grenze, über die hinaus eine weitere Entwicklung der Forschung uneffektiv ist? Wie kann man den „Nutzeffekt" der Wissenschaft für die Volkswirtschaft erhöhen? Diese Fragen sind äußerst aktuell, da ihre Beantwortung eng mit der Perspektivplanung der Entwicklung der Ökonomik der Sowjetunion zusammenhängt. Nach Auffassung des amerikanischen Wissenschaftlers D. Price ist die Effektivität der wissenschaftlichen Forschung – zumindest wenn man ein Kollektiv von Wissenschaftlern nimmt – eine ständig abnehmende Größe, denn es „steigt der Wert der wissenschaftlichen Forschung proportional dem Quadrat aller an der Forschung beteiligten Wissenschaftler und deshalb proportional der vierten Potenz jener Zahl der Resultate, die erreicht werden sollen." [6, S. 252].

Die kategorischen Schlußfolgerungen von D. Price, die auf der Grundlage einer beschränkten Zahl von empirischen Daten gewonnen wurden und von ihm auf die Wissenschaft insgesamt ausgedehnt wurden, ohne die sozialökonomischen Bedingungen ihrer Entwicklung zu beberücksichtigen, kann man nicht als gerechtfertigt ansehen. Man kann lediglich von einer Tendenz der Abnahme der Effektivität der wissenschaftlichen Forschung sprechen. Eben dies aber macht die Optimierung der wissenschaftlichen Forschungstätigkeit, die Suche nach Methoden, die zur Erhöhung ihrer Ergebnisse führen, zu einem sehr aktuellen Problem. Der sowjetische Wissenschaftler G. N. Volkov, der die Konzeption von D. Price, daß ein Gesetz der abnehmenden Effektivität der wissenschaftlichen Forschung existiert, einer Kritik unterzog, unterstreicht: „Wenn es eine solche Gesetzmäßigkeit tatsächlich geben sollte, dann würde die Entwicklung schließlich zu einer völligen Abwertung der wissenschaftlichen Tätigkeit führen, die sich von einem bestimmten Moment ab in einen Minotaurus verwandeln und mehr verbrauchen würde, als sie selbst Nutzen bringt. Und das würde natürlich zum Selbstmord der Wissenschaft führen" [7, S. 228]. Die Erwägungen von Price werden zu Recht in das Gebiet der „mathematischen Mythenbildung" verwiesen. In Wirklichkeit ist die Wissenschaft eines der effektivsten Gebiete der menschlichen Tätigkeit.

Der amerikanische Ökonom Robert Solow hat errechnet, daß in den USA die allgemeine Erhöhung der Arbeitsproduktivität pro Arbeitsstunde seit 1909 nur zu 12,5 Prozent der Zunahme der Investitionen zu verdanken war, während sie zu 87,5 Prozent durch die Einführung von Errungenschaften der Wissenschaft in die Produktion erzielt wurde [8, S. 312–320]. Der sowjetische Ökonom I. G. Kurakov ist der Auffassung, daß wissenschaftliche Forschungseinrichtungen mit 500 bis 1000 Beschäftigten ohne weiteres mit Betrieben verglichen werden können, die eine Produktion im Werte von 25 bis 50 Millionen Rubel im Jahr erzeugen, da im Durchschnitt ein sowjetischer Wissenschaftler eine Erhöhung der Produktion von etwa 50000 Rubel im Jahr ermöglicht [9, S. 390].

Zwischen den arbeitsmäßigen, materiell-technischen und finanziellen Aufwendungen der Gesellschaft für Wissenschaft und Volksbildung und der Effektivität der wissenschaftlichen Tätigkeit bestehen direkte Beziehungen: Je schneller, mit einem Vorlauf gegenüber der Entwicklung der Wirtschaft, die Investitionen und laufenden Ausgaben für die Entwicklung der Wissenschaft zunehmen, desto spürbarer wird ihr Einfluß auf die Entwicklung der Wirtschaft, auf die Zunahme des Bruttosozialprodukts und umgekehrt. Ein beschleunigtes Wachstum der Wirtschaft hängt von den Ausgaben für die wissenschaftliche Forschung und Entwicklung ab. Als Beispiel verweisen wir auf den Zusammenhang zwischen den Ausgaben für Forschung und Entwicklung und dem Entwicklungstempo des Bruttosozialprodukts in den USA.

Das Bruttosozialprodukt (der Wert sämtlicher Waren und Dienstleistungen, die innerhalb eines Jahres erbracht werden) ist in den USA seit 1955 durch ein ständiges, wenn auch ungleichmäßiges Wachstum gekennzeichnet. Das jährliche Wachstum bis zum Jahre 1961 betrug im Durchschnitt 3 Prozent. Von 1961 bis 1962 betrug das jährliche Durchschnittswachstum des BSP 7 Prozent. Gleichzeitig erhöhten sich die Ausgaben für Forschung und Entwicklung von 6,4 Milliarden Dollar im Jahre 1955 auf 23,3 Milliarden Dollar im Jahre 1963 (hierbei kamen 2 Drittel dieser Mittel aus zentralen Fonds des Bundes). In den nächsten Jahren beabsichtigen die USA, den Anteil der Ausgaben für Forschung und Entwicklung auf 4 Prozent des BSP zu erhöhen.

Vergleichsangaben über die Zunahme des Bruttosozialprodukts und die Aufwendungen für Bildung, Forschung und Entwicklung in den USA von 1929 bis 1970 zeugen davon, daß unter den Bedingungen der wissenschaftlich-technischen Revolution eine enge Wechselbeziehung zwischen diesen Kennziffern besteht. Aus diesem Grunde darf man die Behauptung von einer ständig abnehmenden Effektivität der wissenschaftlichen Forschung nicht als „Gesetz" ansehen, wenn auch die Kosten für einige Arten von wissenschaftlichen Ergebnissen ansteigen – insbesondere wenn diese „Produktion" mit der Durchführung teurer Experimente verbunden ist.

In der Wissenschaft liegen gewaltige potentielle Möglichkeiten zur Steigerung der Arbeitsproduktivität und zur Beschleunigung der ökonomischen Entwicklung. Diese Möglichkeiten werden jedoch nur unter bestimmten Bedingungen realisiert, wenn nämlich die Gesellschaft an der schnellstmöglichen Überleitung der wissenschaftlichen Ergebnisse interessiert ist und die Wissenschaftler mit Enthusiasmus an der Lösung wissenschaftlicher Probleme arbeiten, weil sie von der gesellschaftlichen Bedeutung ihrer Arbeit überzeugt sind. Die Steigerung der Effektivität der wissenschaftlichen Tätigkeit hängt von einer ganzen Reihe von Faktoren ab: von einem rationellen Verhältnis zwischen den verschiedenen Arten der Forschung und den für die einzelnen Arten aufgewendeten Mitteln, von dem Niveau der Informationsversorgung der Wissenschaftler, von einer wissenschaftlich begründeten Planung, von richtigen Proportionen der finanziellen und materielltechnischen Versorgung der Wissenschaft und so weiter. Insbesondere hängt die Effektivität der wissenschaftlichen Tätigkeit wesentlich von der rationellen Festlegung der Proportionen zwischen Grundlagenforschung, angewandter Forschung und Entwicklungsarbeiten ab.

In der Wissenschaft muß immer ein gewisser Vorlauf an wissenschaftlichen Ideen und theoretischen Ausarbeitungen vorliegen. Hieran besteht kein Zweifel. Das Problem besteht jedoch darin, ein optimales Verhältnis zwischen Grundlagenforschung und angewandter Forschung zu finden, zwischen theoretischen und Erkundungsforschungen und solchen, deren Ziel darin besteht, Forschungsergebnisse in die Industrie zu überführen. „Die Frage nach dem Verhältnis des Umfangs der Erkenntnisse zu dem Umfang ihrer unmittelbaren praktischen Nutzung – so schreibt M. V. Keldyš – bildet eine fundamentale Frage der Methodologie in der gegenwärtigen Etappe" [10, S. 266]. Diese Frage wird dadurch noch komplizierter, daß auf das Verhältnis zwischen Grundlagenforschung, Erkundungsforschung und Entwicklungsarbeiten die Größe des Landes, seine Bevölkerungszahl, das technisch-ökonomische

Niveau der Entwicklung seiner Industrie, seine sozialökonomische Ordnung und so weiter einen wesentlichen Einfluß ausüben. Einige Autoren machen den Vorschlag, ein bestimmtes Verhältnis zwischen Grundlagenforschung und Entwicklungsarbeiten a priori festzulegen. So wird zum Beispiel vom Konsultanten der UN zu Fragen der Wissenschaft, Pierre Auger, folgendes Verhältnis vorgeschlagen: reine Forschung 1; gezielte Grundlagenforschung 3; angewandte Forschung 6; Entwicklung 100 [11, S. 257]. Gegenwärtig werden in den entwickelten Industrieländern der Welt für die eigentliche theoretische Forschungsarbeit 0,2 bis 0,3 Prozent des Nationaleinkommens ausgegeben [12, S. 4]. Von der Wissenschaft wurden jedoch bisher noch keine begründeten Kriterien für die Verteilung der Arbeitskräfte und materiellen Ressourcen auf die einzelnen Arten und Richtungen der Forschung ausgearbeitet.

Die Effektivität der wissenschaftlichen Forschung hängt auch von der rationellen Organisation der Forschungsarbeiten in einem wissenschaftlichen Forschungsinstitut, einer Abteilung beziehungsweise einem Labor ab. Wieviel Abteilungen oder Gruppen sind in einem modernen wissenschaftlichen Forschungsinstitut erforderlich, damit es effektiv arbeitet? Auf diese Frage gibt es viele Antworten. Nach Auffassung des Direktors des Royal Air Force Research Centre, Lighthill, gibt es keine Grenzen für die Größe einer Institution, wenn hierbei gemeinsame Ziele gewahrt bleiben und die Arbeit so organisiert wird, daß die Laboratorien und Abteilungen notwendige Glieder zur Erreichung des gemeinsamen Zieles darstellen [13]. Als eine solche Organisation sieht er die von ihm geleitete Institution an, die etwa 9000 Beschäftigte zählt und deren Abteilungen sich in 9 Städten Englands befinden. In der gleichen Arbeit [13] spricht Vika, der Direktor des Atomzentrums in Harwell, die entgegengesetzte Meinung aus: Das zukünftige wissenschaftliche Zentrum wird aus kleinen Forschungsgruppen bestehen, die Grundlagen- und Erkundungsforschung betreiben. In den Arbeiten dieser Gruppe sieht er das Vorbild für Harwell im Jahre 1980.

Offensichtlich besitzt ein beliebiges wissenschaftliches Forschungsinstitut nur dann seine Existenzberechtigung, wenn seine Effektivität größer ist, als es die Summe der Effektivität seiner Laboratorien wäre, wenn sie ihre Arbeit als Einzelinstutitionen durchführen würden. Diese aktuellen Probleme warten noch auf eine Lösung.

Der „Nutzeffekt" des wissenschaftlichen Schöpfertums hängt offensichtlich auch von den psycho-physiologischen Arbeitsbedingungen des Forschers ab, von den Prinzipien der wissenschaftlichen Organisation seiner Arbeit, dem psychologischen „Mikroklima" im wissenschaftlichen Kollektiv, von den Methoden der Auswahl der Studierenden für eine Forschungstätigkeit, von der Vervollkommnung der Formen des Austauschs wissenschaftlicher Informationen.

Die Wissenschaft als System wird von der ganzheitlichen Einheit der verschiedenen Faktoren der wissenschaftlichen Tätigkeit in ihren Wechselwirkungen gebildet. Die Faktoren der wissenschaftlichen Forschungstätigkeit bilden die Kennziffern für die Intensität des Funktionierens der Wissenschaft. Diese Kennziffern stellen Funktionen von Parametern der Leitung der wissenschaftlichen Forschungstätigkeit dar. Die Parameter der Wissenschaftsleitung sind gegenüber dem eigentlichen schöpferischen Prozeß äußere Bedingungen, die eine bestimmte Intensität, den Verlauf und eine bestimmte Zielgerichtetheit dieser Prozesse gewährleisten. Erfolgreich die Wissenschaft leiten, das bedeutet, solche äußeren Bedingungen (Parameter) zu finden, die die günstigste Atmosphäre für das Schöpfertum schaffen. Der eigentliche Forschungsprozeß wurde von der Wissenschaft noch nicht genügend erforscht, um ihn formalisieren und einem strengen numerischen Algorithmus unterwerfen zu können. Bekannt ist, welche Bedingungen (materiell-technische, informationelle, psychologische und so weiter) erforderlich sind, damit der wissenschaftliche Forschungsprozeß beginnen kann, und in der Regel liegen Angaben darüber vor, womit er abschließt und in welcher Form dies erfolgt – durch einen Forschungsbericht, eine Monographie, eine Erfindung, eine Dissertation und so weiter. Wie er aber abläuft, warum unter den gleichen Bedingungen Wissenschaftler Ergebnisse mit einem unterschiedlichen wissenschaftlichen Wert erzielen und worin der Unterschied der gedanklichen Operationen dieser Wissenschaftler besteht, bleibt in der Regel unbekannt. Hier stehen wir vor einer Situation, die in der Kybernetik unter der Bezeichnung „Black-box-Methode" bekannt ist: Es liegen Informationen über die „Eingänge" und „Ausgänge" eines Systems vor; es fehlen aber irgendwelche Angaben über den Mechanismus, wie dieses System funktioniert. Deshalb ist die Leitung der Wissenschaft ein stochastischer Prozeß, der sich auf unvollständigen Informationen über den Mechanismus ihres Funktionierens gründet.

Wenn man die Effektivität der wissenschaftlichen Forschung steigern, den „Nutzeffekt" der Wissenschaftler erhöhen, die Ergebnisse ihrer Arbeit verbessern will, so muß man den „Ausgang" durch Vervollkommnung des „Eingangs" des Systems erhöhen, das heißt man muß die äußeren Bedingungen des wissenschaftlichen Schöpfertums verbessern. Sehr zweifelhaft erscheint die Verwendung des Begriffs

„Optimum“ für die eigentlich neurophysiologischen und geistigen Prozesse des Forschers. Jedoch ist der Versuch, die wissenschaftliche Forschungsarbeit zu optimieren, das heißt, Alternativen ausgewählter Leitungsparameter zu entwickeln, die nach einem bestimmten Wertungskriterium unter vorher festgelegten Bedingungen den im äußersten Falle erreichbaren Wert einer bestimmten veränderlichen Kennziffer (ihren Extremwert) sichern, die eine Funktion dieser Parameter ist, völlig gerechtfertigt. Ebenso wie man unter Produktionsbedingungen die Produktionskosten, den Produktionsumfang, die Fertigungszeiten und so weiter „leiten“ kann, indem man entsprechende alternative Arbeitsregimes auswählt und ein vorher festgelegtes Ziel zu erreichen sucht, wie zum Beispiel die Senkung der Kosten, die Verkürzung der Zeiten für die Erfüllung der Planaufgaben, die Erhöhung des Produktionsumfanges, so kann man auch bei der Organisierung der wissenschaftlichen Tätigkeit durch Kennziffern für das Endergebnis der wissenschaftlichen Produktion, durch die Wahl von alternierenden Varianten der Planung, der materiell-technischen Versorgung, der Informations- und finanziellen Versorgung leiten. Unter Optimum wird in diesem Falle die „Gesamtheit der günstigen Bedingungen“ verstanden [14, S. 837], die durch eine rationelle Leitung und Organisation der wissenschaftlichen Forschung geschaffen werden. Die Optimierung der wissenschaftlichen Forschungsarbeit bedeutet, die günstigen Bedingungen für das wissenschaftliche Schöpfertum der Wissenschaftler als ihrer geistigen Arbeit zu schaffen, deren Ergebnisse in der Gesellschaft eine soziale Bedeutung besitzen. Optimal ist eine solche Gesamtheit von Parametern der Leitung und Organisation der wissenschaftlichen Forschungstätigkeit, die die Größe der Zielfunktion, die die Effektivität dieser Parameter bestimmt, zu ihrem Extremwert (das heißt zu ihrem Maximum oder Minimum) führt.

Nach Auffassung von E. S. Žarikov [15] findet eine praktische Realisierung der Optimierung des wissenschaftlichen Schöpfertums über eine ganze Reihe von Kanälen statt, denen bei der Erforschung der Probleme der Optimierung bestimmte Aspekte entsprechen: ein philosophischer Aspekt, ein wissenschaftslogischer Aspekt, ein wissenschaftswissenschaftlicher, ein physiologischer, ein psychologischer, ein psychophysiologischer, ein organisatorischer Aspekt, ein Informationsaspekt, ein heuristischer, pädagogischer, ästhetischer, ökonomischer und soziologischer Aspekt. Die aufgezählten Aspekte werden folgendermaßen eingeteilt:

1. Aspekte, die mit der Vervollkommnung des eigentlichen schöpferischen Prozesses, der Forschungstätigkeit des Wissenschaftlers selbst zusammenhängen;

2. Aspekte, die mit der Optimierung der äußeren Bedingungen im Zusammenhang stehen, die einen Erfolg dieser schöpferischen Tätigkeit fördern. Zum Beispiel der philosophische, der wissenschafts-logische und der psychophysiologische Aspekt, der Informationsaspekt sowie der heuristische Aspekt erfassen den Prozeß der wissenschaftlichen Forschung selbst, während der ökonomische, der physiologische und der pädagogische Aspekt Bedingungen darstellen, die das Schöpfertum entweder hemmen oder fördern.

Die angeführten Aspekte werden in vielen Arbeiten näher untersucht. Insbesondere wird der wissenschaftslogische Aspekt in den Monographien von P. V. Kopnin, A. A. Zinov'ev, A. I. Rakitov, E. K. Vojšvillo und anderen behandelt, der philosophische Aspekt in den Arbeiten von A. I. Uemov, B. M. Kedrov, S. R. Mikulinskij, I. S. Narskij, A. D. Ursul, D. P. Gorskij, V. I. Šinkaruk, M. N. Rutkevič, der Informationsaspekt in den Arbeiten einer Reihe Moskauer und Kiewer Forscher [16, 17]. Mit dem wissenschaftswissenschaftlichen Aspekt des wissenschaftlichen Schöpfertums beschäftigen sich die Arbeiten von G. M. Dobrov und V. V. Nalimov, mit dem ökonomischen Aspekt V. S. Sominskij, I. A. Ščerbakov, M. L. Bašin, mit dem soziologischen Aspekt A. A. Zvorykin, G. N. Volkov und Ju. S. Meleščenko.

Man muß auch die Veränderung der Rolle einzelner Richtungen zur Vervollkommnung der wissenschaftlichen Forschung hervorheben, die durch die wissenschaftlich-technische Revolution bedingt ist. Insbesondere nimmt die Bedeutung der Methodologie, insbesondere der gnoseologischen Momente, im wissenschaftlichen Schöpfertum zu.

Der erkenntnistheoretische Aspekt des wissenschaftlichen Schöpfertums ist ein Weg zur Vervollkommnung der Forschungsarbeiten und zur Erhöhung ihrer Ergebnisse. So beschäftigten sich viele berühmte Naturwissenschaftler mit der Philosophie. Niels Bohr hat zum Beispiel das Buch „Atomphysik und menschliche Erkenntnis" geschrieben, D. Bohm die Arbeit „Kausalität und Zufall in der modernen Physik", J. Bernal „Die Wissenschaft in der Geschichte", A. Einstein „Mein Weltbild", W. Heisenberg „Philosophische Probleme der Atomphysik". In allen diesen Arbeiten ist die Philosophie untrennbar mit dem Inhalt der von der Naturwissenschaft erkannten Objekte verbunden, tritt sie als Forschungsmethode auf und nicht als leere, künstlich mit einem Inhalt gefüllte Form. Gerade in dieser Qualität als Weltanschauung führt die Philosophie zum Erfolg des wissenschaftlichen Forschens.

Die wissenschaftlich-technische Revolution der Gegenwart, die in bedeutendem Maße den Charakter der wissenschaftlichen Arbeit verändert hat, führte auch zu einem starken Anwachsen der Bedeutung der Bedingungen, die die Ergebnisse des wissenschaftlichen Schöpfertums gewährleisten, wie der ökonomischen, informationellen, soziologischen und anderen Bedingungen.

In der Literatur wird in der letzten Zeit manchmal der Begriff „Optimum“, „Optimalität“ in einem sehr weiten Sinn aufgefaßt. Deshalb ist Ja. P. Gerčuk zuzustimmen, der sich gegen eine unkritische, verschwommene Verwendung des Begriffs „Optimum“ wendet, wodurch man zuweilen versucht, exakte Wertungskategorien zu ersetzen [18, S. 35].

In der Mathematik wurden bekanntlich solche Theorien, wie die Variationsrechnung (Bernoulli, Euler, Lagrange), die Theorie der optimalen Leitung (L. S. Pontrjagin und eine Gruppe seiner Mitarbeiter), die lineare Optimierung (L. V. Kantorovič, J. Dantzig, G. Bellmann), die Theorie des extremalen Experiments (R. Fischer, G. Box, V. V. Nalimov) ausgearbeitet, in denen der Begriff „Optimum“ eine strengeindeutige mathematische Bedeutung besitzt. In der letzten Zeit wurden diese Methoden auch auf andere Gebiete, insbesondere auch auf das der Wissenschaftswissenschaft, übertragen. Da sich auf diesem Gebiet die Forschung auf eine unvollständige Information gründet, lassen sich bei weitem nicht sämtliche zu untersuchenden Prozesse formalisieren. Die Optimierung der wissenschaftlichen Forschungsarbeit besteht in der Aufstellung einer Reihe von Regeln, die die Strategie der Suche nach einem solchen Instrumentarium von Organisations- und Leitungsparametern (Faktoren) bestimmen, deren Optimum beim „Eingang“ des Systems „Wissenschaft“ durch einen Vergleich mit den Ergebnissen am „Ausgang“ des Systems kontrolliert wird.

In diesem Falle wird nicht der Beweis erbracht, daß die vorgeschlagenen Regeln die einzig möglichen Regeln darstellen, sondern das Optimum, das in diesem Falle hergestellt wird, ist eine der ermittelten Alternativlösungen. Die praktische Überprüfung der erzielten Ergebnisse muß die Zweckmäßigkeit der Verwendung der aufgestellten Regeln zur Optimierung des wissenschaftlichen Forschungsprozesses bestätigen oder widerlegen.

Auf Grund der Tatsache, daß die Wissenschaft ein kompliziertes System bildet, das zu seiner Erkenntnis ein komplexes Studium sämtlicher Aspekte der Wissenschaft benötigt, finden bei der Analyse der Wege zur Optimierung der wissenschaftlichen Tätigkeit zahlreiche Methoden und Verfahren Anwendung, wissenschaftswissenschaftliche, soziologische, organisationstheoretische, informationslogische, systemstrukturelle, kybernetische und andere Methoden. Bei der Suche nach Wegen zur Vervollkommnung der Leitung und Organisation der wissenschaftlichen Forschung fällt es schwer, irgendeiner dieser Methoden zum Studium der Wissenschaft den Vorzug zu geben. Deshalb ist die Verwendung bestimmter Methoden des Herangehens an dieses Studium in dem Maße zulässig, wie diese zur Erreichung des gestellten Zieles, Wege zur Optimierung der wissenschaftlichen Forschungstätigkeit zu finden, ihren Nutzen unter Beweis stellen.

Kapitel I

Die wissenschaftlich-technische Revolution in der Gegenwart und ihr Einfluß auf die Entwicklung der Wissenschaft

1. Die Wissenschaft unter den Bedingungen der wissenschaftlich-technischen Revolution

Was versteht man unter Wissenschaft? Welche Art von Tätigkeit kann man wissenschaftliche Forschungsarbeit nennen? Wen kann man als Wissenschaftler bezeichnen? Antworten auf diese Fragen schienen noch vor kurzer Zeit auf der Hand zu liegen. Unter Wissenschaft versteht man das, was die Wissenschaftler machen – so wurde der Inhalt dieser Begriffe noch zu Beginn dieses Jahrhunderts ausgelegt. Aber unter den Bedingungen der wissenschaftlich-technischen Revolution, die sich in der Gegenwart vollzieht, in der der Beruf eines Wissenschaftlers zu einem Massenberuf wurde und sich Millionen von Fachleuten mit Forschungsarbeit beschäftigen, in der für die Wissenschaft in den industriell entwickelten Ländern drei bis vier Prozent des Nationaleinkommens ausgegeben werden, wurde der Begriff der Wissenschaft zum Gegenstand heißer Diskussionen.

Der Begriff „Wissenschaft" ist kompliziert und wird in der Literatur von den verschiedenen Autoren unterschiedlich definiert, wobei in einigen Definitionen mehr der pragmatische Aspekt der Wissenschaft hervorgehoben wird. So heißt es zum Beispiel in dem Lehrmaterial, das von einem Kollektiv von Dozenten der Parteihochschule beim ZK der KPdSU ausgearbeitet wurde: „Die Wissenschaft stellt ein System dar von in der Praxis überprüften und bestätigten Kenntnissen über die Natur, die Gesellschaft und das Denken, den Prozeß ihrer Gewinnung und Entwicklung sowie die Gesamtheit der Mittel, Methoden und Verfahren der fortschreitenden Erkenntnis" [19, S. 277].

Die Wissenschaft ist selbstverständlich dazu berufen, der Praxis zu dienen, und sie entwickelt sich unmittelbar aus den Bedürfnissen der Praxis heraus; aber sie ist keineswegs nur ein System von „durch die Praxis erprobten und bestätigten Kenntnissen". Zur Wissenschaft gehören auch die wissenschaftlichen Irrtümer sowie die nicht überprüften und nicht bestätigten wissenschaftlichen Hypothesen, Vermutungen, Prognosen und so weiter.

Andere Autoren sind der Auffassung, daß die Wissenschaft ein System von wissenschaftlichen Kenntnissen darstellt. M. M. Karpov definiert diesen Begriff folgendermaßen: „Die Wissenschaft ist ein sich historisch entwickelndes System von zuverlässigen, logisch widerspruchsfreien Kenntnissen über die Gesetze der Natur, der Gesellschaft und des Denkens" [21, S. 401]. Nach Auffassung des amerikanischen Wissenschaftswissenschaftlers D. J. Price „ist die Wissenschaft das, was in den wissenschaftlichen Zeitschriften, in den Artikeln und Monographien publiziert wird" [22, S. 5].

Die Identifizierung der Wissenschaft mit wissenschaftlichen Kenntnissen engt offensichtlich den Begriff „Wissenschaft" in unzulässiger Weise sehr wesentlich ein. In der Tat beschränkt sich in der Gegenwart der wissenschaftliche Forschungsprozeß nicht nur darauf, wissenschaftliche Theorien, Hypothesen und Formeln aufzustellen. Als unabdingbares Element sind in ihn in der Regel das Experiment, die Überprüfung der im Ergebnis der wissenschaftlichen Forschung gewonnenen Schlußfolgerungen unter den Bedingungen der Produktion, der Prozeß der Organisierung und Leitung der wissenschaftlichen Forschung und so weiter eingeschlossen. Die sich historisch entwickelnde Summe von Kenntnissen ist, wie G. N. Volkov unterstreicht, „keineswegs etwas statisch Gegebenes, eine gewisse Summe von Erscheinungen" [7, S. 166]. Wenn man die Wissenschaft als wissenschaftliche Kenntnisse definiert, dann schließt man den dialektischen Weg der Erkenntnis der Wahrheit, das immer stärkere Hinwenden der Erkenntnistätigkeit des Menschen von den unmittelbar kontemplativen Erscheinungen zum emotional nicht wahrnehmbaren Wesen der Erscheinung aus der Definition der Wissenschaft aus. Und natürlich kann man auch nicht mit der Auffassung von D. J. Price konform gehen, für den der „Arbeitsbegriff" der Wissenschaft die Publikationen der Wissenschaftler sind. Unter den Bedingungen der modernen Gesellschaft, in der die angewandte Forschung eine immer größere Bedeutung erlangt, verstärken sich die Publikationsbarrieren, die durch den Vertraulichkeitscharakter vieler Forschungsarbeiten, die Sicherung der Patentreinheit und so weiter, bedingt sind. Aus diesem Grunde wird über eine immer größer werdende Zahl von Forschungsergebnissen in der wissenschaftlichen Literatur nichts veröffentlicht.

In der Wissenschaftswissenschaft wird dem Begriff der Wissenschaft eine spezifische Bedeutung beigelegt [23, 24]. Die Wissenschaft ist nach Auffassung der Wissenschaftswissenschaftler ein kompliziertes Informationssystem, das die Aufgabe hat, Wissen zu produzieren. Dieses System umfaßt eine Reihe von Parametern, deren Optimierung zur Steigerung der Effektivität der wissenschaftlichen Tätigkeit führt. Eine solche Auffassung von der Wissenschaft wurde aus der Informatik und der Wissenschaftsökonomie übernommen. Es gibt die Auffassung, daß die Wissenschaftswissenschaft im Grunde genommen den Status einer selbständigen Wissenschaft zu Unrecht anstrebe, denn sie verfüge über keine spezifischen Methoden und Begriffe, die sie von der Wissenschaftsökonomie, von der Wissenschaftssoziologie, der Geschichte des wissenschaftlich-technischen Fortschritts, der Wissenschaftslogik und so weiter unterscheiden würden [25, S. 12–15]. Ohne näher auf den Kern dieses Standpunktes einzugehen, muß bemerkt werden, daß die Wissenschaft von den Wissenschaftswissenschaftlern als angewandte Wissenschaft aufgefaßt wird.

Schließlich ordnen einige Wissenschaftler, ohne die spezifischen Besonderheiten der Wissenschaft im Vergleich zu anderen Formen des gesellschaftlichen Bewußtseins zu berücksichtigen, diese voll und ganz dem Überbau zu [26, S. 58]. Sie stellen damit nur die Tatsache heraus, daß die Wissenschaft ein Element der geistigen Produktion bildet, fertiges, historisch-entwickeltes Wissen ist. Wenn man so an die Definition der Wissenschaft herangeht, dann stellt man sie als eine ideelle Widerspiegelung, als Gesamtheit von Begriffen, Ideen dar, die durch die materiellen Bedingungen und die ihnen entsprechenden gesellschaftlichen Verhältnisse geformt und unmittelbar bestimmt werden. Die Vertreter einer solchen Auffassung schließen aus dem Begriff „Wissenschaft" sogar das Experiment aus [27, S. 315], obwohl ohne Experiment die moderne Wissenschaft einfach undenkbar ist.

Unserer Meinung nach muß man zum genauen Verständnis der modernen Wissenschaft, ihrer Funktionen und ihrer Bedeutung in der Gesellschaft den Einfluß der wissenschaftlich-technischen Revolution auf die Entwicklung der Wissenschaft berücksichtigen, die heute sämtlichen Seiten des gesellschaftlichen Lebens ihren Stempel aufdrückt. In der Regel unterscheidet man zwischen der wissenschaftlichen Revolution, die im 20. Jahrhundert einsetzte und mit bestimmten Erfolgen der Naturwissenschaft in Zusammenhang gebracht wird, und der technischen Revolution, die durch die breite Automatisierung von Produktionsprozessen, die überall erfolgende Mechanisierung arbeitsaufwendiger Operationen der maschinellen Produktion gekennzeichnet ist. Die wissenschaftlich-technische Revolution der Gegenwart besteht in einer Verschmelzung der Veränderungen auf dem Gebiet von Wissenschaft und Technik zu einem ganzheitlichen umfassenden Strom. Der früher bestehende Zeitverzug zwischen wissenschaftlichen Entdeckungen und ihrer praktischen Realisierung in der Produktion hat sich von mehreren Jahrzehnten auf 5 bis 10 Jahre verkürzt. Die meisten technischen Charakteristika von Erzeugnissen, die von der modernen Industrie hergestellt werden, verändern sich infolge der intensiven Entwicklung der Wissenschaft im gleichen Zeitraum. In der Sowjetunion werden zum Beispiel jährlich 20 bis 25 Prozent veraltete Industrieerzeugnisse durch neue ersetzt, die unter Berücksichtigung der neuesten Errungenschaften der Wissenschaft entwickelt wurden. Investitionen für die Entwicklung wissenschaftlicher Forschungs- und Entwicklungsarbeiten werfen im Vergleich zu anderen Zweigen der Volkswirtschaft den höchsten Gewinn ab.

In der Regel datiert man das Einsetzen der modernen wissenschaftlich-technischen Revolution in die 50er Jahre unseres Jahrhunderts. Interessant sind in diesem Zusammenhang die Angaben, die G. M. Dobrov über den Einfluß einzelner Faktoren auf die Steigerung des Bruttosozialprodukts in der Periode von 1949 bis 1959 in den entwickelten kapitalistischen Ländern zusammengetragen hat [28, S. 18]:

Diese Zahlen zeigen deutlich, daß die Einführung der Errungenschaften der Wissenschaft unter den Bedingungen der wissenschaftlich-technischen Revolution entscheidende Bedeutung für die Entwicklung der Produktion besitzt. Die Steigerung des Nationaleinkommens und das Entwicklungstempo der Wirtschaft hängen unmittelbar vom wissenschaftlichen Potential eines Landes ab. Ein großer Teil der Zunahme des Nationaleinkommens wird auf Grund des wissenschaftlich-technischen Fortschritts erzielt. Bezeichnend ist, daß in solchen Ländern wie Frankreich, der Bundesrepublik und Schweden, in denen in diesem Jahrzehnt die relative Zunahme der Arbeitskräfte und des fixen Kapitals verhältnismäßig gering war, ein ziemlich hohes Anwachsen des Nationaleinkommens durch das beständige hohe Tempo des wissenschaftlich-technischen Fortschritts erzielt wurde.

Angesichts der sich in der Gegenwart vollziehenden wissenschaftlich-technischen Revolution sind die Entwicklung der Wissenschaft und die effektive Nutzung ihrer Errungenschaften zu einer Hauptfrage der Politik eines jeden Landes geworden.

Als Wissenschaftspolitik bezeichnen wir die Gesamtheit der Maßnahmen zur Finanzierung, materiell-technischen Versorgung und Informationsversorgung solcher wissenschaftlicher Forschungs- und Entwicklungsarbeiten, die die größten Perspektiven besitzen und bei

Tabelle 2
Der Einfluß einzelner Faktoren auf die Steigerung des Bruttosozialprodukts in der Zeit von 1949 bis 1959

Länder[1]	jährl. Zunahme, in Prozent			Bewertung des Anteils an der Steigerung des Bruttoinlandsprodukts, in Prozent			Bewertung[3] des Teils des Faktors des wiss.-techn. Fortschritts der Prod. an der Steigerung des Bruttosozialprodukts, in Prozent
	Arbeitskräfte	fixes Kapital	Bruttoinlandsprodukt[2]	Arbeit	Kapital	wissenschaftlich-technischer Fortschritt	
1	2	3	4	5	6	7	8
BRD	1,6	6,0	7,2	1,1	1,8	4,5	60,8
Italien	1,1	3,2	5,9	0,8	1,0	4,1	70,0
Holland	1,2	4,8	4,8	0,8	1,4	2,6	54,2
Frankreich	0,1	3,4	4,5	0,1	1,0	3,4	75,5
Norwegen	0,3	4,6	3,4	0,2	1,4	1,8	52,9
Schweden	0,5	2,0	3,4	0,3	0,6	2,5	73,6
Belgien	0,3	2,6	3,0	0,2	0,8	2,0	66,7
England	0,6	3,1	2,4	0,4	0,9	1,1	46,0

1 Angaben aus der BRD aus den Jahren 1950—1955, für die übrigen Länder aus den Jahren 1949 bis 1959.
2 Das Bruttoinlandsprodukt entspricht dem Sozialprodukt ohne Gewinn aus dem Kapitalwert.
3 Als Verhältnis ausgedrückt: die Zahlen der Spalte 6mal 100 zu den Zahlen der Spalte 3. Der Faktor des wissenschaftlich-technischen Fortschritts ist für die Bildung dieser Kennziffer entscheidend.

denen die Überführung ihrer Ergebnisse in die Produktion auf der Grundlage von Prognosen, Perspektivplänen und laufenden Plänen mit dem Ziel vorgesehen wird, ein hohes und beständiges Entwicklungstempo der Wirtschaft zu erreichen. P. Auger ist der Auffassung, „die Staaten müssen so organisiert werden, daß sie die Übereinstimmung zwischen der wissenschaftlichen Forschung und dem ökonomischen und sozialen Fortschritt sichern können" [11, S. 270]. J. Ussiolt bemerkt, daß man bei der Ausarbeitung der nationalen Wissenschaftspolitik berücksichtigen müsse, daß die folgenden drei Elemente miteinander abgestimmt werden:

1. die Ziele der wissenschaftlichen Forschungsarbeiten, die von den betreffenden Institutionen bestimmt werden;

2. die vorher bekannte (anhand einer Analyse und Bewertung früher durchgeführter Forschungsarbeiten ermittelte) Gesamtsumme

des Aufwandes in ihrer zeitlichen Verteilung auf die einzelnen wissenschaftlichen Forschungseinrichtungen;

3. die juristischen Wechselbeziehungen zwischen den wissenschaftlichen Forschungseinrichtungen und den sie finanzierenden und kontrollierenden Organen [29, S. 479–481].

In der Gegenwart wird in sämtlichen entwickelten Ländern der Welt eine staatliche Leitung der Entwicklung der Wissenschaft auf der Grundlage von Wissenschaftspolitik durchgeführt. Der ökonomische Wettbewerb zwischen dem sozialistischen und dem kapitalistischen Weltsystem hat sich auf das Gebiet der wissenschaftlich-technischen Revolution verlagert und wird um eine möglichst schnelle Nutzung der Ergebnisse der Wissenschaft geführt. 1969 wurde auf der internationalen Beratung der kommunistischen und Arbeiterparteien festgestellt, daß in der Gegenwart gerade die allseitige Nutzung der Errungenschaften von Wissenschaft und Technik, die durch den Sozialismus gesichert wird, ein Unterpfand für den Sieg des sozialistischen Systems über den Kapitalismus darstellt.

Infolgedessen verändern sich unter dem Einfluß der wissenschaftlich-technischen Revolution die sozialen Funktionen der Wissenschaft in der Gegenwart. Indem die Wissenschaft eine Form des gesellschaftlichen Bewußtseins bleibt, gewinnt sie immer stärker Züge eines spezifischen Zweiges der Ökonomik, an dessen Entwicklung Millionen der qualifiziertesten Fachleute mitwirken. Die wissenschaftliche Forschungstätigkeit hat sich in einen Massenberuf verwandelt und führte zum Entstehen einer schnell wachsenden sozialen Gruppe von Wissenschaftlern, die sich ausschließlich mit dem schöpferischen Suchen neuer Erkenntnisse beschäftigen. Von der Effektivität ihrer Arbeit hängt das Tempo der wissenschaftlich-technischen Tätigkeit, die Entwicklung der Ökonomik, ab. Im gesamtnationalen Maßstab findet eine Materialisation der wissenschaftlichen Ideen und Vorstellungen statt, indem diese in Arbeitsmitteln, in stofflichen Produkten verkörpert werden. Die modernen technischen Arbeitsmittel sind nach den Worten von B. M. Kedrov eine Verkörperung der Wissenschaft [30, S. 399]. Das Prinzip der Aktivität des Bewußtseins als eine der grundlegenden und fundamentalen Thesen der marxistisch-leninistischen Philosophie findet seinen deutlichen Ausdruck in der qualitativen Umgestaltung der Wissenschaft, für die immer mehr die Tendenz ihrer Verwandlung aus einem statischen System von wissenschaftlichen Kenntnissen zu einer unmittelbaren Produktivkraft der Gesellschaft charakteristisch wird. Eine solche „Transfusion" der Wissenschaft als Form des gesellschaftlichen Bewußtseins in die Sphäre der Produktion stimmt voll und ganz mit den Grundthesen des historischen Materialismus überein. Hegel hat bereits seinerzeit festgestellt, daß in der Technik „das vernünftige Innere", das heißt das Ziel, zum Ausdruck kommt, und daß aus diesem Grunde der Mensch in den Arbeitsmitteln Gewalt über die äußere Natur besitzt [31, S. 205]. V. I. Lenin schrieb, als er Hegels Arbeit konspektierte, in dem Absatz, der diesen Gedanken enthielt: „Hegel und der historische Materialismus" [32, S. 172]. Die modernen technischen Mittel, die die neuesten Errungenschaften der Wissenschaft verkörpern, enthalten etwas „Vernünftiges", das heißt materialisierte wissenschaftliche Erkenntnisse.

Aus diesem Grunde reicht die in Lehrbüchern, philosophischen Wörterbüchern und anderen Publikationen verbreitete Auffassung von der Wissenschaft, nach der diese lediglich ein System von wissenschaftlichen Kenntnissen, ein Element des Überbaus darstellt, die Betrachtung der Wissenschaft, losgelöst von ihrer Wechselwirkung mit der materiellen Produktion, heute nicht mehr aus. In der letzten Zeit wurde eine Reihe von Auffassungen zum Wesen der Wissenschaft geäußert, die ihre Rolle in der wissenschaftlich-technischen Revolution der Gegenwart berücksichtigen und unserer Meinung nach der Wahrheit am nächsten kommen.

G. N. Volkov vertritt die Auffassung, „Das Wesen der Wissenschaft besteht nicht in den bereits erkannten Wahrheiten, sondern in ihrem Auffinden, in der experimentellen Forschungstätigkeit, die auf Erkenntnis und Nutzung der Gesetze der Natur und Gesellschaft gerichtet ist. Die Wissenschaft – das ist nicht das Wissen an sich, sondern sie ist die Tätigkeit der Gesellschaft zur Produktion von Wissen, d. h. eine wissenschaftliche Produktion" [7, S. 165]. Dieser Auffassung von der Wissenschaft nahekommende Meinungen vertreten G. S. Batiščev, der die wissenschaftlichen Kenntnisse als durch die Produktion abgeschlossenes Produkt der Wissenschaft ansieht [33, S. 57], sowie der amerikanische Ökonom B. Monsaroff, der die Auffassung vertritt, die Wissenschaft, das sind „gesammelte Erfahrungen und Kenntnisse, die Produktionsmittel – Kapital – bilden" [34, S. 19–20].

Offensichtlich muß man bei der Analyse der Wissenschaft außer diesen Aspekten auch Momente berücksichtigen, die in der Persönlichkeit des Wissenschaftlers liegen, denn die wissenschaftliche Tätigkeit besteht in der schöpferischen Arbeit von Wissenschaftlern, die eine Weltanschauung besitzen, die bestimmte Ziele verfolgen, eine bestimmte Einstellung zum Leben, eine bestimmte Wertorientierung haben.

Wenn man so an die Wissenschaft herangeht, dann verkörpert sie ein System von gesellschaftlichen Verhältnissen zur Produktion von Wissen durch die Wissenschaftler. Dieses System besteht aus folgenden Etappen: der Organisierung und Durchführung von methodologischen Forschungsarbeiten, von Arbeiten auf den Gebieten der Grundlagen- und angewandten Forschung, von Entwicklungsarbeiten und Erfindungen, aus der Entwicklung neuer technischer Funktionsmuster und ihrer Überführung in die Serienproduktion.

Als Objekte, die von der Wissenschaft analysiert werden, treten zwei Reihen von Erscheinungen auf – vor allem natürlich die Wissenschaftler selbst und ihre verschiedenen Arten von Beziehungen untereinander, aber auch Beziehungen zwischen Sachen, zwischen Gegenständen und Produkten der wissenschaftlichen Forschungsarbeit. Bedingt kann man sie als „sachliche Sphäre" und als „Persönlichkeitssphäre" bezeichnen.

In einem bestimmten System von gesellschaftlichen Verhältnissen nimmt die konkrete Form der wissenschaftlichen Tätigkeit ihre qualitative Bestimmtheit an. Dies trifft nicht nur auf die Beziehungen zwischen den Wissenschaftlern zu, sondern auch auf die sozialen Qualitäten der Produkte der wissenschaftlichen Arbeit, die entsprechend ihrer sozialen Bedeutung und ihrer Übereinstimmung mit den sich ununterbrochen weiter vervollkommnenden sozialen Bedingungen und Normen gemessen werden. Die ökonomischen (Wert-), produktionstechnischen, ästhetischen und anderen Eigenschaften der Ergebnisse der wissenschaftlichen Forschungsarbeit treten als von einem bestimmten System von Gesellschaftsverhältnissen, in dem sie funktionieren, abgeleitete Eigenschaften auf.

Daher ist die erste und grundlegende Erscheinung, auf die der Wissenschaftler stößt, der eine Sphäre der wissenschaftlichen Tätigkeit unter dem „sachlichen Aspekt" oder dem „Persönlichkeitsaspekt" untersucht, der Systemcharakter des Untersuchungsobjektes. Dieser Umstand bestimmt die spezifische Besonderheit jeder qualitativen Analyse bei der Erforschung der Wissenschaft. Die qualitative Analyse, die jeder weiteren Forschung vorausgehen muß, bestimmt den Gegenstand der Untersuchung. Das Herausgreifen einer bestimmten sozialen Erscheinung als Gegenstand einer wissenschaftlichen Analyse bedeutet, auch den Systemcharakter herauszustellen, der ihre Spezifik bestimmt. Die Bestimmung des Systemcharakters wiederum setzt voraus, daß bei der Beschreibung der Wissenschaft ein theoretisches Niveau beachtet wird, daß ihre logische Struktur aufgebaut wird, die eine notwendige Voraussetzung für den Übergang zu quantitativen Methoden bildet. Der Systemcharakter der Wissenschaft führt dazu, ihre qualitative Analyse auf einem theoretischen Niveau durchzuführen. Die Wissenschaft stellt sich als ein dynamisches sich selbst reproduzierendes und selbst regelndes System dar, das in Abhängigkeit von der inneren Entwicklungslogik und den gesellschaftlichen Zielen funktioniert, die von dem Charakter des sozialen Milieus bestimmt werden, in dem Wissenschaft als Objekt existiert. Damit bilden Zielvorstellung und Zielstrebigkeit eine objektive Charakteristik der Wissenschaft, die innere Bestimmtheit ihrer Lebenskraft als System. Die Zielvorstellung in der Wissenschaft besitzt einen besonderen Charakter. Außer der Tatsache, daß eine bestimmte, der Entwicklung der Wissenschaft objektiv eigentümliche Zielstrebigkeit und in diesem Sinne ein bestimmter Gang der Ereignisse existiert, der der Logik des Funktionierens der Wissenschaft als soziales System untergeordnet ist, wird doch letzten Endes die wissenschaftliche Arbeit von Menschen durchgeführt, die sich von unterschiedlichen Interessen leiten lassen. Ein Wissenschaftler ist infolgedessen kein Individuum, das einseitig einen Dialog mit der schweigenden Natur führt, sondern er ist ein bewußter Akteur in einer die Gesellschaft umgestaltenden Tätigkeit, wenn auch seine Arbeit auf Grund ihrer Ziele, der verwendeten Werkzeuge und ihrer Organisationsformen sich bedeutend von anderen Arten von gesellschaftlich nützlicher Arbeit unterscheidet.

Damit kann man die Schlußfolgerung ziehen, daß unter den Bedingungen der wissenschaftlich-technischen Revolution in der Gegenwart sich eine grundlegende Veränderung der Rolle des Wissenschaftlers und der Wissenschaft in der Gesellschaft vollzieht und sich ihr Verhältnis zu anderen Sphären der menschlichen Tätigkeit gründlich wandelt.

Die Industrie verwandelt sich immer mehr in eine technische Anwendung der Wissenschaft, während die Wissenschaft zu einem Zweig der Ökonomie zur Produktion wissenschaftlicher Kenntnisse wird. Das hat keineswegs zur Folge, daß die Grenzen zwischen Technologie und Wissenschaft, zwischen der äußeren Welt und der Welt der Ideen, verwischt werden. Zwischen ihnen bleiben wesentliche Unterschiede bestehen. Gleichzeitig aber findet auch eine intensive Annäherung dieser ehemals diametral entgegengesetzten Erscheinungen statt, eine dialektische „Transfusion" einer Erscheinung in die andere. Am deutlichsten tritt diese Tendenz der Verwandlung der Wissenschaft in eine unmittelbare Produktivkraft der Gesellschaft in der Wechselwirkung zwischen Wissenschaft, Technik und Produktion hervor.

Die moderne Produktion und Technik hängen unmittelbar von der effektiven Überführung wissenschaftlicher Errungenschaften in die

Praxis ab. In dem Beschluß des ZK der KPdSU und des Ministerrates der UdSSR „Über Maßnahmen zur Erhöhung der Effektivität der Arbeit der wissenschaftlichen Institutionen und zur beschleunigten Nutzung der Errungenschaften von Wissenschaft und Technik in der Volkswirtschaft" [35] wird die Tatsache unterstrichen, daß die Arbeit der wissenschaftlichen Forschungseinrichtungen, der Entwurfs- und Konstruktionseinrichtungen sowie der technologischen Organisationen und der wissenschaftlichen Abteilungen der Hochschulen auf die Lösung der wichtigsten wissenschaftlich-technischen Probleme ausgerichtet sein muß, die mit der Beschleunigung des Entwicklungstempos der Arbeitsproduktivität in der Industrie, in der Landwirtschaft, im Bauwesen, im Verkehrswesen und in anderen Zweigen der Volkswirtschaft zusammenhängen. Im Zusammenhang hiermit gewinnt die Analyse der Tätigkeit der wissenschaftlichen Forschungseinrichtungen und der Organe zur Leitung der Wissenschaft in den Ministerien und zentralen Staatsorganen aktuelle Bedeutung, damit diese Empfehlungen ausarbeiten, die auf die Vervollkommnung des Systems der Finanzierung, Planung, materiell-technischen Versorgung und des Kadereinsatzes gerichtet sind, daß sie materielle und moralische Stimuli ausarbeiten, wissenschaftlich begründete Prinzipien für die Kontrolle, die Rechenschaftslegung und für eine effektive Bewertung der Ergebnisse der wissenschaftlichen Forschungsarbeit aufstellen.

Die Wissenschaft ist ein kompliziertes System zur Erzeugung neuen Wissens, das eine Reihe von Besonderheiten besitzt, die dieses von anderen sozialen Systemen unterscheiden. Im Zusammenhang mit der zunehmenden Rolle der Wissenschaft in der Gesellschaft und ihrem wachsenden Einfluß auf das ökonomische Entwicklungstempo vergleicht man gewöhnlich die Sphäre der wissenschaftlichen Tätigkeit mit der Produktion.

In der Tat, die Prozesse, die in der Wissenschaft und in der Produktion ablaufen, besitzen in vielem analoge Züge. Eine wissenschaftliche Forschungseinrichtung benötigt ebenso wie ein Betrieb oder ein Werk eine kontinuierliche materiell-technische Versorgung, eine Planung (in der Form der laufenden Planung, der operativen und der Perspektivplanung), eine Prognose, die Bestimmung ihrer Effektivität, die Realisierung der erzielten Ergebnisse, eine Finanzierung, eine Informationsversorgung, eine Mechanisierung und Automatisierung der arbeitsaufwendigsten Prozesse. Mit dieser Begründung erklärt man nicht selten die Wissenschaft zu einer besonderen Sphäre der Produktionstätigkeit. Diese Auffassung ist offensichtlich richtig, wenn es sich um den wirtschaftlichen und finanziellen Teil der Tätigkeit einer wissenschaftlichen Forschungseinrichtung handelt. Hier unterscheidet sich die Wissenschaft nicht wesentlich von der Produktion, und unter Bedingungen der wissenschaftlich-technischen Revolution in der Gegenwart findet in dieser Beziehung eine intensive Annäherung der finanziellen und wirtschaftlichen Tätigkeit der wissenschaftlichen Forschungseinrichtungen und Industriebetriebe statt. Moderne Forschungsinstitute, insbesondere solche, in denen angewandte Forschung betrieben wird, werden in immer stärkerem Maße mit moderner Forschungstechnik ausgestattet, mit komplizierten technischen Systemen und bekommen, was ihre Struktur und Organisation anbelangt, immer mehr Ähnlichkeit mit Industriekomplexen. Ihrerseits erinnert eine Abteilung eines Industriebetriebes, insbesondere in solchen fortgeschrittenen Industriezweigen, wie der Elektronik, der Radioindustrie, der Polymer-Chemie und anderen Zweigen immer mehr an ein wissenschaftliches Forschungslaboratorium.

Was jedoch das Wesen des Prozesses anbelangt, so unterscheiden sich die „Produktion von Ideen" und die „Produktion von Sachen" grundlegend voneinander. Man kann darauf hinweisen, daß mindestens folgende Besonderheiten die Wissenschaft als eine besondere Art der menschlichen Tätigkeit kennzeichnen:

1. Zum Unterschied von der Produktion, wo durch Programm und technische Dokumentation die Ergebnisse vorher festgelegt und streng determiniert sind, die man nach der Realisierung des Produktionsprozesses erhalten will, besitzen die Ziele der wissenschaftlichen Forschung einen stochastischen Charakter. Aus diesem Grunde kann man bei der Bestimmung des Ergebnisses einer Forschungsarbeit nur die Stufe (das Maß) der Wahrscheinlichkeit, mit der man dieses Ergebnis erzielen wird, festlegen.

Die berechneten Forschungsergebnisse fallen in der Regel nie mit den real erzielten Ergebnissen zusammen. Aus diesem Grunde kann man wissenschaftliche Entdeckungen nicht prognostizieren, weil die Prognostizierung einer Entdeckung den Prozeß der Entdeckung selbst darstellt. Im Gegensatz dazu kann man in der Produktion stets mit einem zufriedenstellenden Annäherungsgrad die Endergebnisse des Produktionszyklus berechnen und damit zuverlässig voraussehen.

2. Die Produktion läuft erfolgreich ab, wenn ihre Leitung und Organisation auf der Grundlage einer Reihe folgerichtiger „harter" Entscheidungen durchgeführt wird, die einen strengen „Fahrplan" für ihre strikte Erfüllung verlangen. Je mehr sich der reale Produktionsprozeß dem auf dem Kalendertag exakt festgelegten, berechneten,

vorher bestimmten Zyklus des Wechsels einzelner Operationen und Etappen nähert, desto höher ist seine Effektivität. In der Wissenschaft sind bei der Durchführung von Forschungsarbeiten „harte" Entscheidungen nicht angebracht: da die wissenschaftliche Forschungstätigkeit einen Wahrscheinlichkeitscharakter besitzt, würde mit einer Folge von eindeutigen, unabänderlichen Entscheidungen nur der erfolgreichen Erfüllung der Forschungsaufgabe Schaden zugefügt werden.

3. Die Produktion kann erfolgreich funktionieren, wenn ihre Aufgaben und Ziele exakt bestimmt sind und wenn sie sich über einen mehr oder weniger langen Zeitraum (mindestens während eines Jahresplanzeitraumes) nicht verändert. Ist dies nicht der Fall, dann „fiebert" der Produktionsprozeß, wird der Produktionsrhythmus verletzt (kommt es zu „Feuerwehreinsätzen" und zu Stillstandszeiten der Maschinen), dann sinkt die Arbeitsproduktivität, und die Selbstkosten der Erzeugnisse steigen. Diese Erscheinungen sind dadurch bedingt, daß die Effektivität der Produktion unmittelbar mit dem Massencharakter, dem Seriencharakter der hergestellten Erzeugnisse verbunden ist. Je höher der Ausstoß an ein und denselben Erzeugnissen auf einer Standardausrüstung eines Betriebes ist, um so größer ist der Produktionseffekt. Ein Wissenschaftler stellt sich vorher die Aufgabe, ein prinzipiell neues, einmaliges Ergebnis zu erzielen. Da der Weg hierzu unbekannt ist, braucht man bei der Aufgabenstellung und der Lösung einer Forschungsaufgabe eine im höchsten Grade erreichbare Anpassungsfähigkeit, die Analyse einer Menge von verschiedenen Varianten, ein mobiles Auffassen der Entscheidungen, das bis hin zu Veränderungen des Ziels der Forschungsarbeit führt, wenn im Prozeß der Durchführung der Forschung irgendwelche vorher nicht angenommenen Faktoren festgestellt werden.

4. Eine wichtige Besonderheit der Wissenschaft ist der prinzipielle Unterschied hinsichtlich der Methoden und Aufgaben der Planung bei Forschungsaufgaben im Verhältnis zu der Planung der materiellen Produktion. Der Produktionsplan ist das Aktionsprogramm für das Produktionskollektiv, das sämtliche Seiten seiner Tätigkeit, darunter die ökonomische Effektivität, für einen mehr oder weniger langen Zeitraum festlegt. In der Wissenschaft umfaßt die Planung die wirtschaftlichen und finanziellen Seiten der Tätigkeit eines Kollektivs, die Termine für den Beginn und Abschluß von Forschungsarbeiten, ohne jedoch die ökonomische Effektivität der wahrscheinlichen Ergebnisse zu definieren. Nicht selten wird eine Forschungsarbeit mit einem Ergebnis abgeschlossen, dessen ökonomischen Effekt man nicht be-

stimmen kann, sehr oft ist er unbedeutend, und zuweilen erhalten Forscher ungeachtet aller auf die Forschungsarbeit verwendeten großen Anstrengungen und der bedeutenden verausgabten Mittel ein negatives Forschungsergebnis. Wenn unter den Bedingungen der Produktion solche Ergebnisse unannehmbar sind, so kann in der Wissenschaft sogar ein negatives Forschungsergebnis manchmal von einer großen positiven Bedeutung sein. So wurde zum Beispiel auf der Grundlage der Analyse der negativen Ergebnisse der Michelson-Versuche von Einstein die spezielle Relativitätstheorie entwickelt, ein grundlegendes theoretisches System der modernen Naturwissenschaft.

5. Schließlich besitzt die Wissenschaft ein spezifisches Finanzierungssystem, insbesondere über einen längeren Zeitraum. Die Produktion stellt sich das Ziel utilitaristische Ergebnisse zu erzielen. Das Produktionsprogramm wird für keinen längeren Zeitraum als für eine Fünfjahrplanperiode geplant und dementsprechend finanziert, wobei auf jeden Fall jährlich eine Korrektur des Fünfjahres-Finanzplanes stattfindet. Die Ziele der Finanzierung der Produktion ändern sich in der Regel nur wenig und sind in quantitativen Parametern ausgedrückt (Produktionsmenge, Selbstkosten, Materialaufwand, Mittel für Ausrüstungen, Lohnfonds usw.). In der Wissenschaft ist es in der Regel unmöglich, den Produktions„ausstoß" – die wissenschaftlichen Ideen – nach der Höhe der verausgabten finanziellen Mittel quantitativ festzulegen. Außerdem verfolgen Forschungsarbeiten, mit Ausnahme einer verhältnismäßig kleinen Zahl von Entwicklungsarbeiten, keine engen utilitaristischen Ziele. Selbst wenn Forschungsarbeiten durchgeführt werden, die sich die Aufgabe stellen, die Produktion zu verbessern, strebt der Wissenschaftler in der Regel danach, solche Ergebnisse zu erzielen, die nicht nur in dem untersuchten Objekt Verwendung finden können, sondern auch in einer Reihe analoger Betriebe, und die von Bedeutung für die gesamte Industrie sind.

Auf der Grundlage dieser Ausführungen kann man die Schlußfolgerung ziehen, daß die Wissenschaft, ungeachtet des sich immer mehr beschleunigenden Prozesses ihrer „Industrialisierung", ihrer Verwandlung in einen Zweig der Ökonomik und ihrer Annäherung an die Produktion, nach wie vor ein spezifischer Zweig der menschlichen Tätigkeit bleibt. Aus diesem Grunde führt die Anwendung von Organisations- und Leitungsmethoden, die in der Industrie üblich sind, in der Sphäre der Wissenschaft, ohne die Spezifik der Wissenschaft zu berücksichtigen, in der Regel zu negativen Folgen. Gleichzeitig ist die moderne Wissenschaft durch eine Reihe von Eigenschaften gekennzeichnet, die eine Analogie zur modernen Produktion besitzen und die es gestatten, die Wissenschaft nicht nur als Form des gesellschaftlichen Bewußtseins anzusehen, sondern sie auch als ein wichtiges Gebiet der praktischen Tätigkeit des Menschen zu betrachten, das unter den Bedingungen der wissenschaftlich-technischen Revolution der Gegenwart von entscheidender Bedeutung für die Entwicklung der Gesellschaft ist. Die Produktivkräfte, die die Arbeitsinstrumente, den Menschen, der Berufserfahrungen, sie zu handhaben, besitzt, und die Arbeitsmittel umfassen, bilden die Grundlage für den gesellschaftlichen Fortschritt. In ihrer Entwicklung kommt die Vervollkommnung der Ökonomik zum Ausdruck. Unter den Bedingungen der wissenschaftlich-technischen Revolution der Gegenwart besteht eine unmittelbare Verbindung zwischen der Ökomonik und der Wissenschaft. Diese Verbindung ist durch folgende Besonderheiten gekennzeichnet:

1. In der Wissenschaft müssen die Erhöhung der Investitionen, der Grundfonds, der Menge der erzielten Ergebnisse, wertmäßig ausgedrückt, die Zunahme der Zahl der wissenschaftlichen Publikationen, der Zahl der Urheberscheine und Patente, die Zunahme der wissenschaftlichen Dokumentation, der Zahl der entwickelten Versuchsmuster, Maschinen, Materialien usw. wesentlich größer sein als das Wachstumstempo der gesamten Volkswirtschaft insgesamt;

2. Das Wachstumstempo der Ausgaben für die Volksbildung muß wesentlich höher sein als das Wachstumstempo der Ausgaben für die Wissenschaft, damit eine ständige und ausreichend große Reserve an Arbeitskräften für die Wissenschaft bereitgestellt wird;

3. Die Effektivität der gesellschaftlichen Produktion hängt unmittelbar vom wissenschaftlich-technischen Fortschritt ab. Aus diesem Grunde ist die ökonomische Entwicklung in entscheidendem Maße vom Umfang der wissenschaftlichen Errungenschaften sowie von ihrer schnellen Realisierung in der Praxis abhängig;

4. Die Dynamik der Arbeitsproduktivität, die Höhe des Gewinns und das gesellschaftliche Gesamtprodukt hängen in immer stärkerem Maße davon ab, inwieweit die Wissenschaft mit Hilfe der neuen Technik auf die Produktion einwirkt;

5. Es zeigt sich die Tendenz, daß die Kosten für den wissenschaftlich-technischen Fortschritt immer mehr ansteigen. Aus diesem Grunde gewinnt die schnelle Überführung der wissenschaftlichen Errungenschaften in die Produktion besondere Bedeutung. Anderenfalls nimmt die Fondsintensität des Nationaleinkommens zu, und die neuen Investitionen, die die Einführung der wissenschaftlichen Ergebnisse in die Produktion erfordert, üben auf die Ökonomik einen immer stärkeren Druck aus;

6. eine erweiterte Reproduktion ist nur gewährleistet, wenn die Wissenschaft der Entwicklung der Technik vorauseilt und die Technik so entwickelt wird, daß sie im Verhältnis zur Entwicklung der Produktion insgesamt einen Vorlauf besitzt.

Zwischen der Steigerung der Rentabilität der Industrie, dem Einfluß, den die Wissenschaft auf die einzelnen Industriezweige ausübt, und der Höhe des Aufwandes für Forschung und Entwicklung für die einzelnen wissenschaftlichen Richtungen besteht eine direkte Abhängigkeit.

Den stärksten Einfluß auf die Produktion üben die Ergebnisse der physikalisch-technischen Wissenschaften aus. Ihre Entwicklung ist es, die in erster Linie das technisch-ökonomische Niveau der Industrie bestimmt. Nicht zufällig betragen in den USA die finanziellen Zuwendungen aus dem Bundeshaushalt für die physikalisch-technischen Wissenschaften fast 70 Prozent aller finanziellen Zuwendungen für die Wissenschaft, wobei von ihnen etwa 65 Prozent auf die technischen Wissenschaften entfallen. Im letzten Jahrzehnt erhöhten sich die Ausgaben in den USA für Forschungen auf dem Gebiet der technischen Wissenschaften auf mehr als das dreifache, während z. B. die Mittel für die Landwirtschaftswissenschaften nur um 20 Prozent erhöht wurden. Im Zusammenhang mit der Einführung der EDVA in die Leitung der Industrie stiegen die Ausgaben für die mathematischen Wissenschaften von 1959 bis 1967 auf das 17fache [36].

Die Einführung von Errungenschaften der Wissenschaft in die Produktion führt nicht immer automatisch zu einer Steigerung der Arbeitsproduktivität und einer Einsparung von materiellen Mitteln. Um optimale Bedingungen für die Anwendung wissenschaftlicher Errungenschaften in der Produktion zu bestimmen, muß man die Abhängigkeit des wissenschaftlich-technischen Fortschritts von dem quantitativen Verhältnis der Produktion und der Fondsintensität beachten oder, genauer gesagt, seine Abhängigkeit von dem Ausrüstungsgrad der Arbeit mit Maschinen und der Arbeitsproduktivität. In makroökonomischen Modellen der Produktion werden gewöhnlich die folgenden drei Typen des wissenschaftlich-technischen Fortschritts herausgestellt:

der ökonomische Typ: $\% \Delta p > \% \Delta h$,
der neutrale Typ: $\% \Delta p = \% \Delta h$,
der fondsintensive Typ: $\% \Delta p < \% \Delta h$.

Hierbei bedeutet: $\% \Delta p$ die relative Steigerung der Arbeitsproduktivität; $\% \Delta h$ die relative Zunahme des Ausrüstungsgrades der Arbeit durch einen höheren Einsatz von Arbeitsmitteln (Grundfonds oder

Maschinen und Ausrüstungen, die auf einen Beschäftigten im Produktionsprozeß entfallen).

Bei der Betrachtung dieser Haupttypen des wissenschaftlich-technischen Fortschrittes wird nicht die Senkung der sogenannten konstanten Ausgaben pro Produktionseinheit berücksichtigt (die Zunahme der Arbeitsproduktivität erhöht den Produktionsausstoß oder setzt teilweise Arbeitskräfte frei usw.).

Der ökonomische Typ des wissenschaftlich-technischen Fortschrittes besteht darin, daß die Menge der lebendigen und vergegenständlichten (in der Technik) Arbeit pro Produktionseinheit gesenkt wird, d. h. es werden die Lohnkosten und die Abschreibungen pro Produktionseinheit gesenkt. Dies ist unter der Bedingung der Fall, daß $I_2 < I_1$ ist und $v_2 < v_1$, wobei I die einmalig aufzuwendenden Mittel bedeuten (im Regelfall sind I die Investitionen) und I_1 und $I_2 \ldots, I$ die einmalig aufzuwendenden Mittel für die einzelnen Entscheidungsvarianten bedeuten;

v bedeuten die Produktionskosten für einen vergleichbaren Produktionsumfang, $v_1, v_2 \ldots, v_n$ die Produktionskosten bei den verschiedenen Entscheidungsvarianten.

Der neutrale Typ des wissenschaftlich-technischen Fortschritts zeigt sich in der Senkung des Aufwandes an lebendiger Arbeit (an Arbeitslohn) pro Produktionseinheit, wobei die vergegenständlichte Arbeit (der Amortisationsfonds) unverändert bleibt, d. h. $I_2 = I_1$ und $v_1 < v_2$.

Der fondsintensive Typ wird durch folgende Formel ausgedrückt: $I_2 > I_1$ und $v_2 < v_1$. Das heißt, die Menge an lebendiger Arbeit (der Arbeitslohn) sinkt; aber gleichzeitig nimmt die Menge an vergegenständlichter Arbeit pro Produktionseinheit zu. Aus diesem Grunde sind Investitionen zur Einführung von wissenschaftlichen Erkenntnissen unter Voraussetzungen, die eine Zunahme der Fondsintensität der Produktion zur Folge haben, so lange effektiv, wie $\Delta m > \Delta o$ ist, wobei m die Einsparungen an Arbeitslohn bedeutet und o die Abschreibungen pro Produktionseinheit. Wenn dagegen $\Delta m = \Delta o$, und erst recht wenn $\Delta m < \Delta o$ ist, dann wird die Einführung von wissenschaftlichen Errungenschaften unrentabel.

Der ökonomische Typ des wissenschaftlich-technischen Fortschritts ist für revolutionäre Veränderungen in der Produktion charakteristisch (z. B. die Ersetzung von Elektronenröhren durch Transistoren in der Rundfunkindustrie). Er kennzeichnet das stürmische Wachstum der technischen Arbeitsmittel bei gleichzeitiger Veränderung des technologischen Prozesses, d. h. die Arbeitsproduktivität wächst schneller als die Ausgaben für die Schaffung der Voraussetzungen für dieses Wachstum.

Die Berücksichtigung dieser Umstände ist besonders wichtig, wenn es darum geht, die Grundrichtungen für die Entwicklung der Industrie festzulegen. Eine rationelle Nutzung der Errungenschaften der Wissenschaft führt zu einer Erhöhung der Fondseffektivität und einer Abnahme der Fondsintensität der Produktion und damit zu einer starken Steigerung des ökonomischen Entwicklungstempos.

Die Effektivität der Nutzung der Produktionsgrundfonds wird durch viele Faktoren bestimmt: durch die Struktur der verausgabten Investitionsmittel; durch die innerzweiglichen Proportionen; durch den Schichtkoeffizienten der Ausrüstungen usw. Der wichtigste Faktor ist aber der Faktor der effektiven Einführung der Ergebnisse aus der wissenschaftlichen Forschung in die Produktion, der Faktor des schnellen „Durchlaufs" der wissenschaftlichen Ideen innerhalb von 4 bis 5 Jahren vom Laboratorium bis in die Serienproduktion. Dabei dauert nach Angaben des Ökonomischen Forschungsinstituts der Staatlichen Plankommission der Ukrainischen SSR allein die Abschlußetappe des Zyklus Wissenschaft-Technik-Produktion, und zwar die faktische Inbetriebnahme der Kapazitäten, zuweilen im Maschinenbau und in der Zementindustrie 3 bis 5 Jahre, in der Zuckerindustrie und in der Zellulose- und Papierindustrie 3 bis 6 Jahre, in der Kohlenindustrie 3 bis 10 Jahre usw. [37, S. 17]. Unter den Bedingungen des gegenwärtigen Entwicklungstempos der wissenschaftlich-technischen Revolution, wo jährlich etwa 15 bis 20 Prozent der Industrieerzeugnisse durch neue ersetzt werden, führt eine solche langsame Überführung der neuen Technik in die Produktion dazu, daß die Ausrüstungen bereits im Projektstadium moralisch veraltet sind, bevor sie in Betrieb genommen werden. Dies führt zu einer Minderung der Fondseffektivität, erhöht den Arbeitsaufwand pro Produktionseinheit und verringert das gesamte Tempo des wissenschaftlich-technischen Fortschrittes.

Unter den Bedingungen des Sozialismus sind alle Möglichkeiten gegeben, die Errungenschaften der Wissenschaft auf dem schnellsten Wege in die Produktion überzuführen. Die Vorzüge des Sozialismus können auch die bürgerlichen Wissenschaftler nicht verschweigen. Charakteristisch ist, daß in einem Bericht an den Kongreß der USA im Jahre 1966 eine Kommission aus führenden amerikanischen Ökonomen zu der Schlußfolgerung gelangte, daß die UdSSR über viel günstigere Bedingungen verfügt als die USA, um den modernen wissenschaftlich-technischen Fortschritt zu realisieren. Diese Möglichkeiten verwirklichen sich jedoch nicht automatisch: Um das Problem, die Ergebnisse der wissenschaftlichen Forschung bis zu ihrer ökonomischen Realisierung in der Produktion durchzuziehen, zu lösen, sind die planungsökonomische und die organisatorische Seite von erstrangiger Bedeutung. Nach Auffassung von Akademiemitglied L. M. Gatovski umfaßt die Erforschung des ökonomischen Mechanismus der Verbindung von Wissenschaft und Produktion folgende Probleme:

1. Probleme der wissenschaftlichen Institute, der Entwicklungs-, Projektierungs- und anderen Einrichtungen, die das Zwischen- und Überleitungsglied von den wissenschaftlichen Forschungsinstituten zur Produktion darstellen, d. h. Probleme der Überleitung wissenschaftlicher Entwicklungen zu ihrer vollständigen ökonomischen Realisierung in der Produktion;

2. Probleme in der Produktionssphäre, in den Betrieben, die wissenschaftliche und technische Entwicklungen realisieren [38, S. 11]. Damit die Betriebe an der Einführung von Forschungsergebnissen interessiert sind und die Institute ein Interesse haben, die gewonnenen neuen Informationen bis zum Stadium ihrer Überleitung in der Produktion zu führen, ist es notwendig, besondere ökonomische Bedingungen für die Wechselwirkung von Wissenschaft und Produktion zu schaffen.

Eine Methode, dieses komplizierte Problem zu lösen, besteht in der Entwicklung von Beziehungen der wirtschaftlichen Rechnungsführung zwischen den wissenschaftlichen Forschungseinrichtungen und den Betrieben. Unter den Bedingungen der sozialistischen Gesellschaft wirken als Regulator der Produktion der Plan und die wirtschaftliche Rechnungsführung (die Ware-Geld-Beziehungen) in ihrer dialektischen Wechselwirkung. In dem Beschluß des September-Plenums des ZK der KPdSU von 1965 „Über die Verbesserung der Leitung der Industrie, die Vervollkommnung der Planung und die verstärkte ökonomische Stimulierung der Industrieproduktion“ und in den Direktiven des XXIV. Parteitages der KPdSU wurden die grundlegenden Forderungen an eine optimale Übereinstimmung zwischen Planung, Preisbildung, Formen der wirtschaftlichen Rechnungsführung und der Verteilung nach der Arbeitsleistung festgelegt. Die Abstimmung zwischen der wirtschaftlichen Rechnungsführung und dem Plan bildet die Hauptaufgabe des Systems zur Leitung der Ökonomik unter den Bedingungen der in der Sowjetunion in Durchführung begriffenen Wirtschaftsreform. Dieses Problem ist besonders aktuell für die Bewertung der Effektivität der wissenschaftlichen Forschungsarbeiten. Die Frage wird hier noch besonders dadurch kompliziert, weil in der Analyse der Wissenschaft solche ökonomischen Kategorien wie „Rentabilität", „Gewinn" und „wirtschaftliche Rechnungsführung" eine spezifische Bedeutung besitzen. In der materiellen Produktion ist der Gewinn die Differenz zwischen Preis und Selbstkosten. In der wissenschaftlichen Forschung verkörpert der Gewinn den Unterschied zwischen den vorher eingeplanten Kosten für eine Entwicklung und den Ist-Aufwendungen, d. h. der Gewinn ist in der Wissenschaft in bedeutendem Maße eine unobjektive Kennziffer, die von der richtigen Berechnung der prognostizierten Aufwendungen abhängt, von dem Verhältnis des Auftragnehmers zum Auftraggeber bei Vertragsabschluß usw. Für wissenschaftliche Forschungsergebnisse gibt es keine einheitlichen Preise. Ihr ökonomischer „Wert" (d. h. ihre Gestehungskosten – d. Red.) wird durch die Gesamtsumme der Aufwendungen für die Durchführung der Forschungsarbeiten bestimmt, ihr realer „Wert" kann aber ein völlig anderer sein. Das bedeutet nicht, daß die Ökonomen recht haben, die die Auffassung vertreten, daß die Rentabilität der Wissenschaft überhaupt einen Mythos darstelle [39] und daß man sie weder mit qualitativen noch mit quantitativen Methoden erfassen könne. Die praktische Tätigkeit vieler wissenschaftlicher Forschungseinrichtungen in der Sowjetunion, die sich in den 60er Jahren entwickelt hat, weist überzeugend nach, daß die wirtschaftliche Rechnungsführung in der Wissenschaft nicht nur möglich ist, sondern häufig auch das einzige Mittel zur Steigerung der Effektivität in der wissenschaftlichen Forschung darstellt. Natürlich besitzt das System der wirtschaftlichen Rechnungsführung in der Wissenschaft seine Grenzen: es erfaßt einen Teil der angewandten Forschung und der Industrieforschung und findet keine Anwendung auf dem Gebiet der Grundlagenforschung.

Nach Auffassung von G. Anisimov kommen die ökonomischen Grundlagen der wirtschaftlichen Rechnungsführung in der Wissenschaft in folgenden Maßnahmen zum Ausdruck:

1. in der Art und Weise, wie die wissenschaftlichen und technischen Einrichtungen mit Grundmitteln und eigenen Umlaufmitteln ausgestattet werden;
2. in dem System der Erfassung des Wertes der ausgeführten wissenschaftlichen Forschungs-, Entwicklungs- und Konstruktionsarbeiten;
3. in dem System der Vorfinanzierung der Ausgaben der Auftragnehmer für vertragliche Arbeiten durch die Auftraggeber;
4. in materiellen Sanktionen für eine nicht qualitätsgemäße Ausführung von Entwicklungs- und Konstruktionsarbeiten [40, S. 12–13].

Im Zusammenhang mit der Entwicklung der Ware-Geld-Beziehungen in der Sowjetwirtschaft ist die Bewertung der Tätigkeit einer wissenschaftlichen Forschungseinrichtung von folgenden Faktoren abhängig:

- von dem Neuheitsgrad und der Perspektive der entwickelten und zu realisierenden wissenschaftlichen und technischen Ideen;
- von der Quantität und der Bedeutung der Arbeiten, die auf Grund von Ausschreibungen und Wettbewerben angenommen wurden;
- von dem ökonomischen, realen und potentiellen Nutzen aus der Überführung der Forschungsergebnisse in die Produktion;
- von den technisch-ökonomischen Kennziffern der ausgearbeiteten und in die Produktion übergeführten Konstruktionen, Maschinen und Apparate im Vergleich mit analogen einheimischen und ausländischen Erzeugnissen, die Spitzenleistungen darstellen.

Aus diesem Grunde muß es für Forschungsergebnisse einen Preis geben, der unter Berücksichtigung der tatsächlichen Aufwendungen und bestimmter Akkumulationssummen proportional zu den veranschlagten Kosten der durchgeführten Forschungen festgelegt wird. Diese Summen werden differenziert, unter Berücksichtigung der ökonomischen Effektivität der abgeschlossenen Forschungsarbeiten ermittelt und als Abführungen der Industrie vom tatsächlich erzielten ökonomischen Nutzen durch die Anwendung der wissenschaftlichen Entwicklungen in der Produktion während der ersten zwei bis drei Jahre nach ihrer Einführung festgelegt.

Die traditionell entstandenen Formen der wirtschaftsvertraglichen Beziehungen zwischen den wissenschaftlichen Forschungseinrichtungen und den Betrieben, die davon ausgehen, daß die Überleitung vom Betrieb vorgenommen wird, befriedigen gegenwärtig immer weniger die Industrie. In der letzten Zeit entwickelten sich in der Sowjetunion neue organisatorische Formen der Verbindung von Wissenschaft und Produktion:

1. komplexe wissenschaftlich-technische Organisationen, die ein wissenschaftliches Forschungsinstitut, ein Konstruktionsbüro und einen Versuchsbetrieb besitzen und sowohl Forschungsarbeiten als auch Montagearbeiten und andere Arbeiten einschließlich der Inbetriebnahme neuer Kapazitäten durchführen;

2. Vereinigungen aus wissenschaftlichen Einrichtungen und Produktionsbetrieben. Sie umfassen Gruppen von ökonomisch und juristisch selbständigen wissenschaftlichen Forschungsinstituten, Konstruktionsbüros und Versuchsbetrieben, die von einer wissenschaftlichen oder wissenschaftlich-technischen Organisation geleitet werden und die für den gesamten Zyklus „Forschung-Überleitung der For-

schungsergebnisse in die Produktion" mit eigenen Kräften verantwortlich sind;

3. in allen Industriezweigen werden spezialisierte Kombinate (Trusts) und Verwaltungen zur Überleitung von Forschungsergebnissen gebildet, die Montagearbeiten durchführen und für die Inbetriebnahme neuer Produktionskapazität verantwortlich sind;

4. Komplexe, die bei einigen Akademie-Instituten der Sibirischen Abteilung der Akademie der Wissenschaften der UdSSR entstanden sind: selbständige, nach dem Prinzip der wirtschaftlichen Rechnungsführung arbeitende Konstruktionsbüros von Ministerien erhalten von Forschungsinstituten Ergebnisse aus der angewandten Forschung. Auf ihrer Versuchsbasis führen sie unter wissenschaftlicher Anleitung von Mitarbeitern der Akademie-Institute Entwicklungsarbeiten durch, um daraufhin auf vertraglicher Grundlage mit den Betrieben die Neuentwicklung in die Produktion zu überführen.

Der Beschluß des Ministerrates der UdSSR „Über Veränderung des Planungsverfahrens bei Aufwendungen für wissenschaftliche Forschungsarbeiten bei Erweiterung der Rechte der Leiter der wissenschaftlichen Forschungseinrichtungen" vom 22. März 1967 und der Beschluß des ZK der KPdSU und des Ministerrates der UdSSR „Über Maßnahmen zur Erhöhung der Effektivität der Tätigkeit der wissenschaftlichen Einrichtungen und zur Beschleunigung der Nutzung der Errungenschaften von Wissenschaft und Technik in der Volkswirtschaft" [35] bilden Etappen der in der Sowjetwirtschaft durchgeführten Reform, die auf eine verstärkte Durchsetzung der Beziehungen der wirtschaftlichen Rechnungsführung zwischen Wissenschaft und Industrie, auf die Entwicklung der Selbständigkeit der wissenschaftlichen Forschungseinrichtungen auf dem Gebiet der Finanzierung, der Arbeit und Löhne, auf eine Verstärkung der ökonomischen Verbindungen zwischen Wissenschaft und Produktion sowie auf die Schaffung eines solchen ökonomischen Mechanismus ihrer gegenseitigen Wechselwirkungen gerichtet sind, der unter den Bedingungen der Wirtschaftsreform in der Sowjetunion optimal funktionieren würde.

2. Hauptmethoden zum Studium der wissenschaftlichen Forschungstätigkeit

Eine charakteristische Besonderheit der modernen Wissenschaft ist die intensive Entwicklung von Methoden der „Selbsterkenntnis" der Wissenschaft: die Wissenschaft als soziale Erscheinung wurde zum Objekt einer vielseitigen wissenschaftlichen Forschungstätigkeit. Angesichts der schnellen „Industrialisierung" der wissenschaftlichen Forschungsarbeit, die dazu führt, daß Millionen von qualifizierten Fachleuten sich mit einer solchen Arbeit beschäftigen, wird das Problem der Auswahl der effektivsten Wege zur Entwicklung der Wissenschaft von aktueller Bedeutung.

Auf die Lösung dieses Problems üben folgende Faktoren einen Einfluß aus: die Größe eines Landes, das Niveau seiner industriellen Entwicklung, die sozialökonomische Ordnung der Gesellschaft. Die wissenschaftlich-technische Revolution hat diese Frage aber praktisch für jedes Land aufgeworfen.

Bereits in der Gegenwart übersteigt die Entwicklung einiger wissenschaftlichen Richtungen (z. B. der Physik hoher Energien) die Kraft der meisten Länder der Welt, denn für die Durchführung solcher teurer „hochindustrialisierter" Forschungsarbeiten werden Aufwendungen in Höhe von vielen Millionen für Ausrüstungen und die materiellen Ressourcen vieler Länder der Welt benötigt. Aus diesem Grunde ist die Ausarbeitung der verschiedenen methodologischen Verfahren des Herangehens an das Studium der wissenschaftlichen Forschungstätigkeit mit dem Ziel der Optimierung dieser Tätigkeit und der Verbesserung ihrer Ergebnisrate zu einer aktuellen Aufgabe geworden. Die Kompliziertheit der Wissenschaft als einer sozialen Erscheinung und die spezifischen Besonderheiten ihrer Entwicklung machen es nicht möglich, eine bestimmte globale Forschungsmethodik zu entwickeln: die unterschiedlichen Aspekte der Wissenschaft werden auf verschiedenste Art und Weise erforscht.

Die Wissenschaftswissenschaft im umfassenden Sinne dieses Wortes aufgefaßt schreitet schnell voran. Die Mehrzahl der gegenwärtig bekannten wissenschaftswissenschaftlichen Methoden wurde im letzten Jahrzehnt entwickelt. In dem Maße, in dem sich die wissenschaftliche Revolution entfaltet, entstehen auch neue Methoden zum Studium der Wissenschaft, werden Methodiken entwickelt, die es gestatten, die Analyse bestimmter Aspekte der wissenschaftlichen Forschungstätigkeit mit dem Ziel einer Steigerung der Effektivität dieser Arbeit mit minimalem Aufwand durchzuführen.

Wir wollen jetzt nacheinander die charakteristischen Besonderheiten einer Reihe von Methoden zum Studium der Wissenschaft und ihre Möglichkeiten untersuchen, brauchbare Mittel zur Optimierung der wissenschaftlichen Forschungsarbeit zu liefern, und zwar:

1. der kybernetischen Methode,
2. der wissenschaftswissenschaftlichen Methode,
3. der wissenschaftsmetrischen Methode,

4. der wissenschaftshistorischen Methode,
5. der von der Organisationstheorie der wissenschaftlichen Forschung entwickelten Methoden,
6. der soziologischen Methode,
7. der ökonomischen Methode,
8. der logischen Methode,
9. der informationslogischen Methode,
10. der Methoden der System-Struktur-Analyse.

Die kybernetische Methode

Die Wissenschaft wird als ein kompliziertes dynamisches System aufgefaßt, dessen Leitung von der Kybernetik auf dem theoretischen Fundament der Mathematik und der Logik und der Anwendung von Mitteln der modernen Mathematik und der Datenverarbeitungstechnik begründet wird.

Die Leitung bildet nach dieser Auffassung den Prozeß einer solchen planmäßigen, einem bestimmten Programm entsprechenden Veränderung der Parameter der Elemente des Systems in Abhängigkeit von der Veränderung der Bedingungen des Funktionierens des Systems, die so erfolgt, daß die qualitative Bestimmtheit des Systems im wesentlichen erhalten bleibt.

Das Problem der Automatisierung verlangt auf dem Gebiet der wissenschaftlichen Forschungsarbeit die Anwendung von Mitteln der elektronischen Datenverarbeitungstechnik und moderner Methoden der angewandten und theoretischen Mathematik sowie der Systemtechnik.

Zur Zeit gibt es mehrere Gebiete in der wissenschaftlichen Forschungsarbeit, die Untersuchungsobjekt sind, mit dem Ziel, Methoden und Mittel zu ihrer Automatisierung zu entwickeln:

1. die Lösung verschiedener mathematischer Aufgaben und die Durchführung von Berechnungen wissenschaftlichen und ingenieurtechnischen Charakters;

2. die Bearbeitung experimentell gewonnener Daten und die statistische Verarbeitung von Untersuchungsergebnissen;

3. die Leitung von wissenschaftlichen Forschungsarbeiten und von Forschungseinrichtungen;

4. die Informationsversorgung wissenschaftlicher Forschungsarbeiten (einschließlich der Sammlung, Speicherung, Recherche und Verbreitung von Publikationen über die Ergebnisse wissenschaftlicher Forschungen usw.);

5. die Realisierung sogenannter schöpferischer Prozesse in der wissenschaftlichen Arbeit (z. B. die Prognostizierung der Entwicklung einzelner Richtungen und ganzer Wissenschaftszweige, die Voraussage von Forschungsergebnissen, die Aufstellung und Überprüfung wissenschaftlicher Hypothesen; die Entdeckung neuer Gesetzmäßigkeiten und der Beweis aufgestellter Hypothesen usw.).

In diesem Falle wird auch die Informationsversorgung der vorgesehenen oder angelaufenen wissenschaftlichen Arbeiten untersucht mit dem Ziel, ein möglichst vollständiges Bild von dem Stand der erzielten Ergebnisse zu gewinnen, sowie die Perspektiven für die Entwicklung der interessierenden Forschungsrichtungen zu erhalten; die Prognostizierung der Erfüllung von Forschungsarbeiten, die Aufdeckung sich ergebender Abweichungen zwischen der realen und der nach dem Plan angenommenen Lage der Dinge, die Analyse der Ursachen für diese Abweichungen und die Bestimmung in Frage kommender Methoden zur Korrektur des Prozesses von wissenschaftlichen Entwicklungsarbeiten oder Forschungsarbeiten.

Eine wichtige Aufgabe sind die Bestimmung des Endzieles sowie der Zwischenziele von wissenschaftlichen Forschungsarbeiten, der Zusammensetzung des für die Durchführung in Frage kommenden Kreises von Mitwirkenden und die Festlegung, wie diese an der Arbeit mitwirken; die Aufstellung eines verdichteten Planes der wissenschaftlichen Arbeiten, die Bestimmung der erforderlichen Ressourcen und der benötigten Zeiten für die Durchführung der Arbeiten in den einzelnen Etappen und im Gesamtablauf sowie der für die einzelnen Etappen (Jahre) festgelegten Operativpläne, die bis auf die einzelnen Planausführenden hinab detaillisiert werden, die Abstimmung der Termine und die Verteilung der vorhandenen Ressourcen. Ein Bestandteil der Realisierung des schöpferischen Prozesses bildet die Einführung der operativen Erfassung und Kontrolle des Arbeitsablaufs in den einzelnen Teilabschnitten und der Inanspruchnahme der Ressourcen, das Treffen von Entscheidungen bei der operativen Leitung von wissenschaftlichen Entwicklungsarbeiten, die Bestimmung und Realisierung effektiver Maßnahmen zur Einwirkung auf den Arbeitsablauf.

Die kybernetische Methode des Studiums der Wissenschaft wurde in einer Reihe von Arbeiten beschrieben [41]–[53]. Sie ist immer dann effektiv, wenn die Wissenschaft als ein technisches System aufgefaßt wird, d. h. als eine geordnete Menge von technischen Mechanisierungs- und Automatisierungsmitteln. Bei diesem Herangehen bleiben aber viele andere Aspekte der Wissenschaft ungeklärt; sie werden mit Hilfe von Methoden anderer wissenschaftlicher Disziplinen untersucht.

Spezifischer Gegenstand der Wissenschaftswissenschaft ist das Studium der Wechselwirkung der verschiedenen Elemente, die die Entwicklung der Wissenschaft als eines ganzheitlichen Systems und einer besonderen Form der menschlichen Tätigkeit bestimmen.

Die Wissenschaftswissenschaft hängt wesentlich mit der Bearbeitung vom statistischen Massendaten zu verschiedenen Problemen zusammen, die quantitative und qualitative Schlußfolgerungen über die Entwicklungstendenzen und die Organisation der modernen Wissenschaft ermöglichen.

Die Wissenschaftswissenschaft umfaßt einen großen Komplex von Problemen, zur deren Lösung folgende statistische Angaben analysiert werden: die Zahl der wissenschaftlichen Ergebnisse (Entdeckungen, Erfindungen), die Zahl der veröffentlichten Arbeiten, die Zahl der Wissenschaftler, die Zahl und Struktur wissenschaftlicher Einrichtungen; die Höhe der Investitionen in der Wissenschaft und der Grad der ökonomischen Effektivität wissenschaftlicher Entwicklungsarbeiten; die Häufigkeit der Nachnutzung von Forschungsergebnissen; weiter Probleme der rationellen Organisation der wissenschaftlichen Forschung, Probleme der wissenschaftlichen Kommunikation und Information, der Kaderversorgung in wissenschaftlichen Einrichtungen, Fragen der Fach- und Hochschulbildung, des wissenschaftlichen Schöpfertums (Psychologie des wissenschaftlichen Schöpfertums, Ausarbeitung von Kriterien für die Auswahl der Nachwuchskräfte für eine wissenschaftliche Tätigkeit, die möglichst frühe Entdeckung von Talenten, die Typologie der Wissenschaftler in einem wissenschaftlichen Kollektiv, die Kurve des Verlaufs der schöpferischen Aktivität von Wissenschaftlern sowie das „Klima" in einer wissenschaftlichen Einrichtung).

Die Wissenschaft wird als ein kompliziertes dynamisches Informationssystem aufgefaßt, das vom Menschen geschaffen wurde, um Informationen zu sammeln, zu analysieren und zu verarbeiten, mit dem Ziel, neue Wahrheiten und neue praktische Anwendungsmöglichkeiten für diese zu gewinnen.

Zur Lösung der Probleme der Wissenschaftswissenschaft ist es erforderlich, Daten (Angaben) und Methoden von verschiedenen Wissenschaften zu untersuchen: aus der Geschichte von Wissenschaft und Technik, der Logik, der Soziologie, den ökonomischen Wissenschaften, der Psychologie und des Rechts und dabei Methoden der mathematischen Bearbeitung statistischer Daten, Methoden der allgemeinen Systemtheorie und andere anzuwenden. Keine dieser aufgeführten Wissenschaften ist jedoch in der Lage, die Aufgaben der Wissenschaftswissenschaft insgesamt allein zu lösen. Hierzu sind eine echte Synthese der verschiedenen Gebiete, die einzelne Aspekte des Funktionierens der Wissenschaft untersuchen, und die Untersuchung ihrer Entwicklung im Komplex erforderlich.

Die Wissenschaft von der Wissenschaft besitzt nach den Worten von J. Bernal zwei Aspekte, einen analytischen und einen normativen. Der analytische Aspekt besteht in dem Aufdecken des gesamten Systems der Gesetzmäßigkeiten, die die Entwicklung der Wissenschaft bestimmen, der Art und Weise des Funktionierens und des Bewegungsmechanismus der Wissenschaft. Der normative Aspekt umfaßt die Ausarbeitung von Empfehlungen, die an Hand von Schlußfolgerungen aus analytischen Forschungen gewonnen werden. Ein Aspekt allein kann ohne den anderen nicht ein vollständiges System der Wissenschaftswissenschaft bilden.

In den wissenschaftswissenschaftlichen Forschungsarbeiten müssen die Evolution der Organisationsformen der Wissenschaft analysiert und die Verbindungen zwischen den Aufgaben der Wissenschaft, ihrem Organisationsniveau und ihrem Organisationstyp aufgedeckt werden.

Hierzu gehört die Ausarbeitung eines Modells für eine optimale Organisation der Wissenschaft, das unterschiedliche Typen von Verbindungen vorsieht; wie: die Verbindungen zwischen Grundlagen- und angewandten Wissenschaften, zwischen benachbarten Wissenschaften, Verbindungen zwischen Wissenschaft, Technik und Produktion, die Organisation einer wissenschaftlichen Einrichtung in Abhängigkeit von der Tätigkeit, ihrem Profil usw.

Fundamentale Probleme der Wissenschaftswissenschaft sind die Struktur des Organismus Wissenschaft und die Tendenzen von Strukturveränderung (D. Price), die Strategie des wissenschaftlichen Suchens (J. Bernal).

Eine Hauptaufgabe der Wissenschaftswissenschaft besteht in der Ausarbeitung von Methoden zur Suche von wissenschaftlichen Problemen.

Die wissenschaftswissenschaftliche Analyse der Wissenschaft wird in einer Reihe von Publikationen beschrieben [2], [54–58]. Sie verlangt ein tiefgehendes Studium der Organisation der Wissenschaft auf der Grundlage der Analyse statistischer Angaben über ihre Entwicklung. Von der Abteilung für komplexe Probleme der Wissenschaftswissenschaft des Rates für Produktivkräfte der Ukrainischen SSR der Akademie der Wissenschaften der Ukrainischen SSR wurden fruchtbare wissenschaftswissenschaftliche Untersuchungen über den Stand der Wissenschaft in der Republik durchgeführt, insbesondere über die Qualifikation, die altersmäßige Zusammensetzung der wissenschaftlichen Kader und die Kaderreserven, den Zeitaufwand, der für die Forschungs- und Organisationsarbeit sowie für Hilfsoperationen im Forschungsprozeß benötigt wird, sowie zu dem Problem des Aufbaus von wissenschaftlichen Zentren.

Die wissenschaftsmetrische Methode

Die wissenschaftsmetrische Methode besteht in dem Studium der Wissenschaft als eines Informationsprozesses mit Hilfe quantitativer Methoden. Nach Auffassung von V. V. Nalimov und Z. M. Mul'čenko ist dies ein kybernetisches Herangehen [59], [64]–[66]. Andere Autoren identifizieren diese Methode mit der wissenschaftswissenschaftlichen Methode; wieder andere sind der Auffassung, daß diese Methode eine selbständige wissenschaftliche Disziplin, die Wissenschaftsmetrik, darstellt. Zu ihrer Problematik gehören das Studium der Zunahme der Informationsträger, die Untersuchung des Systems der wissenschaftlichen Zitate als besondere Sprache der wissenschaftlichen Information. Diese bilden die Grundlage, um

1. die Entwicklung einzelner wissenschaftlicher Richtungen zu verfolgen;
2. die Rückkopplung zwischen dem Autor und dem schöpferisch aktiven Leser herzustellen;
3. das Eindringen neuer Forschungsmethoden in andere Gebiete zu verfolgen;
4. die historische Entwicklung einzelner Wissensgebiete zu analysieren;
5. die Arbeitseffektivität eines Wissenschaftlers oder eines wissenschaftlichen Kollektivs zu bewerten;
6. den Beitrag zu ermitteln, den einzelne Länder zur Weltwissenschaft leisten.

Mit Hilfe der von der Wissenschaftsmetrik entwickelten Methoden wurden interessante statistische Angaben über den Einfluß häufig zitierter Publikationen und ihrer Autoren auf die Entwicklung der Wissenschaft erzielt, über die Entstehung von „unsichtbaren" Kollektiven neben den formellen Kollektiven.

Das Spektrum der logischen Modelle, mit deren Hilfe man die Entwicklung der Wissenschaft untersuchen kann, ist ungewöhnlich breit.

Wenn man die Wissenschaft als einen Informationsprozeß betrachtet, so muß man in erster Linie der Zunahme der Zahl der wissenschaftlichen Publikationen seine Aufmerksamkeit schenken. Dieses Problem wurde von D. Price untersucht. Er gelangte zu der Schlußfolgerung, daß das Wachstumsgesetz der Wissenschaft, die sich 250 Jahre lang nach einer exponentiellen Kurve entwickelt hat, unbedingt in eine logistische Kurve umschlagen muß. Dies werde durch die Umwandlung der „little science“ in die „big science“ hervorgerufen, durch das Entstehen neuer Formen der Wissenschaftsorganisation, von „invisible colleges“ (unsichtbaren Kollektiven), die sich als eine Form zur Überwindung der Informationskrise spontan gebildet haben [63]–[65].

Die erste Etappe in der Wissenschaftsmetrik besteht in der Untersuchung der Zunahme der Informationsträger, ihre zweite Etappe im Studium des Systems der wissenschaftlichen Zitate. Im Ausland wurde E. Garfield zu einem Enthusiast der wissenschaftsmetrischen Forschung. Eine Reihe Wissenschaftler sehen in dem System der wissenschaftlichen Zitate eine besondere Sprache der wissenschaftlichen Information.

Eine bis zum heutigen Zeitpunkt ungelöste brennende Aufgabe ist die Bewertung der Effektivität der Arbeit eines Wissenschaftlers. Gegenwärtig ist das allgemein anerkannte Kriterium einer solchen Bewertung die Gesamtzahl seiner Publikationen, obwohl viele Forscher mit Recht diese Kennziffer als unzureichend ansehen.

Wenn man die Wissenschaft als einen Informationsprozeß ansieht, dann kann man als Kriterium für die Bewertung der Arbeitseffektivität von Wissenschaftlern den Nutzen nehmen, den ihre Publikationen gebracht haben. Diesen kann man anhand der Zahl der Zitate, in denen auf diese Arbeit verwiesen wird, bestimmen [66]. Den Beitrag, den die einzelnen Länder zur Weltwissenschaft leisten, kann man auf der Grundlage der Analyse der Informationsströme ermitteln, die über die Fachzeitschriften fließen [67], [68].

Die wissenschaftshistorische Methode

Die wissenschaftshistorische Methode ist dadurch gekennzeichnet, daß die Probleme der Wissenschaftstheorie (Organisation, Leitung und Planung) auf der Grundlage der Analyse der Entwicklungsgeschichte der Wissenschaft untersucht werden. Hierbei werden zwei Gruppen von gesetzmäßigen Beziehungen im Entwicklungsprozeß der Wissenschaft herausgestellt:

Erstens – materielle Faktoren der Entwicklung der Naturwissenschaften (die Bedürfnisse der Technik, die Anforderungen der Produktion; dieProduktion tritt als Stimulus für die Entwicklung der Wissenschaft auf, als Kriterium für den Wahrheitsgehalt der von der Wissenschaft erzielten Ergebnisse [69, S. 4].

Zweitens – logische Verbindungen in der Entwicklung der Naturwissenschaft, die dem Erkenntnisprozeß selbst eigen sind:

1. das Gesetz der forschreitenden Entwicklung der Naturerkenntnis;
2. die Postulierung von Erkenntnisstufen als logische Kategorien;
3. das Verhältnis zwischen dem Historischen und dem Logischen in der Wissenschaft [69, S. 17];
4. die Klassifikation der Wissenschaften nach dem Grad der Kompliziertheit der von den einzelnen Wissenschaften studierten Objekte;
5. das Problem der Periodisierung der Geschichte der Naturwissenschaften (innerhalb einer Periode kann man die für diese gemeinsamen Züge, Forschungsmethoden, führenden Richtungen und ein allgemeines „Weltbild" feststellen);
6. die Feststellung der Kernprobleme und der „Wachstumspunkte" in den Naturwissenschaften [69, S. 25–33];
7. die Psychologie des wissenschaftlichen Schöpfertums;
8. die Ermittlung der Funktionen der Wissenschaft im Rahmen der Erkenntnistätigkeit und der praktischen Produktionstätigkeit des Menschen:
   a) empirische Funktionen – sammelnde, beschreibende systematisierende Funktion;
   b) theoretische Funktionen – erklärende, verallgemeinernde und prognostizierende Funktion;
   c) praktische Produktionsfunktionen – die erkundende Funktion, die Funktion der „Wegbereitung" für die Technik. Das Auftreten der „Wegbereitungs"funktion bedeutet die Verwandlung der Wissenschaft in eine unmittelbare Produktivkraft der Gesellschaft [69, S. 53–56].

Die Organisationstheorie der wissenschaftlichen Forschung

Das Studium der Wissenschaft von der Position der sich herausbildenden Organisationstheorie der wissenschaftlichen Forschung bedeutet, daß die Wissenschaft als Gesamtheit der Forschungsarbeiten betrachtet wird. Die Forschung wird als Prozeß oder als Methode zur Schaffung neuer wissenschaftlicher Kenntnisse definiert.

Im Zusammenhang mit der neuen Rolle der Wissenschaft in der Gesellschaft wird die Ausarbeitung einer Organisationstheorie der Forschung zu einem aktuellen Problem. Die bestehenden Organisationstheorien („allgemeine Organisationswissenschaft" – die Tektologie von A. Bogdanov, die „Allgemeine Systemtheorie" von L. von Bertalanffy, die „Praxeologie" von T. Kotarbinski und die „Kybernetik" von Norbert Wiener) lassen viele Besonderheiten der Wissenschaft als System ohne Berücksichtigung.

Inbesondere werden von ihnen nicht solche wichtigen Charakteristika eines wissenschaftlichen Systems beachtet, wie seine Zielfunktion, die funktionelle Abhängigkeit der Existenz der Wissenschaft als Ganzes von ihren besonderen Erscheinungsformen (den Arten, Formen und konkreten Typen der wissenschaftlichen Forschung und Entwicklung), der Historizismus der Wissenschaft, die Einheit von hierarchischem Prinzip (in der Organisation und Leitung der Wissenschaft sowie in der Darlegung der erzielten Ergebnisse) und azentristischem Prinzip (bei der Durchführung der Forschungsarbeiten selbst), die Verdichtung der „Informations"kapazität der Strukturelemente der Teilsysteme einer höheren Ordnung bei gleichzeitiger Vereinfachung ihrer Ausgangsprinzipien usw. Offensichtlich ist zum Aufbau einer Organisationstheorie der Wissenschaft die Schaffung von vereinigenden und systematisierenden Prinzipien erforderlich, die das besondere Wesen solcher Eigenschaften und Parameter von Erscheinungen der Wissenschaft berücksichtigen und als Grundprinzipien dienen können. Die Notwendigkeit, eine solche Theorie zu schaffen, liegt auf der Hand. Nach Auffassung von A. I. Rakitov muß unter dem Komplex von Disziplinen, die die heutige Wissenschaftswissenschaft bilden, die Organisationstheorie der Forschung einen zentralen Platz einnehmen [70, S. 49]. Gegenwärtig wird ihre Problematik von der Wissenschaftslogik ausgearbeitet – der Theorie der Strukturen und Verbindungen des gewonnenen Wissens, das in der Sprache der Wissenschaft fixiert wird.

In einer interessanten Monographie von A. A. Zinov'ev [71] werden die wissenschaftlichen Kenntnisse gleichzeitig unter 3 Aspekten betrachtet: unter ihrem strukturellen Aspekt (entsprechend ihrem Aufbau), unter dem Aspekt ihrer Gewinnung und unter dem Aspekt ihrer Bedeutung. Der zweite Aspekt, d. h. die Methoden, mit deren Hilfe das Wissen, seine Teile und Komplexe gewonnen werden, sowie die Tätigkeiten (das Handeln), durch die das Wissen und die Teile dieses Wissens gewonnen werden, wozu auch die konkrete Anwendung der Methoden der Deduktion, Induktion, der Modellierung, der Extrapolation, der Interpolation usw. gehören, können zur Problematik der Organisationstheorie der Wissenschaft gerechnet werden. Diese Theorie, die die engen Verbindungen zur Wissenschaftslogik und Wissenschaftsmethodologie (der Theorie der Forschung) beibehält, wird nichtsdestoweniger unausbleiblich zu einer selbständigen wissenschaftlichen Disziplin.

Der Prozeß des Selbständigwerdens, d. h. der Prozeß, daß das theoretisch-organisatorische Moment der Wissenschaftslogik einen „soziologischen" Charakter gewinnt, hat bereits begonnen und wird zweifellos in Zukunft durch die Entwicklung einer integren Organisationstheorie der Wissenschaft vollendet werden, einer Theorie von einem solchen Verallgemeinerungsgrad und einer solchen sozialen Bedeutung, wie sie die allgemeine Systemtheorie, die Kybernetik und andere „synthetisierende" wissenschaftliche Disziplinen gewonnen haben.

Über die Problematik der Schaffung einer Organisationstheorie der Forschung werden noch Diskussionen geführt. In der Regel werden aber als Bestandteile einer solchen Wissenschaft folgende Probleme angesehen:

1. das Kriterium der Wissenschaftlichkeit;
2. das Kriterium des Neuheitswertes;
3. die systematische Einteilung (Rubrikation) der Etappen der wissenschaftlichen Forschung, und zwar

a) die Aufgabenbestimmung (Problemfindung), einschließlich der Festlegung des Endzieles, der Bedingungen, Einschränkungen, die Angabe der Ausgangsdaten und der Mittel zur Lösung des Problems;
b) die Informationssammlung;
c) die Aufstellung vorläufiger Hypothesen;
d) die theoretische Ausarbeitung;
e) das Experiment
f) die vergleichende Gegenüberstellung der Ergebnisse des Experimentes mit der Theorie;
g) die endgültige Formulierung der gewonnenen Ergebnisse und ihre Wertung, inwieweit diese mit den Zielen und der Bedingung der Aufgabenstellung übereinstimmen (hierbei wird die Forschung als ein polystrukturelles System aufgefaßt, bei dem die Etappen die Erzeugenden bilden [70, 72]);

4. die Bestimmung der Kompliziertheit und Einfachheit der Forschung;
5. die Typologie der Forschung, d. h. die Gruppierung und Unterscheidung der Forschungsarbeiten nach den Operationen und Prozeduren auf Grund der Arten der in ihnen realisierten Strukturen.

Zum Unterschied von der Klassifikation der Wissenschaften, die es mit Systemen von fertigem Wissen zu tun haben, untersucht die Typologie die Prozesse der Bildung von Wissen. Die typologische Gradation ordnet die Forschung nach dem Grad ihrer Kompliziertheit und ihren Organisationsniveaus [70].

Die Organisationstheorie der wissenschaftlichen Forschung ist eine sich herausbildende wissenschaftliche Disziplin. Eine Variante des Kreises von Problemen, die sie untersuchen muß, wurde in der Arbeit [73] vorgeschlagen. Insbesondere ist es vom Standpunkt der Organisationstheorie der Forschung aus zweckmäßig, die nationalen Systeme zur Organisation und Leitung der wissenschaftlichen Forschung, die Einteilung der Forschungsarbeiten in logische Etappen und deren Informationsversorgung, die Rolle der Prognostizierung für die Entwicklung der Wissenschaft und für die Auswahl einer perspektivreichen wissenschaftlichen Forschungsthematik, die Besonderheiten der finanziellen Sicherung der Forschungsarbeiten und einige andere Probleme, die für die Erhöhung der Effektivität der wissenschaftlichen Tätigkeit von aktueller Bedeutung sind, zu analysieren.

Die soziologische Methode

Mit Hilfe soziologischer Methoden geht man erst seit kurzem an das Studium der Wissenschaft heran. Die Entwicklung dieser Methode steht im Zusammenhang damit, daß die Aufmerksamkeit der Forscher, die sie der Entwicklung der Wissenschaft schenken, nicht nur durch den Einfluß der Wissenschaft auf Technik und Produktion bedingt ist, sondern auch durch die gewaltigen sozialen Folgen, die die Wissenschaft für die Gesellschaft hat.

In der Soziologie entstand eine spezielle Richtung – die Wissenschaftssoziologie –, deren Gegenstand die gesellschaftlichen Beziehungen, die mit der Wissenschaft und der wissenschaftlichen Tätigkeit zusammenhängen, die Beziehungen der Menschen in wissenschaftlichen Kollektiven und Gemeinschaften, die Verbindungen der Wissenschaft mit ihrer Umwelt, d. h. der Einfluß der Wissenschaft auf das gesellschaftliche und materielle Milieu der Gesellschaft, sowie umgekehrt der Einfluß der Gesellschaft auf die Wissenschaft und die Wissenschaftler sind. Die Wissenschaft wird in der Wissenschaftssoziologie als soziale Struktur oder als soziales System betrachtet. Die Methoden, die in der Soziologie allgemein ausgearbeitet wurden und dort Anwendung finden, dienen auch als Methoden der Wissenschaftssoziologie. Es sind qualitative und quantitative Untersuchungsmethoden. Mit ihrer Hilfe wird die rationellste Struktur einer wissenschaftlichen Forschungseinrichtung entwickelt, werden die Wechselwirkungen zwischen Wissenschaft und Produktion, die Entwicklung des gesellschaftlichen Charakters der wissenschaftlichen Forschung, die Veränderung der sozialen Struktur von Wissenschaftlergruppen und ihres technischen Hilfspersonals usw. untersucht.

In der Gegenwart unternimmt man Versuche, Strukturen einer Wissenschaftssoziologie zu konstruieren. Ein Schema für eine Wissenschaftssoziologie wurde von dem amerikanischen Wissenschaftler H. Kaplan vorgeschlagen. Er teilt die Problematik der Soziologie in vier Gruppen ein:

1. die Natur der Wissenschaft, die drei Richtungen besitzt: die Wissenschaft als soziales System, die Aufgaben der Wissenschaft und die inneren Wechselbeziehungen der Wissenschaft;
2. die Natur der Wissenschaftler, die fünf Richtungen besitzt: psychologische Aspekte, soziale Herkunft, Persönlichkeit des Wissenschaftlers, Arbeitsmotivation und Motive zur Spezialisierung;
3. die Organisation der Wissenschaft, die drei Richtungen besitzt: Organisation der Wissenschaft, Organisation der Forschung, nationale Besonderheiten;
4. die Beziehungen zwischen Wissenschaft und Gesellschaft, die zwei Richtungen besitzen: Einwirkung der Wissenschaft auf die Gesellschaft und Einwirkung der Gesellschaft auf die Wissenschaft.

Sowjetische Wissenschaftssoziologen schlagen ein eigenes Schema für den Aufbau einer Wissenschaftssoziologie vor [7], [74]–[79], das 7 Abschnitte besitzt:

1. Wesen der Wissenschaft;
2. Methodik der Wissenschaftssoziologie;
3. der Wissenschaftler in der Gesellschaft;
4. die Persönlichkeit des Wissenschaftlers;
5. die Organisation der Wissenschaft;
6. der Einfluß der Wissenschaft auf die Gesellschaft;
7. der Einfluß der Gesellschaft auf dic Wissenschaft.

In jedem dieser Abschnitte werden Grundrichtungen herausgestellt.

So umfaßt z. B. der erste Abschnitt als Grundrichtungen:

a) die Wissenschaft als soziale Struktur oder soziales System (d. h. es werden die Ähnlichkeit der Wissenschaft als System mit anderen sozialen Systemen bzw. ihre Unterschiede herausgestellt);
b) die Betrachtung der Wissenschaft als Metawissenschaft [die Wissenschaft wird hierbei unter 2 Aspekten betrachtet – unter formalem Aspekt (vom Gesichtspunkt des Systemaspektes) und unter inhaltlichem Aspekt (unter semantischem Aspekt)];

c) die Wissenschaftsmethodologie;
d) eine Richtung, die die Gesetzmäßigkeiten der Entwicklung der Wissenschaft untersucht.

Im zweiten Abschnitt der Methodik der Wissenschaftssoziologie werden folgende Richtungen unterschieden:
a) qualitative Methoden (Analyse, Systematik, Klassifikation);
b) quantitative Methoden (rein statistische und mathematische Methoden, informationelle Methoden).

Im dritten Abschnitt über die Stellung des Wissenschaftlers in der Gesellschaft werden untersucht:
a) die Zunahme der Zahl der als Wissenschaftler und als wissenschaftliches Hilfspersonal tätigen Personen sowohl absolut als auch im Vergleich zur Zahl der in anderen Zweigen der Volkswirtschaft beschäftigten Personen;
b) Analyse der altersmäßigen Zusammensetzung der Wissenschaftler.

Der vierte Abschnitt – die Persönlichkeit des Wissenschaftlers – umfaßt folgende Hauptrichtungen:
a) eine politisch-ökonomische Charakterisierung des Wissenschaftlers;
b) eine soziale Charakterisierung des Wissenschaftlers;
c) das Problem des Schöpfertums.

Im folgenden wichtigen Abschnitt der Wissenschaftssoziologie – der Organisation der Wissenschaft – werden folgende Probleme untersucht:
a) die Organisation der wissenschaftlichen Tätigkeit des einzelnen Wissenschaftlers und von wissenschaftlichen Kollektiven;
b) die Organisation von Laboratorien und wissenschaftlichen Forschungseinrichtungen;
c) die Organisation der Wissenschaft im nationalen und im internationalen Rahmen.

Diese Untersuchungen werden in der Regel getrennt nach den einzelnen Arten der Wissenschaften durchgeführt (für die Grundlagenwissenschaften und die angewandten Wissenschaften); nach der Organisation der Forschung (für die akademische Forschung, die Hochschulforschung und die Forschung in den Produktionsbetrieben); nach den Typen der wissenschaftlichen Einrichtungen (ob es sich um Einrichtungen für mehrere Industriezweige handelt, um Einrichtungen, die einen Industriezweig bedienen oder um Institute und Laboratorien); nach dem Charakter der Arbeit (ob es sich um theoretische oder experimentelle Forschungsarbeiten handelt).

Als neue Ideen werden auf dem Gebiet der Wissenschaftsorganisation die mathematische Berechnung angewandt, die Bestimmung optimaler Strukturen, die Analyse eines wissenschaftlichen Kollektivs als ein soziales System, dessen erfolgreiche Arbeitsweise von den Beziehungen der Wissenschaftler untereinander und ihren individuellen Besonderheiten abhängt.

Die Wissenschaftsökonomie

Die Wissenschaft als Institut zur Produktion von Wissen wird auch vom ökonomischen Gesichtspunkt untersucht:

In der ökonomischen Literatur werden Fragen der Planung von wissenschaftlichen Forschungs-, Konstruktions- und Entwicklungsarbeiten, die Formen der Ausarbeitung und Bestätigung der Perspektiv- und Jahresthemenpläne für wissenschaftliche Arbeiten untersucht. Weiter gehören hierzu die als Typen festgelegten Etappen von wissenschaftlichen Arbeiten, die Planungsmethodik für die einzelnen Themen. In der ökonomischen Literatur werden Berechnungen über den Arbeitsaufwand und die Kostenvoranschläge für einzelne Vorhaben durchgeführt, es wird die Planung der Arbeit von thematischen Abteilungen von Laboratorien, Versuchsbetrieben, Informationseinrichtungen wissenschaftlicher Forschungsinstitute und Konstruktionsbüros [80], [81] untersucht.

Die Arbeiten, die von wissenschaftlichen Forschungseinrichtungen und Konstruktionsbüros durchgeführt werden, kann man bei der Planung und der Berichterstattung über die Planerfüllung in folgende vier Hauptgruppen einteilen:

1. wissenschaftliche Forschungsarbeiten;
2. Entwicklungs- und Konstruktionsarbeiten;
3. Tätigkeiten zur technischen Hilfeleistung;
4. Arbeiten und Dienstleistungen für fremde Organisationen und für eigene Investbauzwecke.

Die Arbeit auf dem Gebiet der wissenschaftlichen Tätigkeit und der Entwicklungs- und Konstruktionsarbeiten besitzt eine Reihe spezifischer Züge und Besonderheiten, die diese Tätigkeit von der Arbeit in der industriellen Produktion unterscheiden. Diese Unterschiede sind in erster Linie durch den spezifischen Charakter des wissenschaftlichen Arbeitsprozesses bedingt.

Arbeitsgegenstand in der Sphäre der wissenschaftlichen und der Entwicklungs- und Konstruktionstätigkeit sind die vorhandenen Informationen, und als Endprodukt treten wiederum die neu gewonnenen Informationen auf. Der Gebrauchswert eines Endproduktes der wissenschaftlichen Forschungs- und Konstruktionstätigkeit besitzt ganz bestimmte Besonderheiten. Die gewonnenen Kenntnisse verwandeln sich zuweilen in Allgemeingut, sie werden nicht ge- und verkauft. Häufig nimmt aber ein Teil von ihnen eine stoffliche Form an, indem er in einem technologischen Prozeß, in einem neuen Material, in einer neuen Konstruktion seine Verkörperung findet [82, 83].

Die Ökonomen haben errechnet, daß unter den gegenwärtigen Bedingungen ein erfolgreich tätiges wissenschaftliches Forschungsinstitut hinsichtlich seiner ökonomischen Ergebnisse für die Volkswirtschaft häufig den gleichen Wert besitzt wie mehrere große Industriebetriebe [9, 84].

Die wissenschaftlichen Forschungsinstitute, besonders diejenigen, die sich mit angewandter Forschung beschäftigen, können ebenso wie die anderen volkswirtschaftlichen Einrichtungen nach dem Prinzip der Eigenerwirtschaftung der Mittel arbeiten. So war der ermittelte ökonomische Effekt aus der Einführung von Vorschlägen, die von Wissenschaftlern des Novosibirsker wissenschaftlichen Zentrums der Sibirischen Abteilung der Akademie der Wissenschaften der UdSSR erarbeitet wurden, dreimal so hoch wie sämtliche Kosten, die für seine Bildung aufgewendet worden waren.

Im Zusammenhang mit der Zunahme der Zahl der wissenschaftlichen Kader wird das Problem der intensiveren Nutzung der Arbeitszeit der Mitarbeiter von Forschungs- und Entwicklungseinrichtungen sowie die Erhöhung ihrer Arbeitseffektivität von immer größerer aktueller Bedeutung.

Wie Untersuchungen der Ausnutzung des wöchentlichen Zeitfonds der wissenschaftlichen Mitarbeiter, der Professoren und Hochschullehrer sowie der ingenieurtechnischen Mitarbeiter von Entwicklungs- und Konstruktionseinrichtungen, die in der Donezker Abteilung des Instituts für Ökonomie der Akademie der Wissenschaften der Ukrainischen SSR im Jahre 1966 sowie in Novosibirsk, Moskau und Rostov am Don durchgeführt wurden [85], ergaben, muß man beim Studium der Struktur der Arbeitszeit sehr aufmerksam die Haupttendenzen in der Veränderung der Struktur der arbeitsfreien Zeit analysieren.

Die logische Methode

Die logische Methode des Studiums der Wissenschaft wurde von der Wissenschaftslogik ausgearbeitet oder, wie man manchmal diese Richtung nennt, von der Logik der wissenschaftlichen Erkenntnis (Forschungslogik). Die Logik der wissenschaftlichen Erkenntnis studiert die objektiven Gesetze, die die Entwicklung und das Funktionieren der Wissenschaft als einer besonderen Art der menschlichen Tätigkeit bestimmen, die das Ziel verfolgt, neues Wissen über die Realität zu schaffen. Von der Wissenschaftslogik werden Probleme der Struktur der Wissenschaft, Veränderungen im Prozeß der Entwicklung des Charakters der Beziehungen zwischen Theorie und Methode, Fragen der Klassifikation der Wissenschaft, die Beziehungen zwischen dem Historischen und Logischen in der Entwicklung der Wissenschaft, die optimalen Wege zur Entdeckung neuer Wahrheiten untersucht, werden die Formen der wissenschaftlichen Kenntnisse – Theorie, Hypothese und Beweis – studiert [71, 86–89]. Zur Aufgabe der Wissenschaftslogik gehören die Systematisierung des Arsenals von Mitteln und Methoden der Wissenschaft auf der Grundlage der Geschichte der wissenschaftlichen Erkenntnis und die Ausarbeitung neuer effektiver logischer Methoden zur Untersuchung der Realität. Das Objekt, das die Logik der wissenschaftlichen Erkenntnis untersucht, ist das Wissen.

Das Studium der wissenschaftlichen Kenntnisse (des Wissens) im Rahmen der Logik ist ein Studium des Wissens an sich, einschließlich solcher Formen und Methoden der Gewinnung von Wissen, die nur in der Wissenschaft auftreten.

Die wissenschaftlichen Kenntnisse (das Wissen) kann man unter drei unterschiedlichen Aspekten betrachten: unter dem Strukturaspekt, unter dem Aspekt ihrer Gewinnung sowie unter dem Aspekt ihrer Bedeutung. Jeder dieser Aspekte weist bestimmte Besonderheiten auf, die in einem besonderen System von Begriffen beschrieben werden. Unter dem ersten Aspekt werden alle die Gegenstände festgestellt, die in der logischen Theorie der wissenschaftlichen Kenntnisse studiert werden, d. h. es werden die Kenntnisse selbst sowie ihre wahrgenommene Stückelung in Teile und die Ordnung der letzteren in Raum und Zeit bestimmt. Unter dem zweiten Aspekt werden die Methoden, mit deren Hilfe Kenntnisse, ihre Teile und ihre Gesamtheit gewonnen werden, untersucht. Unter dem dritten Aspekt wird das Verhältnis der Kenntnisse und ihrer Teile zu den Gegenstandsbereichen erforscht, zu deren Abbildung sie dienen müssen, es werden die Grundlagen untersucht, warum Kenntnisse und die sie bildenden Strukturelemente von der Wissenschaft aufgenommen werden, und insbesondere werden die Methoden festgestellt, wie Wissen überprüft wird und Begriffe festgelegt werden.

Die Lösung bestimmter Probleme, das Studium bestimmter konkreter Aspekte der Wissenschaft wird mit Hilfe jeder der bisher untersuchten Methoden vorgenommen. Einige dieser Methoden überschneiden sich teilweise (z. B. die wissenschaftswissenschaftliche, die wissenschaftsmetrische und die kybernetische Methode oder die wissenschaftswissenschaftliche und die ökonomische Methode).

Eine allgemeine Besonderheit aller beschriebenen Methoden des Studiums der Wissenschaft ist die besondere Aufmerksamkeit, die der Analyse von Informationen geschenkt wird. Sowohl die kybernetische als auch die wissenschaftswissenschaftliche und alle anderen Methoden berücksichtigen die Informationsnatur der wissenschaftlichen Forschungstätigkeit.

Der Informationscharakter der Forschungstätigkeit wurde jedoch bis heute noch nicht zum Gegenstand einer speziellen Untersuchung. Dabei ist eine solche Aufgabe schon längst herangereift. Bekanntlich bildete sich unter den Bedingungen der wissenschaftlich-technischen Revolution in der Gegenwart eine „Informationskrise" heraus, die dadurch gekennzeichnet wird, daß die ständig wachsende Menge an wissenschaftlichen Publikationen die Möglichkeiten einer schöpferischen Verarbeitung dieser Informationen durch die Forscher um viele Größenordnungen überschreitet. Im Zusammenhang damit entwickelte sich in der Wissenschaft neben der experimentellen Forschung und der echten theoretischen Forschung in eigentlichen Sinne eine neue Art der wissenschaftlichen Forschungstätigkeit, die Informationsforschung. Von 20 Millionen heute in der gesamten Welt in der Wissenschaft beschäftigten Arbeitskräften führen 800000 Wissenschaftler eine Informationsforschung durch. Etwa 2% bis 3% sämtlicher Ausgaben für die Wissenschaft werden in den entwickelten kapitalistischen Ländern (USA, Großbritannien, Frankreich, Japan und der Bundesrepublik) für wissenschaftliche Informationstätigkeit ausgegeben.

Die Informationsversorgung der Wissenschaft bildet nicht nur eine unabdingbare Voraussetzung für eine effektive Durchführung der Forschungs- und Entwicklungsarbeiten, sondern sie ist auch zu einer notwendigen Etappe im wissenschaftlichen Forschungsprozeß geworden. Wie zahlreiche statistische Untersuchungen erwiesen, verwendet die Mehrzahl der Wissenschaftler in der Gegenwart etwa ein Drittel ihrer Arbeitszeit auf die Sammlung und Bearbeitung von wissenschaftlichen Informationen. Wobei sich dieser Zeitbedarf in der Tendenz weiter erhöht.

In der Regel versteht man unter einer wissenschaftlichen Informationstätigkeit nur die Vorbereitung und Ausgabe von bestimmten notwendigen Auskünften auf Grund einer Anfrage von Forschern. In Wirklichkeit besteht die Hauptaufgabe der Informationsforschung in der Wissenschaft aber nicht zu dieser Tätigkeit, sondern diese bildet die informationslogische Analyse des Entwicklungsstandes (des Entwicklungsniveaus) des Wissens in dem zu untersuchenden Problem. Sie verfolgt dabei das Ziel, die Leitung der Forschung selbst so zu organisieren, daß sich der Durchführung der Forschung unter bestimmten einschränkenden Bedingungen hinsichtlich Gesamtaufwendungen für die Finanzierung, der Zahl der Mitarbeiter und ihres Qualifizierungsniveaus usw. innerhalb der gegebenen Bedingungen optimal und mit höchster Effektivität gestaltet. Die Besonderheiten der informationslogischen Analyse der wissenschaftlichen Forschung wurden in einer Reihe von Arbeiten untersucht [1, 17, 90, 91].

Das informationslogische Herangehen an das Studium der Organisation der wissenschaftlichen Forschung und ihrer Effektivität besteht in folgendem:

1. Die Wissenschaft wird als Informationssystem aufgefaßt, das durch Informationsflüsse geleitet wird, die in der Form der Berichtsdokumentation (von Forschungs- und Entwicklungsberichten), von wissenschaftlichen Publikationen, von Patenten, von statistischen Angaben über wissenschaftliche Kader und ihr Qualifikationsniveau, von Unterlagen über die Finanzierung der Forschung, über die Struktur der Leitung von wissenschaftlichen Forschungseinrichtungen sowie in Angaben über das Niveau und die Methoden der Informationsversorgung der Forscher zum Ausdruck kommen.

2. Die Wissenschaft als System besitzt eine informationelle Infrastruktur, deren Charakter durch die logischen Besonderheiten der wissenschaftlichen Kenntnisse (des Wissens) bedingt ist. Die Verbindungen der wissenschaftlichen Forschungseinrichtungen untereinander, die Verbindungen zwischen den Organen zur Leitung der Wissenschaft, den Ministerien und den Behörden und den wissenschaftlichen Forschungseinrichtungen sowie die Verbindungen zwischen den Industriebetrieben und den wissenschaftlichen Forschungseinrichtungen besitzen die Form eines Austausches von Informationsflüssen. Die Organisation der Informationsflüsse, ihre Verzweigung und Intensität werden durch die Besonderheiten der durchzuführenden wissenschaftlichen Forschungs- und Entwicklungsarbeiten sowie durch die Ziele und Aufgaben der Entwicklung der Wissenschaft, die durch Direktivorgane vorgegeben werden, bestimmt.

3. Die logischen Besonderheiten des wissenschaftlichen Wissens bestimmen die Struktur der Forschung (ihre Einteilung in logische Etappen und die Beziehungen der Etappen untereinander), wobei die Struktur wiederum die Typologie der wissenschaftlichen Forschung bestimmt (ihre Einteilung in Grundlagenforschung, angewandte Forschung, Entwicklungsarbeiten usw.). Vom Typ der durchzuführenden wissenschaftlichen Forschungarbeit hängen in der Regel die Struktur einer wissenschaftlichen Forschungseinrichtung, die Auswahl der wissenschaftlichen Kader, ihr Qualifikationsniveau usw. ab. So bildet z. B. das Wissen, das die Lösung bestimmter ingenieurtechnischer Probleme beinhaltet, das Wesen der angewandten Forschung. Um eine solche Forschung durchzuführen, reicht es nicht aus, daß eine wissenschaftliche Forschungeinrichtung nur aus Theoretikern besteht. Sie benötigt hierzu Experimentatoren und Konstrukteure. Aus diesem Grunde gibt es in wissenschaftlichen Forschungseinrichtungen, die sich mit angewandter Forschung beschäftigen, neben theoretischen Abteilungen auch experimentelle Laboratorien oder Konstruktionsbüros zur Herstellung von Funktionsmustern. Anders verhält es sich, wenn reine Grundlagenforschung z. B. auf dem Gebiet der Physik der Elementarteilchen und Felder betrieben wird, die einen theoretischen Charakter besitzt. Es liegt auf der Hand, daß eine solche Forschung in Instituten durchgeführt wird, die sich mit Problemen der theoretischen Physik beschäftigen. Dies bestimmt ihre spezifische Struktur, die sich grundlegend von der Struktur von Instituten mit angewandtem Forschungsprofil unterscheidet.

4. Die Grundidee der informationslogischen Analyse besteht folglich darin, daß Organisation und Leitung der Wissenschaft durch die logische Natur der durchzuführenden wissenschaftlichen Forschungsarbeiten bestimmt werden. Zwischen den Besonderheiten der Informationen, die von den Wissenschaftlern zu verarbeiten sind, den von ihnen durchzuführenden Forschungsarbeiten und den Formen der Organisation und Leitung, unter denen dieser Prozeß stattfindet, besteht eine natürliche Abhängigkeit und Bedingtheit. Sie zeigt sich in solchen Informationsflüssen, mit deren Hilfe die gegenseitigen Beziehungen zwischen den einzelnen Strukturelementen in einer wissenschaftlichen Forschungseinrichtung, zwischen einzelnen wissenschaftlichen Forschungseinrichtungen und zwischen Gruppen von Forschungseinrichtungen ihren Ausdruck finden sowie in den Informationsflüssen zwischen wissenschaftlichen Forschungseinrichtungen und den Organen zur Leitung der Wissenschaft seitens der Ministerien und Behörden. In diesen Informationsflüssen spiegelt sich der reale Zustand.

der Organisation und Leitung der Wissenschaft wider. In bestimmtem Maße erfahren sie ihre Widerspiegelung in der Gesamtstatistik auf dem Gebiet der Wissenschaft, die in der Sowjetunion in der statistischen Berichterstattung der wissenschaftlichen Forschungseinrichtungen bei den Gebietsverwaltungen für Statistik sowie bei den Organen der Staatlichen Zentralverwaltung für Statistik beim Ministerrat der UdSSR und den Ministerräten der Unionsrepubliken ihren konzentrierten Ausdruck findet.

Einige Informationsflüsse, die ebenfalls den Entwicklungsstand auf dem Gebiet der Forschung und Entwicklung widerspiegeln (Informationen über die Erhöhung der Anzahl der wissenschaftlichen Kader) sind in der Obersten Attestationskommission des Ministeriums für Hoch- und Fachschulwesen der UdSSR (des Organs, das die Bestätigung der verteidigten Dissertationen von Kandidaten bzw. Doktoren der Wissenschaften vornimmt – d. Red.) und im wissenschaftlichen Allunions-Forschungsinstitut für Patentexpertise (Informationen über abgelehnte Patentanträge, die von den wissenschaftlichen Forschungseinrichtungen der verschiedenen Gegenden der Sowjetunion eingereicht werden sowie über die Zahl der erteilten Urheberscheine für Erfindungen und Entdeckungen, die in wissenschaftlichen Forschungseinrichtungen gemacht wurden) konzentriert.

In der Allunions-Buchkammer der Sowjetunion und den Buchkammern der einzelnen Unionsrepubliken sowie in den Verlagen mit Unions-, Republik- und Gebietsunterstellung, in den Komitees für Pressewesen beim Ministerrat der UdSSR bzw. bei den Unionsrepubliken und in anderen Organisationen liegen die Unterlagen, die Informationen über die Wachstumsgeschwindigkeit der Zahl der wissenschaftlichen Publikationen (von Monographien, Zeitschriftenartikeln usw.) in absoluten und relativen Zahlen enthalten. Sie geben ebenfalls Aufschluß über die Ergebnisse der Arbeit der Sowjetwissenschaftler. Schließlich werden seit dem 1. Januar 1968 im wissenschaftlich-technischen Allunions-Informationszentrum alle nicht veröffentlichten wissenschaftlich-technischen Berichte über abgeschlossene wissenschaftliche Forschungsarbeiten (Forschungs- und Entwicklungsberichte) gesammelt, die in den verschiedenen wissenschaftlichen Forschungseinrichtungen der Sowjetunion durchgeführt wurden.

Die aufgezählten Unterlagen bilden in ihrer Gesamtheit einen riesigen Informationsstrom, der den Stand des Systems der wissenschaftlichen Forschung als Bestandteil des Wissenschaftssystems der Sowjetunion im Unionsmaßstab als auch im Republikmaßstab darstellt. Aus diesem Grunde besteht die informationslogische Analyse der Wissenschaft in erster Linie in dem Studium der statistischen und anderer analoger Angaben. Diese Primärinformationen besitzen eine wichtige Eigenschaft – sie sind zuverlässig. Die statistischen Berichtsunterlagen werden auf der Grundlage gesamtstaatlicher Berichtsbögen der Staatlichen Zentralverwaltung für Statistik aufgestellt, die von den verantwortlichen Mitarbeitern der wissenschaftlichen Forschungseinrichtungen und den Organen zur Leitung der Wissenschaft seitens der Ministerien und Behörden ausgefüllt werden. Aus diesem Grunde muß sich die informationslogische Analyse der Organisation und Leitung der Entwicklung der Wissenschaft gerade auf diese objektiven Angaben stützen.

5. Das System der Organisation und Leitung der wissenschaftlichen Forschung, das sich in der Sowjetunion entwickelt hat, ist ein hierarchisches System: jedes vorhergehende Glied von unten nach oben ist dem folgenden Glied unterstellt. Dementsprechend sind auch die Informationsflüsse über den Stand der wissenschaftlichen Forschung und Entwicklung organisiert. Von „unten nach oben" fließen die Angaben über den Stand in den geleiteten wissenschaftlichen Forschungseinrichtungen. Auf der Ebene der Ministerien und Behörden werden auf der Grundlage der Analyse der Primärinformationen Entscheidungen über die Leistung der wissenschaftlichen Forschungseinrichtungen gefaßt. Diese Entscheidungen gehen als Weisungen in der Form von bestimmten Dokumenten „von oben nach unten". Bei der Übermittlung der Informationen „von unten nach oben" werden die Informationsflüsse verdichtet, d. h. es vollzieht sich eine „Gerinnung" der Masse an Primärinformationen zu Komplexinformationen in der Form von Tabellen, von statistischen Berichten nach verallgemeinernden Kennziffern usw.

Um Leitungsentscheidungen auf der Ebene der Ministerien und zentralen Staatsorgane zu fassen, braucht man nicht eine solche Masse von Angaben, wie sie in der Regel von den wissenschaftlichen Forschungseinrichtungen an die Organe der Zentralverwaltung für Statistik gemeldet werden. Nicht zufällig bleiben viele von diesen Informationen für immer in den Archiven der Gebietsverwaltungen der Zentralverwaltung für Statistik begraben und werden für die Leitung der Entwicklung der Wissenschaft fast überhaupt nicht ausgewertet. Zur Beurteilung der Lage auf dem Gebiet der Organisation von Forschung und Entwicklung und insbesondere zur Ausarbeitung von Empfehlungen, die auf eine Erhöhung ihrer Effektivität abzielen, wird aber gerade diese Masse an Primärinformationen benötigt, d. h. die Informationen, die in der üblichen statistischen Berichterstattung eine „geronnene“ Form angenommen haben und eine allgemeine Vorstellung über die Fakten geben, in denen die Entwicklung der Wissenschaft zum Ausdruck kommt, geben weder eine Vorstellung vom Wesen der Organisation des Forschungsprozesses selbst noch von den Tendenzen seiner Vervollkommnung; aber erst recht lassen sie nicht das im Vergleich zum Ausland erreichte Niveau der Forschung erkennen.

Auf dem Wissenschaftlichen Symposium zu dem Problem „Leitung, Planung und Organisation der wissenschaftlichen und technischen Forschung", das in Moskau im Mai 1968 auf Beschluß der Ständigen Kommission des RGW zur Koordinierung der wissenschaftlichen und technischen Forschung stattfand, wurde in vielen Referaten die bisherige Wissenschaftsstatistik gerade deshalb kritisiert, weil sie zu sehr verallgemeinert, zu sehr zusammenfaßt und dadurch für die Ausarbeitung von effektiven Maßnahmen zur Vervollkommnung der Organisation und Leitung der wissenschaftlichen Forschung und Entwicklung schlecht zu gebrauchen ist. Die statistischen Angaben müssen, um der informationslogischen Analyse zu dienen, durch Primärinformationen über die Lage in den wissenschaftlichen Forschungseinrichtungen vervollständigt werden. Sie müssen weiter ergänzt werden durch Fragebogen, die in den wissenschaftlichen Forschungseinrichtungen im Rahmen von konkret-soziologischen Untersuchungen ausgefüllt wurden, durch Operagramme, Interviewbogen und andere Angaben, die vom Standpunkt der Praxis der Organe der Zentralverwaltung für Statistik vielleicht Informationsballast darstellen, für die Bewertung des Entwicklungsstandes der geleiteten Objekte jedoch von wesentlicher Bedeutung sind.

6. Mit Hilfe der wissenschaftswissenschaftlichen Methode, der ökonomischen und der soziologischen Methode sowie von anderen Methoden des Studiums der Wissenschaft werden bestimmte Aspekte der Wissenschaft untersucht. Keine dieser Methoden stellt sich jedoch die Aufgabe, das Niveau der Organisation und Leitung der wissenschaftlichen Forschungs- und Entwicklungsarbeiten in der Sowjetunion insgesamt oder in einer Unionsrepublik mit dem Stand in den industriell entwickelten kapitalistischen Ländern zu vergleichen. Von der Wirtschaft wurde die Methode der technisch-ökonomischen Analyse entwickelt, mit deren Hilfe man auf der Grundlage von Informationsmaterialien das Entwicklungsniveau zum Beispiel eines Industriezweiges mit dem eines analogen Industriezweiges im Ausland vergleichen kann. Die praktischen Erfahrungen aus der Durchführung solcher Analysen in der Industrie werden in einer Reihe von Arbeiten beschrieben [92]. Was die Wissenschaft anbelangt, so ist aber auf Grund der weiter

vorn dargelegten Besonderheiten der Wissenschaft die Durchführung einer solchen technisch-ökonomischen Analyse nicht möglich, nicht weil die „technischen" Parameter des Untersuchungsobjektes, sondern die ökonomischen Kennziffern einen spezifischen Charakter besitzen.

So ist z. B. für das technisch-ökonomische Niveau eines Industriezweiges der Umstand unwesentlich, ob die Industriebetriebe eine uneinheitliche Masse von Klein-, Mittel- oder Großobjekten bilden oder ein in bestimmter Weise geordnetes und organisiertes System. Anders verhält es sich mit der Größe von wissenschaftlichen Forschungseinrichtungen, wenn man das Organisationsniveau der Forschung definieren will. Es zeigt sich, daß von dieser Größe unmittelbar solche Faktoren abhängen, wie die Zahl der wissenschaftlichen Mitarbeiter und ihr wissenschaftliches Qualifikationsniveau. Es ist weiter wenig wahrscheinlich, daß in kleineren wissenschaftlichen Forschungseinrichtungen große Laboratorien vorhanden sind, und wahrscheinlich kann man nicht erwarten, daß in solchen Institutionen als wissenschaftliche Mitarbeiter Spezialisten beschäftigt sind, die den wissenschaftlichen Grad eines Kandidaten oder Doktors der Wissenschaften besitzen. In der Regel arbeiten solche Wissenschaftler nicht in kleinen Forschungseinrichtungen als Gruppenleiter oder wissenschaftliche Mitarbeiter. In großen wissenschaftlichen Forschungseinrichtungen besitzt dagegen in der Regel der Gruppenleiter (russ. oberer wissenschaftlicher Mitarbeiter – d. Red.) stets den wissenschaftlichen Grad eines Kandidaten der Wissenschaften und zuweilen sogar eines Doktors der Wissenschaften, von den übrigen wissenschaftlichen Mitarbeitern (russ. unteren wiss. Mitarbeiter – d. Red.) besitzen ebenfalls viele den Grad eines Kandidaten der Wissenschaften.

Außerdem sind die Beziehungen zwischen den Industriebetrieben und wissenschaftlichen Forschungseinrichtungen auch noch aus einem anderen Gesichtspunkt von Interesse. Die wissenschaftlich-technische Revolution in der Gegenwart beeinflußt in erster Linie die schnell wachsenden, erst vor kurzer Zeit entstandenen Industriezweige, wie die Elektronik, die Radioindustrie usw., d. h. in der Regel solche Zweige, die über gut ausgerüstete Betriebe verfügen. Gleichzeitig gibt es aber auch in den anderen „traditionellen" Industriezweigen, wie in der Metallurgie, der Lebensmittel- und Leichtindustrie und in anderen Zweigen, nicht wenig analoge Betriebe und Dutzende von wissenschaftlichen Forschungseinrichtungen. Das Tempo der Veränderungen vollzieht sich jedoch in diesen Zweigen im Vergleich z. B. zur Elektronik viel langsamer. Womit hängt diese Erscheinung zusammen? Ist sie bedingt durch das „Abklingen" des Wachstumstempos des wissenschaftlichen Wissens in der Metallurgie, der Backwarenindustrie usw. oder ist dies ein Ausdruck der Mängel des Systems, das es nicht versteht, die wissenschaftlichen Errungenschaften in den Betrieben dieser Zweige einzuführen, oder liegt die Ursache hierfür in der schwachen materiell-technischen Ausstattung dieser Zweige? Wie sind die Entwicklungstendenzen für solche Betriebe unter den Bedingungen der wissenschaftlich-technischen Revolution? Unter welchen Voraussetzungen ist ein großes oder mittleres wissenschaftliches Forschungsinstitut für den Staat „vorteilhaft“? Solche Fragen wollen beantwortet werden.

Nach unserer Auffassung kann auf diese Frage am ehesten die informations-logische Methode der Untersuchung der Wissenschaft Auskunft geben. Auf der Grundlage des Studiums der Informationsflüsse über die Lage in den wissenschaftlichen Forschungseinrichtungen und in den Leitungsorganen der Wissenschaft der Ministerien und Behörden sowie der Wissenschaftsstatistik der Zentralverwaltung für Statistik macht es diese Methode möglich zu bestimmen:

1. den Stand der Organisation der wissenschaftlichen Forschung (in der gesamten Sowjetunion, in einer Unionsrepublik oder auf einzelnen Wissenschaftsgebieten, die auf die Entwicklung der Industrie von größtem Einfluß sind) im Vergleich zu den industriell entwickelten kapitalistischen Ländern;

2. den Stand der Organisationsstruktur und der Leitungsstruktur der wissenschaftlichen Forschungseinrichtungen und ihrer Unterglieder sowie den Prozeß des Durchlaufens der Arbeiten in den einzelnen Stadien und das Niveau der Kontrollsysteme über den Forschungsablauf;

3. das Niveau der Themenwahl, das Niveau der Planung, der operativen Analyse und Prognostizierung der Entwicklungstendenzen von Wissenschaft und Technik;

4. den Stand der Versorgung der Wissenschaftler und anderen Spezialisten mit wissenschaftlich-technischen Informationen;

5. den Stand der wissenschaftlichen Begründetheit der Kosten der Forschungsarbeiten, ihrer Finanzierung sowie der Organisierung der materiell-technischen Versorgung;

6. den Stand der Anwendung von Mechanisierungs- und Automatisierungsmitteln zur Steigerung der Arbeitsproduktivität der Forscher und Entwickler;

7. den Stand der Bewertung der ökonomischen Effektivität der wissenschaftlichen Forschungsarbeiten in der Industrie; inwieweit die angewandten Prinzipien der Verteilung der finanziellen Mittel und Arbeitskräfte auf die einzelnen Wissenschaftsgebiete begründet sind, sowie den Stand der Einschätzung des Bedarfs an wissenschaftlichen Kadern;

8. den Stand der praktizierten Standortverteilung der wissenschaftlichen Institutionen in den einzelnen Gegenden der Republiken, das Niveau der Spezialisierung und Koordinierung ihrer Tätigkeit sowie den Stand der Organisierung der Forschungsarbeiten zu komplexen wissenschaftlichen Problemen.

Selbstverständlich müssen bei der Organisierung der Informationsflüsse von Primärinformationen sowie bei der Informationsverarbeitung die Methoden von verschiedenen Wissenschaften herangezogen werden, wie der mathematischen Statistik, der Wissenschaftswissenschaft, der Wissenschaftssoziologie usw. Aber von keiner einzigen dieser Wissenschaften wird als Problem die Lösung einer solchen wichtigen Aufgabe in Angriff genommen wie die Bestimmung des Entwicklungsniveaus der Organisation und Leitung der Forschung und Entwicklung und ihrer Effektivität auf der Grundlage der Analyse von Informationsflüssen über den Entwicklungsstand der Wissenschaft. Aus diesem Grunde ist die informationslogische Analyse eine Komplexmethode zur Erforschung der Wissenschaft. Auf der Grundlage des vorgeschlagenen informationslogischen Herangehens an die Wissenschaft wurde eine Methodik zum Studium der Organisation der wissenschaftlichen Forschung und ihrer Effektivität in der Industrie der Ukrainischen SSR ausgearbeitet [93, 94]. Von einem Kollektiv des Ukrainischen wissenschaftlichen Forschungsinstituts für wissenschaftlich-technische Information der Staatlichen Plankommission der Ukrainischen SSR wurde in den Jahren 1969 und 1970 mit Hilfe dieser Methodik eine Untersuchung des Niveaus der Organisation und Leitung der Forschungs- und Entwicklungsarbeiten in der Industrie der Ukrainischen SSR im Vergleich zu den entwickelten kapitalistischen Ländern durchgeführt.

Entsprechend den Aufgaben, die von dieser Methode bestimmt werden, erfaßten die Hauptrichtungen der Analyse auf der Grundlage der Informationsflüsse folgende Fragengruppen:

1. die organisatorische Struktur und die Leitungsstruktur der wissenschaftlichen Forschungs- und Entwicklungsarbeiten sowie die Formen der Verbindung zwischen den wissenschaftlichen Forschungseinrichtungen;

2. die Systeme der Planung, Finanzierung, materiell-technischen Versorgung und der Rechenschaftslegung als Grundfunktionen der Leitung;

3. die Informationsversorgung der wissenschaftlichen Forschungs- und Entwicklungsarbeiten;

4. die Wissenschaftskader;

5. die Struktur und die Dynamik der Verbindungen zwischen Wissenschaft und industrieller Produktion der Ukrainischen SSR;

6. die wissenschaftlichen Forschungs- und Entwicklungsarbeiten, die unmittelbar in den Industriebetrieben durchgeführt werden.

Diese Methode macht es möglich, folgende Hauptergebnisse zu erzielen:

1. Empfehlungen für die Leitungsprozesse der Ministerien und Behörden der Republik zur Verbesserung des Systems der Leitung zur Entwicklung der Wissenschaft in den einzelnen Zweigen sowie für die gesamte Ukrainische SSR auszuarbeiten;

2. den Entwicklungsstand der Organisation und Leitung der Forschung sowie ihre Effektivität im Vergleich zum Ausland in den einzelnen Zweigen sowie in der Republik im Ganzen einzuschätzen;

3. Empfehlungen für die Leiter der wissenschaftlichen Forschungseinrichtungen der Republik zur Vervollkommnung der Rechenschaftslegung, der Planung, zur Themenwahl, für den rationellen Einsatz der Arbeitskräfte und der finanziellen Mittel, für die materiell-technische Versorgung sowie für eine optimale Nutzung der Arbeitszeit der verschiedenen Kategorien der Wissenschaftler auszuarbeiten;

4. die Grundfunktionen der Zweig- und zwischenzweiglichen Organe der wissenschaftlich-technischen Information und Propaganda in den wissenschaftlichen Forschungseinrichtungen zur Informationsversorgung der wissenschaftlichen Forschungs- und Entwicklungsarbeiten zu bestimmen;

5. Kriterien für die Bewertung der Effektivität der Arbeit der verschiedenen Kategorien von wissenschaftlichen Mitarbeitern in den wissenschaftlichen Forschungseinrichtungen und Industriebetrieben auszuarbeiten;

6. Typenmuster für effektive Organisationsstrukturen für wissenschaftliche Forschungseinrichtungen unter Berücksichtigung der von ihnen durchzuführenden Forschungsarbeiten auszuarbeiten sowie Typenmuster für die Struktur der Organe für die Leitung der Entwicklung der Wissenschaft der Ministerien und Behörden festzulegen;

7. Empfehlungen für die Hochschulen und Einrichtungen, die Aspiranten ausbilden, auszuarbeiten, deren Kader in den Forschungsrichtungen eingesetzt werden, um die Auswahl der Studenten, ihre Ausbildung und den Kadereinsatz der jungen Spezialisten in den wissenschaftlichen Forschungseinrichtungen und wissenschaftlichen Abteilungen der Industriebetriebe unter Berücksichtigung der Anforderungen, die an einen Spezialisten gestellt werden, der sich mit wissenschaftlicher Tätigkeit beschäftigt, zu verbessern;

8. die Struktur und Dynamik der Verbindungen der Wissenschaft zur Produktion in der Ukrainischen SSR zu bestimmen und Empfehlungen zu ihrer Verbesserung auszuarbeiten;

9. Empfehlungen zur Vervollkommnung der Organisation und Leitung der wissenschaftlichen Forschungs- und Entwicklungsarbeiten, die unmittelbar von Industriebetrieben durchgeführt werden, auszuarbeiten;

10. ein Informationsversorgungssystem aufzubauen, das Angaben mit ausreichender Vollständigkeit liefert, Angaben über die wissenschaftlichen Forschungseinrichtungen der Ukrainischen SSR enthält sowie über die Organe zur Leitung der Wissenschaft der Ministerien und Behörden, über die Dynamik der Entwicklung der Wissenschaft in der Republik während der letzten 10 Jahre und über die Erweiterung des Umfangs der Forschungsarbeiten, die unmittelbar in den Industriebetrieben durchgeführt werden.

Ein solches System, das die modernen technischen Hilfsmittel nutzt, ist in der Lage, eine Analyse der Tätigkeit der wissenschaftlichen Forschungseinrichtungen in der Republik sowie der Organe zu ihrer Leitung in den Ministerien und Behörden unter den verschiedensten Aspekten durchzuführen. Es kann wertvolle Informationen über die wissenschaftlichen Kader, ihre territoriale Verteilung, ihre altersmäßige Zusammensetzung, ihre Produktivität usw. liefern sowie Angaben über qualitative Kennziffern, die die Tätigkeit der wissenschaftlichen Forschungseinrichtungen bestimmen, liefern. Eine ständige Vervollkommnung dieses Systems sichert, daß es operativ arbeitet und immer vollständig die benötigten Angaben liefern kann.

11. Auf der Grundlage einer Analyse und Bewertung der abgeschlossenen wissenschaftlichen Forschungsthemen in den wissenschaftlichen Forschungseinrichtungen und der Anfragen zu Problemen, die in der Produktion eine Lösung erfordern, kann man ein Informationsversorgungssystem aufbauen, das die Funktion eines Mittlers zwischen Wissenschaft und Industrie ausübt und eine Verbindung zwischen ihnen herstellt. Das System kann so funktionieren, indem es Signalinformationen an interessierte Betriebe über sämtliche fündige wissenschaftlichen Forschungsthemen liefert, die in den wissenschaftlichen Forschungseinrichtungen der Republik bearbeitet wurden und zu Ergebnissen geführt haben.

12. Die nach dieser Methode gewonnene Primärinformationen kann man verwenden, um Prognosen zu folgenden Kennziffern auszuarbeiten: über das zahlenmäßige Wachstum der wissenschaftlichen Kader in den einzelnen Zweigen der Wissenschaft unter Berücksichtigung der

Entwicklung der entsprechenden Industriezweige; über die Zunahme des Umfangs der wissenschaftlich-technischen Informationen einschließlich der Patentinformationen in der Ukrainischen SSR; über die Zunahme der Zahl der Urheberscheine, der Zahl der verkauften und angekauften Lizenzen; über die Zunahme der Zahl der Mitarbeiter in den zweig- und zwischenzweiglichen Organen der wissenschaftlich-technischen Information und Propaganda; über die Zunahme der Zahl der wissenschaftlichen Forschungseinrichtungen in den einzelnen Industriezweigen; über die Zunahme des Bestandes an elektronischen Datenverarbeitungsanlagen in der Republik, die bei wissenschaftlichen Forschungs- und Entwicklungsarbeiten eingesetzt werden; über die Zunahme des Anteils der wissenschaftlichen Kader, die unmittelbar in Industriebetrieben beschäftigt sind; über die Zunahme der finanziellen Mittel für die Wissenschaft; über die Zunahme des Anteils der erwerbstätigen Bevölkerung, die auf dem Gebiet der Wissenschaft beschäftigt ist, im Vergleich zu anderen Zweigen der Volkswirtschaft in der Republik.

13. Man kann mit Hilfe dieser Methode die Abhängigkeit zwischen der logischen Einteilung der Forschungsarbeiten in einzelne Etappen, der Effektivität der Informationsversorgung der Forscher mit relevanten Informationen, der Organisationsstruktur der wissenschaftlichen Forschungseinrichtungen und der Rechenschaftslegung, der Planung, Finanzierung und materiell-technischen Versorgung feststellen.

Die System-Struktur-Methode

Diese Methode gründet sich auf der Analyse der Wissenschaft als eines Systems, das aus den Teilsystemen der Finanzierung, der Planung, der materielltechnischen Versorgung, dem Teilsystem der Kader, dem Informations-Prognose-Teilsystem und aus anderen Teilsystemen besteht. Diese sind nach bestimmten Merkmalen und Verbindungen geordnet und verkörpern beständige Systeme, die relativ autonom in der sozialen Umwelt existieren. Der Forschungsprozeß wird als Zusammenwirken dieser Teilsysteme und des wissenschaftlichen Schöpfertums betrachtet. Die Teilsysteme treten als materiell verkörperte Elemente auf, während das Schöpfertum die ideelle Komponente der Wissenschaft bildet. Als System besitzt die Wissenschaft folgende spezifischen Merkmale:

1. Der Stand der Wissenschaft wird verkörpert durch den zu einem bestimmten Zeitpunkt gegebenen Komplex der Werte von Variablen,

die die Teilsysteme der Wissenschaft ausmachen. W. Ross Ashby definiert das Verhalten des Systems als Folge von Zuständen in der Zeit [95, S. 385]. In bezug auf die Wissenschaft bedeutet dies, daß die Parameter ihrer Entwicklung unmittelbar von den Charakteristika der Komponenten ihrer Teilsysteme abhängen.

2. Die Wissenschaft als Gesamtheit bestimmter funktionaler Abhängigkeiten, die ihre Elemente bilden, und die innerhalb bestimmter Variationsgrenzen ihrer Parameter erhalten bleiben, ist relativ stabil.

3. Die relative Selbständigkeit, Autonomie ihres Verhaltens, ihrer Existenz und ihrer Entwicklung bilden ein Unterscheidungsmerkmal der Wissenschaft als System. Zum Unterschied von aggregativen oder summativen Systemen, die aus einem Satz zufälliger Elemente bestehen, ist die Wissenschaft eine Ganzheit, die als exakt bestimmte Menge von Teilsystemen funktioniert.

4. Die die Wissenschaft bildenden Teilsysteme sind auf bestimmte Art und Weise subordiniert, d. h., die Teilsysteme beeinflussen sich gegenseitig in unterschiedlichem Grade und sind folglich in unterschiedlichem Maße autonom. Wie W. Ross Ashby feststellt, sind für Systeme das Zusammenfallen der gegenseitigen Abhängigkeit ihrer Teilsysteme in bezug auf bestimmte Eigenschaften und Beziehungen und die Unabhängigkeit hinsichtlich anderer Eigenschaften und Beziehungen charakteristisch [96]. Die Teilsysteme der Wissenschaft sind untereinander hierarchisch verbunden.

5. Die Eigenschaften der Wissenschaft als Ganzheit stimmen nicht mit den Eigenschaften überein, die ihre Teilsysteme besitzen, d. h. sie sind nicht additiv bezüglich der Eigenschaften dieser Teilsysteme.

6. Die Wissenschaft bildet eine offenes System, dessen Existenz sich in einer ständigen Wechselwirkung mit anderen sozialen Systemen (mit der Ökonomik, der politischen Organisation der Gesellschaft usw.) vollzieht.

Die Hauptaufgabe der System-Struktur-Analyse der Wissenschaft besteht darin, die Struktur der Wissenschaft als geordnete Menge ihrer Teilsysteme in bestimmten Beziehungen zu untersuchen. Diese Ordnung besitzt einen invarianten Charakter, d. h. die Struktur bildet einen „invarianten Aspekt des Systems“ [97, S. 40]. Das System tritt als „Ensemble von Variablen“ auf, die untereinander in Verbindung stehen [96, S. 40]. Diese Variablen sind integrierende Parameter der Teilsysteme, aus denen die Wissenschaft besteht. Zum Beispiel übt das Teilsystem der Finanzierung einen wesentlichen Einfluß auf die Parameter der Wissenschaft aus. Die „Fondsintensität“ der Wissenschaft nimmt infolge der Investitionen in der Forschung, der Ausgaben für wissenschaftliche Ausrüstungen, wozu auch die teuren elektronischen Datenverarbeitungsanlagen gehören, sowie in Verbindung mit der Zunahme des Lohnfonds, der Erweiterung der Sphäre der wissenschaftlichen Dienstleistungen zu.

Aus diesem Grunde bildet die Analyse des Teilsystems der Finanzierung der Wissenschaft eine Möglichkeit, um Reserven zur Erhöhung der Effektivität der wissenschaftlichen Tätigkeit aufzudecken. Zum Teilsystem der Finanzierung gehört die Information, die von großer Bedeutung für die Analyse der ökonomischen Effektivität der Forschungs- und Entwicklungsarbeiten ist (sie beinflußt die Höhe der Ausgaben für wissenschaftliche Forschungsarbeiten, den Lohnfonds usw.).

Selbstverständlich hängt die Wissenschaft als System von den Parametern ihrer Teilsysteme ab. Die System-Struktur-Methode des Studiums der Wissenschaft macht es möglich, das Niveau der Organisation und Leitung der Wissenschaft in den verschiedenen Ländern der Welt miteinander zu vergleichen. Dies ist eine sehr aufwendige Aufgabe. Es ist bekannt, daß der Vergleich des Entwicklungsniveaus der Industriezweige verschiedener Länder bedeutende Schwierigkeiten bereitet, denn zu diesem Zweck müssen die Preisbildung, die unterschiedlichen Methoden der Arbeitsorganisation, die Nichtübereinstimmung der Prinzipien für die Bildung und Nutzung der Fonds der materiellen Stimulierung usw. analysiert werden. Auf weitaus größere Schwierigkeiten stößt der Forscher, wenn er das Entwicklungsniveau der Wissenschaft in verschiedenen Ländern der Welt miteinander vergleichen will.

In den sozialistischen und kapitalistischen Ländern bestehen grundsätzlich unterschiedliche sozialökonomische Bedingungen für die Wissenschaft. Aber selbst sowohl in den einzelnen sozialistischen als auch kapitalistischen Ländern gibt es spezifische Besonderheiten, was die Organisation und Leitung der Forschungs- und Entwicklungsarbeiten anbelangt. Außerdem sind solche Begriffe, wie „Wissenschaftler", „Neue Technik", „Forschung" und andere nicht eindeutig bestimmt, und ihnen wird in den verschiedenen Ländern ein unterschiedlicher Sinn beigelegt. Es gibt auch kein allgemein anerkanntes System statistischer Kennziffern für die Entwicklung der Wissenschaft, kein System von Methoden zur Analyse der ökonomischen Effektivität der wissenschaftlichen Tätigkeit. Oft müssen bei der Erfassung der Entwicklung der nationalen Systeme zur Organisation und Leitung der Wissenschaft Besonderheiten unbedingt berücksichtigt werden. So wurden zum Beispiel in der Sowjetunion bis zum Jahre 1962 zur Gruppe der Wissenschaftler auch solche Spezialisten gezählt, die in der chemischen Produktion tätig waren und nicht die Funktion von Forschern ausübten. Aus diesem Grunde weisen die statistischen Angaben über die Wissenschaftler in der Sowjetunion in den Jahren 1954 bis 1961 um 40,6% höhere Zahlen aus, d. h. in sie ist die Zahl der Chemiker und Technologen einbezogen, die damals zu den Wissenschaftlern gerechnet wurden, in Wirklichkeit aber keine wissenschaftliche Tätigkeit ausübten.

In den verschiedenen Ländern der Welt werden das Niveau der wissenschaftlichen Qualifikation sowie die den Hochschulabsolventen verliehenen Berufsbezeichnungen unterschiedlich definiert. In einzelnen Ländern wird der gleiche Beruf unterschiedlich bezeichnet, und umgekehrt verbirgt sich unter der gleichen Berufsbezeichnung oft eine vollkommen andere Tätigkeit. So kann z. B. in den USA ein Doktor der Philosophie sowohl ein Physiker wie ein Chemiker sein, aber auch ein Mathematiker und selbstverständlich auch ein Philosoph. In der Sowjetunion dagegen kann dies sowohl ein Soziologe als auch ein Spezialist auf dem Gebiet des wissenschaftlichen Kommunismus sein. In wissenschaftswissenschaftlichen Arbeiten findet man häufig Verwechslungen solcher Art, weil man nur von dem gleichen Namen der Spezialisten ausgeht, aber nicht den unterschiedlichen Inhalt dieser Begriffe in den einzelnen Ländern beachtet hat.

Die Aufgabe, das System zur Organisation und Leitung der Wissenschaft zu optimieren und seinen Entwicklungsstand sowie seine Entwicklungstendenzen im Vergleich zu den ausländischen Staaten zu bestimmen, macht aber gleichzeitig die Durchführung einer vergleichenden Analyse der Entwicklung der Wissenschaft in den verschiedenen Ländern der Welt erforderlich. Für eine solche Analyse können folgende Kennziffern als Grundlage genommen werden:

– die Gesamtausgaben für Forschung und Entwicklung (in absoluten Zahlen, ihr prozentualer Anteil am Nationaleinkommen, pro Kopf der Bevölkerung sowie auf einen Wissenschaftler umgerechnet);

– die Ausgaben für die Industrieproduktion (in Prozent) und die Ausgaben für die Entwicklung der Wissenschaft (in Prozent);

– der Anteil der Ausgaben für die einzelnen Arten von Forschungsarbeiten und der größten Gruppen von Typen von wissenschaftlichen Forschungseinrichtungen (wissenschaftliche Forschungseinrichtungen bei den nationalen Akademien der Wissenschaften, Forschungseinrichtungen an den Hochschulen sowie wissenschaftliche Forschungszentren und Laboratorien der Industriebetriebe und Firmen usw.) (in absoluten Zahlen sowie in Prozent);

– die Investitionen für die Wissenschaft (in absoluten Zahlen);

– die Ausgaben für den Kauf von Lizenzen und die Entwicklung des Lizenzimports und -exports in den einzelnen Jahren (in absoluten Zahlen);

– die Verteilung der wissenschaftlich-technischen Kader (an den Universitäten, wissenschaftlichen Forschungsinstituten und in der Industrie, in Prozent);

– die Zunahme der Zahl der Beschäftigten in der Wissenschaft im Verhältnis zu den anderen Gebieten der Volkswirtschaft (in absoluten Zahlen sowie in Prozent);

– die Übereinstimmung zwischen der Zweigstruktur der Industrie und den Anforderungen der wissenschaftlich-technischen Revolution – hinsichtlich der Effektivität der neuen Investitionen in der Produktion;

– die Anteile der verschiedenen Finanzierungsquellen (der Anteil, der aus staatlichen Quellen finanziert wird, durch nicht auf Gewinnerzielung ausgerichtete Organisation usw.), bezogen auf die durchgeführten Forschungs- und Entwicklungsarbeiten (in Prozent);

– der Prozentsatz der Wissenschaftler, die an den einzelnen Arten der durchgeführten Forschungsarbeiten mitarbeiten;

– der Grad der Konzentration der Forschungs- und Entwicklungsarbeiten innerhalb eines Landes (die Zahl der wissenschaftlichen Zweigzentren und regionalen Zentren; der Großforschungszentren und der mittleren und kleineren wissenschaftlichen Forschungseinrichtungen; der wissenschaftlichen Forschungseinrichtungen in den Großbetrieben, mittleren und Kleinbetrieben; der Anteil der finanziellen Mittel, der auf diese einzelnen Kategorien entfällt, die Zahl der Wissenschaftler, der durchgeführten wissenschaftlichen Forschungsarbeiten und die Höhe der verwendeten finanziellen Mittel, in Prozent);

– die Haupttendenzen in der Abwanderung von Arbeitskräften in andere Industriezweige auf Grund der Freisetzung von Arbeitskräften durch die Überleitung von Errungenschaften der Wissenschaft (in Prozent);

– Methoden zur ökonomischen Bewertung der Ergebnisse aus der Grundlagenforschung, aus der angewandten Forschung und den Entwicklungsarbeiten (entsprechend ihrem ökonomischen Effekt, der bei ihrer Überleitung in die Produktion erzielt wurde, wie häufig solche Arbeiten zitiert wurden, wieviele Publikationen erschienen usw.);

– das Verhältnis der in die Industrie übergeleiteten wissenschaftlichen Forschungsarbeiten zur Gesamtzahl der in dem betreffenden Lande abgeschlossenen Arbeiten (in Prozent);

– die organisatorische Struktur der wissenschaftlichen Forschungseinrichtungen und wissenschaftlichen Zentren;

– die Ausgaben für das System der wissenschaftlich-technischen Information (in Prozent auf die zentralen Zweigorgane umgerechnet, im Verhältnis zu den allgemeinen Ausgaben für die Wissenschaft, sowie ihre Entwicklung während der letzten Jahre);

– die Ausgaben für die Ausarbeitung von Prognosen (in Prozent im Verhältnis zu den Gesamtausgaben für die Wissenschaft);

– die Zahl der spezialisierten wissenschaftlichen Forschungseinrichtungen, die sich mit der Ausarbeitung von Prognosen beschäftigen (in absoluten Zahlen);

– die Zahl der eingereichten Erfindungsanmeldungen und die Zahl derjenigen Anträge, denen ein Neuigkeitswert zugesprochen wurde (in absoluten Zahlen, in Prozent sowie ihre Entwicklung während der einzelnen Jahre);

– die charakteristischen Besonderheiten des Systems der Vertragsforschung sowie die Beziehungen auf der Grundlage von Wirtschaftsverträgen zwischen den wissenschaftlichen Forschungseinrichtungen und der Industrie;

– die Zunahme der Zahl der wissenschaftlichen Kader, darunter mit höchster wissenschaftlicher Qualifikation;

– das Wachstum des Nationaleinkommens;

– der Anteil von neuen Erzeugnissen in der Produktion der einzelnen Industriezweige;

– die Ausgaben für Kaderausbildung;

– das System der Ausbildung der wissenschaftlichen Kader (über die Aspirantur usw.);

– die Dauer des vollen Zyklus „Forschung-Produktion" in den einzelnen Industriezweigen;

– die Zeit, innerhalb der neue Erzeugnisse in die Produktion übergeführt werden;

– die Höhe der Import- und Exportlieferungen von neuen Erzeugnissen in den einzelnen Industriezweigen (in Stückzahlen und im Wertausdruck);

– der Umfang der wissenschaftlichen Publikationen (die Zahl der Artikel, die in den nationalen Referatezeitschriften für die einzelnen Zweige der Wissenschaft referiert wurden, ihr Umfang in Seitenzahlen (Druckbogen), die Zahl der wissenschaftlich-technischen Zeitschriften für die einzelnen Industriezweige);

– das zahlenmäßige Verhältnis zwischen den (schöpferisch tätigen) wissenschaftlichen Grundkadern und dem Hilfspersonal;

– der Zeitaufwand, den die wissenschaftlichen Mitarbeiter für die Durchführung von wissenschaftsorganisatorischen, informations-, experimentellen und anderen Arbeiten in der Forschung benötigen.

Um das Entwicklungsniveau der Wissenschaft in den verschiedenen Ländern miteinander zu vergleichen, ist die Erfassung der Zusammenarbeit, insbesondere der internationalen Zusammenarbeit, auf dem Gebiet der Wissenschaft von großer Bedeutung; dabei kommt es insbesondere auf die Erfassung der Wechselwirkung zwischen Wissenschaft und Produktion an. Je stärker das System der Verbindungen innerhalb der Wissenschaft sowie zwischen der Wissenschaft und der Industrie in einem Lande sowie zwischen den Ländern entwickelt ist, desto effektiver gestaltet sich die wissenschaftliche Tätigkeit. Dieser Umstand hängt damit zusammen, daß die Wissenschaft und ihre Errungenschaften ihrer Natur nach international sind. Japan, die Bundesrepublik Deutschland und andere entwickelte Länder nutzen effektiv die wissenschaftlich-technischen Erfahrungen der ganzen Welt, indem sie Lizenzen kaufen.

Die Wechselwirkungen zwischen Wissenschaft und Produktion spielen sich auf unterschiedlichen Ebenen ab. Eine dieser Ebenen stellen die innerbetrieblichen Verbindungen zwischen den wissenschaftlichen Forschungseinrichtungen und den Produktionseinrichtungen des gleichen Betriebes dar. Die Verbindung zwischen Wissenschaft und Produktion innerhalb eines Industriezweiges sowie die zwischenzweiglichen Verbindungen zwischen Wissenschaft und Produktion bilden weitere Ebenen, mit deren Hilfe sehr wichtige wissenschaftlich-technische Probleme in der Volkswirtschaft gelöst werden. Schließlich gibt es internationale Verbindungen, die bewirken, daß einzelne Ergebnisse der Wissenschaft in der Form von wissenschaftlich-technischen Dokumentationen, von Versuchsmustern usw. realisiert werden. Besonders enge Verbindungen haben sich in den letzten Jahren zwischen den sozialistischen Ländern herausgebildet. Seit 1966 führen die meisten sozialistischen Länder eine planmäßige Kooperation auf dem Gebiet der wissenschaftlichen Forschungsarbeiten durch.

Im Zusammenhang mit dem Wachstum der „Fondsintensität“ der wissenschaftlichen Arbeiten, insbesondere auf dem Gebiet der Grundlagenforschung, vertreten viele Ökonomen die Auffassung, daß das bestehende System der Planung, der Rechenschaftslegung und der Nutzung der Ergebnisse der wissenschaftlichen Forschungseinrichtungen vervollkommnet werden muß. Der DDR-Wirtschaftswissenschaftler Wolfgang K. Felfe machte den Vorschlag, die Arbeitsteilung in der wissenschaftlichen Forschungsarbeit zwischen den Mitgliederländern des RGW durch Verträge festzulegen [98, 1653]. Andere Wirtschaftswissenschaftler sind der Auffassung, daß ein größerer Teil der nationalen Forschungsarbeiten unter Berücksichtigung internationaler Bedürfnisse geplant werden sollte, wieder andere Ökonomen unterbreiten den Vorschlag, in den einzelnen Ländern eine Konzentration der wissenschaftlichen Forschungsarbeiten zu bestimmten Problemen, an denen mehrere Länder interessiert sind, vorzunehmen.

Das Ausfindigmachen von vergleichbaren Kennziffern für die Entwicklung des Systems der Organisation der wissenschaftlichen Forschung und der Leitung dieser Forschung in den einzelnen Ländern ist eine komplizierte Aufgabe. Ein Vergleich auf der Grundlage der oben aufgeführten Kennziffern gibt aber eine Möglichkeit, hinreichend vollständig die Effektivität der bestehenden nationalen Systeme zur Organisation und Leitung der Entwicklung der Wissenschaft zu bestimmen. Hierin besteht der wissenschaftliche Wert, den die System- und Struktur-Analyse der Wissenschaft besitzt.

Für die Optimierung der wissenschaftlichen Forschungstätigkeit besitzen alle oben dargelegten Methoden einer Untersuchung der Wissenschaft als Objekt eine bestimmte Bedeutung, da mit ihrer Hilfe jeweils verschiedene Aspekte des wissenschaftlich-technischen Schöpfertums untersucht werden.

Kapitel II

Die Leitung der sozialen Prozesse in der Sphäre der Wissenschaft

1. Die Wissenschaftsleitung als soziales Verhältnis

Die wissenschaftlich-technische Revolution in der Gegenwart hat das wissenschaftliche Schöpfertum in ein kollektives Schöpfertum verwandelt. Die wissenschaftliche Tätigkeit wurde zu einem Massenberuf von speziell hierzu beruflich ausgebildeten Kontingenten von Spezialisten. Damit hat sie die Leitung der Entwicklung der Wissenschaft zu einer brennenden Frage der staatlichen Leitung des sozialen Lebens der Gesellschaft werden lassen. In den 50er und 60er Jahren unseres Jahrhunderts entstanden in den entwickelten sozialistischen und kapitalistischen Ländern nationale Systeme zur Leitung und Organisation der wissenschaftlichen Forschung und Entwicklung. Die Besonderheiten der nationalen Systeme zur Organisation und Leitung der Wissenschaft, die sich in der Sowjetunion, in der ČSSR, der Volksrepublik Polen, den USA, in Frankreich, England, der Bundesrepublik Deutschland, in Japan, Italien und in anderen Ländern unter den Bedingungen der wissenschaftlich-technischen Revolution in der Gegenwart herausgebildet haben, sind in der Arbeit [73] beschrieben. Die sozialistische Gesellschaft schafft die objektiven und subjektiven Voraussetzungen für eine allseitige Entwicklung der Wissenschaft. In der Sowjetunion bildete sich bereits in den Vorkriegsjahren ein System der staatlichen Leitung der Wissenschaft auf der Grundlage einer abgestimmten Entwicklung der Wissenschaft mit den sozialen und ökonomischen Plänen für den gesellschaftlichen Fortschritt heraus. Die Erfahrungen der Sowjetunion bei der Organisierung und Leitung der Wissenschaft wurden in den sozialistischen Ländern Europas und Asiens in ihren Grundzügen erfolgreich genutzt. Die wissenschaftlich-technische Revolution in der Gegenwart traf in den sozialistischen Ländern auf effektive nationale Systeme zur Leitung der Wissenschaft.

Ein staatlicher Mechanismus zur Leitung der Wissenschaft auf der Grundlage einer vorher ausgearbeiteten Wissenschaftspolitik bildete sich in den entwickelten kapitalistischen Ländern in der Nachkriegszeit unter den Bedingungen der sich entfaltenden wissenschaftlich-technischen Revolution heraus. So entstanden z. B. nach Beendigung des zweiten Weltkrieges in den USA Regierungsorgane, die die Grundlagenforschung an den Universitäten auf vertraglicher Grundlage finanzieren: die Atomenergie-Kommission (Atomic-Energy-Commission), das Nationale Institut für Gesundheitswesen (National Institute of Health), der Nationale Wissenschaftsfonds (National Science Foundation), die Nationale Verwaltung für Aeronautik und Kosmosforschung (National Aeronautics and Space Administration) usw. In England wurden im Jahre 1947 ein Komitee zur Ausarbeitung der Politik auf dem Gebiet der Verteidigungsforschung und ein Konsultativrat für Wissenschaftspolitik gebildet. In Japan wurde im gleichen Jahre ein Komitee zur Modernisierung der Organisation der wissenschaftlichen Forschung ins Leben gerufen und im Jahre 1949 der Japanische Wissenschaftsrat gebildet. In Kanada wurde im Jahre 1949 eine Konsultativkommission zu Fragen der Wissenschaftspolitik gebildet.

Das Einsetzen der wissenschaftlich-technischen Revolution in der Gegenwart wird in der Regel in die 50er Jahre unseres Jahrhunderts datiert. Es ist charakteristisch, daß gerade in diesen Jahren in allen entwickelten kapitalistischen Ländern eine grundlegende Reorganisation der Organe zur staatlichen Leitung der Wissenschaftsentwicklung, mit dem Ziel einer weiteren Zentralisation der Leitung der Forschung, ihrer Unterordnung unter die Interessen des staatsmonopolistischen Kapitalismus, zu verzeichnen war. So wurden im Jahre 1950 in den USA das ständige Komitee für Naturwissenschaften und Astronautik und das Ständige Komitee für Aeronautik und Kosmosforschung gebildet, auf deren Grundlage im Jahre 1958 die Nationale Verwaltung für Aeronautik und Kosmosforschung (NASA) gebildet wurde. Im Jahre 1957 wurde die Funktion eines speziellen Beraters des Präsidenten der USA in Fragen von Wissenschaft und Technik (Office of Science and Technology) eingerichtet und der Bundesrat für Wissenschaft und Technologie (Federal Council on Science and Technology) gebildet; im Jahre 1962 wurde das Wissenschaftlich-technische Büro zur Beratung der Organe der Vollzugsgewalt und des Kongresses in Fragen der Wissenschaft (President's Science Advisory Committee, PSAC) ins Leben gerufen.

Analoge Maßnahmen zur Bildung von Organen zur staatlichen Regulierung der Entwicklung der Wissenschaft wurden auch in England, Frankreich, Japan und anderen kapitalistischen Ländern ergriffen. In England wurde im Jahre 1959 ein Minister für Wissenschaft ernannt und 1960 ein Ministerium für Volksbildung und Wissenschaft gebildet, das in seinen Funktionen das bereits bestehende Ministerium für Technik ergänzte. Weiter wurde ein System von Ausschüssen und verschiedenen Räten zur zentralisierten Leitung der Forschung ins Leben gerufen, wie der Zentrale Konsultativrat für Wissenschaft und Technik, der Rat für Forschungen auf dem Gebiet der Naturwissenschaften, der Parlamentsausschuß für Wissenschaft usw.

In Frankreich wurde im Jahre 1954 der Oberste Rat für wissenschaftliche Forschung und technischen Fortschritt gebildet. Im Jahre 1958 wurde das gesamte System zur Leitung der Wissenschaft reorganisiert: unmittelbar dem Ministerpräsidenten wurden die Gebiete der Atomforschung, der Weltraumforschung und der militärischen Forschung unterstellt, es wurden eine Generalvertretung für wissenschaftlich-technische Forschung, ein Interministerielles Komitee für wissenschaftlich-technische Forschung,ein Konsultationskomitee usw. gebildet.

In der BRD wurden im Jahre 1962 ein Ministerium für wissenschaftliche Forschung, im Jahre 1965 ein Komitee für Wissenschaft und im Jahre 1967 ein Wissenschaftsrat gebildet. In Belgien wurden im Jahre 1957 eine Nationale Kommision zum Studium der Fragen der Entwicklung der Wissenschaft und im Jahre 1959 ein Staatliches Komitee für Wissenschaftspolitik, ein Zwischenbehördliches Komitee für Wissenschaftspolitik und ein Nationaler Rat für Wissenschaftspolitik gebildet.

So führte die wissenschaftlich-technische Revolution zur Bildung eines Systems zur staatlichen Leitung der Wissenschaft in den kapitalistischen Ländern. Die Hauptaufgabe dieser Systeme besteht darin, die wissenschaftliche Forschung im Interesse des staatsmonopolistischen Kapitalismus zu organisieren. Dieses wird dadurch erreicht, daß von dem System zur staatlichen Leitung der Wissenschaft der Haushaltsplan für den Bereich Wissenschaft ausgearbeitet wird, daß der Umfang und die Richtung der Hauptmasse der Forschungsarbeiten geplant werden sowie eine Kontrolle über die Durchführung dieser Regelungen ausgeübt wird. Von diesem System wird die Wissenschaftspolitik festgelegt und der Entwicklungsstand der Wissenschaft durch die Sammlung von Informationen, von statistischen Angaben über die eigenen Forschungseinrichtungen und die wissenschaftlichen Forschungseinrichtungen im Ausland analysiert. Es erfolgt eine zwischenbehördliche Koordinierung der Tätigkeit der wissenschaftlichen Forschungseinrichtungen, und die internationale Zusammenarbeit auf dem Gebiet der Wissenschaft wird eingeleitet. Zu weiteren Maßnahmen gehören die Sicherung einer ständigen Information der Legislativ-

und Exekutivorgane über die Lage und die Entwicklungsperspektiven der nationalen Wissenschaft und der Wissenschaft in der Welt.

Nach Auffassung der amerikanischen Forscher A. Gutenberg und E. Richman wird sich der Prozeß des staatlichen Eingreifens in die Leitung der kapitalistischen Wirtschaft und der Wissenschaft weiter verstärken, denn „die Natur der ökonomischen Struktur und die technischen Bedingungen, deren Beachtung zur Aufrechterhaltung der ökonomischen Entwicklung erforderlich ist, verlangen sowohl eine starke Regierung als auch ein Großunternehmertum" [99, S. 594]. Die „Verstaatlichung" der Wissenschaft ist eine charakteristische Besonderheit in der gegenwärtigen Entwicklungsetappe des staatsmonopolistischen Kapitalismus.

Karl Marx schrieb: „Alle unmittelbar gesellschaftliche oder gemeinschaftliche Arbeit auf größerem Maßstab bedarf mehr oder minder einer Direktion, welche die Harmonie der individuellen Tätigkeiten vermittelt und die allgemeinen Funktionen vollzieht, die aus der Bewegung des produktiven Gesamtkörpers im Unterschied von der Bewegung seiner selbständigen Organe entspringen" [100, S. 350].

Die Besonderheiten der Leitung der wissenschaftlichen Forschung unter den Bedingungen der wissenschaftlich-technischen Revolution der Gegenwart werden in einer Reihe von Arbeiten untersucht [54], [92], [101].

Die Leitung der Wissenschaft erfordert, daß man das Funktionieren und die Entwicklung der wissenschaftlichen Forschungseinrichtungen als Ganzes sieht und ihren Systemcharakter beachtet. Diese Leitung umfaßt die rationelle Verteilung der finanziellen und materiell-technischen Mittel, die Leitung des Arbeitsprozesses der Wissenschaftler, die wissenschaftliche Arbeitorganisation (WAO) der Wissenschaftler, die Anwendung von staats- und verwaltungsrechtlichen Formen der Leitung. Das Hauptziel der Leitung in der Wissenschaft besteht darin, Entscheidungen zur Durchführung der Forschung zu treffen, Wege zur Erhöhung der Effektivität in der Forschung ausfindig zu machen, optimale Pläne auszuarbeiten, wissenschaftliche Forschungsthemen, die die größte Perspektive besitzen, auszuwählen, die Informationsversorgung der Forscher zu sichern sowie die Arbeit der Wissenschaftler ökonomisch zu stimulieren.

Die Leitung ist nicht nur ein technischer, sondern auch ein sozialer Prozeß, der mit dem gesamten System der gesellschaftlichen Verhältnisse im Zusammenhang steht. Aus diesem Grunde umfaßt er einen Komplex von organisatorischen, rechtlichen, erziehungsmäßigen und ökonomischen Maßnahmen.

Organisatorische Maßnahmen zur Leitung der Wissenschaft sind folgende: die Auswahl und der Einsatz der Kader, die Festlegung der Funktionalstruktur der einzelnen Glieder der wissenschaftlichen Forschungseinrichtungen und die Organisierung des Belegdurchlaufs (Berichtswesen). Maßnahmen, die mit Hilfe des Rechts durchgesetzt werden, sind: die Regulierung der Tätigkeit der wissenschaftlichen Forschungorganisationen mit Hilfe vom Staat gesetzter Rechtsnormen. Ökonomische Maßnahmen der Leitung bestehen in der Planung der Forschung, in der Anwendung der wirtschaftlichen Rechnungsführung in einem wissenschaftlichen Forschungsinstitut, in der materiellen Stimulierung von Höchstleistungen der Wissenschaftler, in der Vervollkommnung der Organisation der wissenschaftlichen Forschung sowie in der Erhöhung ihrer ökonomischen Effektivität. Je mehr ein Leitungsobjekt nach den Grundsätzen der selbsttätigen Steuerung geleitet wird, desto weniger Leitungskräfte werden im Stellenplan benötigt.

Optimal organisiert ist ein solches System, das aus dezentralisierten, sich selbst steuernden Gliedern besteht, die eine exakt festgelegte Arbeitsordnung besitzen und auf der Grundlage von mehreren Kennziffern von einem einheitlichen großen Leitungszentrum aus kontrolliert werden. Die Leitung eines solchen Systems beschränkt sich auf die Erfassung des Bedarfs hinsichtlich der benötigten finanziellen Mittel, der materielltechnischen Versorgung, der Versorgung mit der benötigten Forschungsausrüstung und auf die Bewertung der Qualität der durchgeführten Arbeiten.

Für die Leitung der Wissenschaft sind folgende Hauptmerkmale charakteristisch:

- das Vorhandensein einer großen Zahl miteinander verknüpfter und in Wechselwirkung zueinander tretender Elemente;
- die Fähigkeit, komplizierte Funktionen auszuführen, die sich aus bestimmten Zielen, die durch sie erreicht werden sollen, ergeben;
- ihr Wirksamwerden unter den Bedingungen des Wirkens einer großen Zahl von Faktoren;
- die Einteilung in Teilsysteme, deren Arbeitsweise dem Gesamtziel des Systems untergeordnet ist;
- das Vorhandensein einer einheitlichen Leitung sämtlicher Elemente eines Systems, das eine hierarchische Struktur besitzt;
- das Vorhandensein eines verzweigten Informationsnetzes und intensiver Informationsflüsse;
- das Vorhandensein von Elementen einer Selbstorganisierung;
- der Informationsaustausch mit der Umwelt und die Abhängigkeit der Reaktionen des Systems von der Einwirkung der Umwelt.

Mit Hilfe von folgenden Kennziffern kann die Leitung der Wissenschaft objektiv bewertet werden: nach der Effektivität, Zuverlässigkeit und Qualität, nach der Beständigkeit und Komplexität der Leitung. Von ihnen sind die Effektivität und Zuverlässigkeit der Leitung die wichtigsten Elemente. Die Effektivität ist eine Kennziffer, die die Fähigkeit der Leitung der Wissenschaft ausdrückt, die der Wissenschaft gestellten Aufgaben effektiv zu erfül.en. Die Kennziffer für die Zuverlässigkeit bringt zum Ausdruck, in welchem Grade die Effektivität der Leitung sich der idealen Variante nähert, die als absolut zuverlässig bestimmt wurde und bei der in keinem Falle eine Minderung der Effektivität der Leitung eintritt. Folglich stellt die Leitung der Wissenschaft eine solche soziale Beziehung zwischen Menschen bei der Produktion von geistigen Werten der Gesellschaft dar, die sich auf die Autorität der leitenden Personen gründet und im Interesse der geleiteten Personen durchgeführt wird, die an aufeinander abgestimmten Handlungen interessiert sind. Die Leitung wird auf der Grundlage von Informationsflüssen durchgeführt, die die verschiedenen sozialen Systeme zu einer Einheit verknüpfen.

In der Klassengesellschaft ist die Leitung in der Regel eng verbunden mit der Staatsmacht, mit den Organen der Gewaltanwendung einer Minderheit gegen die Mehrheit. Aus diesem Grunde trägt sie einen zwieschlächtigen, widerspruchsvollen Charakter. Die Leitung in der Klassengesellschaft setzt voraus, daß sie mit Hilfe von Organen der Staatsmacht verwirklicht wird, wobei die Staatsmacht ein Willensverhältnis zwischen Menschen zum Ausdruck bringt. Karl Marx schreibt: „Wenn daher die kapitalistische Leitung ihrem Inhalt nach zwieschlächtig ist, wegen der Zwieschlächtigkeit des zu leitenden Produktionsprozesses selbst, welcher einerseits gesellschaftlicher Arbeitsprozeß zur Herstellung eines Produktes, andererseits Verwertungsprozeß des Kapitals, so ist sie der Form nach despotisch. Mit der Entwicklung der Kooperation auf größerem Maßstab entwickelt dieser Despotismus seine eigentümlichen Formen" [100, S. 351].

Gleichzeitig aber sind Leitung und Staatmacht ihren Funktionen nach nicht identisch. Auch in der kapitalistischen Gesellschaft gibt es eine Vielzahl von Leitungsmechanismen, die nicht mit der Staatsmacht verbunden sind (z. B. der Markt als spontan sich bildender Regulator der ökonomischen Beziehungen).

Dieser Unterschied zwischen der Staatsmacht und der Leitung ist für die Analyse der Wissenschaft ichtig, wo die Leitung in bedeutendem Maße als Koordinierung verwirklicht wird, neben den Organen der Staatsmacht, auf der Grundlage von professionellen Mechanismen, die sich entwickelt haben, um eine Abstimmung in der Tätigkeit verschiedener Gruppen von Wissenschaftlern zu bewirken. Der staatsmonopolistische Kapitalismus ist bestrebt, den Mechanismus der selbsttätigen Steuerung, der sich in der Wissenschaft traditionell herausgebildet hat, dadurch zu ersetzen, daß den Wissenschaftlern die kapitalistische Staatsmacht aufgezwungen wird. Diesen Prozeß kann man jedoch auf keinen Fall als abgeschlossen ansehen. Durch eine allseitige Nutzung der Errungenschaften der Wissenschaft versucht der Kapitalismus, den ökonomischen Wettbewerb mit dem Sozialismus zu gewinnen. Die Form, die dem wissenschaftlich-technischen Fortschritt am besten entspricht, ist jedoch nicht der Kapitalismus mit seinem Klassenantagonismus und den unlösbaren Konflikten zwischen Produktion und Produktionsverhältnissen, sondern der Sozialismus, in dem diese Antagonismen und Konflikte fehlen.

Der Sozialismus schafft die günstigsten Voraussetzungen für die Entwicklung der Wissenschaft. Um sie zu realisieren muß man jedoch die Gesetzmäßigkeiten des Funktionierens der Wissenschaft kennen und diese Gesetzmäßigkeiten zum Zwecke der Erhöhung des Entwicklungstempos des wissenschaftlich-technischen Fortschritts nutzen.

Hauptaufgabe des Leitungssystems in der Wissenschaft ist die Erreichung des Optimums im Funktionieren wissenschaftlicher Kollektive. Die Effektivität der Wissenschaft hängt insgesamt in entscheidendem Maße davon ab, in welchem Grade die wissenschaftliche Forschungsarbeit in den wissenschaftlichen Institutionen rationell durchgeführt wird. Es liegt auf der Hand, daß die größten Verluste für die Entwicklung der modernen Wissenschaft infolge organisatorischer Mängel dadurch entstehen, daß die Tätigkeit der wissenschaftlichen Forschungseinrichtungen ungenügend koordiniert wird, die spezifischen Aufgaben der durchzuführenden Forschungsarbeiten bei der Leitung wissenschaftlicher Forschungskollektive nicht berücksichtigt werden, daß die Struktur, Formen und Methoden der Leitung der Forschung und Entwicklung nicht mit der organisatorischen Struktur von wissenschaftlichen Forschungseinrichtungen und mit der logischen Gliederung des Prozesses des wissenschaftlichen Schöpfertums in einzelne Etappen übereinstimmen. In dieser Hinsicht unterscheidet sich die Wissenschaft in keiner Weise von anderen Gebieten der Volkswirtschaft, in denen Mängel in der Leitung auch zu einer Vergeudung von materiellen Mitteln und von Arbeitskräfteressourcen führen. Akademiemitglied L. V. Kantorovič ist z. B. der Auffassung, daß die versteckten Ressourcen, d. h. die „expliziten Verluste", die auf Grund der Unvollkommenheit der Formen und Methoden der Leitung der Volkswirtschaft entstehen, außerordentlich hoch sind. Nach seiner Meinung könnte man allein durch die Ausschaltung solcher Verluste eine Erhöhung der Finalproduktion um 30 bis 50% erreichen [102, S. 17].

Eine ständige Vervollkommnung der Leitungsstruktur sowie der Formen und Methoden der Arbeitsorganisation auf sämtlichen Gebieten der Volkswirtschaft, darunter auch auf dem Gebiet der Wissenschaft, ist eine äußerst wichtige Aufgabe, die vom XXIV. Parteitag der KPdSU gestellt wurde. Im Programm der KPdSU wird unterstrichen: „Die Erreichung der höchsten Ergebnisse mit geringstem Aufwand im Interesse der Gesellschaft – das ist das unabänderliche Gesetz des wirtschaftlichen Aufbaus" [103].

In der Gegenwart haben sich in den meisten Ländern der Welt Systeme zur Organisation und Leitung der Wissenschaft herausgebildet, die sich auf dem Prinzip der Hierarchie aufbauen, d. h. jedes folgendes Glied in der Kette von unten nach oben ist Leitungsglied für das vorhergehende Glied und selbst ein geleitetes Objekt. Mit gewissen Einschränkungen kann man 5 Hierarchieebenen unterscheiden:

1. informelle „kleine" Forschergruppen, an deren Spitze ein inoffizieller wissenschaftlicher Leiter steht;
2. strukturelle Unterglieder von wissenschaftlichen Einrichtungen (Abteilungen, Sektoren, Laboratorien und andere Kollektive von Wissenschaftlern, in denen unmittelbar wissenschaftliche Forschungsarbeiten durchgeführt werden);
3. wissenschaftliche Institutionen, die als Ganzheit tätig werden, die relativ selbständige Organisationen sind und berechtigt sind, ihre Forschungsthematik selbst zu wählen, die Kader einstellen können, über finanzielle Mittel verfügen und nicht nur Forschungsfunktionen, sondern auch administrative und Wirtschaftsfunktionen ausüben. (Wissenschaftliche Forschungsinstitute, Universitäten und Hochschulen, Vereinigungen, die wissenschaftliche Einrichtungen und Produktionsbetriebe umfassen, Konstruktionsbüros in den Industriebetrieben, große Laboratorien von Firmen und Konzernen, technologische Projektierungs- und Konstruktionsinstitute usw.);
4. territoriale Leitungsorgane für einen Zweig (Ministerien und Behörden, denen wissenschaftliche Institutionen unterstellt sind);
5. Zwischenzweigliche gesamtnationale Leitungsorgane (staatliche Organe, die für die Gestaltung und Durchführung der Wissenschaftspolitik für ein ganzes Land verantwortlich sind).

Dieses System wird durch eine ebenfalls nur für die Wissenschaft charakteristische Form der Leitung auf der Grundlage von berufsmäßigen Vereinigungen ergänzt. So wird z. B. aus Vertretern der führenden

Institutionen, die an einem bedeutenden komplexen Problem forschen, ein wissenschaftlicher Rat gebildet, dessen Entscheidungen für sämtliche Institutionen, die sich mit der Untersuchung dieses Problems beschäftigen, einen beratenden und empfehlenden Charakter besitzen. Die Funktion des wissenschaftlichen Rates kann auch einem Institut übertragen werden, auf das der Hauptanteil bei der Untersuchung dieses Problems entfällt (z. B. im System der Akademie der Wissenschaften der Ukrainischen SSR sind solche Institute das E. O. Paton-Institut für Elektroschweißen, das Institut für Werkstofforschung und u. a.; an der Akademie der Wissenschaften der Belorussischen SSR üben solche Funktionen das Institut für Wärme- und Massenaustausch und an der Akademie der Wissenschaften der Lettischen SSR das Institut für Holzchemie aus usw.).

Zur Funktion dieser „Problem"-Institute gehört die Organisierung der wissenschaftlichen Information zu dem zu erforschenden Problem, die Ausarbeitung von Empfehlungen für die Forschungsrichtungen, die die größte Perspektive besitzen, die Ausarbeitung von Prognosen, die Aufstellung einheitlicher Koordinierungspläne für die Forschung sowie die kompetente Wertung der Forschungsergebnisse auf diesem Gebiet usw.

Eine charakteristische Tendenz in der Entwicklung der Gegenwart ist das aktive Eingreifen des Staates in die Leitung der wissenschaftlichen Forschungstätigkeit.

Die in der Vergangenheit praktizierte indirekte Einwirkung auf die wissenschaftliche Tätigkeit wurde durch Methoden einer direkten Leitungstätigkeit ersetzt. Die Leitung der Wissenschaft wurde zu einem Objekt der staatlichen Politik, zu einem neuen wichtigen Element der Funktion des Staates in der Gegenwart.

Die qualitativ neue Rolle, die der Staat in der Leitung der wissenschaftlichen Forschungstätigkeit in der Gegenwart spielt, ist dem Einfluß folgender Faktoren zuzuschreiben:

1. der Verteuerung, Konzentration und Industrialisierung der Forschungsarbeit; dies hat zur Bildung von großen wissenschaftlichen Forschungsbasen und von großen wissenschaftlichen Kollektiven geführt, die verschiedene Wissenszweige von meist verwandten Zweigen umfassen;

2. der Notwendigkeit, optimale Verhältnisse zwischen der Grundlagenforschung und den Konstruktions- und Entwicklungsarbeiten herzustellen;

3. dem ständig wachsenden Bedarf an wissenschaftlichen Kadern, der Notwendigkeit ihrer Ausbildung und Weiterqualifizierung im gesamtstaatlichen Rahmen;

4. der schnellen Differenzierung der Wissenschaft, die eine Koordinierung und Kooperation von Ländern mit unterschiedlichem Niveau ihrer industriellen Entwicklung als wichtige Voraussetzung für die Effektivität und Intensivierung der wissenschaftlichen Forschungstätigkeit erfordert.

In den sozialistischen Ländern wird die staatliche Leitung der wissenschaftlichen und technischen Forschung ständig vervollkommnet. Hierbei werden die Vorzüge des sozialistischen gesellschaftsökonomischen Systems genutzt. Die wissenschaftliche Forschungstätigkeit wird in Übereinstimmung mit den unmittelbaren Interessen und den perspektivischen Bedürfnissen der Gesellschaft gelenkt und geplant.

Die einheitliche gesamtstaatliche Organisation zur Leitung der wissenschaftlichen und technischen Forschung, die in diesen Ländern aufgebaut wurde, gibt die Möglichkeit, die Wissenschaft auf die Erfüllung der wichtigsten Aufgaben, die im Prozeß des Aufbaus der sozialistischen Gesellschaft entstehen, zu orientieren. Für die staatliche Leitung der wissenschaftlichen und technischen Forschung in den sozialistischen Ländern sind folgende Merkmale charakteristisch:

1. die Leitung der wissenschaftlichen Forschungstätigkeit, ihre Koordinierung, Planung und Finanzierung im gesamtstaatlichen nationalen Rahmen wird von einem einheitlichen spezialisierten Organ durchgeführt;

2. die Koordinierung der Grundlagenforschung erfolgt durch die Akademien der Wissenschaften der betreffenden Länder;

3. die angewandte Forschung wird von den Ministerien der betreffenden Länder geleitet, koordiniert und in bestimmten Maße auch finanziert;

4. die Leitung der wissenschaftlichen Forschungsarbeiten an den Hochschulen und Universitäten erfolgt durch die zuständigen staatlichen Organe für Hochschulbildung.

Das Grundelement des gesamtstaatlichen Systems der Wissenschaft in einem sozialistischem Land ist die einzelne wissenschaftliche Forschungseinrichtung. Von dem Erfolg der wissenschaftlichen Tätigkeit jeder dieser Einrichtungen hängen die gesamten Errungenschaften der Wissenschaft des betreffenden Landes ab.

Gegenwärtig gibt es noch keine Theorie vom optimalen Funktionieren einer wissenschaftlichen Forschungseinrichtung, obwohl ihre Entwicklung zu einer brennenden Aufgabe des Komplexes der „Wissenschaften von der Wissenschaft" geworden ist. Man kann jedoch nach unserer Auffassung bereits Grundprobleme definieren, die von einer solchen Theorie untersucht werden müßten.

Das Funktionieren eines wissenschaftlichen Kollektivs unter den Bedingungen des Sozialismus kann dann optimal sein, wenn mindestens folgende Grundvoraussetzungen für seine Tätigkeit beachtet werden:

1. die Hauptziele der wissenschaftlichen Forschungsarbeiten müssen mit den Entwicklungsrichtungen der Wissenschaft, die die größte Perspektive besitzen, und mit den Bedürfnissen der gesellschaftlichen Produktion übereinstimmen;

2. die Struktur der wissenschaftlichen Forschungseinrichtungen muß den Hauptzielen der wissenschaftlichen Forschungsarbeiten entsprechen;

3. es müssen eine rationelle Kaderauswahl und ein Kadereinsatz erfolgen, die die Erreichung effektiver Forschungsergebnisse gewährleisten;

4. es muß ein optimales System von Maßnahmen zur materiellen und ökonomischen Stimulierung der wissenschaftlichen Tätigkeit in Anwendung gelangen, das eine rationelle Nutzung aller schöpferischen Möglichkeiten des einzelnen Wissenschaftlers bewirkt;

5. es muß ein effektives System zur materielltechnischen Versorgung und Finanzierung der Forschung bestehen;

6. es muß eine optimale Informationsversorgung erfolgen, die die logische Gliederung des Forschungsprozesses in einzelne Etappen und die Hauptaufgaben, die von den Mitarbeitern in diesen Etappen zu lösen sind, berücksichtigt, was eine gezielte, selektive Informationsversorgung erforderlich macht;

7. bei der Realisierung der Leitung der Wissenschaft muß eine rationelle Verbindung von Prinzipien der Zentralisation und Dezentralisation, einem Eingreifen der Leitung und einem freien wissenschaftlichen Schöpfertum, von der Anwendung des Prinzips der Einzelleitung und der kollektiven Leitung bei der Lösung wissenschaftlicher Probleme Anwendung finden;

8. es muß ein ausreichend anpassungsfähiges Kontrollsystem funktionieren, das die Stabilität der Arbeit der strukturellen Unterglieder eines wissenschaftlichen Kollektivs gewährleistet und rechtzeitig Veränderungen in den Zielen und Aufgaben der Forschung berücksichtigt;

9. ein rationelles System zur Realisierung der wissenschaftlichen Erkenntnisse, ihrer Einführung und operativen Nutzung in der Praxis ist erforderlich;

10. es muß die moralische und materielle Bereitschaft des Kollektivs vorhanden sein, die Struktur der Institution, die Forschungsrichtung usw. zu ändern, wenn unvorhergesehene Ergebnisse erzielt wurden (wenn z. B. negative Forschungsergebnisse eine grundlegende Um-

orientierung der Hauptziele der durchzuführenden Forschungsarbeiten erforderlich machen).

Da die Wissenschaft in organisatorischer Hinsicht aus einzelnen wissenschaftlichen Forschungseinrichtungen besteht, so kann man diese auch als ein System ansehen, in dem Planung, Finanzierung und dgl. mehr Teilsysteme darstellen. Die Leitung der wissenschaftlichen Forschungseinrichtung bildet einen einheitlichen komplizierten Prozeß der Ausübung der Funktionen der Planung, der materielltechnischen Versorgung, der Rechenschaftslegung, der Analyse, Kontrolle, Finanzierung und Regelung bestimmter Elemente zur erfolgreichen Durchführung von wissenschaftlichen Forschungs- und Entwicklungsarbeiten. Jede dieser Grundfunktionen ist in bestimmten Maße für den wissenschaftlichen Forschungsprozeß erforderlich. Elemente, die zur erfolgreichen Durchführung von Forschungs- und Entwicklungsarbeiten erforderlich sind, sind folgende: Grundmittel (Gebäude usw.), von denen den wichtigsten Teil die wissenschaftlichen Ausrüstungen bilden; die wissenschaftlichen Kader und die Arbeitsvergütung für die Wissenschaftler und die wissenschaftlichen Hilfskräfte; die Plandokumente für die Durchführung der Forschungs- und Entwicklungsarbeiten; die Materialversorgung für die Forschungsarbeiten (die Versorgung mit Rohstoffen, Materialien, Brennstoffen und Energie); die Finanzierung des wissenschaftlichen Forschungsprozesses; die Organisierung der Überleitung der Forschungsergebnisse in die Produktion; die Planungs- und Berichtsarbeiten über die Aufwendungen, die zur Erzielung der Forschungsergebnisse gemacht wurden; die rechnungsmäßige (buchmäßige) Gesamterfassung und Berichterstattung.

In jeder Etappe zur Gewährleistung des wissenschaftlichen Forschungsprozesses werden in strenger Folgerichtigkeit sämtliche Leitungsfunktionen realisiert. Diese Konsequenz sieht folgendermaßen aus:

1. Prognose;
2. Perspektivplanung;
3. laufende Planung;
4. Operativplanung;
5. operative Erfassung;
6. Kontrolle und Regulierung;
7. statistische und buchhalterische Erfassung und Rechenschaftslegung;
8. Analyse der wissenschaftlichen Forschungs- und der Produktions- und Wirtschaftstätigkeit.

In den wissenschaftlichen Forschungseinrichtungen werden die Leitungsfunktionen dadurch realisiert, daß diese Leitungsarbeiten von administrativen Leitungsfunktionären – der Direktion – durchgeführt werden; an den Hochschulen nehmen das Rektorat, die Dekanate, die Buchhaltungen, die Abteilung Planung und Ökonomie sowie die Abteilungsleiter, die Leiter der Lehrstühle und der Laboratorien diese Aufgaben wahr.

Unter Leitungsarbeiten versteht man die Gesamtheit der Tätigkeiten (Berechnungsarbeiten, Klassifikationsarbeiten, logische Prozesse, Vervielfältigungs- und andere Arbeiten) zur Bearbeitung von Dokumenten sowie zur Organisation, Kontrolle und Regulierung der informationellen Verbindungen, die im Prozeß der Durchführung von wissenschaftlichen Forschungarbeiten entstehen.

Die Leitungsfunktion besteht aus der Gesamtheit der Leitungsarbeiten, die zur Durchführung von Forschungsarbeiten erforderlich sind. Die Organisation der erfolgreichen Durchführung der Forschungsarbeiten und die Leitungsfunktionen werden als Prozeß der Sammlung, Speicherung und Bearbeitung von Informationen realisiert, der in der Form von Dokumenten und teilweise in nicht festgehaltenen Telefongesprächen, in mündlichen Beratungen auf Dienstbesprechungen usw. seinen Ausdruck findet.

Die Leitungsarbeiten bestehen in der Sammlung und Bearbeitung informationeller Dokumente, die Mitteilungen über Leitungsobjekte enthalten. Im Ergebnis der Bearbeitung der Dokumente entsteht eine neue Information, entweder in Form einer Zwischeninformation oder einer endgültigen Ergebnisinformation. Sie wird oft dazu benutzt, um die Arbeit der wissenschaftlichen Forschungseinrichtung innerhalb der vorgegebenen Grenzen ablaufen zu lassen.

Die Leitung einer wissenschaftlichen Forschungseinrichtung besteht deshalb aus Versorgungselementen (Grundmitteln, wissenschaftlichen Kadern, finanziellen Mitteln und anderen Komplexen von wissenschaftlichen Leitungsarbeiten wie Rechnungs- und Berechnungsarbeiten) und aus Leitungsfunktionen (Prognose, Perspektivplanung, Kontrolle und Regulierung und anderen Komplexen von Leitungsarbeiten, wozu insbesondere die Registrierung der Primärinformationen, die Sammlung und Ordnung von Informationen, die Informationsübermittlung und Informationsverarbeitung gehören).

Die Versorgungselemente werden gleichzeitig und nebeneinander realisiert, während die Leitungsfunktionen in strenger Ablauffolge innerhalb bestimmter Zeiträume ausgeübt werden. Die Intensität der Informationsflüsse zwischen den Versorgungselementen kann schwach oder stark sein und spielt sich innerhalb der einzelnen Elemente ab. Die Leitungsfunktionen werden durch Informationsflüsse zu einem einheitlichen Ganzen verbunden; in jeder vorhergehenden Funktion bestehen die Leitungsarbeiten in der Regel in der Vorbereitung von Informationen für einen Komplex von Arbeiten, die zur folgenden Funktion gehören. Gleichzeitig sind innerhalb jeder Leitungsfunktion die Informationsflüsse wenig miteinander verbunden. In der Funktion der laufenden Planung wird deutlich zwischen den verschiedenen Informationsflüssen unterschieden, die verschiedene Leitungsarbeiten, wie die Aufstellung des Arbeitskräfte- und Lohnplanes, des Finanzplanes, der Materialbuchführung, der Grundmittelerfassung und dergleichen mehr erforderlich machen.

Die Leitungsarbeiten beschränken sich nicht allein auf die Sammlung und Verarbeitung von Informationen, sondern sie umfassen auch die Entscheidungsfindung auf der Grundlage dieser Informationsprozesse. Aus diesem Grunde bilden die Informationsflüsse die wichtigste Komponente der Leitung einer wissenschaftlichen Forschungsinstitution. Je nach dem Entwicklungsgrad dieser Informationsflüsse besitzen die wissenschaftlichen Forschungseinrichtungen bzw. die Leitung der Wissenschaft eines bestimmten Industriezweiges oder in einer territorialen Einheit bestimmte Effektivitätskennziffern. Informationen, die zur Wahrnehmung der Leitung einer wissenschaftlichen Forschungseinrichtung erforderlich sind, teilt man ein:

1. nach der Technologie der Informationsbearbeitung in Eingangsinformationen, Ausgangsinformationen (Ergebnisinformationen) und Zwischeninformationen;

2. nach der Methode ihrer Zusammenstellung und Speicherung in wechselnde Informationen, relativ beständige Informationen (dazu gehören auch die normativen Informationen), in Ausnahmeinformationen (über während der Durchführung von Forschungsvorhaben entstehende Veränderungen von beständigen Informationen) und in Auskunfts- und faktographische Informationen.

Von wesentlichem Einfluß auf den Charakter der getroffenen Entscheidungen, auf die Organisation der Leitungsarbeiten und der Leitung selbst sind der Typ der wissenschaftlichen Forschungseinrichtung, die Art der durchgeführten wissenschaftlichen Forschungsvorhaben, die Voraussetzungen für die Realisierung der gewonnenen wissenschaftlichen Ergebnisse und der Grad der Mechanisierung und Automatisierung der wissenschaftlichen Forschungsarbeiten. Unter diesem Gesichtspunkt kann man folgende Faktoren herausstellen, die das System der Leitung der Wissenschaft beeinflussen:

1. der Charakter der durchzuführenden wissenschaftlichen Forschungsarbeiten: ob es sich a) um Grundlagenforschung, b) um ange-

wandte Forschung und c) um Entwicklungs- und Konstruktionsarbeiten handelt;

2. der Typ der wissenschaftlichen Forschungseinrichtung: ob es sich handelt a) um Akademieinstitute, b) um Industriezweig-Institute, c) um Hochschulen, d) um Konstruktionsbüros, Spezial-Konstruktionsbüros oder um Projektierungs-, Konstruktions- und technologische Institute, e) um Forschungseinrichtungen unmittelbar in den Industriebetrieben (Betriebslaboratorien, Zweigstellen von wissenschaftlichen Forschungsinstituten der Industriezweige usw.);

3. die Kategoriegruppe, der die wissenschaftliche Forschungseinrichtung angehört; (ob die betreffende Einrichtung zur ersten, zweiten, dritten oder vierten Kategorie gehört);

4. der Umfang der wissenschaftlichen Forschungsarbeiten und die Zahl der Wissenschaftler:

a) große Forschungseinrichtungen,
b) mittlere Forschungseinrichtungen,
c) kleine Forschungseinrichtungen;

5. der Grad der Mechanisierung und Automatisierung der wissenschaftlichen Forschungsarbeiten:

a) Einsatz der EDVA für ingenieurtechnische Berechnungen, zur Leitung der wissenschaftlichen Forschungseinrichtung, zur selektiven Darbietung von Informationen (SDI);
b) der Grad der Ausstattung mit wissenschaftlicher Forschungsausrüstung, mit technischen Mitteln zur Mechanisierung von Verwaltungsarbeiten (mit Elektrokopiergeräten, Lichtpaus- und Thermokopiergeräten, mit fotografischen Kopiereinrichtungen, Schreibmaschinen, Additionsmaschinen, automatischen Telefonapparaten, Telefon-Wechselsprechanlagen usw.);

6. die Bedingungen, unter denen erzielte positive Forschungsergebnisse realisiert werden

a) auf Grund von Wirtschaftsverträgen mit Industriebetrieben;
b) dadurch, daß der Auftraggeber, der die Forschung finanziert hat, seine Rechte geltend macht;

7. die Art der erzielten Forschungsergebnisse (ob es sich um einen Forschungs- und Entwicklungsbericht, ein Versuchsmuster, eine Kleinserie, eine Rezeptur, um ein Produktionsverfahren usw. handelt).

Auf die Leitung einer wissenschaftlichen Forschungseinrichtung üben sämtliche Faktoren einen Einfluß aus, in der Regel ist jedoch einer von ihnen der bestimmende Faktor. Ungeachtet der bedeutenden Unterschiede zwischen den einzelnen wissenschaftlichen Forschungseinrichtungen, die für die verschiedenen Industriezweige verantwortlich sind, gibt es zwischen ihnen viele Gemeinsamkeiten. Das Ziel der Analyse der Primärinformationen über die Organisation und Leitung der wissenschaftlichen Forschung besteht darin, diese Gemeinsamkeiten festzustellen, um Empfehlungen zum Aufbau optimaler Leitungssysteme für wissenschaftliche Forschungseinrichtungen für die unterschiedlichen Bedingungen auszuarbeiten.

Heute geht man allgemein davon aus, daß vor der Ausarbeitung des Plans eine Prognose auszuarbeiten ist. Die Praxis der Prognosearbeit in der Sowjetunion und im Ausland hat die hohe Effektivität der Ausarbeitung von Prognosen, ihren großen Einfluß auf das Entwicklungstempo des wissenschaftlich-technischen Fortschritts unter Beweis gestellt. Es gibt mehr als 130 verschiedene Prognosemethoden, wozu solche Methoden der Prognostizierung der zu erwartenden Ergebnisse in der Grundlagenforschung, in der angewandten Forschung und von Entwicklungsarbeiten gehören. Von besonderer Bedeutung ist die Prognostizierung der Entwicklung der neuen Technik für einen weiterreichenderen Perspektivzeitraum sowie auch die Prognose der Nachfrage nach der modernen Technik. Konstruktionsbüros und Forschungsinstitute für die einzelnen Industriezweige können eine hohe Effektivität ihrer Arbeit erreichen, wenn die von ihnen entwickelten Erzeugnisse innerhalb eines Zeitraumes von 7 bis 10 Jahren einen bedeutenden Anteil an der hergestellten Industrieproduktion ausmachen.

Die Bestimmung der Entwicklungstendenzen für die Industriezweige, die Prognose der wissenschaftlich-technischen Entwicklungsarbeiten, der Erzeugnisse und der Nachfrage der Verbraucher, die ständige Erhöhung der bereitgestellten Mittel für Arbeiten an Entwicklungen, die eine besonders gute Perspektive besitzen – das ist die Kette der Aktivitäten, von denen letzten Endes die Effektivität der Arbeit einer wissenschaftlichen Forschungseinrichtung im Perspektivzeitraum von 10 bis 15 Jahren abhängt.

Insgesamt bildet der Anteil der wissenschaftlichen Forschungsthemen, zu denen Prognosen ausgearbeitet wurden – und bei Konstruktionsbüros und wissenschaftlichen Forschungseinrichtungen der Industriezweige –, auch Prognosen über die zu erwartende Nachfrage nach zu entwickelnden Erzeugnissen, eine Kennziffer für das Niveau der Leitung der Wissenschaft in einem Zweig und für die wissenschaftliche Begründetheit der Themenwahl einer wissenschaftlichen Forschungseinrichtung.

Eine allgemeine Formel der zu erwartenden Nachfrage nach technischen Neuentwicklungen einer wissenschaftlichen Forschungseinrichtung kann folgendermaßen aufgestellt werden:

$$(1) \qquad N = \sum_{=1}^{n} n_i V_i m_i$$

Hierbei bedeuten:

N – zu erwartende Nachfrage nach der betreffenden Neuentwicklung (in Stückzahlen)

V_i – Zahl der erwarteten i-ten Verbraucher der Erzeugnisse, wenn die Erzeugnisse serienmäßig von der Industrie hergestellt werden;

n_i – Zahl der betreffenden Erzeugnisse, die ein i-ter Verbraucher benötigt

m_i – Zahl der Verbrauchergruppen, die durch die Zahl der verschiedenen Anwendungsbereiche des betreffenden Erzeugnisses bestimmt werden.

Die Prognose erfordert, daß die ökonomische Effektivität der Nutzung der geplanten neu zu entwickelnden Erzeugnisse unter Berücksichtigung ihrer Anwendungsgebiete berücksichtigt wird. Auf diese Weise wird indirekt die Effektivität der Arbeit der wissenschaftlichen Forschungseinrichtung aus der Überführung der erzielten Ergebnisse in die Industrieproduktion prognostiziert.

Auf der Grundlage der Prognosen werden die Perspektivpläne ausgearbeitet. Sämtliche europäischen Mitgliederländer des Rates für gegenseitige Wirtschaftshilfe haben die Ausarbeitung von langfristigen Perspektivplänen (für 15 bis 20 Jahre) in Angriff genommen, die als Grundlage für die 5-Jahres-Volkswirtschaftspläne dienen. Viele Ökonomen der sozialistischen Länder unterstreichen, daß zu einem entscheidenden Instrument für die staatliche Leitung der Entwicklung der Wissenschaft nicht die laufende Planung, der Jahresplan, werden muß, sondern der langfristige Fünfjahrplan unter Berücksichtigung der Prognosen für 20 bis 25 Jahre. Dabei wird die Notwendigkeit zur Ausarbeitung von Prognosen als Aufgabe sämtlicher Glieder des Systems der Volkswirtschaft – vom Betrieb bis zu den zentralen Planungsorganen – angesehen. „Die prognostische Arbeit ist ein wichtiges Element der Leitungstätigkeit", so unterstrich Walter Ulbricht auf dem 14. Plenum des ZK der SED im Dezember 1966, „in den Betrieben, VVB, Ministerien und vor allem auch in der Staatlichen Plankommission" [104, S. 3]. Der Ausarbeitung des Perspektivplanes für die Jahre 1971 bis 1975 in der DDR liegt die Prognose der wissenschaftlich-technischen Entwicklung bis zum Jahre 1985 sowie die Prognose der voraussichtlichen Entwicklung der Produktivkräfte in der Welt für die nächsten 15 bis 20 Jahre zugrunde. Eine analoge Arbeit wird auch in den anderen Mitgliedsländern des RGW geleistet.

Der Grad der Einführung von Prognosemethoden in die praktische Tätigkeit der wissenschaftlichen Forschungseinrichtungen durch die wissenschaftsleitenden Organe der Ministerien und Behörden ist eine wichtige Kennziffer dafür, daß das Leitungssystem der Wissenschaft mit den Hauptaufgaben des wissenschaftlich-technischen Fortschritts übereinstimmt.

Die Effektivität der Arbeit einer wissenschaftlichen Forschungseinrichtung wird in bedeutendem Maße durch die wissenschaftlich begründete Auswahl der Forschungsthemen bestimmt. Vorschläge für wissenschaftliche Forschungsthemen zur Aufnahme in den Plan der wissenschaftlichen Forschungseinrichtung können von den Ministerien und Behörden, von den Organen des RGW, von wissenschaftlichen Forschungskollektiven, Industriebetrieben und anderen gemacht werden. Gegenwärtig sind eine Reihe von Methoden zur Wahl der Themen für Forschungs- und Entwicklungsarbeiten unter Berücksichtigung von Prognosen ausgearbeitet worden. Es liegt auf der Hand, daß die Effektivität einer wissenschaftlichen Forschungseinrichtung davon beeinflußt wird, wie groß der Anteil der Themen (entsprechend den einzelnen Forschungsrichtungen) ist, die die wissenschaftliche Forschungseinrichtung auf Beschluß übergeordneter Institutionen, auf Grund von Vorschlägen von wissenschaftlichen Forschungseinrichtungen und von Auftraggebern (von Industriebetrieben) bearbeitet, sowie von dem Anteil der thematischen Richtungen, die von verschiedenen Instanzen vorgeschlagen wurden, und die in die Volkswirtschaftspläne, in die RGW-Pläne und in die Pläne der Ministerien und Behörden aufgenommen wurden. Diese Effektivität hängt weiter ab von dem Umfang, in dem quantitativ-mathematische Methoden Anwendung gefunden haben, um die Perspektive eines Themas zu bestimmen, davon, ob die ökonomische Effektivität der Themen gründlich ermittelt wurde. Je mehr in die Pläne der wissenschaftlichen Forschungseinrichtungen Themen aufgenommen werden, die von Organen zur Leitung der Wissenschaft der Ministerien und Behörden vorgeschlagen wurden, desto kompetenter sind die Mitarbeiter dieser Organe, die Bedürfnisse des Industriezweiges und die Möglichkeiten der wissenschaftlichen Forschungseinrichtungen zu bestimmen, um so größer ist die Übereinstimmung zwischen dem Planungssystem und den Hauptaufgaben der Leitung der wissenschaftlichen Forschung und Entwicklung in den Ministerien und Behörden.

Für die Festlegung der Thematik ist die Berücksichtigung der Positionen des Perspektivplanes für den wissenschaftlich-technischen Fortschritt im betreffenden Industriezweig von großer Bedeutung. In der Sowjetunion obliegen die Funktionen, die Hauptperspektivlinien für die wissenschaftlichen Forschungsrichtungen festzulegen und die komplexen Pläne zur Bearbeitung der wichtigsten zwischenzweiglichen Probleme aufzustellen, dem Staatlichen Komitee für Wissenschaft und Technik des Ministerrates der UdSSR und der Akademie der Wissenschaften der UdSSR. Die entsprechenden Abteilungen der Staatlichen Plankommission der UdSSR nehmen die organische Koordinierung des Planes für die Einführung der Errungenschaften von Wissenschaft und Technik mit den einzelnen Abschnitten des Volkswirtschaftsplanes vor. In der Ukranischen SSR wird eine analoge Arbeit zur Ausarbeitung der Komplexpläne für die Forschungsarbeiten zu den wichtigsten zwischenzweiglichen Problemen von der Akademie der Wissenschaften der Ukrainischen Republik geleistet, während die Koordinierung des Planes für die Einführung der Errungenschaften der Wissenschaft mit dem Plan für die Entwicklung der Volkswirtschaft durch die Staatliche Plankommission der Ukrainischen SSR realisiert wird.

Bei der Ausarbeitung der Perspektivpläne, Fünfjahres- und Jahrespläne ist die Wahl der Kennziffern von besonderer Bedeutung. Die Plankennziffer stellt eine Information über den Zustand des geleiteten Objektes dar, sie enthält eine quantitative Grundlage und charakterisiert die Merkmale dieses Objektes. In Ausübung der Leitungsfunktionen Planung, Rechenschaftslegung, Kontrolle usw. wird in der Regel eine Information in der Form von Kennziffern verwendet. Zu einer aktuellen Aufgabe, die eine Vereinheitlichung der Plankennziffern ermöglichen würde, gehört die Analyse der Effektivität der gegenwärtig gehandhabten Praxis der Ausarbeitung der Pläne in den wissenschaftlichen Forschungseinrichtungen und im Industriezweig. Zur Zeit werden in den wissenschaftlichen Forschungseinrichtungen ein Gesamt-Jahresthemenplan für die Forschungs- und Entwicklungsarbeiten aufgestellt, ferner Jahresthemenpläne für die Arbeiten der Abteilungen, Sektoren und Laboratorien. Im Verlaufe des Jahres werden diese korrigiert, und es werden die Vierteljahresaufgaben für die wissenschaftliche Forschungseinrichtung und ihre strukturellen Unterglieder aufgestellt, es wird ein Plan für organisatorisch-technische Maßnahmen ausgearbeitet und es erfolgt eine Analyse der Planerfüllung durch die wissenschaftliche Forschungseinrichtung und in ihre strukturellen Unterglieder.

Um auf der Ebene des Industriezweiges die Effektivität der bestehenden Planungspraxis zu bestimmen, ist es erforderlich, die Pläne und ihre Erfüllung (unter Berücksichtigung der Entwicklungstendenzen in den einzelnen Jahren) zu analysieren. Die Effektivität der Zweigplanung der Forschungs- und Entwicklungsarbeiten kann dadurch bestimmt werden, daß die Übereinstimmung der Pläne und ihre Erfüllung anhand folgender Kennziffern überprüft werden:

1. anhand der Finanzierung der wissenschaftlichen Forschungs- und Entwicklungsarbeiten im Industriezweig, und zwar:

– nach Finanzierungsquellen (Haushaltsmitteln, aus Eigenmitteln der Ministerien und Behörden sowie aus dem Produktionsabgabefonds);

– nach der Verwendung der Mittel (für den Lohnfonds, für Investitionen zur Entwicklung der experimentellen Basis, darunter auch für Bau- und Montagearbeiten);

2. anhand der Ergebnisse der Forschungs- und Entwicklungsarbeiten, und zwar:

– nach der zu erwartenden ökonomischen Effektivität aus der Anwendung von im betreffenden Jahre abgeschlossenen Forschungsarbeiten;

– nach der zu erwartenden Einsparung an Arbeitskräften infolge der in dem betreffenden Jahr abgeschlossenen Forschungsarbeiten;

– nach der zu erwartenden Freisetzung von Arbeitskräften von schwerer körperlicher Arbeit und aus schädlichen Arbeitsbedingungen infolge der Anwendung der im betreffenden Jahre abgeschlossenen Forschungsvorhaben;

– nach der tatsächlichen ökonomischen Effektivität aus der Einführung der Forschungsergebnisse;

– nach der tatsächlichen Einsparung an lebendiger Arbeit aus der Einführung der Forschungsergebnisse;

– nach der tatsächlichen Freisetzung von Arbeitskräften aus schweren Arbeitsbedingungen durch die Einführung der Forschungsergebnisse;

3. nach dem Grad des Einflusses der durchgeführten wissenschaftlichen Forschungs- und Entwicklungsarbeiten auf das Niveau des technischen Fortschritts im Industriezweig:

– auf das Niveau der Produktionstechnologie im Industriezweig;

– auf die Qualität der Produktion und den Anteil der Erzeugnisse, die in industriell entwickelte Länder exportiert werden und das Qualitätszeichen „Q" („höchste Qualität") besitzen;

– auf den Anteil der neuen serienmäßig hergestellten Erzeugnisse an der Gesamtproduktion des Industriezweigs;

– auf den Anteil der neuen als Muster zur Einführung vorbereiteten Erzeugnisse an der Produktion des Industriezweiges.

Auf der höchsten Ebene, im Rahmen der UdSSR, erscheint für die Bestimmung der Effektivität des Funktionierens des Systems der Wissenschaft und des Teilsystems der Planung der Entwicklung der Wissenschaft die Analyse folgender Planungskennziffern wichtig:

– Gesamtaufwendungen für die Wissenschaft (einschließlich für die Ausbildung wissenschaftlicher Kader auf dem Wege der Aspirantur und der Doktorantur) aus dem Staatshaushalt und aus den Eigenmitteln der Ministerien und Behörden (aus der Produktionsabgabe);

– Investitionen für die Entwicklung der wissenschaftlichen Forschungsbasis;

– Lohnfonds;

– Zunahme des Nationaleinkommens;

– Umfang der Produktion neuer Erzeugnisse;

– Niveau der Technologie im Vergleich zum Weltniveau;

– Qualitätsniveau;

– Zahl der freigesetzten Arbeitskräfte unter besonderer Aufführung der in Produktionsabteilungen mit besonders schädlicher Arbeit Beschäftigten;

– Qualifizierung von Kadern mit höchster wissenschaftlicher Qualifikation (Kandidaten und Doktoren der Wissenschaften) auf den einzelnen Gebieten der Wissenschaft;

– Anteil der Grundlagenforschung (nach ihren Selbstkosten) am Gesamtumfang der Aufwendungen für die Entwicklung der Wissenschaft.

Das Endziel der Entwicklung der Wissenschaft besteht darin, ihre Wechselwirkung auf die Produktion zu verstärken und die ökonomischen Verbindungen der wissenschaftlichen Forschungseinrichtungen zu den Industriebetrieben zu verstärken, den „Nutzeffekt" der wissenschaftlichen Forschungseinrichtungen für die Volkswirtschaft zu erhöhen. Diesem gleichen Ziel dienen außer der Planung die Kontrolle, die Rechenschaftslegung, die Finanzierung und die materiell-technische Versorgung. In wissenschaftlichen Forschungseinrichtungen, in denen hauptsächlich angewandte Forschung und Entwicklungsarbeiten betrieben werden, können mit Erfolg einige in der Praxis bewährte Leitungsmethoden aus den Industriebetrieben genutzt werden.

Mit einigen Abstrichen kann man mit der Auffassung konform gehen: „Die Wissenschaft ist wie jeder beliebige andere Zweig der Volkswirtschaft durch eine Reihe allgemeiner ökonomischer Parameter gekennzeichnet – Grundfonds, Umlaufmittel usw. Als ein Zweig, der gesellschaftliche Ressourcen verbraucht, unterscheidet sie sich nicht wesentlich von der Sphäre der Produktion materieller Güter. In diesem Sinne können viele ökonomische Hebel, die in der Industrie angewandt werden, in der Wissenschaft Anwendung finden" [105, S. 27].

Von großer Bedeutung für die Kontrolle und Rechenschaftslegung ist die Wahl der richtigen Kennziffern. Gegenwärtig sind die wissenschaftlichen Forschungseinrichtungen mit Berichts- und Kontrolldokumentationen überfordert, die eine Masse sich überschneidender, unnötigen Ballast bedeutender, nicht erforderlicher Angaben enthalten. In der Regel werden die Informationen in der Hauptsache über Telefon übermittelt, die Übermittlung der Dokumente erfolgt in einzelnen Fällen auch durch Fernschreiber. Eine solche Praxis gründet sich auf der manuellen Informationsverarbeitung und hat unausbleiblich folgende Mängel zur Folge:

1. In sämtlichen Operationen der Informationsverarbeitung findet die wenig produktive, einen hohen Arbeitsaufwand erfordernde manuelle Arbeit Anwendung;

2. ein großer Zeitverlust entsteht zwischen der Entstehung der Daten, ihrer Gewinnung, Registrierung und ihrem Eingang bei dem administrativen und Leitungspersonal der wissenschaftlichen Forschungseinrichtungen sowie bei den Organen zur Leitung der Wissenschaft seitens der Ministerien und Behörden;

3. die Formulare für die Berichterstattung sind nicht vereinheitlicht, aus diesem Grunde ist es unmöglich, eine vergleichende Analyse der Effektivität der Tätigkeit der wissenschaftlichen Forschungseinrichtungen innerhalb eines Industriezweiges oder einer Region vorzunehmen oder einzelne Posten miteinander zu vergleichen;

4. die ständige Erhöhung der Zahl der wissenschaftlichen Forschungs- und Entwicklungsarbeiten führt zu einer intensiven Zunahme des Umfangs an Verwaltungsarbeiten, was eine Zunahme des administrativen Verwaltungspersonals in allen Gliedern des Systems zur Leitung der Wissenschaft nach sich zieht.

Diese Mängel in der Informationsverarbeitung führen ihrerseits zu folgenden negativen Ergebnissen:

1. die Perspektivplanung erfolgt unbefriedigend, ohne Berücksichtigung von Prognosen; in den Fünfjahrplänen fehlt eine Aufteilung auf die einzelnen Jahre; die Pläne für die wissenschaftlichen Forschungsarbeiten sind ungenügend mit den Plänen zur Einführung der neuen Technik in die Produktion und anderen Plänen abgestimmt; die Prinzipien der Kontinuität der Planung und der Koordinierung der einzelnen Pläne werden nicht berücksichtigt;

2. die laufende Planung basiert nicht auf den notwendigen Berechnungen; es wird keine optimale Verteilung der wissenschaftlichen

Kader, der finanziellen und materiellen Mittel auf die einzelnen wissenschaftlichen Forschungseinrichtungen, Industriezweige und die einzelnen Territorien des Landes gesichert. Das Ergebnis ist, daß sich in der wissenschaftlich-technischen Entwicklung Disproportionen herausbilden, daß wichtige wissenschaftliche Richtungen in ihrer Entwicklung zurückbleiben, wissenschaftliche Forschungseinrichtungen und ihre strukturellen Unterglieder ungleichmäßig „ausgelastet" werden und im Endeffekt die Effektivität der wissenschaftlichen Forschungsarbeiten absinkt;

3. die schnellere Zunahme des Umfangs der Verwaltungsarbeiten als der wissenschaftlichen Forschungs- und Entwicklungsarbeiten führt zu einer intensiven Zunahme der Belastung der wissenschaftlichen Kader (insbesondere der Kandidaten und Doktoren der Wissenschaften) mit wissenschaftsorganisatorischen und administrativen Arbeiten zum Nachteil der wissenschaftlichen Forschungsarbeit. Dieses hat wiederum eine allgemeine Verringerung des „Wirkungsgrades" der Wissenschaftler zur Folge, führt zu einem Absinken der Effektivität der wissenschaftlichen Forschungseinrichtungen und einer Verringerung ihres Einflusses auf die Industrie.

Auf dem Gebiet der Leitung der Wissenschaft werden nicht selten Entscheidungen getroffen, die das Optimalitätsprinzip verletzen, ungeachtet des hohen wissenschaftlichen Niveaus, der Kompetenz und der Gewissenhaftigkeit des Leitungspersonals.

Informationen von schlechter Qualität sind die Ursache für solche falschen Entscheidungen. Aus diesem Grunde ist die Ausarbeitung von Empfehlungen für die einzelnen Arten der Rechenschaftslegung und für das Kennziffernsystem zu einer sehr aktuellen Aufgabe geworden. L. S. Bljachman und B. M. Grinčel unterstreichen, daß eine unaufschiebbare Aufgabe zur Erhöhung der Effektivität der Leitung des wissenschaftlich-technischen Fortschritts in der Sowjetunion die Notwendigkeit bildet, ein „System von Planungs-, statistischen und Berichtskennziffern für die Entwicklung von Wissenschaft und Technik auszuarbeiten, die es gestatten, die Bewertung der faktischen ökonomischen Effektivität der Nutzung der wissenschaftlich-technischen Entwicklungen einzuschätzen und die Richtigkeit der Realisierung der technischen Politik in den einzelnen Zweigen der Volkswirtschaft zu bestimmen" [106, S. 8].

Eine Hauptaufgabe der Wissenschaftsleitung besteht deshalb darin, eine Abstimmung der Tätigkeit der verschiedenen Glieder der Wissenschaft bei der Erfüllung ihrer allgemeinen Funktion, neues Wissen über die Realität zu gewinnen, zu sichern.

2. Die Grundtypen der Leitung der Wissenschaft. Die Besonderheiten der Leitung mit Hilfe von staatlichen Normen und Leistungskennziffern

Gegenwärtig gibt es in der Wissenschaft eine Vielzahl von unterschiedlichen traditionellen und nicht-traditionellen, wertend-regulativen und wertend-normativen Typen der Leitung, die sich entweder spontan herausgebildet haben oder durch Direktiven ins Leben gerufen wurden.

Man kann vier Grundtypen der Leitung von wissenschaftlichen Forschungseinrichtungen unterscheiden..

Die kompensierende Leitung

Sie besteht darin, daß Abweichungen des geleiteten Objektes von dem ihm vorgegebenen Arbeitsregime ständig kompensiert werden. Dieser Leitungstyp ist am wenigsten effektiv.

Die vorauseilende Leitung

Sie wird dadurch realisiert, daß Maßnahmen ausgearbeitet werden, die die Entwicklung der Ereignisse mit der größten Wahrscheinlichkeit auf der Grundlage einer vorher durchgeführten Analyse berücksichtigen. Sie stellt gleichsam einen Regulator für ein äußerst rationelles Regime der Tätigkeit einer wissenschaftlichen Forschungseinrichtung dar.

Die Leitung mit Elementen der Selbstregelung

Sie besteht darin, daß Programme ausgearbeitet werden, die die wissenschaftlichen Forschungsarbeiten regulieren, die automatisch auf die zu leitenden Abteilungen und Laboratorien einwirken und ihnen einen Anreiz geben, mit höchster Effektivität zu arbeiten und gute Ergebnisse in ihrer Tätigkeit zu erreichen.

Die Leitung auf der Grundlage der Prognostizierung

Sie stellt die optimale Leitungsform dar und besteht darin, daß Leitungsmaßnahmen auf der Grundlage der Voraussicht der Zukunft des geleiteten Objektes und seines „Milieus" ausgearbeitet werden. Zur Realisierung dieses Leitungstyps benötigt eine wissenschaftliche Forschungseinrichtung Prognosen über die zukünftige Entwicklung der Ereignisse

Wenn man die evolutionäre Entwicklung der Methoden und Formen der Leitung unter Berücksichtigung der historischen Veränderung der Organisationsstrukturen der geleiteten Objekte betrachtet, so kann man folgende Typen erkennen: die Leitung durch eine Autorität (Pionierleitung), die zentralisierte Leitung und die integrierte Leitung [107] sowie die Leitung auf der Grundlage von durch gesetzliche Normen festgelegten Kennziffern als Kombination von Eigenschaften der drei vorhergehenden Leitungstypen in einer unterschiedlichen Proportion.

Pionierleitung (Leitung durch eine Autorität – d. Red.) ist eine Leitung eines kleinen Kollektives auf der Grundlage exakt festgelegter Ziele, einer Einheit von Kontrolle und Durchführung der Arbeiten, einer ständigen, direkten Kopplung und Rückkopplung zwischen dem Leiter und den Geleiteten auf der Grundlage enger persönlicher Kontakte. In dem Maße, wie die Größe der zu leitenden Kollektive zunimmt, wird diese Leitungsform durch eine zentralisierte Leitung ersetzt.

Die zentralisierte Leitung gründet sich auf der Mechanisierung der wichtigsten Prozesse der Sammlung, Verarbeitung und Speicherung von Informationen, der Standardisierung der Verwendung findenden Dokumente, einer Spezialisierung der Leitungsfunktionen verbunden mit gleichzeitiger Koordinierung. Von besonderer Bedeutung ist bei diesem Leitungstyp die Kommunikation.

Die integrierte Leitung besteht in der Leitung eines Systems als eines Prozesses, der von Menschen vollzogen wird, die im Interesse gemeinsamer Ziele tätig werden.

Die wichtigste Besonderheit dieses Leitungstyps besteht in der Berücksichtigung der menschlichen Beziehungen als eines Faktors, der die Effektivität der Arbeitsweise einer solchen Einrichtung bestimmt. Ein System, das auf der Grundlage der Integration geleitet wird, ist ständig für Neuerungen „offen". Die Teilsysteme funktionieren auf der Grundlage einer Koordination.

Die Leitung auf der Grundlage von normierten Bewertungskriterien ist ein Mischtyp der Leitung; er hat sich als Kombination von Elementen verschiedener historischer Methoden zur Ausübung von Leitungsoperationen herausgebildet und gründet sich auf bestimmten Bewertungsgrößen, die vorher für bestimmte Ergebnisse der wissenschaftlichen Tätigkeit normativ festgelegt werden. Dieser Leitungstyp erfordert eine Koordinierung der Forschung auf der Grundlage eines einheitlichen Planungssystems, einheitliche Normen für die Ergebnisse der wissenschaftlichen Tätigkeit, die Festlegung der von den Mitarbeitern pro Quartal zu erbringenden Arbeitsleistungen zur Durchführung der einzelnen Etappen der Forschungsarbeiten, eine zentrale Leitung seitens des Administrativorgans, das in der wissenschaftlichen Forschungseinrichtung die Direktion darstellt, bei der als wissenschaftlich-konsultatives und beratendes Organ ein Wissenschaftlicher Rat tätig wird.

Das Problem der Leitung des wissenschaftlichen Schöpfertums auf der Grundlage von Bewertungsnormativen entstand im Zusammenhang mit der Verwandlung der Wissenschaft in eine unmittelbare Produktivkraft der Gesellschaft. Die nur beschränkt zur Verfügung stehenden ökonomischen Ressourcen und die Notwendigkeit, ein hohes Entwicklungstempo des wissenschaftlich-technischen Fortschritts zu sichern, führten zu dem Erfordernis, die wissenschaftliche Tätigkeit quantitativ zu bewerten. Friedrich Engels sah bereits voraus: „Aber für einen vernünftigen (d. h. sozialistischen, die Red.) Zustand ... gehört das geistige Element (die Wissenschaft, die Red.), allerdings mit zu den Elementen der Produktion und wird auch in der Ökonomie seine Stelle unter den Produktionskosten finden" [108, S. 509].

Die Hauptaufgabe der Leitung der Wissenschaft auf der Grundlage von normativ festgelegten Bewertungskriterien besteht in der sozialen Kontrolle über die Tätigkeit der wissenschaftlichen Kollektive, die dadurch verwirklicht wird, daß eine solche Struktur der innerkollektiven (zwischenmenschlichen) und zwischenkollektiven Beziehungen organisiert wird, die die Erreichung der von der Gesellschaft festgelegten sozial wertvollen, vorher normativ festgelegten Ergebnisse maximal begünstigt.

Bei der Leitung auf der Grundlage von Bewertungsnormativen wird die Leitung der wissenschaftlichen Forschungsarbeit auf der Grundlage eines hierarchischen Systems von Bewertungsnormen durchgeführt, in dem die einzelnen Kennziffern unterschiedliches Gewicht besitzen. Die Aufstellung solcher Wertungsnormen ist gleichzeitig ein Prozeß der quantitativen Messung der Effektivität einer solchen Leitung auf der Grundlage von Bewertungsnormativen. Die Wertungsnormen bilden das Objekt, auf das sich die Wünsche des Wissenschaftlers ausrichten, die Grundlage seiner Zielvorstellung, entsprechend der die soziale Orientierung der wissenschaftlichen Tätigkeit erfolgt. Je mehr diese Wertungsnormen dem wissenschaftlichen Schöpfertum entsprechen, desto stärker fallen das Verhalten der Forscher, ihre Arbeit mit ihren Wünschen, mit ihren Lebensauffassungen, mit ihren Zielen zusammen. Wertungsnormative werden in der Wissenschaft aufgestellt, indem man von den Bedürfnissen der Gesellschaft und den inneren Gesetzen der Entwicklung der wissenschaftlichen Erkenntnis ausgeht.

Die Effektivität der Leitung einer wissenschaftlichen Forschungseinrichtung ist eine Kennziffer, die anzeigt, wie weit die Organisation der wissenschaftlichen Forschung mit den Bedürfnissen des technischen Fortschrittes in der Industrie und mit den Zielen, die sich aus der inneren Logik der Wissenschaftsentwicklung ergeben, übereinstimmt.

Dieser Koeffizient hängt von vielen Faktoren ab, wobei man wenigstens auf folgende Faktoren besonders hinweisen muß: den Charakter der Verbindungen der wissenschaftlichen Forschungseinrichtung mit einer Produktionsbasis; den Umfang der wissenschaftlichen Forschungsarbeiten, die von Industriebetrieben des Zweiges durchgeführt werden; die Zahl der Forschungsthemen, ihre geplanten Kosten und den geplanten ökonomischen Effekt der wissenschaftlichen Forschungsarbeiten, die von der wissenschaftlichen Forschungseinrichtung für Industriebetriebe des Zweiges durchgeführt werden; Zahl und Qualifikationsniveau der Mitarbeiter der Strukturglieder der Ministerien, die sich mit der Organisation und Leitung der wissenschaftlichen Forschung beschäftigen; die strukturelle Zusammensetzung und die Typen der wissenschaftlichen Forschungseinrichtungen; die Zahl der Mitarbeiter in den wissenschaftlichen Forschungseinrichtungen; die Entwicklung der Formen der Verbindungen zwischen den wissenschaftlichen Forschungseinrichtungen; die Rolle der wissenschaftlichen Zentren der Industriezweige und der territorialen Zentren bei der Entwicklung der Wissenschaft. Je rationeller die Proportionen sind und je exakter sie eingehalten werden, desto höher ist der „Nutzeffekt" der oben aufgeführten Faktoren und um so höher ist die Effektivität der Leitung der Wissenschaft.

Eine Hauptaufgabe der Organe zur Leitung der Wissenschaft in den Ministerien und Behörden besteht darin, den Wirkungsgrad einer wissenschaftlichen Forschungseinrichtung zu erhöhen. Von der ökonomischen Effektivität der Tätigkeit der wissenschaftlichen Forschungseinrichtungen hängen unmittelbar das Tempo der Steigerung der Arbeitsproduktivität und die Entwicklung des technischen Fortschritts im Industriezweig ab. Über das Problem, wie man die Effektivität der Arbeit eines einzelnen Wissenschaftlers und einer ganzen wissenschaftlichen Forschungseinrichtung mit Hilfe von Bewertungskriterien quantitativ erfassen kann, wird zur Zeit noch diskutiert. Nach Auffassung von A. S. Konson und V. S. Sominskij „kann nur die gesellschaftliche Meinung großer schöpferischer Kollektive eine richtige Bewertung von wissenschaftlichen Ergebnissen vornehmen" [82, S. 172].

In der zur Zeit geübten Praxis der Rechenschaftslegung von wissenschaftlichen Forschungseinrichtungen über alle wissenschaftlichen Forschungsarbeiten muß der ökonomische Effekt ausgewiesen werden.

Seine Berechnung wird entsprechend den ausgearbeiteten Methoden für die Bestimmung der ökonomischen Effektivität vorgenommen.

Im Jahre 1961 wurde eine „Methodik zur Bestimmung der ökonomischen Effektivität der neuen Technik, der Mechanisierung und Automatisierung von Produktionsprozessen in der Industrie" beschlossen [109]. Die Thesen, die ihr zugrunde liegen, werden in einer Reihe von Arbeiten [110], [111], [112] im einzelnen dargelegt. Für die Berechnung des ökonomischen Effektes aus der Einführung von Forschungsergebnissen in die Produktion wurde in diesen Arbeiten die sogenannte Formel für die Aufwandsdifferenz empfohlen:

(2) $$A = [(S_1 + E_n I_1) - (S_2 + E_n I_2] M .$$

Hierbei bedeuten:

S_1 und S_2 – die Selbstkosten einer Erzeugniseinheit vor bzw. nach der Einführung der Ergebnisse der Wissenschaft;

I_1 und I_2 – die entsprechenden Investitionen pro Erzeugniseinheit vor und nach der Einführung der wissenschaftlichen Ergebnisse;

M – Höhe der Jahresproduktion;

E_n – normativer Koeffizient der vergleichbaren Effektivität.

Die ökonomische Effektivität der Forschungsergebnisse wird als Verhältnis von A_T/I_n bestimmt, wobei A_t das ökonomische Potential und l_n die Produktionskosten bedeuten.

Die Produktionskosten werden nach folgender Formel berechnet:

(3) $$I_n = \sum_{i=1}^{T} I_i [1 + E_n (T - i)]$$

Hierbei bedeuten:

T – die Zeit in Jahren, während der Aufwendungen für die Produktion vor Produktionsaufnahme gemacht werden müssen;

I_n – die Summe der Aufwendungen vor Produktionsaufnahme, die zu Ende der Periode T erforderlich sind, d. h. bis zum Beginn der Realisierung der Effektivität aus der Einführung der Forschungsergebnisse;

I_i – die vor Produktionsaufnahme erforderlichen Aufwendungen für ein bestimmtes i-tes Jahr in der Periode T, von Beginn dieser Periode an gerechnet;

E_n – der normative Koeffizient der Effektivität für den betreffenden Industriezweig.

Die Aufwendungen vor Produktionsaufnahme werden so als eine Summe berechnet, die sich aus den Kosten für die wissenschaftliche

Forschung zusammensetzt, aus den Aufwendungen für die experimentelle Projektierung, die Konstruktion von experimentellen Ausrüstungen, die Herstellung und Erprobung von Versuchsmustern und die Aufwendungen für die Herstellung der Null-Serie mit dem Ziel, die Ergebnisse der Forschungsarbeit zu überprüfen.

Das ökonomische Potential wird nach folgender Formel berechnet:

(4) $$P_{\ddot{o}T} = [(S_1 + E_n l_1) - (S_2 - E_n l_2)]\, A_T, \quad \text{oder}$$

$$P_{\ddot{o}T} = [(S_1 - S_2) - E_n l\delta]\, A_T.$$

Hierbei bedeuten:

$P_{\ddot{o}T}$ – das ökonomische Potential während des Jahres T

A_T – der erwartete Jahresumfang der Produktion in Natural- oder Geldausdruck für ein Jahr;

S_2 und S_1 die Selbstkosten der Erzeugniseinheit nach der neuen bzw. nach der Basis-Variante in dem gleichen Jahre T;

I_2 und I_1 die relativen Investitionen entsprechend der neuen Variante und der Basisvariante;

E_n – den Normativ-Koeffizient für die Effektivität der Investitionen für den betreffenden Industriezweig;

$I\delta = (I_2 - I_1)$ – zusätzlich erforderliche Investitionen.

In der Planungspraxis finden bei der Bewertung der Effektivität der Tätigkeit von wissenschaftlichen Forschungseinrichtungen (Abteilungen, Laboratorien) verschiedene Methoden Anwendung. In einigen wissenschaftlichen Forschungseinrichtungen auf dem Gebiet des Bauwesens gelten z. B. folgende Kennziffern:

(6) $$K_1 = \frac{P_n^1\, a}{S_1}$$

Hierbei bedeuten:

K_1 – Koeffizient des ökonomischen Effektes, der aus Arbeiten erzielt wird, die im betreffenden Jahre durchgeführt werden sollen, unabhängig von dem Grad ihres Abschlusses;

P_n^1 – ökonomisches Gesamtpotential aller im betreffenden Jahr durchzuführenden Arbeiten;

a – Anteil des ökonomischen Effektes, der auf die Forschung entfällt;

S_1 – Summe der vor Produktionsbeginn erforderlichen Aufwendungen für die im betreffenden Jahr durchzuführenden Arbeiten, einschließlich der Aufwendungen, die für diese Arbeiten in der vorhergehenden Periode gemacht wurden, die aber erst in der nachfolgenden Periode erforderlich sind.

$$(7) \qquad K_2 = \frac{P_n^2 a}{S_2}$$

Hierbei bedeuten:

K_2 – Koeffizient des ökonomischen Effektes, der aus Arbeiten erzielt wurde, die in diesem Jahre abgeschlossen werden;

P_n^2 – ökonomisches Gesamtpotential aller in dem betreffenden Jahr abgeschlossenen Arbeiten;

S_2 – Summe aller vor Produktionsaufnahme getätigter Aufwendungen für diese Arbeiten.

Die Größe a wird mit Hilfe von 2 Methoden bestimmt:

1. als sogenannter Koeffizient des Schöpfertums (relativer Unterschied zwischen der Arbeit eines Forschers, eines Konstrukteurs und eines Ingenieurs in der Produktion);

2. durch Anwendung von Bestimmungen des bestehenden Prämierungssystems für die Entwicklung und Einführung der neuen Technik, das am 31. August 1960 vom Staatlichen Komitee des Ministerrates der UdSSR für Arbeit und Löhne erlassen wurde, auch für wissenschaftliche Forschungsarbeiten.

V. N. Bogačev wies nach, daß es nicht richtig ist, wenn man die Norm E_n und die Formeln für den Unterschied des Produktionsaufwandes zur Bestimmung des ökonomischen Effekts aus der Einführung von Forschungsergebnissen anwendet [113, S. 80].

Von V. S. Sominskij wurde eine vereinfachte Formel vorgeschlagen [114]

$$(8) \qquad P = (S_1 - S_2)\, A\,,$$

in der nicht die Norm E_n Anwendung findet.

E. D. Graždannikov und A. I. Ščerbakov, die das Wesen der bei der Analyse der ökonomischen Effektivität angewendeten Formeln untersuchten, gelangten zu der Schlußfolgerung, daß sie folgende wesentliche Mängel aufweisen:

1. die Wahl des Zeitabschnittes, für den der Effekt berechnet wird, erfolgt willkürlich;

2. die Dynamik des ökonomischen Effektes in der Zeit wird nicht berücksichtigt;

3. das Vergleichsmaß zur Bestimmung der Selbstkosten und der bezogenen Investitionen vor der Einführung wird willkürlich ausgewählt;

4. die Grenzen, innerhalb deren der ökonomische Effekt als ökonomische Kennziffer Anwendung finden kann, sind nicht festgelegt.

In der „Methodik" [109] ist der Effekt ein Maß für das aufgewandte Quantum an Arbeit zur Einführung der neuen Technik. Gleichzeitig gibt es aber auch andere Auffassungen. K. K. Val'tuch und M. N. Chochluškin sehen den ökonomischen Effekt als Kennziffer für die gesellschaftliche Nützlichkeit der Produktionsmittel an [115, S. 55]. In der Praxis wird der Jahreseffekt dadurch bestimmt, daß von der gesamten Zunahme des Jahresgewinns der Minimalzuwachs abgezogen wird, den die entsprechenden Investitionen erbringen mußten. Offensichtlich benötigt man eine einheitliche Grundlage zum Vergleich und zur Bestimmung der Methode, nach der der Zeitabschnitt, für den der ökonomische Effekt berechnet wird, zu bestimmen ist. Zu diesem Zweck wird von E. D. Graždannikov und A. I. Ščerbakov vorgeschlagen, die Grundthesen der Theorie anzuwenden, mit Hilfe deren die Effektivität von Investitionen verglichen wird [116, S. 4], die in den Arbeiten von V. V. Novožilov, A. L. Lurjé, T. S. Chačaturov u. a. entwickelt wurden und die zur optimalen Auswahl von Planungsvarianten bestimmt sind.

Zur Berechnung des ökonomischen Effektes aus der Einführung von Ergebnissen wissenschaftlicher Forschungsarbeiten wurde von ihnen folgende Formel vorgeschlagen:

$$(9) \qquad P = \left\{ \int_0^{\hat{T}} f(N_0)\, dt - \left(S + \frac{K}{\hat{T}} \right) \right\} A$$

Hierbei bedeuten:

$f(N_0)$ – angenäherte optimale Nutzungsdauer der Ausrüstungen;
$\hat{T}$ – Funktion, die die Dynamik der durchschnittlichen Selbstkosten im Industriezweig bestimmt;
S – Selbstkosten (ohne Amortisationen) nach der Einführung der Neuen Technik;
I – Investitionen, die durch die Einführung der neuen Technik erforderlich wurden;
A – Produktionsumfang.

Es wird vorgeschlagen, die Summe des berechneten ökonomischen Effektes aus den einzelnen wissenschaftlichen Forschungsarbeiten als ökonomische Effektivität der wissenschaftlichen Forschungsinstitution zu betrachten.

Andere Autoren halten ein solches Herangehen für ungerechtfertigt. A. S. Konson und V. S. Sominskij sind anderer Auffassung:

„Ähnlich wie die Berechnung der Effektivität der Arbeit eines Industriebetriebes sich nicht in der Definition der ökonomischen Effektivität der neuen Technik erschöpft, können die Arbeitsergebnisse von wissenschaftlichen Institutionen nicht allein durch die Berechnung der Effektivität aus ihren Neuentwicklungen bestimmt werden" [82, S. 128]. Von ihnen wird überzeugend die These kritisiert, nach der man die Ergebnisse der Tätigkeit von wissenschaftlichen Forschungseinrichtungen und Konstruktionsbüros mit Hilfe einer einzigen verallgemeinernden Kennziffer (des Gewinns, der Einsparung an Jahres-Reduktionsaufwand, der Einsparung an Zeit (in Tagen) für Entwicklungsarbeiten, der Einsparung an Selbstkosten für durchgeführte Forschungsarbeiten, des Valuta-Erlöses aus der Realisierung der Erzeugnisse auf dem Weltmarkt usw.) feststellen könne. Unter diesem Gesichtspunkt liegt es auf der Hand, daß auch die Vorschläge, die Tätigkeit einer wissenschaftlichen Forschungseinrichtung nach der Größe des ökonomischen Potentials v_t im Jahre t zu berechnen, unannehmbar sind.

$$(10) \qquad v_t\,(K_1 + q^i{}_1) - (K_2 + qi_2)\,P_t.$$

Hierbei bedeuten:

P_t – Produktion im Jahre t;

K_1 und K_2 – Wert der Produktion entsprechend vor und nach Einführung der neuen Technik;

i_1 und i_2 – Wert der Investitionen entsprechend vor und nach Einführung der neuen Technik;

q – Koeffizient, in der Regel $= 0{,}15$.

In diesem Falle werden die Ausgaben für die Forschung N nach folgender Formel berechnet:

$$(11) \qquad N = \sum_{i=1}^{T} N_i\,[1 + P\,(T - r)]$$

Hierbei bedeuten:

N_i – Jahresausgaben für die Forschung im Jahre t von ihrem Beginn ab;

T – Zahl der Jahre von Beginn der Forschungsarbeiten bis zum Ausstoß der Produktion;

P – Koeffizient (in der Größenordnung von $0{,}1 \pm 0{,}3$).

Das Verhältnis N_i/N gilt als Effektivität der Forschung im Jahr.

Abschließend muß man hervorheben, daß die Praxis, die sich bei der Analyse der Effektivität der wissenschaftlichen Forschungstätigkeit von wissenschaftlichen Forschungseinrichtungen herausgebildet hat, einer weiteren Vervollkommnung bedarf. Bei den gegenwärtig

Anwendung findenden Methoden einer solchen Analyse werden weder die Spezifik der Tätigkeit der einzelnen Typen von wissenschaftlichen Forschungseinrichtungen (ob es sich um Akademie-Einrichtungen, um Forschungsinstitute der Industriezweige, um Entwicklungs- und Konstruktionseinrichtungen handelt, um Experimental- und Konstruktionseinrichtungen, um technologische Einrichtungen, um betriebliche Forschungslaboratorien, um Laboratorien an Hochschulen usw.) noch die logischen Besonderheiten der durchzuführenden wissenschaftlichen Forschungsarbeiten, noch der Charakter der erzielten spezifischen Ergebnisse berücksichtigt.

Eine aktuelle Aufgabe erscheint uns die Erarbeitung von Methodiken, die die Möglichkeit geben, die Tätigkeit von wissenschaftlichen Forschungseinrichtungen unterschiedlichen Profils unter Berücksichtigung ihrer Kategorie und des Charakters der durchzuführenden wissenschaftlichen Forschungsarbeiten sowie auch die Arbeit der Organe zur Leitung der Wissenschaft der Ministerien und Behörden zu bewerten. Bekanntlich wird gegenwärtig eine solche Bewertung intuitiv durchgeführt, ohne daß hierfür einheitliche methodische Richtlinien bestehen.

Um eine solche Art von Methodiken auszuarbeiten, ist es erforderlich, die Effektivität der Tätigkeit der unterschiedlichen Typen von wissenschaftlichen Forschungseinrichtungen nach Industriezweigen zu berechnen und daraufhin miteinander zu vergleichen, ist es erforderlich, eine vergleichende Analyse der Tauglichkeit der verwendeten Kennziffern in den verschiedenen Industriezweigen, für verschiedene Typen von wissenschaftlichen Forschungseinrichtungen und die unterschiedlichen Arten der von in ihnen durchgeführten wissenschaftlichen Forschungsarbeiten durchzuführen. Erst dann kann man von einer praktischen Tauglichkeit und „Betriebsfähigkeit" einzelner Kennziffern sprechen und auf dieser Grundlage Methodiken für die Berechnung der Tätigkeit unterschiedlicher Typen von wissenschaftlichen Forschungseinrichtungen unter Berücksichtigung ihrer Kategorie ausarbeiten. Hierbei ist es wichtig, zu betonen, daß zur Bestimmung der Effektivität der Wissenschaft die Verteilung der wissenschaftlichen Forschungsarbeiten auf die einzelnen logischen Etappen oder Stadien der durchzuführenden Forschungsarbeiten von wesentlicher Bedeutung ist.

Man muß auch zwischen der Effektivität eines bestimmten Forschungsprojektes, der Effektivität der Forschung an einem bestimmten Thema sowie der Effektivität der Arbeit einer bestimmten Forschungsgruppe insgesamt (einer Abteilung, einer wissenschaftlichen Forschungseinrichtung, eines Zweigzentrums oder eines wissenschaftlichen Regionalzentrums) einen Unterschied machen.

Was die Ermittlung der Effektivität der Wissenschaft insgesamt anbelangt, so ist diese außerordentlich kompliziert. So stützen sich z. B. die Versuche, festzustellen, welcher Anteil des Zuwachses am Nationaleinkommen dem Ergebnis wissenschaftlicher Forschungsarbeiten zuzuschreiben ist, wie die Berechnungen der amerikanischen Ökonomen P. Soloy und F. Machlup, J. Erroy u. a. [117] nachgewiesen haben, auf ziemlich willkürliche Angaben und ergeben Abweichungen von 10 und 15% bis zu 80%.

Einige schlagen als Kriterium für die Gesamteffektivität vor, das „wissenschaftliche Potential" zugrunde zu legen [2, S. 19]. Es umfaßt folgende Kennziffern:

1. die Kaderausstattung (Gesamtzahl, Qualifizierungsgrad und Altersstruktur der wissenschaftlichen Kader, vorhandene Kaderreserven);
2. die Versorgung mit wissenschaftlichen Informationen (das Vorhandensein eines „Vorlaufes" eigener wissenschaftlicher Ideen und origineller Methoden, Informiertheit über die im Weltmaßstab vorliegenden Erfahrungen);
3. die materiell-technische Versorgung (die finanzielle Sicherstellung der Wissenschaft, die Ausstattung mit wissenschaftlichen Ausrüstungen, das Vorhandensein eines Instrumentariums und einer experimentellen Basis von entsprechender Klasse, das erreichte technische Niveau);
4. die optimale Organisiertheit des Wissenschaftssystems (das Vorhandensein von strategischen Prinzipien für die Entwicklung der Wissenschaft, von Kriterien für die Bestimmung der zu wählenden Forschungsrichtungen);
5. eine optimale Organisation des Wissenschaftssystems in bezug auf die Verluste an wissenschaftlichem Potential.

Wenn auch betont wird, daß alle oben angeführten Kennziffern „einer quantitativen Analyse zugänglich sind und umfassende systematische Vergleiche zulassen" (2, S. 19), so liegt es doch auf der Hand, daß man sich nur schwer vorstellen kann, wie man die Informiertheit der Wissenschaftler über die im Weltmaßstab vorliegenden Erfahrungen quantitativ erfassen oder wie man z. B. die strategischen Prinzipien für die Entwicklung der Wissenschaft als quantitativ meßbare Größen darstellen kann. Außerdem kann diese Aufzählung von Kennziffern erweitert oder gekürzt werden, d. h. sie bilden kein einheitliches Ganzes. Eine wichtige Kennziffer für das wissenschaftliche Potential eines Landes ist z. B. die Bereitschaft der Industrie oder anderer Gebiete der praktischen Tätigkeit, die Ergebnisse aus der Grundlagenforschung (aus der theoretischen und Erkundungsforschung) anzuwenden. Wie jedoch eine Analyse des wissenschaftlichen Potentials der Ukrainischen SSR zeigt, die in der Arbeit [2] vorgenommen wurde, ist ungeachtet der festgestellten Mängel die vorgeschlagene Methode zur Bewertung des Komplexes von Parametern, die die Fähigkeit eines wissenschaftlichen Systems charakterisieren, zukünftige Probleme der wissenschaftlich-technischen Entwicklung zu lösen, resultativ und kann durchaus zur Bestimmung des Entwicklungsniveaus der Wissenschaft Anwendung finden.

In diesem Zusammenhang kann sich auch die informationslogische Analyse der Lage von Organisation und Leitung der Entwicklung der Wissenschaft als nützlich erweisen, die folgende Untersuchungsetappen erfordert:

1. die Bestimmung der Effektivitätskriterien für die Tätigkeit von wissenschaftlichen Forschungseinrichtungen entsprechend den Typen der durchzuführenden Forschungsarbeiten (Grundlagenforschung, angewandte Forschung und Entwicklungs- und Konstruktionsarbeiten);
2. die stichprobenweise Bestimmung der Effektivität von wissenschaftlichen Forschungseinrichtungen in einem Industriezweig unter Berücksichtigung ihrer Kategorie;
3. die Bestimmung des Anteils der wissenschaftlichen Forschungseinrichtung an der Forschung im Industriezweig und der Zahl der Themen, die sie bearbeitet, ihrer geplanten Kosten usw., nach denen die Bewertung der ökonomischen Effektivität entsprechend den bestehenden Methodiken vorgenommen wird;
4. die Extrapolation der Ergebnisse aus der stichprobenweisen Bestimmung der Effektivität von wissenschaftlichen Forschungseinrichtungen im Industriezweig auf den gesamten Zweig und die Berechnung der Effektivität der wissenschaftlichen Forschungsarbeiten für den betreffenden Industriezweig;
5. die Bestimmung des Verhältnisses der Aufwendungen für die wissenschaftlichen Forschungseinrichtungen im Industriezweig und der Mittel, die zur Entwicklung dieses Industriezweiges insgesamt verausgabt wurden, zum Volumen der hergestellten Erzeugnisse im Wertausdruck, der erzielten ökonomischen Effektivität aus der Einführung von Ergebnissen wissenschaftlicher Forschungsarbeiten;
6. die Bestimmung des Verhältnisses der Ausgaben für die wissenschaftlichen Forschungseinrichtungen in den führenden Industriezweigen zu dem erzielten ökonomischen Effekt aus der Einführung der Ergebnisse der wissenschaftlichen Forschungsarbeiten.

Bei dieser Analyse kann der Forscher auf folgende Schwierigkeiten stoßen. Bekanntlich tritt der Effekt aus der Einführung einer wissenschaftlichen Forschungsarbeit nicht auf einmal zutage, sondern zeigt sich erst allmählich, im Verlauf einer gewissen längeren Periode. Unter Berücksichtigung der Tatsache, daß unter den Bedingungen der wissenschaftlich-technischen Revolution in der Gegenwart im Durchschnitt alle drei Jahre die Produktion durch neue Erzeugnisse ersetzt werden muß, wurde der Wert des Ankaufs von Lizenzen für diese Erzeugnisse bestimmt.

Man hat genügend Grund zu der Annahme, daß die Effektivität einer wissenschaftlichen Forschungsarbeit gleich dem Prozentsatz der „Neuheit" des Dreijahreswertes des neuen Erzeugnisses ist, den man nach folgender Formel berechnen kann:

$$(12) \qquad W_1 = \frac{\beta}{\alpha\, Pa}$$

Hierbei bedeuten:

β – Gesamtausgaben für die Forschung;

P – Jahresproduktion;

α – Verkaufspreis für die einzelne Erzeugniseinheit;

a – Koeffizient, der für das betreffende Erzeugnis charakteristisch ist.

Der „Wert" einer Forschungsarbeit (d. h. die Aufwendungen für ihre Durchführung) darf nicht den Prozentsatz der „Neuheit" des Dreijahreswertes des neuen Erzeugnisses überschreiten und muß niedriger sein als der Preis, den man für eine Lizenz für das gleiche Erzeugnis zahlen müßte.

Die Ausgaben aus dem Nationaleinkommen für die Forschungsarbeiten stellen „eingefrorene" Mittel dar: sie bringen nur dann einen Gewinn, wenn die Forschungsarbeiten abgeschlossen und die erzielten Ergebnisse in die Praxis übergeführt wurden.

Die Zeit, während der diese Mittel für ein Thema „eingefroren" sind, umfaßt die Periode vom Beginn der Forschung bis zur Herstellung der neuen Erzeugnisse. Die mittlere „Einfrierungszeit" der Mittel ist die Summe der Ausgaben für die einzelnen Jahre ihrer „Einfrierung", dividiert durch die Gesamtaufwendungen für die Forschung an dem Thema. Die mittlere „Einfrierungs"zeit wird nach folgender Formel berechnet, die von polnischen Wissenschaftswissenschaftlern in Vorschlag gebracht wurde:

$$(13) \qquad n_r = \sum_{t=1}^{t_b} \frac{\beta_t\,(t_s + t + 0{,}5)}{T}$$

Hierbei bedeuten:

n_r – mittlere „Einfrierungs"-Zeit der Gesamtaufwendungen für die Forschung;

t_b – Dauer der Forschungsarbeit (vom Beginn der Arbeit an einem Thema bis zur Herstellung des Erzeugnisses);

t – Jahr der Forschungsarbeiten;

β_t – Kosten der Forschungsarbeiten im t-ten Jahr;

$t_S + t + 0{,}5$ – Dauer der „Einfrierung" der Aufwendungen β_t, konzentriert in der Mitte des Jahres t angenommen;

T – Gesamtaufwendungen für die Forschungsarbeiten und die Überleitung in die Produktion.

Im Industriezweig werden die Verluste aus der „Einfrierung" der Mittel, die für Forschungsarbeiten ausgegeben werden, nach der Formel berechnet:

$$(14) \qquad T\, q_r\, n_r$$

Hierbei bedeuten:

T – Gesamtwert der Forschungsarbeiten und der Arbeiten zur Einführung der Forschungsergebnisse in die Produktion;

$q_r = 0{,}16$ (d. h. die Höhe der „Einfrierung" der Aufwendungen für die Zeit des Baus);

n_r – Durchschnittliche Zeit der „Einfrierung".

Wenn im Verlauf der ersten drei Jahre sich die Produktion verändert, so wird die Kennziffer für den „Neuheits"wert des neuen Erzeugnisses W_1 nach folgender Formel berechnet:

$$(15) \qquad W_1 = \frac{T\,(1 + q_r\, n_r)}{- a \sum\limits_{t=1}^{r} P_t\, r}$$

In einer wissenschaftlichen Forschungseinrichtung, die unmittelbar ein Strukturglied eines Industriebetriebes ist und sich in der Regel nur mit der Verbesserung des technologischen Prozesses beschäftigt, kann man folgende Formel anwenden:

$$(16) \qquad S = \frac{T\,(1 + q_r\, n_r)}{\sum\limits_{t=1}^{t} P_t\,(K_1 - K_t)}$$

Hierbei bedeuten:

K_1 – Wert der Erzeugniseinheit vor Verbesserung des Produktionsprozesses;

K_t – Wert der Erzeugniseinheit im Jahre t nach Verbesserung des Prozesses.

Zur Durchführung einer Stichprobenanalyse der Effektivität von wissenschaftlichen Forschungseinrichtungen ist es zweckmäßig, folgende Kennziffern zu bestimmen:

1. die Aktualität der Themenwahl nach folgender Formel:

$$L = \frac{\sum_{j=1}^{n} \beta_{wj}}{\sum_{t=1}^{s} G_t} \tag{17}$$

Hierbei bedeuten:

β_{wj} – Ausgaben, die im Untersuchungszeitraum für Arbeiten an dem j-ten Thema (einem abgeschlossenen und eingeführten Thema) vorgenommen wurden;

s – Zahl der Forschungsthemen, die in der festgelegten Zeit abgeschlossen und in die Produktion übergeführt wurden;

G_t – Gesamtausgaben zur Finanzierung der Tätigkeit der betreffenden Forschungseinrichtung im t-ten Jahr;

t, n – Zeit, während der an dem Thema in der betreffenden Forschungseinrichtung geforscht wurde.

In wissenschaftlichen Forschungseinrichtungen von verschiedenen Industriezweigen ist die optimale Kennziffer für die Aktualität der Themenstellung unterschiedlich. Für wissenschaftliche Forschungseinrichtungen in der chemischen Industrie reicht es z. B. aus, wenn sie die Größe 0,40 überschreitet.

2. Die Verbesserung der laufenden Produktion durch die Einführung von Ergebnissen aus Forschungsarbeiten. Sie wird nach der Formel berechnet:

$$U_i = P\,(K_1 - K) \tag{18}$$

Hierbei bedeuten:

P – Jahresproduktion;

K_1 – Selbstkosten der Erzeugniseinheit vor Verbesserung des technologischen Prozesses;

K – Selbstkosten der Erzeugniseinheit nach Verbesserung dieses Prozesses;

3. die Effektivität der wissenschaftlichen Forschungseinrichtung insgesamt nach folgender Formel:

$$M = \frac{\sum_{t=1}^{n} G_t}{\sum_{s=1}^{s} v_j} \tag{19}$$

Hierbei bedeuten:

G_t – Gesamtausgaben für die betreffende wissenschaftliche Forschungseinrichtung im t-ten Jahr;

n – Dauer der Arbeit an den Forschungsthemen, die von der Einrichtung bearbeitet werden;

s – Zahl der Forschungsthemen, die in dem Untersuchungszeitraum abgeschlossen und in die Produktion übergeführt wurden;

v_j – Jahreseinsparungen, die durch die Überleitung des j-ten Themas in die Produktion erzielt wurden.

Der geringste Zeitraum, für den man die Tätigkeit einer wissenschaftlichen Forschungseinrichtung bewerten kann, beträgt 3 Jahre.

Es bereitet auch Schwierigkeiten, die Effektivitätskriterien einzelner Typen von Forschungsarbeiten zu bestimmen. Nach unserer Meinung können zur annähernden Einschätzung der Effektivität der Arbeit für ein Jahr in einer wissenschaftlichen Forschungseinrichtung eines Industriezweiges, die angewandte Forschung und Entwicklungsarbeiten betreibt, die Kennziffern Verwendung finden, die von A. S. Konson und V. S. Sominski vorgeschlagen wurden [82, S. 151].

Eine spezifische Besonderheit weisen die Ergebnisse der Grundlagenforschung und die Bewertung ihrer Ergebnisse auf. Die Effektivität sämtlicher Typen von Forschungsarbeiten bildet eine komplizierte Funktion einer Reihe von miteinander verbundener Faktoren [118, S. 27–28]; in der theoretischen Erkundungsforschung ist diese Wechselverbindung aber besonders kompliziert. Man muß jedoch unterstreichen, daß es keine allgemeingültigen Kennziffern für die Effektivität der wissenschaftlichen Forschungstätigkeit ohne Berücksichtigung des Typs der durchgeführten Forschungsarbeiten, ihrer logischen Einteilung in die verschiedenen Etappen gibt. Insbesondere kann man viele Ergebnisse der Wissenschaft nicht mit Hilfe von Wertkennziffern bewerten. Nicht nur die Themen in der Grundlagenforschung, sondern auch eine große Zahl von Themen aus der angewandten Forschung und aus Entwicklungsarbeiten (z. B. auf dem Gebiet der Militärtechnik, der Medizin, der Kosmosforschung usw.) besitzen keine ökonomische Effektivität; sie spielen aber eine große Rolle für die Entwicklung von Wissenschaft und Technik. Gerade die Ergebnisse der „ökonomisch uneffektiven“ Grundlagenforschung schaffen einen „Vorlauf“ von wissenschaftlichen Ideen, auf deren Grundlage die moderne wissenschaftlich-technische Revolution sich vollzieht. Für die Einschätzung der Ergebnisse von wissenschaftlichen Forschungseinrichtungen, die in der Hauptsache Grundlagenforschung betreiben, sind die Kriterien von bestimmtem Interesse, die von einer Gruppe von Kiever Wissenschaftswissenschaftlern vorgeschlagen wurden [119, S. 30–31]. Diese Bewertungskriterien sind in 5 Klassen eingeteilt: Publikationen, Patente, ökonomischer Effekt usw.).

Die Effektivität der Tätigkeit der Organe der Ministerien und Behörden, die die Entwicklung der Wissenschaft leiten, sind von der Effektivität der wissenschaftlichen Forschungseinrichtungen abhängig. Veränderungen in der Effektivität der wissenschaftlichen Forschungseinrichtungen haben auch eine Veränderung der Effektivität der Tätigkeit der Wissenschaftsleitungsorgane zur Folge und führen zu einer Vervollkommnung der Methoden und Formen der Leitung der Wissenschaft. Die wissenschaftlichen Forschungseinrichtungen und ihre Leitungsorgane bilden auf diese Weise eine Art Systeme mit Rückkopplung. In der letzten Zeit nennt man Systeme, deren Elemente menschliche Kollektive bilden, häufig Organisationen [120]. Die Leitung von Organisationen in der Wissenschaft wird auf der Grundlage der Sammlung und Verarbeitung von Informationen durchgeführt. Die Informationsflüsse sind von besonderer Bedeutung für die Entstehung der wissenschaftlichen Zweig- und Regionalzentren (z. B. des Donezker Zentrums, des Lvover, des Charkover und des Kiever wissenschaftlichen Zentrums in der Ukrainischen SSR, des Novosibirsker, des Irkutsker und des Leningrader Zentrums in der RSFSR). Eine eigentümliche Urbanisierung der Wissenschaft ist eine charakteristische Erscheinung für ihre Entwicklung in den 70er Jahren des zwanzigsten Jahrhunderts. Die Zukunft der Wissenschaft ist offensichtlich mit der Schaffung von Wissenschaftsstädten verbunden, in denen der einzige Beruf der erwerbstätigen Bevölkerung das wissenschaftliche Schöpfertum ist.

Ein besonderer Fall der Leitung mit Hilfe von Bewertungsnormen ist die Leitung der wissenschaftlichen Forschungs- und Entwicklungsarbeiten, die unmittelbar durch Industriebetriebe durchgeführt werden. Für die wissenschaftlich-technische Revolution in der Gegenwart ist charakteristisch, daß wissenschaftliche Forschungseinrichtungen unmittelbar in den Industriebetrieben entstehen. Betriebliche Laboratorien, Konstruktionsbüros und Projektierungs- und technologische Büros, die Strukturglieder von Betrieben bilden und den Betriebsleitungen unterstellt sind, spielen eine immer größere Rolle im technischen Fortschritt in der Industrie. Von ihnen werden bedeutende wissenschaftliche Forschungsarbeiten zur Modernisierung der Ausrüstungen, zur Vervollkommnung von technologischen Prozessen, zur Einführung der neuen Technik durchgeführt. Der Umfang, das Niveau sowie auch der Charakter der unmittelbar von den Industriebetrieben durchgeführten Forschungsarbeiten hängen von der Kategorie dieser

Betriebe ab. Man kann feststellen, daß auch die amerikanischen Ökonomen, die den Beitrag der großen, mittleren und kleinen Firmen zur Forschungstätigkeit in den USA beurteilen, zu der Feststellung gelangt sind, daß die Zahl der Mitarbeiter, das Niveau der technischen Ausstattung, der Umfang der hergestellten Erzeugnisse und andere Kennziffern wesentlich den Umfang und die Thematik der Forschungsarbeiten korrigieren, die von den Firmen durchgeführt werden [121].

Es gibt drei Grundformen einer Verbindung von wissenschaftlichen Forschungseinrichtungen mit Betrieben in der wissenschaftlichen Forschungsarbeit:

1. die Institute arbeiten selbst die neue Technik vollständig aus und nehmen ihre Einführung in die Produktion vor;
2. Institute und Betriebe arbeiten gemeinsam die neue Technik aus und führen sie ein;
3. die Betriebe arbeiten selbst die neue Technik aus und führen sie ein.

Die in den methodischen Anleitungen vorhandenen Empfehlungen zur Berechnung des Anteils an erzielten Einsparungen für die einzelnen Arten von Arbeiten gestatten es den wissenschaftlichen Mitarbeitern nicht immer, ihren Anteil am ökonomischen Effekt genau zu bestimmen. So sieht z. B. die Ordnung über die Prämiierung für die Schaffung und Einführung der neuen Technik, die am 31. August 1960 vom Staatlichen Komitee des Ministerrates der UdSSR für Arbeit und Löhne bestätigt wurde, für wissenschaftliche Forschungsarbeiten, die die Entwicklung neuer Arbeitsmittel und Arbeitsinstrumente sowie die Modernisierung und Vervollkommnung vorhandener Arbeitsmittel und Arbeitsinstrumente bezwecken, die Entwicklung und Vervollkommnung der Anwendung findenden Arbeitsgegenstände, technologischen Prozesse und Produktionsmethoden sowie die Schaffung neuer oder die Verbesserung vorhandener Mittel und Schemata zur Mechanisierung und Automatisierung von Produktionsprozessen folgende Verteilung der Höhe des ökonomischen Effektes vor: für Forschungs-, Projektierungs- und Konstruktionsarbeiten 30–50%; für technologische Arbeiten und Arbeiten zur Produktionsvorbereitung 25–35%; für Arbeiten zur Aufnahme von Neuentwicklungen in die Produktion und für die Organisation der Produktion neuer Erzeugnisse 25 bis 49%.

Bei der Berechnung der ökonomischen Effektivität von wissenschaftlichen Forschungsarbeiten, die auf die Entwicklung neuer Transportmittel gerichtet sind, von neuen Systemen von Transport- und energetischen Verbindungen, auf die Verbesserung der zwischenzweiglichen Verbindungen und Proportionen, die Spezialisierung, Kooperation, die Verbesserung der Standortverteilung der Produktivkräfte, die bessere Nutzung der Naturressourcen usw. empfiehlt die angeführte Ordnung, den Anteil der wissenschaftlichen Forschungseinrichtungen mit 15% der Höhe des ökonomischen Potentials zu berechnen.

Eine solche Verteilung des ökonomischen Effekts weist große Mängel auf, denn hierbei werden nicht die Größe des Arbeitsaufwandes der Mitwirkenden und ihr schöpferischer Beitrag zur Schaffung und Einführung der neuen Technik berücksichtigt.

Aus diesem Grunde muß der Anteil am ökonomischen Effekt aus dem Arbeitsaufwand und dem schöpferischen Beitrag berechnet werden, den die einzelnen beteiligten Einrichtungen zu ihm geleistet haben. Dieser kann nach folgender Formel berechnet werden:

$$A = \frac{Q_s K_g \cdot 1000}{K} = \frac{K_a \cdot 100}{K}$$

Hierbei bedeuten:

A – Anteil der einzelnen Art der Arbeiten an der Gesamteinsparung in %;

Q_s – Koeffizient des Schöpfertums;

K – Ausgaben für die Durchführung der betreffenden Art von Arbeit, in Tausend Rubel;

K_a – Reduktionsaufwand, in Tausend Rubel;

K_g – Gesamtausgaben für die Entwicklung und Einführung der neuen Technik in Tausend Rubel.

In dieser Formel bereitet die Festlegung des Koeffizienten des Schöpfertums Q_s große Schwierigkeit, da seine Größe für die verschiedenen Themen und für die verschiedenen Stadien der Bearbeitung von wissenschaftlichen Forschungsarbeiten unterschiedlich ist, deshalb muß er selbstverständlich in jedem Falle für jede Thematik einzeln festgelegt werden. Im Zusammenhang hiermit muß der Koeffizient der faktischen Effektivität von wissenschaftlichen Forschungsarbeiten, der eine Grundkennziffer für die Bewertung der Arbeit einer wissenschaftlichen Forschungseinrichtung ist, nach folgender Formel bestimmt werden:

$$Q_{eff} = \frac{E_{eff}}{K}$$

Herbei bedeuten:

E_{eff} – Gesamtsumme der faktischen ökonomischen Effektivität, die in der Volkswirtschaft im Berichtsjahr aus den Arbeiten des Instituts erzielt wurde, die in der Berichtsperiode übergeführt wurden, unter Berücksichtigung des Anteils dieses Instituts an den Arbeiten;

K – Ausgaben des Instituts im Berichtsjahr.

Eine solche Methodik zur Bestimmung des Koeffizienten der faktischen Effektivität von wissenschaftlichen Forschungsarbeiten wird gegenwärtig im Institut CNIITMAŠ (Zentrales Wissenschaftliches Forschungsinstitut für Transportmaschinenbau) angewendet [122, S. 15].

Gewisse Schwierigkeiten entstehen bei den Berechnungen, wenn ein Betrieb selbst die neue Technik ausarbeitet und einführt oder die Ausrüstungen und die Technologie modernisiert. Früher galten in der Regel diese Operationen als reine Produktionsoperationen und wurden nicht als Ergebnisse von wissenschaftlichen Forschungsarbeiten gerechnet. Auch in der Gegenwart rechnen viele Betriebe, in denen die wissenschaftlichen Abteilungen keine eigene Bilanzierung vornehmen, nicht nach der Formel 2-NT ab. In der Regel aber werden von den Organen zur Leitung der Wissenschaft der Ministerien für sie die Vervollkommnung der Technologie, die Entwicklung von neuen Ausrüstungen usw. als Aufgaben in den Plan aufgenommen.

Unter den Bedingungen der sich vollziehenden wissenschaftlich-technischen Revolution haben diese Operationen, die niemals einen Produktionscharakter besaßen, den Charakter von Forschungsarbeiten angenommen: Ingenieurtechnische Mitarbeiter, die eine Modernisierung der betrieblichen Ausrüstungen vornehmen, machen nicht selten wichtige Erfindungen und die Neuerer bringen nicht wenige Rationalisatorenvorschläge ein, die ihrem Charakter nach die Bedeutung von Ergebnissen wissenschaftlicher Forschungsarbeiten besitzen. Aus diesem Grunde wirken die Industriebetriebe ebenfalls an der Erzielung wissenschaftlicher Forschungsergebnisse mit, die eine ökonomische Effektivität besitzen. Diese vervollständigt den Effekt aus der Tätigkeit der wissenschaftlichen Forschungseinrichtungen im Industriezweig. Die ökonomische Effektivität von solchen Arbeiten wird auf der Grundlage der geltenden Preise berechnet. Ebenso werden auch die Selbstkosten der Produktion berechnet.

Um einer falschen Bewertung der Effektivität vorzubeugen, schlagen einige Ökonomen vor, die Preise zu korrigieren, wenn sie stark abweichen. Eine solche Empfehlung gibt auch die bekannte Methodik zur Bestimmung der ökonomischen Effektivität der neuen Technik von der Staatlichen Plankommission der UdSSR und der Akademie der Wissenschaften der UdSSR.

Uns scheint es, daß eine solche Korrektur in dem Falle durchgeführt werden kann und muß, wenn es erforderlich wird, eine Schlußfolgerung zu ziehen, ob eine bestimmte Entscheidung dem Fortschritt entspricht oder nicht, d. h. ob sie mit den neuesten Errungenschaften von Wissenschaft und Technik übereinstimmt. Bei der Bestimmung der ökonomischen Effektivität aus der Einführung der neuen Technik unter den konkreten Produktionsbedingungen muß man aber bei der Berechnung der Selbstkosten von den geltenden Preisen ausgehen. Die Anwendung eines unterschiedlichen Preisniveaus für die Berechnung der Effektivität und für die Erfassung der Ausgaben des Betriebes würde die Analyse der ökonomischen Effektivität zu einer abstrakten Angelegenheit, losgelöst von der Wirtschaftstätigkeit des Betriebes machen.

Die Leitung der Wissenschaft auf der Grundlage von Leistungsnormen entstand und entwickelte sich unter den Bedingungen der wissenschaftlich-technischen Revolution in der Gegenwart, d. h. in den letzten ein bis zwei Jahrzehnten. Es liegt auf der Hand, daß sie eine Reihe wesentlicher Mängel aufweist und einer weiteren Vervollkommnung bedarf. Die Zukunft der Wissenschaft ist mit der Entwicklung dieses Typs der Leitung verbunden, da ihr Endziel in der selbsttätigen Steuerung der wissenschaftlichen Forschungseinrichtungen besteht. Die Leitung auf der Grundlage von verbindlich festgelegten Leistungsnormen dringt auch auf Gebiete vor, die früher als „reine Wissenschaft" angesehen wurden – auf das Gebiet der Human-Disziplinen. Insbesondere bildet im System der Institute der Humanwissenschaften (in den Instituten für Ökonomie, für Geschichte, Philosophie, Sprachwissenschaften und dergleichen mehr) der Akademie der Wissenschaften der UdSSR für die Bestimmung der Jahresarbeitsnormen der wissenschaftlichen Mitarbeiter die Berechnung der Zahl der Arbeitsstunden der Mitarbeiter (ohne Berücksichtigung der Urlaubszeit) die Grundlage. Die Gesamtzahl der Arbeitsstunden im Jahr wurde auf 2075 Stunden festgelegt. Die im Jahr zu leistende Arbeitszeit in Stunden beträgt:

– für einen Doktor der Wissenschaften 1690 Stunden;
– für einen Kandidaten der Wissenschaften 1771 Stunden;
– für einen wissenschaftlichen Mitarbeiter ohne akademischen Grad 1907 Stunden.

Die Hauptverpflichtung der wissenschaftlichen Mitarbeiter besteht darin, wissenschaftliche Originalarbeiten von einer hohen Qualität auszuarbeiten, die prinzipiell neue Erkenntnisse über die Realität enthalten. Die Arbeitszeit, die für die Durchführung der Forschungsarbeiten und zum Schreiben einer Arbeit pro Autorenbogen (das sind etwa 20 bis 22 Schreibmaschinenseiten, mit doppelten Zeilenabstand beschrieben – d. Red.) festgelegt wurde, wird nach folgenden Normen berechnet:

– für einen Doktor der Wissenschaften 250 Stunden

– für einen Gruppenleiter (wissenschaftlichen Mitarbeiter der höheren Stufe) mit dem akademischen Grad eines Kandidaten der Wissenschaften 360 Stunden

– für einen Gruppenleiter (wiss. Mitarbeiter der höheren Stufe) ohne akademischen Grad und einen wissenschaftlichen Mitarbeiter (wissenschaftlichen Mitarbeiter der unteren Stufe), der den akademischen Grad eines Kandidaten der Wissenschaften besitzt 440 Stunden.

Die Jahresnormen, ausgedrückt in Autorenbogen, betragen demnach:

– für einen Gruppenleiter mit dem akademischen Grad eines Doktors der Wissenschaften

$$\frac{1690\ \text{Arbeitsstunden}}{250\ \text{Stunden}} \approx 6{,}5\ \text{Autorenbogen}$$

– für einen Gruppenleiter mit dem akademischen Grad eines Kandidaten der Wissenschaften

$$\frac{1771\ \text{Arbeitsst.}}{360\ \text{Stunden}} \approx 5\ \text{Autorenbogen}$$

– für einen wissenschaftl. Mitarbeiter ohne akademischen Grad und einen wissensch. Mitarbeiter der unteren Stufe, mit dem akademischen Grad eines Kandidaten der Wissenschaften

$$\frac{1907\ \text{Arbeitsst.}}{440\ \text{Stunden}} \approx 4\ \text{Autorenbogen.}$$

Eine wissenschaftliche Arbeit (ein Manuskript) gilt als abgeschlossen, wenn sie den Prozeß ihrer Rezensierung durchlaufen hat, wenn sie auf einer Sitzung der Abteilung (des Sektors, des Laboratoriums) zur Diskussion gestanden hat, wenn der Autor die notwendige Überarbeitung nach den Bemerkungen der Rezensenten vorgenommen hat und ihre überarbeitete Variante bei der zweiten Diskussion durch die Abteilung (den Sektor, das Labotatorium) zur Publikation freigegeben wurde. Aus diesem Grunde wird der Termin für den Abschluß der Arbeit des Autors unter Berücksichtigung der Zeit geplant, die zur Rezensierung, zur Überarbeitung des Manuskriptes usw. erforderlich ist. Vierteljährlich wird auf den Sitzungen der Abteilung (des Sektors, des Laboratoriums) der Erfüllungsstand der geplanten wissenschaftlichen Forschungsthemen überprüft. Arbeiten Mitarbeiter in Kollektiven mit, die Monographien verfassen, in denen viele Zeit für Beratungen, für Sitzungen des Autorenkollektivs usw. verbraucht wird, so werden diese Normen auf 50% herabgesetzt. Wenn ein Wissenschaftler an einer kollektiven Monographie mitwirkt und er bei ihr auch die

Redaktion übernimmt, so werden vier Autorenbogen eines redigierten Textes einem Autorenbogen einer von ihm selbst verfaßten Originalarbeit gleichgesetzt. In dem Falle, daß ein Wissenschaftler nicht als Koautor, sondern nur als wissenschaftlicher Redakteur tätig wird, werden folgende Jahresnormen festgelegt:

1. Für die wissenschaftliche Redaktion von im Kollektiv erarbeiteten Monographien;

– für einen Doktor der Wissenschaften — 40 Autorenbogen;

– für einen wissenschaftlichen Mitarbeiter der höheren Stufe, der Kandidat der Wissenschaften ist, — 30 Autorenbogen;

– für einen wissenschaftlichen Mitarbeiter ohne akademischen Grad und einen wissenschaftlichen Mitarbeiter der unteren Stufe, der Kandidat der Wissenschaften ist, — 24 Autorenbogen;

2. für die wissenschaftliche Redaktion von eigenen Monographien und Sammelbänden beträgt die Norm:

– bei Doktoren der Wissenschaften — 80 Autorenbogen

– bei wissenschaftlichen Mitarbeitern, die Kandidat der Wissenschaften sind, — 60 Autorenbogen

– bei wissenschaftlichen Mitarbeitern ohne akademischen Grad und wissenschaftlichen Mitarbeitern der unteren Stufe, die Kandidat der Wissenschaften sind, — 48 Autorenbogen.

Für die Rezensierung von Manuskripten (das Lesen, die Anbringung von Randnotizen und das Verfassen einer schriftlichen Rezension oder das Verlesen eines mündlichen Gutachtens vor dem wissenschaftlichen Rat) zwei Autorenbogen pro Arbeitstag für Kandidaten der Wissenschaften und drei Autorenbogen für Doktoren der Wissenschaften.

In wissenschaftlichen Forschungseinrichtungen, die sich mit historischen Fragen beschäftigen, werden viele dokumentale Quellen publiziert. Die Vorbereitung von 12 Autorenbogen Dokumenten zur Publikation bildet die Jahresnorm für einen wissenschaftlichen Mitarbeiter der oberen Stufe.

Für den wissenschaftlichen Sekretär des Instituts, für die Stellvertreter des Institutsdirektors und die Abteilungsleiter (die Sektoren- und Laboratoriumsleiter), die eine große wissenschaftsorganisatorische Arbeit zu leisten haben, werden die Jahresnormen um 40 bis 50% herabgesetzt.

Die Planung dieser Normen und die Kontrolle über ihre Erfüllung erfolgt auf der Grundlage des Perspektivplanes für die Arbeit der wissenschaftlichen Forschungseinrichtung in der Fünfjahrplanperiode sowie auf der Grundlage der Jahrespläne der wissenschaftlichen Forschungseinrichtungen und ihrer Strukturglieder sowie auf der Grundlage der individuellen Arbeitspläne eines jeden einzelnen Mitarbeiters. Im individuellen Plan werden für jedes Vierteljahr die Etappen der geplanten Arbeit und die Arbeitszeit, die zur Durchführung dieser Arbeiten erforderlich ist, aufgeführt.

Auf der Grundlage der obigen Darlegungen kann man die Schlußfolgerung ziehen, daß die Entfaltung der Industrialisierung der Wissenschaft, die Einführung der elektronischen Datenverarbeitungstechnik in die wissenschaftlichen Forschungseinrichtungen unausbleiblich zu einer weiteren Vervollkommnung des Systems der Leitung auf der Grundlage von verbindlich festgelegten Leistungsnormen führen wird. Damit sich die Wissenschaft in ein sich selbst steuerndes System verwandelt, muß sie zuerst sich selbst erkennen, muß sie strenge Maßstäbe für die Leitung sämtlicher Etappen der wissenschaftlichen Forschung ausarbeiten. Erst auf diesem dialektischen Weg kann sie zu einem sich selbst leitenden Zweig der Volkswirtschaft werden.

Kapitel III

Das soziale Kollektiv in der Wissenschaft

1. Der Begriff des wissenschaftlichen Kollektivs

Das Leben des Menschen vollzieht sich in gemeinsamen Handlungen mit anderen Menschen. Sein Verhältnis zur Natur und im besonderen seine Produktionstätigkeit werden durch die soziale Gruppe bestimmt, der das betreffende Individuum angehört. Die soziale Gruppe ist die Gesamtheit von Menschen, die als Ganzheit handelt und bewußt oder unbewußt ihr Handeln einem bestimmten gemeinsamen Ziel unterordnet.

Entsprechend ihrer Struktur und ihren Handlungen oder ihrem Verhalten kann man unterschiedliche Gruppen unterscheiden. Vom Gesichtspunkt ihrer Struktur gibt es organisierte und unorganisierte soziale Gruppen. Die Menge ist eine unorganisierte, zufällige Menschenansammlung; eine Gesellschaft (z. B. von Freunden), eine Korporation, eine Elite, eine Clique und schließlich ein Kollektiv sind soziale Gruppen, die nach einem bestimmten Merkmal organisiert sind. So ist z. B. die Clique eine Gruppe von Menschen, die einen engen und ständigen Kontakt aufgenommen haben, um bestimmte Ziele zu erreichen, die in der Regel im persönlichen Interesse jedes Mitgliedes der Clique liegen. Ein Kollektiv ist eine soziale Gruppe, die auf der Grundlage gemeinsamer Ziele und Interessen oder einer ständigen gemeinsamen Arbeit organisiert ist. Im Kollektiv als einer organisierten sozialen Gruppe muß auf jeden Fall ein mehr oder weniger entwickeltes Leitungssystem aufgebaut werden. Der bekannte sowjetische Pädagoge A. S. Makarenko stellte fest: „Ein Kollektiv ist ein lebendiger sozialer Organismus, der auch deshalb ein Organismus ist, weil er Organe besitzt, das heißt Vollmachten, Verantwortlichkeit, Verhältnis der Teile zueinander, gegenseitige Abhängigkeit ..." [123, S. 231]. Organisierte soziale Gruppen besitzen ein formelles Leitungssystem, das durch informelle Leitungsmethoden ergänzt wird. Eine unorganisierte Gruppe besitzt keine formelle Leitung: die gesamte Konsolidierung ihrer Mitglieder vollzieht sich informell, in der Regel zufällig. Das Verhältnis zwischen dem Umfang der formellen und informellen Leitungshandlungen hängt von den konkreten Bedingungen und dem Typus der sozialen Gruppe ab. In einer Gesellschaft (von Freunden) und in einer Clique überwiegt die informelle Leitung.

Ein wissenschaftliches Kollektiv gehört zu den organisierten sozialen Gruppen, die eine Reihe spezifischer Besonderheiten besitzen, die in der Arbeit [124, S. 2f.] definiert werden.

Ein Forscherkollektiv ist eine Gruppe von Menschen, die durch eine gemeinsame Aufgabe und ein gemeinsames Programm für eine wissenschaftliche Forschungstätigkeit auf der Grundlage der Kooperation spezialisierter funktioneller Verpflichtungen eines jeden Forschers im einzelnen zusammengeschlossen wird. Die Handlungen der Forscher werden durch die Leitung sowohl untereinander koordiniert als auch mit der Umwelt abgestimmt.

Die Leitung eines Kollektivs besteht darin, daß bestimmte Beziehungen und Verbindungen zwischen Forschern, die ein bestimmtes Qualifikationsniveau sowie wissenschaftliche und technische Ideen besitzen, und den materiellen Ressourcen hergestellt werden.

Ein Forscherkollektiv besitzt folgende Eigenschaften: eine *Organisation* (die Abstimmung der Funktionen der Forscher, die zur Erreichung des Ziels erforderlich sind, eine *Projektierung* der Tätigkeit usw.), eine *Planung* (die Ausarbeitung und Wahl der Ziele und des Forschungsprogrammes), eine *Leitung*, (die Lenkung der Handlungen der Forscher), eine *Kontrolle* und schließlich *Prinzipien für die Kollektivbildung* (Kaderauswahl und optimaler Kadereinsatz), eine *Weiterbildung* der Kader mit dem Ziel, den höchsten schöpferischen Nutzeffekt zu erzielen, d. h. ein schöpferisches „Mikroklima" im Kollektiv zu schaffen usw.

In einer wissenschaftlichen Forschungseinrichtung ist die wissenschaftliche Forschungsabteilung (bzw. das Laboratorium oder der Sektor) das zentrale Glied. Alle seine Mitglieder stehen untereinander in einem schöpferischen Kontakt. In einem wissenschaftlichen Kollektiv bestehen Persönlichkeits- und Zwischenpersönlichkeitsbeziehungen. Nach einer Definition von K. K. Platonov sind die „Persönlichkeitsbeziehungen die Widerspiegelung derjenigen objektiven Beziehungen, in denen sich die Gegenstände und Erscheinungen der realen Welt befinden, im Bewußtsein der betreffenden Persönlichkeit ... Zwischenpersönliche Beziehungen bilden sich in einer Gruppe von Menschen als objektive Beziehungen zwischen Persönlichkeiten heraus. Sie werden durch das Bewußtsein eines jeden Mitgliedes dieser Gruppe widergespiegelt und werden zu seinen Persönlichkeits-Beziehungen" [125, S. 30f.].

Die zwischenpersönlichen Beziehungen können formelle Beziehungen sein, d. h. solche, die durch Instruktionen, Gehaltsstufen, Stellenpläne usw. festgelegt wurden, oder informelle Beziehungen, denen reale Beziehungen zwischen Menschen zugrunde liegen, die durch deren objektive Stellung im Kollektiv sowie durch ihre psychologischen und anderen persönlichen Eigenschaften bestimmt werden. Die formellen und informellen Beziehungen müssen nicht unbedingt miteinander unverträglich sein; zuweilen stimmen sie überein; aber in der Regel weichen sie in wissenschaftlichen Kollektiven wesentlich voneinander ab. Die Kunst der Leitung besteht darin, eine möglichst erfolgreiche Übereinstimmung der offiziell festgelegten zwischenpersönlichen Beziehungen mit den informell herausgebildeten gegenseitigen Beziehungen zu erreichen. Der beste Ausweg scheint darin zu liegen, die zwischenpersönlichen Beziehungen durch eine Reihe von Programmen, Instruktionen, Ordnungen und dgl. mehr zu formalisieren und diese an die Stelle der informellen Verbindungen zu setzen. In Wirklichkeit ist jedoch eine solche Lösung unannehmbar. In einem solchen Kollektiv ist die Persönlichkeit durch vorher festgelegte Verhaltensregeln eingeschränkt, ihre Wahlfreiheit ist eingeschränkt. Im Zusammenhang damit entwickelt sich ein Konformismus, d. h. ein Anpassungsbestreben der Individuen an den geforderten Standard, an die Meinung der sozialen Gruppe. Dadurch wird aber das wissenschaftliche Schöpfertum eines seiner wichtigsten Züge beraubt, der darin besteht, daß ein Forscher aus der Menge von Verhaltensalternativen nur die Linie auswählt, die – manchmal von ihm bloß intuitiv faßbar – zum Erfolg der Forschung führt. Das Schöpfertum wird von der Persönlichkeit als ein organisches Bedürfnis empfunden, das sich unter der Bedingung entwickeln kann, daß die Freiheit des wissenschaftlichen Suchens gegeben ist, daß die Möglichkeit besteht, gründlich und tiefgehend über die Probleme nachzudenken, unabhängig davon, welche Ergebnisse hierbei erzielt werden können. Der bekannte italienische Marxist A. Gramsci stellte die Frage: „Wer legt die ‚Rechte der Wissenschaft', die Grenzen der wissenschaftlichen Forschung fest? Können überhaupt solche Rechte und Grenzen festgelegt werden? Offensichtlich ist erforderlich, daß die Suche nach neuen Wahrheiten und besseren, harmonischeren und klareren Formulierungen bereits entdeckter Wahrheiten der freien Initiative der einzelnen Wissenschaftler überlassen wird, selbst wenn sie ununterbrochen zur Diskussion der gleichen Prinzipien zurückkehren, die uns als die Grundprinzipien erscheinen" [126, S. 32].

Die Freiheit des wissenschaftlichen Suchens bedeutet keine Willkür, keine absolute Befreiung von der formell festgelegten Verteilung der funktionellen Pflichten der Forscher in einem wissenschaftlichen Kollektiv. Eine solche „Freiheit“ wäre gleichbedeutend mit Nichtstun.

Gleichzeitig ist das Maß dafür, in welchen Grenzen ein Wissenschaftler seine wissenschaftlichen und persönlichen Interessen in der Forschung verfolgen kann, in einem Forschungskollektiv umgekehrt proportional der Formalisierung der zwischenpersönlichen Beziehungen in diesem Kollektiv. Folglich besteht die Aufgabe, die Organisation und Leitung der Forschung rationell zu organisieren und zu leiten, darin, eine optimale Übereinstimmung zwischen den formellen und informellen Verbindungen in einem wissenschaftlichen Kollektiv ausfindig zu machen, in der Kunst, sie in Übereinstimmung zu bringen, um eine in größtem Maße effektive wissenschaftliche Tätigkeit der Forscher zu erreichen.

Die Struktur wissenschaftlicher Kollektive wird von vielen verschiedenen Faktoren beeinflußt, die ein unterschiedliches Gewicht besitzen. Kollektive in der Wissenschaft kann man nach Richtungen (Schulen) einteilen, nach dem Kreis der von ihnen untersuchten Probleme, nach ihrem gemeinsamen Interesse an dem Studium bestimmter zur Diskussion stehender Fragen usw. Dies ist natürlich von Einfluß auf die Organisation des Kollektivs und seine Leitung. So kann man z. B. in der Philosophie auf der Grundlage des Kreises der von ihnen gelösten Probleme zwischen Empirikern und Gnoseologen unterscheiden. In der Physik und in einer Reihe anderer Wissenschaften unterscheidet man zwischen Experimentatoren und Theoretikern usw. Unter den Bedingungen der wissenschaftlich-technischen Revolution in der Gegenwart vollzieht sich eine schnelle Änderung von Berufen. Das betrifft auch das Gebiet der Wissenschaft, wo an den Nahtstellen benachbarter Probleme „Wachstumsknospen“ für neue Probleme entstehen, die nicht selten von den Wissenschaftlern verlangen, daß sie sich „zweite“ und „dritte“ Berufe aneignen. Ein Physiker muß die Biologie beherrschen, um erfolgreich biophysikalische Fragen lösen zu können. Ein Biologe braucht Kenntnisse auf dem Gebiet der Technik, wenn er sich mit Fragen der Bionik beschäftigen will. Die überwiegende Mehrzahl der Forscher in der Gegenwart, selbst wenn sie auf dem Gebiet der Humanwissenschaften arbeiten, benötigen Kenntnisse der Grundlagen der Mathematik. Aus diesem Grunde ist die berufsmäßige Einteilung der Wissenschaftler nach der Art ihrer wissenschaftlichen Tätigkeit für die Bildung von wissenschaftlichen Kollektiven, insbesondere von „unsichtbaren Kollektiven“ (invisible colleges) von großer Bedeutung. Trotz alledem machen aber nicht die professionellen Unterschiede, sondern die Funktionen der Wissenschaftler in der Wissenschaft entsprechend ihrem Status und ihren sozialökonomischen Bedingungen das Wesen von Forschungskollektiven aus. In einem wissenschaftlichen Kollektiv verhalten sich die Wissenschaftler so, wie man es von ihnen in der betreffenden sozialen Gruppe erwartet. In einem gewöhnlichen sozialen Kollektiv spielt das Individuum eine konventionelle und eine zwischenpersönliche Rolle. Die konventionelle Rolle kommt in dem Kreis von formell festgelegten Rechten und Pflichten des Individuums zum Ausdruck, unabhängig davon, wer diese als konkrete Persönlichkeit verkörpert. Die zwischenpersönliche Rolle wird von den real existierenden Beziehungen zwischen der Persönlichkeit und dem Kollektiv gebildet und entwickelt sich auf dem Wege von Interessenkompromissen des Individuums mit den Wünschen und Interessen seiner Kollegen. Wenn die konventionelle Rolle darin besteht, daß durch das Kollektiv formell Vorschriften für das Handeln der Wissenschaftler festgelegt werden, so wird die Zwischenpersönlichkeitsrolle durch die Beziehungen verkörpert, die von den Besonderheiten der Menschen abhängen. Diese Rolle kann schablonenmäßig standardisiert sein, sie ist aber in jedem Fall informell, d. h. offiziell nicht festgelegt, und setzt die Freiheit des Wahlverhaltens der Persönlichkeit in den verschiedenen Situationen voraus.

In einem wissenschaftlichen Kollektiv spielt der Wissenschaftler auch eine funktionale Rolle, die darin besteht, daß er bestimmte Funktionen ausübt, die ihrem Wesen nach unkonventionell sind, und die spontan entsprechend dem Talent des Wissenschaftlers, dem Zusammentreffen seiner wissenschaftlichen Interessen mit den gesellschaftlichen Bedürfnissen usw. sich herausbilden.

V. S. Gorski hat auf dem Gebiet der Philosophie nach ihrer funktionalen Rolle folgende Gruppen von Wissenschaftlern eleminiert [127, S. 140–141]:

1. Erstentdecker – das sind Wissenschaftler, die zuerst eine neues philosophisches Problem formuliert haben oder die Lösung einer schon länger gestellten Frage brachten;

2. unabhängige Erstentdecker – sie haben die gleichen Verdienste, aber auf Grund der „Informationsexplosion" wird von ihnen ein bereits früher erzieltes aber wenig bekanntes Ergebnis noch einmal entdeckt.

3. begründende Philosophen sind Wissenschaftler, die eine bekannte Lösung eines philosophischen Problems auf neue Art begründet haben;

4. Philosophen-Informatoren sind Wissenschaftler, die die Informationsverbindungen zwischen den einzelnen Gruppen in philosophischen Kollektiven aufrechterhalten;

5. Philosophen-Organisatoren sind Wissenschaftler, die ein Kollektiv zur „Produktion" von philosophischem Wissen organisieren;

6. Wissenschaftspopularisatoren sind Philosophen, die die gleichen Funktionen wie oben für solch einen Personenkreis ausüben, der nicht in der Wissenschaft beschäftigt ist.

In der Tätigkeit eines jeden Wissenschaftlers kann einer der oben angeführten Aspekte überwiegen. Offensichtlich gibt es auch auf anderen Gebieten der Wissenschaft solche Typen von funktionalen Rollen der Wissenschaftler.

Die Gesamtheit der konventionellen, zwischenpersönlichen und funktionalen Rollen bildet die Verhaltensstruktur eines Forschers im Kollektiv.

Von wesentlichem Einfluß auf das Verhalten eines Wissenschaftlers ist das System der Wertorientierung oder das Sozialverhalten eines Wissenschaftlers. „Es tritt als ein relativ beständiges, sozial bedingtes Wahlverhalten des Menschen zu den gesellschaftlichen Gütern und Idealen in Erscheinung, die Zielobjekt oder Mittel zur Erreichung des höchsten Zieles zur Befriedigung der Bedürfnisse der Lebenstätigkeit der Persönlichkeit sind" [128, S. 90].

Die Wertorientierung des Wissenschaftlers hängt eng mit den Motiven seiner Tätigkeit zusammen, die von Bedürfnissen bestimmt werden. Das Motiv ist ein Objekt, das einem bestimmten Bedürfnis entspricht und das die Tätigkeit eines Wissenschaftlers lenkt. In der Wissenschaft werden die Errungenschaften der vergangenen Generationen der Wissenschaftler als wissenschaftliche Informationen in einer bestimmten Menge von Semantismen widergespiegelt, die in wissenschaftlichen Dokumenten verkörpert sind. Durch die Gesellschaft sowie die innere Logik der Entwicklung der Wissenschaft wird eine bestimmte Anzahl von wissenschaftlichen Problemen aktualisiert, die damit ein Ziel für die Forschung bilden. Damit ein solches Ziel Motiv für die Tätigkeit eines Wissenschaftlers wird, muß es von ihm verstanden werden, das heißt, es muß für ihn einen Sinn bekommen. Der Sinn eines wissenschaftlichen Problems für den Forscher besteht in dem Verhältnis der allgemein-sozialen Bedeutung eines Forschungsziels zu den persönlichen, insbesondere den individuellen wissenschaftlichen Interessen des Forschers. In der Regel wird die wissenschaftliche Tätigkeit von mehreren Motiven gelenkt, von denen ein Motiv als systembildendes, d. h. als Leitmotiv auftritt. In den verschiedenen wissenschaftlichen Kollektiven ist die Richtung der Forschungstätigkeit unterschiedlich. Im Rahmen eines Kollektivs, das durch eine allgemein erkenntnismäßige Aufgabe vereinigt wird, sind die Reaktionen der Forscher auf die gleichen Stimuli kovariant, d. h. sie sind einander ähnlich. B. F. Green definiert diese Form der Reaktion von Individuen auf eine spezifische Reihe von Stimuli oder sozialen Objekten als Sozialverhalten [129, 227–229].

Die Struktur eines wissenschaftlichen Kollektivs wird von den sozialökonomischen und politischen Bedingungen beeinflußt. In der sozialistischen Gesellschaft übt die Partei-Grundorganisation eine lenkende Einwirkung auf die Forscherkollektive aus. Sie kontrolliert viele Seiten der Tätigkeit der Leitung; in der Regel sind auch die führenden Mitarbeiter einer wissenschaftlichen Forschungseinrichtung Parteimitglieder, die sämtliche wichtigen Glieder des wissenschaftlichen Forschungsprozesses organisieren.

In einer wissenschaftlichen Forschungseinrichtung gibt es in der Regel eine Komsomolorganisation, eine Gewerkschaftsorganisation sowie auch Grundorganisationen von freiwilligen Sportorganisationen, kulturellen Massenorganisationen und anderen Organisationen. Einen entscheidenden Einfluß auf die Wahl der Forschungsthemen übt der wissenschaftliche Rat der wissenschaftlichen Forschungseinrichtung aus. Somit besitzt unter den Bedingungen des Sozialismus das wissenschaftliche Kollektiv in bedeutendem Maße Selbstverwaltung, die insbesondere darin zum Ausdruck kommt, daß die Wissenschaftler durch ihre gesellschaftlichen Organisationen (die Parteiorganisation, die Gewerkschaft usw.) die Leitung kontrollieren und in entsprechender Weise auf sie einwirken können.

In der kapitalistischen Gesellschaft wird die wissenschaftliche Tätigkeit durch die Leitung organisiert, sowie durch Kuratorien, wissenschaftliche Räte, Konsultativorgane usw. Die gesellschaftlichen Organisationen können in der Regel nicht unmittelbar einen Einfluß auf die Leitung ausüben.

Bei der Analyse der Wege zur Optimierung der wissenschaftlichen Tätigkeit ist die Klassifikation der wissenschaftlichen Kollektive von großer Bedeutung. Als Grundlage hierzu können verschiedene Merkmale genommen werden. So teilt z. B. der polnische Wissenschaftler E. Starościak sämtliche sozialen Kollektive in große formelle Primärkollektive und in kleine informelle Primärkollektive ein. Ein formelles Primärkollektiv ist eine organisierte soziale Gruppe mit juristisch festgelegter Verteilung der Rechte und Pflichten eines jeden Individuums. Ein kleines informelles Kollektiv ist eine juristisch informelle Gruppe, in der die Individuen unmittelbar durch persönliche Kontakte miteinander verbunden sind, aus denen sie ihre Wertvorstellungen schöpfen. Kleine Kollektive bestehen in der Regel innerhalb von formellen

Primärkollektiven; sie können anderen Mitgliedern des Kollektivs verschlossen sein oder ihnen offenstehen; sie können beständig oder unbeständig, einflußreich, aktiv oder wenig Autorität besitzend, d. h. passiv sein. Die Mitglieder eines kleinen Kollektivs passen sich an die Umstände entsprechend der Rollenverteilung unter ihren Mitgliedern an; sie ahmen die im Kollektiv anerkannten Autoritäten nach; sie bestimmen Leader und bilden auch einige Elemente einer eigenen Moral aus. [130, S. 322f.].

V. S. Gorskij nimmt für eine Klassifikation von philosophischen Kollektiven die „Enge" der informationellen Verbindungen zwischen ihren Mitgliedern, d. h. zwischen dem Begründer einer bestimmten wissenschaftlichen Schule und seinen Anhängern als Grundlage für die Einteilung. In diesem Sinne gilt als „optimal" ein Kollektiv mit einer maximalen Informationskapazität. Die optimale Position in einem Kollektiv ist diejenige, in der die größten Möglichkeiten bestehen, „reine" Informationen zu erhalten, die innerhalb des Kollektivs fließen" [127, S. 158].

Je geringer die Zahl der einzelnen Distanzen ist, die die Informationen von einem Mitglied des Kollektivs zu einem anderen durchlaufen müssen, desto näher ist die Struktur des Kollektivs der optimal ausgewählten Strukturvariante. Von V. S. Gorskij wurden die informationellen Verbindungen für Kollektive mit bis zu 6 Individuen gezählt, und er erhielt auf diese Weise das „Gewicht" eines jeden Kollektivmitglieds. Zum Beispiel war für die von ihm entwickelten 4 Typen von Kollektiven (ein Mitglied des Kollektivs ist mit den anderen Mitgliedern verbunden, ein Mitglied ist der Reihe nach mit zwei anderen verbunden, während die zwei mit den übrigen beiden verbunden sind; jedes Mitglied ist mit sämtlichen anderen Mitgliedern verbunden und sämtliche anderen sind mit allen verbunden) bei gleichen Bedingungen die optimale Struktur des Kollektivs diejenige, wo unmittelbaren Beziehungen aller Mitglieder mit allen bestehen. Eine nicht optimale Position ist der Strukturtyp eines Kollektivs, in dem ein Mitglied mit den 4 anderen Mitgliedern verbunden ist.

Die Klassifikation von Kollektiven nach der „Enge" der Informationsverbindungen seiner Mitglieder berücksichtigt natürlich nicht die Struktur des Kollektivs, sondern nur das in ihm bestehende Informationsnetz und den Beitrag jedes einzelnen Kollektivmitgliedes zur „Auslastung" dieses Netzes. Die informationellen Verbindungen bilden nur die eine Seite eines wissenschaftlichen Kollektivs, die Seite der Kommunikation der Individuen untereinander. Wenn man aber berücksichtigt, daß ein Kollektiv eine soziale Erscheinung darstellt und aus diesem

Grunde zwischen seinen Mitgliedern nicht nur informationelle, sondern auch soziale Beziehungen bestehen, so liegt es auf der Hand, daß eine Klassifikation der Kollektive nur auf der Grundlage der „Enge" ihrer informationellen Verbindungen bei weitem nicht vollständig ist. Nicht die „Informationsdistanz" bestimmt die Verhaltensweisen der Individuen, sondern die soziale Distanz. Diese ist in kleinen informellen Gruppen am geringsten und in formellen Gruppen am größten. Im zwischenkollektiven Verkehr, in dem nicht selten ein Mensch hinter seiner Höflichkeit und den allgemein üblichen Formen der Ethik seine wahre Einstellung verbergen kann, erreicht die soziale Distanz ihr Maximum. Aus diesem Grunde muß man unserer Meinung nach bei der Klassifikation von wissenschaftlichen Kollektiven von dem Merkmal der sozialen Distanz zwischen den Mitgliedern eines Kollektivs als Grundlage ausgehen. Je geringer diese Distanz ist, desto enger und unmittelbarer sind die persönlichen Kontakte, desto exakter sind die Vorstellungen eines Kollektivmitgliedes vom anderen, von seinen individuellen persönlichen Eigenschaften, seinen Schwächen, seinen Reaktionen usw. Dieses beeinflußt aber wiederum die Struktur des Kollektivs, die Festigkeit der Beziehungen zwischen seinen Mitgliedern auf informeller Grundlage. Karl Marx schrieb: „Erst in der Gemeinschaft (mit Andern hat jedes) Individuum die Mittel, seine Anlagen nach allen Seiten hin auszubilden" [131, S. 74].

Für die gegenwärtige Entwicklung der Wissenschaft unter den Bedingungen der sich entfaltenden wissenschaftlich-technischen Revolution ist die schnelle Veränderung der Größe und der Struktur von wissenschaftlichen Forschungseinrichtungen und ihrer strukturellen Unterglieder, die Deformierung vorhandener traditioneller Hierarchien bei der Organisation der Leitung der Wissenschaft (Laboratorium – Abteilung – wissenschaftliche Forschungseinrichtung – Leitungsorgan eines Ministeriums – bzw. einer Behörde) charakteristisch, das Entstehen von informellen Kollektiven, von wissenschaftlichen Zentren und von Richtungen, eine große Mobilität beim Einsatz von wissenschaftlichen Kadern zur Lösung von bestimmten wissenschaftlichen Forschungsaufgaben. Im Zusammenhang hiermit entwickeln sich viele verschiedene Varianten von Organisationsstrukturen in einer wissenschaftlichen Forschungseinrichtung, die nicht juristisch (z. B. durch den Stellenplan) fixiert sind, aber faktisch existieren und einen großen Einfluß auf die Effektivität der Forschungsergebnisse in der wissenschaftlichen Forschungseinrichtung ausüben. In der letzten Zeit bilden sich immer mehr „unsichtbare Kollektive", d. h. Gruppen von Wissenschaftlern, die an dem gleichen Problem arbeiten, aber geographisch voneinander entfernt wohnen und wissenschaftlichen Forschungseinrichtungen verschiedener Behörden angehören. Wenn informelle Gruppen innerhalb einer wissenschaftlichen Forschungseinrichtung die traditionelle Struktur der wissenschaftlichen Forschungseinrichtung deformieren, so verletzen „unsichtbare" Kollektive die juristisch festgelegten Formen der Verbindung zwischen wissenschaftlichen Forschungseinrichtungen. Darüber hinaus wird in den sich herausbildenden wissenschaftlichen Zentren, in denen Gruppen von wissenschaftlichen Forschungseinrichtungen und Hochschulen verschiedener Unterstellungsverhältnisse konzentriert sind, die aber Industriebetriebe des gleichen territorialen Rayons wissenschaftlich betreuen und systematisch Informationen über erzielte neue wissenschaftliche Ergebnisse austauschen, eine wissenschaftliche Forschungseinrichtung im Grunde genommen immer mehr zu einer wirtschaftlich-administrativen Funktion degradiert, indem sie immer weniger typisch wissenschaftliche Funktionen ausübt.

Die vielen Varianten von Organisationsstrukturen von wissenschaftlichen Strukturgliedern, die durch die wissenschaftlich-technische Revolution hervorgerufen wurden, lassen die Analyse der Leitungs- und Organisationsstruktur von Forschungs- und Entwicklungsarbeiten besonders aktuell erscheinen.

Die bestehenden Organisationsstrukturen von wissenschaftlichen Forschungseinrichtungen können in zwei Klassen eingeteilt werden: in formelle Strukturen — Abteilungen, Laboratorien, Sektoren, wissenschaftliche Forschungseinrichtungen und ihre Filialen mit Unterstellung unter eine bestimmte Behörde oder ein Ministerium; wissenschaftliche Zweigzentren, die mehrere wissenschaftliche Forschungseinrichtungen umfassen, sowie in informelle Strukturen — Mitarbeitergruppen, die von einer „unsichtbaren" Kapazität (im Original: Leader — d. Red.) geleitet werden (einer Autorität innerhalb eines wissenschaftlichen Kollektivs, dessen Meinung und Urteil einen großen Einfluß auf die Bildung der gesellschaftlichen Gruppenmeinung ausübt) innerhalb einer wissenschaftlichen Forschungseinrichtung, „unsichtbare" Kollektive, die aus Wissenschaftlern bestehen, die territorial voneinander getrennt und in wissenschaftlichen Forschungseinrichtungen mit verschiedener Unterstellung arbeiten; wissenschaftliche Regionalzentren, die aus Gruppen von wissenschaftlichen Forschungseinrichtungen mit unterschiedlicher Unterstellung bestehen, die aber durch gemeinsame Aufgaben zur Entwicklung der Wirtschaft eines bestimmten territorialen Gebietes, durch intensive informationelle und andere informelle Verbindungen miteinander zu einer Einheit verbunden sind.

Die wissenschaftlichen Strukturglieder werden eingeteilt in instabile Glieder, bei denen eine Veränderung der Struktur ohne Zerstörung des Strukturgliedes selbst möglich ist (z. B. eine Abteilung mit einer bestimmten Zielstellung, ein Sektor), und in stabile Strukturglieder, die keine Veränderung der Struktur des Gliedes ohne Verletzung seiner Einheit zulassen (ein formelles Laboratorium oder ein Sektor, bei denen eine Strukturveränderung zu ihrer Auflösung führt). Ob man wissenschaftliche Strukturglieder mit einer stabilen oder mit einer instabilen Struktur wählt, hängt von den Aufgaben ab sowie von der logischen Gliederung der Forschung in einzelne Etappen. Insbesondere schreibt die innere Logik der Durchführung des Forschungsprozesses eine bestimmte Organisationsstruktur des wissenschaftlichen Strukturgliedes, bestimmte Methoden der Kaderauswahl usw. vor. So ist es z. B. in der Regel zweckmäßig, für kurzfristige und mittelfristige Forschungsarbeiten nach einem Programm spezielle Abteilungen für diesen Zwecke zu bilden, denen theoretische Forscher auf dem Gebiet des zu bearbeitenden Problems angehören, die die Suche nach Problemlösungen organisieren, zu denen Spezialisten hinzukommen, die zeitweilig in der Abteilung mitarbeiten, um bestimmte Aufgaben aus dem Programm zu lösen, und weiter Ingenieure, die die technische Entwicklung der erzielten Forschungsergebnisse organisieren. Eine solche Abteilung hat flexible Planstellen; in der Regel gehören solchen Abteilungen Vertreter verschiedener Wissenschaftsgebiete an, die schnell von einem gelösten Problem zu einem anderen überwechseln. Wissenschaftliche Struktureinheiten mit stabiler Struktur werden zweckmäßigerweise für die Lösung von Aufgaben gebildet, die eine langfristige Forschung und einen großen Arbeitsumfang erfordern. In ihnen sind die Planstellen festgelegt; die Bearbeitung der Probleme zieht sich über mehrere Jahre hin; ein Heraufrücken auf der „Dienstleiter" ist in einem solchen Kollektiv erschwert. Stabile Strukturen besitzen die Institute an den Akademien der Wissenschaften, in denen Probleme der Grundlagenforschung erforscht werden, sowie in einer Reihe von Industrie-Instituten, die auf dem Gebiet der angewandten Forschung arbeiten.

Nach der Art ihrer Organisation kann man die informellen Kollektive in zentrierte und nicht zentrierte Kollektive einteilen. So werden z. B. die Beziehungen zwischen den wissenschaftlichen Mitarbeitern eines „unsichtbaren" Kollektivs durch die Kapazität des Kollektivs vermittelt. Wenn diese derselben wissenschaftlichen Forschungseinrichtung angehört, dann ist ein solches „unsichtbares" Kollektiv nach innen zentriert. Arbeitet sie aber in einer anderen wissenschaftlichen Forschungseinrichtung, dann ist das Kollektiv nach außen zentriert. Gibt es mehrere Kapazitäten, dann ist das „unsichtbare" Kollektiv nach außen und innen polyzentriert. Schließlich kann ein Kollektiv, wenn eine solche Kapazität fehlt, azentrisch sein, indem alle Mitglieder gleiche Möglichkeiten besitzen, d. h. faktisch gleiche Rechte und Pflichten haben. Die beschriebenen Arbeiten von Strukturen wissenschaftlicher Struktureinheiten kann man graphisch in der Form eines Bündels sich schneidender Linien darstellen, bei denen die Grenzen der wissenschaftlichen Struktureinheit durch einen Kreis gekennzeichnet sind.

Formelle wissenschaftliche Kollektive kann man entsprechend ihrer Struktur in Teilkollektive und vollständige Kollektive einteilen. In Teilkollektiven ist der Zyklus „Forschung–Produktion" unvollständig gesichert; in vollständigen Kollektiven wird der Weg von der Ideenfindung über die Grundlagenforschung bis zur Einführung der Ergebnisse in die Produktion realisiert.

Je nach dem Typ der durchzuführenden Forschungsarbeiten gibt es theoretische, experimentelle und wissenschaftsinformatorische Strukturglieder. Sie können wiederum formell oder informell, zentriert oder azentrisch sein usw. In Struktureinheiten, in denen experimentelle Forschungen durchgeführt werden, ist die Zahl der unteren und mittleren technischen Mitarbeiter natürlich größer. Die Verteilung der Verantwortung für die einzelnen Forschungsetappen und die Hierarchie der Abhängigkeiten ist an die Verhältnisse in der materiellen Produktion angenähert. Auch der Umfang der administrativen Arbeit für den wissenschaftlichen Leiter ist größer, er beträgt in einem zentrierten Kollektiv, das Experimente durchführt, für den Leiter bis 50% seiner Arbeitszeit und für den einfachen Mitarbeiter bis 15% bis 20%. In einem azentrischen Kollektiv werden entsprechend 30% bzw. 10 bis 15% an Arbeitszeit für Leitungsaufgaben benötigt.

In einem Kollektiv von theoretischen Forschern benötigt man keine Techniker, die Zahl des anderen unteren Personals ist gering. Die berufliche Qualifikation der Mitarbeiter ist wenig differenziert, ungeachtet der Tatsache, daß sie verschiedene wissenschaftliche Grade und Titel besitzen können. Auch der Umfang an wissenschaftsorganisatorischer Arbeit ist ein anderer. In einem azentrischen Kollektiv von Theoretikern ist der Leiter mit etwa 20% seiner Arbeitszeit mit Organisationsaufgaben beschäftigt, der einfache Mitarbeiter mit 10%; in einem zentrierten Kollektiv entsprechend zu 27% bzw. zu 5%. Vollständige Strukturen von formellen wissenschaftlichen Forschungseinrichtungen besitzen Abteilungen für Grundlagenforschung, Laboratorien, in denen angewandte Forschung betrieben wird, Entwicklungs- und Konstruktionsbüros sowie einen Versuchsbetrieb. Selbstverständlich sind die angeführten Angaben, die die Ergebnisse einer Reihe von konkret-soziologischen Forschungen verallgemeinern, nur relativ zu sehen. Man kann aber auf ihrer Grundlage schlußfolgern, daß die Organisationsstruktur von wissenschaftlichen Struktureinheiten von der logischen Gliederung des Forschungsprozesses und dem Charakter der durchzuführenden wissenschaftlichen Forschungsarbeiten bestimmt wird, während die Formen der Leitung und der Umfang der Leitungsfunktionen von der organisatorischen Struktur der wissenschaftlichen Forschungseinrichtung abhängen. Das Institut für Elektroschweißung „E. O. Paton" der Akademie der Wissenschaften der Ukrainischen SSR besitzt z. B. eine vollständige Struktur. Es hat wissenschaftliche Forschungsabteilungen und Laboratorien (Abteilungen für Schweißtechnologie, Abteilungen für die Haltbarkeit von Schweißkonstruktionen, Laboratorien für physikalisch-chemische Forschung usw.), ein Konstruktionsbüro, einen Versuchsbetrieb, ein wissenschaftlich-technisches Büro und eine Reihe anderer struktureller Unterglieder, die den Zyklus „Forschung–Produktion" abschließen.

Formelle und informelle Strukturen können auch wie folgt eingeteilt werden: in thematische Strukturglieder (die eine bestimmte Problemrichtung auf dem Gebiet der Wissenschaft vereinen), in funktionale Strukturglieder (die eine Reihe von Richtungen aus benachbarten Wissenschaften vereinen, die an dem gleichen Problem arbeiten) und in gemischte funktionalthematische Strukturglieder. Der entscheidende Faktor dafür, welche Struktur man wählen muß, ist die logische Natur der wissenschaftlichen Forschungsarbeit, sind ihre Ziele und Aufgaben. Diese logische Natur bestimmt nicht nur die Struktur des Kollektivs, sondern beeinflußt sogar das Erreichen von Ergebnissen und die Effektivität der Tätigkeit des Kollektivs. So ist der ökonomische Effekt die Summe der in den einzelnen Forschungsetappen erreichten Effekte.

In Verbindung mit der Aufgabe, die Effektivität der wissenschaftlichen Forschungstätigkeit zu erhöhen, taucht das Problem der Optimierung auf: wie können die Struktur der Forschungs-Struktureinheiten und die Methoden ihrer Leitung optimiert werden? Jede wissenschaftliche Forschungseinrichtung als System besteht aus Strukturelementen – Abteilungen, Sektoren, informellen Gruppen usw. Jedes Element des Systems besitzt eine Menge von Eigenschaften ($\alpha_1, \alpha_2 . . \alpha_i$), denen ein Satz von Kriterien ($A_1, A_2 . . ., A_i$) zugeordnet ist. Wenn man zur Bewertung eines Systems ein beliebiges Kriterium von den A_i-Kriterien nimmt, dann erhält man auf Grund der Eigenschaft α_i des ausgesuchten Kriteriums eine geordnete Menge von Elementen. Ein System kann nicht nach allen ausgewählten Kriterien gleichzeitig optimiert werden, deshalb wird es in der Regel nach seiner Zielfunktion optimiert. Unterschiedliche Kriterien besitzen verschiedene Bedeutung, wenn man die Struktur verschiedener Forschungskollektive betrachtet. Durch eine gründliche Analyse der vorhandenen Organisationsstrukturen einer wissenschaftlichen Forschungseinrichtung und ihrer Effektivität kann man optimale Strukturen entwickeln und Empfehlungen zu ihrer Vervollkommnung nach den gewählten Kriterien ausarbeiten. Als solche Kriterien kann man nehmen: das Verhältnis zwischen dem wissenschaftlichen Personal und dem wissenschaftlichen Hilfspersonal; die rationellste Nutzung der Arbeitszeit durch die verschiedenen Kategorien der Wissenschaftler; vereinfachte Formen der Planung, der Rechenschaftslegung und Kontrolle; die Stabilität der Beziehungen der wissenschaftlichen Forschungseinrichtung zu ihrer Produktionsbasis, ihrer Projektierungs- und Konstruktionsbasis; das Verhältnis der Arbeiten in einer bestimmten thematischen Richtung usw.

Die Struktur der Leitungsorgane einer wissenschaftlichen Forschungseinrichtung hängt vom Charakter der durchzuführenden Forschungsarbeiten, von der allgemeinen Struktur und der Zahl der Mitarbeiter dieser Einrichtung ab. Entsprechend der Struktur der Leitungsorgane für Fragen der Wissenschaft in den Ministerien und anderen zentralen Fachorganen wird die Zahl der unterstellten wissenschaftlichen Forschungseinrichtungen und der Umfang der von ihnen durchzuführenden Forschungsarbeiten festgelegt. Die Zahl der wissenschaftlichen Forschungseinrichtungen z. B. in der Ukrainischen SSR bleibt nicht unverändert. Im Jahre 1940 besaß diese Republik nicht mehr als 320 wissenschaftliche Forschungseinrichtungen; 1958 waren es schon 462, 1963 848 und gegenwärtig sind es mehr als 1000. Etwa die Hälfte von ihnen sind wissenschaftliche Forschungseinrichtungen, die direkt der Union der SSR unterstellt sind; die übrigen werden von Ministerien und Behörden der Republik geleitet. Ein Teil der von der Republik geleiteten Einrichtungen gehört zum System der Akademie der Wissenschaften der Ukrainischen SSR; die anderen sind Ministerien und Behörden der Republik unterstellt.

Wenn man von dem erreichten Niveau der Forschungsorganisation in der Sowjetunion ausgeht, dann wird die Leitung der wissenschaftlichen Tätigkeit in der Regel auf der Grundlage von normierten Bewertungskriterien durchgeführt.

Entsprechend den verschiedenen Organisationsstrukturen, die die wissenschaftlichen Strukturglieder besitzen, hat sich folgendes System der Leitungsorgane von wissenschaftlichen Forschungseinrichtungen herausgebildet (Tab. 3).

Tabelle 3
System der Leitungsorgane für die Wissenschaftsentwicklung in der Sowjetunion, entsprechend den Typen der Organisationsstrukturen der wissenschaftlichen Forschungseinrichtungen

Bezeichnung der Organisationsstruktur	Leitungsorgane
Formelle Strukturen	
Abteilungen, Laboratorien, Sektoren, Entwicklungs- und Konstruktionsbüros, Versuchsbetriebe	Wissenschaftliche und wissenschaftlich-technische Räte der wiss. Forschungsinstitute, Direktor des wiss. Forschungsinstituts
Lehrstühle, Laboratorien, Entwicklungs- und Konstruktionsbüros	wissenschaftl. Räte an den Hochschulen, Dekane und Rektoren der Hochschulen
Wissenschaftl. Forschungsinstitute, Hochschulen	Ministerien, zentrale Fachorgane (Behörden)
Wissenschaftliche Zweigzentren (eine Gruppe von wiss. Forschungseinrichtungen, die einem zentralen Fachorgan unterstellt sind und nach einem gemeinsamen Forschungsprogramm im Interesse des betreffenden Industriezweiges arbeiten)	Wissenschaftliche Koordinierungsräte der Ministerien und wiss. Räte für bestimmte Probleme der Natur- und Gesellschaftswissenschaften bei der Akademie der Wissenschaften der UdSSR, Wiss. Koordinierungsräte der Leitinstitute für einzelne wissenschaftliche Probleme
Informelle Strukturen	
Gruppen „unsichtbare Kollektive“	Regelmäßig durchgeführte wissenschaftliche Symposien und Konferenzen (auf denen Empfehlungen ausgearbeitet werden)
Wissenschaftliche Regionalzentren (eine Gruppe von wissenschaftlichen Forschungseinrichtungen, die unterschiedlichen zentralen Fachorganen unterstellt sind, aber nach einem gemeinsamen Forschungsprogramm im Interesse einer bestimmten territorialen Einheit arbeiten)	Zwischenbehördliche wissenschaftliche Koordinierungsräte, Leitinstitute für wissenschaftliche Hauptrichtungen

2. Makroklima und Mikroklima in einem wissenschaftlichen Milieu

Ein wissenschaftliches Kollektiv formiert sich in einem sozialen Milieu und wird in einem solchen Milieu tätig. Die Hauptrichtungen der Tätigkeit des Kollektivs, die Wertung seiner Effektivität und Zweckdienlichkeit werden durch das soziale Milieu bestimmt. Die soziale Umgebung schafft für ein wissenschaftliches Kollektiv ein solches Makroklima, das eine ständige Einwirkung auf sämtliche Parameter der wissenschaftlichen Forschungstätigkeit ausübt. Seinerzeit wurden nicht wenig Konzeptionen entwickelt, daß ein Wissenschaftler ein Mensch sei, der in einem sozialen Vakuum, in einem „Elfenbeinturm" lebe und sich mit „reiner Wissenschaft" beschäftige, aus einer dem Menschen instinktiv eigentümlichen Wißbegier, alles Neue und Unbekannte zu erforschen. Die wissenschaftlich-technische Revolution in der Gegenwart, die die Wissenschaft in einen Zweig der Wirtschaft, in eine „Industrie zur Produktion von Wissen" verwandelt hat, hat diese Illusion zerstört und vor aller Augen die wahre Rolle und den Platz des Wissenschaftlers in der Gesellschaft gezeigt. Heute ist der Wissenschaftler ein aktiver Katalysator des sozialen Lebens. Seine Tätigkeit spielt sich nicht in einem sozialen Vakuum ab, sondern in einer Gesellschaft, die bis zum äußersten mit sozialen Konflikten und sozialen Veränderungen angefüllt ist, die sich auch in der Sphäre der Wissenschaft vollziehen. Ein Wissenschaftler, der versuchen würde, in der modernen Gesellschaft auch nur einen Augenblick lang seine soziale Funktion zu vergessen, an der Jagd nach Wissen teilzunehmen, das einen Neuheitswert besitzt, würde nach wenigen Jahren die Verbindung zu den Stellen in der Wissenschaft verloren haben, an denen sich die Veränderungen vollziehen, er würde als Forscher „moralisch veraltet" sein. Das wachsende Tempo der sozialen Veränderungen in der Gesellschaft erfordert, daß diese mit einem gewissen Vorlauf wissenschaftlich durchdacht werden.

Das Makroklima eines wissenschaftlichen Milieus wird von der Gesamtheit der sozialen Bedingungen gebildet, die die Tätigkeit eines wissenschaftlichen Kollektivs beeinflussen, die die Richtung des wissenschaftlichen Suchens bestimmen, die die inneren Überzeugungen des Wissenschaftlers und sein Verständnis für den Sinn seiner wissenschaftlichen Forschungsarbeit in der Gesellschaft herausbilden. Das Makroklima kann die erfolgreiche Tätigkeit eines wissenschaftlichen Kollektivs hemmen, ihr gegenüber neutral sein oder einen Erfolg begünstigen. Der Charakter der Einwirkung des Makroklimas auf ein wissenschaftliches Kollektiv wird von folgenden Hauptfaktoren bestimmt:

– von dem Grad der Übereinstimmung zwischen der in der Gesellschaft herrschenden Ideologie mit der Weltanschauung des Wissenschaftlers;

– von der Stellung und Rolle der Wissenschaftler als einer sozialen Gruppe und ihrem Einfluß auf die Bestimmung der Ziele und Orientierungsgrößen für die Entwicklung der Gesellschaft;

– von dem Grad der Übereinstimmung der inneren Logik der Entwicklung der Wissenschaft mit den sozialen Zielen, die die Gesellschaft den wissenschaftlichen Kollektiven stellt;

– von dem Tempo der Aneignung der wissenschaftlichen Errungenschaften, der Überprüfung neuer Forschungsergebnisse in der Praxis;

– von dem Entwicklungsniveau der innernationalen und internationalen kommunikativen Verbindungen der wissenschaftlichen Kollektive;

– von dem Niveau der Allgemeinbildung (der Intellektualität) der Mitglieder der Gesellschaft in den außerwissenschaftlichen Kollektiven (in Produktionskollektiven, Lehrausbildungskollektiven, Dienstleistungskollektiven usw.).

Zwischen der Weltanschauung eines Wissenschaftlers, seinen Wertungsnormen und Meinungen über die Welt und den in der Gesellschaft herrschenden Vorstellungen besteht niemals eine alle Positionen betreffende völlige Übereinstimmung. Der Charakter der wissenschaftlichen Forschungstätigkeit erfordert von jedem, der sich mit ihr beschäftigt, ein individuelles, originelles Herangehen an die eigentliche Forschungsarbeit. Diese Besonderheit, eine „eigene" Auffassung von den in der Wissenschaft ungelösten Problemen zu haben, ist Voraussetzung für den Erfolg der wissenschaftlichen Forschungstätigkeit. Deshalb werten die Wissenschaftler die in der Wissenschaft gelösten Fragen von einem monistischen Standpunkt aus, während für die noch ungelösten Fragen, zu denen wissenschaftliche Lösungen gesucht werden, ein Pluralismus (eine Vielfalt von Auffassungen) charakteristisch ist.

Die Wissenschaft bildet eine Form des gesellschaftlichen Bewußtseins, die in der Gesellschaft neben den politischen Ideen, dem Rechtsbewußtsein, der Moral, der Religion, der Kunst und der Philosophie existiert. Jede dieser Formen spiegelt ein bestimmtes Fragment der Realität wider, und erst in ihrer Gesamtheit geben diese Formen die Vorstellung der Gesellschaft von der Welt. Entsprechend der sozialpolitischen Ordnung in der Gesellschaft herrscht eine bestimmte formelle, offiziell konstitutierte Ideologie. Genauer gesagt, das gesellschaftliche Bewußtsein existiert als eine komplizierte Einheit von erkenntnistheoretischen und ideologischen Momenten. In der Klassengesellschaft besteht die offizielle Ideologie aus der Gesamtheit der Ideen und Vorstellungen von der Welt, die die Klasse besitzt, die in der Wirtschaft herrscht, denn sie besitzt die Mittel der Massenkommunikation, um der gesamten Bevölkerung ihre Klassen-Wertungsnormen und Klassenvorstellungen „vorzuschreiben". So oktroyiert z. B. in der kapitalistischen Gesellschaft die Bourgeoisie der Masse der Bevölkerung die bürgerliche Weltanschauung. Zu diesem Zweck benutzt sie die ihr zur Verfügung stehenden Unterdrückungsorgane (Regierung, Gericht, Polizei, Armee und dergleichen mehr) sowie die Massenkommunikationsmittel (Rundfunk, Fernsehen, Presse usw.).

Selbstverständlich ist der Wissenschaftler ein Träger der in der Gesellschaft herrschenden Wertmaßstäbe und Vorstellungen. Keinesfalls ist es als zufällig anzusehen, daß die Wissenschaftler der sozialistischen Länder überzeugte Atheisten sind, eine marxistisch-leninistische Weltanschauung besitzen und sich von den Prinzipien der kommunistischen Moral leiten lassen. Demgegenüber schleppen nicht selten Wissenschaftler aus kapitalistischen Ländern bürgerliche Moral-Vorurteile und Illusionen einer bürgerlichen Weltanschauung mit sich herum; sie verteidigen häufig das Recht der Koexistenz von religiösen Glaubensvorstellungen mit der Wissenschaft.

Ein Wissenschaftler erforscht nicht nur die Realität. Er lebt und handelt auch in einem sozialen Milieu; er erlebt Erfolge und Mißerfolge. Er wird umgeben von einer Gesamtheit von Lebensumständen – von den materiellen und ideellen Faktoren des außerwissenschaftlichen Milieus. Ein Teil dieser Umstände übt auf die Forschungstätigkeit des Wissenschaftlers einen fördernden Einfluß aus, ein anderer steht mit ihr in Widerspruch. Im allgemeinen spürt ein Wissenschaftler ständig den Einfluß des Makroklimas. Ein Wissenschaftler ist wie jeder andere Mensch nicht frei in seinen Handlungen, sondern diese sind als Antwort auf bestimmte gesellschaftliche Bedürfnisse vollständig programmiert. Karl Marx, der die Abhängigkeit der Tätigkeit des Menschen von den sozialen Bedingungen seines Seins analysierte, hob hervor: „Das Reich der Freiheit beginnt in der Tat erst da, wo das Arbeiten, das durch Natur und äußere Zweckmäßigkeit bestimmt, aufhört ..." und erst dann, wenn die Notwendigkeit ihre Herrschaft angetreten hat, d. h. im Kommunismus, „... beginnt die menschliche Kraftentwicklung, die sich als Selbstzweck gilt, das wahre Reich der Freiheit" [132, S. 828]. Der Weg hierzu führt über die Umwandlung der Gesellschaft selbst und der die Gesellschaft lenkenden sozialen Gesetze.

Das Makroklima eines wissenschaftlichen Milieus zwingt den Wissenschaftler zu Handlungen, die nicht immer mit seinen Wertmaßstäben und Vorstellungen als Persönlichkeit übereinstimmen. Dieser anonyme Druck des Makroklimas auf den Wissenschaftler führt oft zu einer Evolution seiner ursprünglichen Forschungsabsichten, zu einer schrittweisen Umorientierung der Kriterien für die Wertung seiner eigenen Tätigkeit und die Arbeit seiner Kollegen. Dieser anonyme Druck des Makroklimas auf die Persönlichkeit des Wissenschaftlers wird dadurch ergänzt, daß auf ihn verständlicherweise die Faktoren des Alltagslebens, der täglichen Erfahrung seines außerwissenschaftlichen Lebensmilieus einwirken, in dem der Wissenschaftler lebt. Infolgedessen bildet das Bewußtsein des Forschers eine komplizierte Verflechtung aus der theoretischen, wissenschaftlichen Empfindung der Wirklichkeit durch ihn, aus ideologischen Formen und aus der unmittelbaren spontanen Widerspiegelung seiner Erfahrung und des Alltagslebens des Wissenschaftlers. Die wissenschaftlichen Kenntnisse (das theoretische Bewußtsein) und das Alltagsbewußtsein „verflechten sich miteinander, beeinflussen einander und durchdringen sich sogar oft in gewissem Maße. Das Alltagsbewußtsein war in sämtlichen Epochen eine Quelle, die die Entwicklung der verschiedensten Formen des gesellschaftlichen Bewußtseins nährte. Wissenschaftler, Ideologen, Künstler, die die verschiedensten Theorien ausarbeiten, die künstlerische Vorbilder usw. schaffen, gehen häufig von dem Alltagsbewußtsein aus und stützen sich in bestimmtem Maße auf dieses. So nutzen z. B. große Künstler und Literaturschaffende in breitem Umfange die Volkskunst aus; der philosophische Materialismus legt bewußt seiner Erkenntnistheorie den ‚naiven' Realismus der Masse der Bevölkerung zugrunde. Aber auch die reaktionäre Ideologie nutzt in breitem Umfange die verschiedenen Formen des Aberglaubens, von Vorurteilen und reaktionären Traditionen aus, die im Alltagsbewußtsein vorhanden sind, und stützt sich auf diese. Andererseits dringen in das Bewußtsein der breiten Masse in einem mehr oder minder starken Maße (je nach den konkreten historischen Bedingungen) wissenschaftliche Kenntnisse, die verschiedenen Theorien und ideologischen Vorstellungen ein, die von Ideologen und Wissenschaftlern ausgearbeitet wurden ..." [133, S. 24f.].

Die wissenschaftlichen Kenntnisse existieren als Systeme in der Form von Urteilen, Theorien, Hypothesen usw. Das Alltagsbewußtsein wird von einem Konglomerat von Auffassungen, Stimmungen und Traditionen gebildet, die häufig aus der Vergangenheit übernommen wurden, die aber teilweise auch im wissenschaftlichen Milieu selbst entwickelt wurden. Wenn das theoretische Bewußtsein den Wissenschaftler an das außerwissenschaftliche Milieu „bindet", das jenseits der Grenzen der Wissenschaft liegt, so erfüllt das Alltagsbewußtsein die gleiche Rolle in bezug auf die außerwissenschaftlichen sozialen Umstände in der Sphäre der Wissenschaft. Die sozialen Umstände des wissenschaftlichen „Alltags", die Regeln der Berufsethik des Wissenschaftlers, die in den Jahrhunderten der wissenschaftlichen Entwicklung ausgearbeitet wurden, zwingen den Wissenschaftler dazu, sie automatisch zu befolgen, wenn er nicht als „schwarzes Schaf" in seinem wissenschaftlichen Milieu angesehen werden will. Diese außerwissenschaftlichen Faktoren, die keine unmittelbare Beziehung zur eigentlichen Forschungstätigkeit besitzen, bilden das Alltagsbewußtsein des Wissenschaftlers; sie beeinflussen sein moralisches Verhalten, die Richtung seines Willens und seiner Bestrebungen.

Die wissenschaftlich-technische Revolution der Gegenwart schwächt die sozialen und beruflichen Unterschiede zwischen den sozialen Schichten und Gruppen ab und verstärkt den Prozeß ihrer Integration. Insbesondere wirkt sich die Erhöhung des Allgemeinbildungsniveaus der außerwissenschaftlichen Kollektive günstig auf die Tätigkeit der wissenschaftlichen Kollektive aus, denn

1. wird dadurch die soziale Basis für das Arbeitskräftereservoir für die Wissenschaft erweitert, weil jetzt die Möglichkeit besteht, daß Mitglieder aus außerwissenschaftlichen Kollektiven relativ leicht in wissenschaftliche Kollektive überwechseln können;

2. erhöht sich das allgemeine Verständnis von der sozialen Bedeutung der Tätigkeit der Wissenschaftler, von ihrer Rolle bei der Festlegung der Ziele und Orientierungsrichtlinien für die Entwicklung der Gesellschaft;

3. werden der Wissenschaft solche sozialen Ziele gestellt, die in größtmöglichem Maße die innere Logik ihrer Entwicklung berücksichtigen. Schließlich

4. werden die sozial-ökonomischen Barrieren abgebaut, die der Einführung von wissenschaftlichen Forschungsergebnissen in außerwissenschaftlichen Kollektiven – in Produktionskollektiven, Studentenkollektiven, Schulkollektiven usw. im Wege stehen. Es ist klar, daß alle diese Umstände ein Makroklima schaffen, das eine erfolgreiche wissenschaftliche Forschungstätigkeit maximal begünstigt.

Von großer Bedeutung für die Optimierung der Forschungsarbeit ist auch das Entwicklungsniveau der innernationalen und internationalen Kommunikationsverbindungen zwischen den wissenschaftlichen Kollektiven. Unter den Bedingungen einer ungestümen Entwicklung der Wissenschaft, in einer Zeit, in der aktuelle wissenschaftliche Probleme von großen Forschungskollektiven gestellt und schnell einer Lösung zugeführt werden, sichern eine gegenseitige Information über die Forschungsergebnisse und das Fehlen von innerkollektiven wissenschaftlichen „Geheimnissen" gegenüber Kollegen sowie ein möglichst niedriger Stand der Geheimhaltung von Forschungsergebnissen eine schnelle Vorwärtsbewegung an der gemeinsamen Front der Forschungsarbeiten.

Optimal vom Gesichtspunkt der Ziele der wissenschaftlichen Erkenntnis ist ein solches Makroklima des wissenschaftlichen Milieus, in dem eine größtmögliche Übereinstimmung zwischen der Weltanschauung des Wissenschaftlers und der in der Gesellschaft herrschenden Ideologie gewährleistet ist, zwischen den sozialen Zielen und der inneren Logik der Wissenschaft, eine optimale Mitwirkung der Wissenschaftler an der Festlegung der Perspektivpläne, der Programme und Orientierungsgrößen für die Entwicklung der Gesellschaft, ein hohes Tempo in der Überführung der wissenschaftlichen Errungenschaften in außerwissenschaftlichen Kollektiven und ein entwickeltes System der innernationalen und internationalen Kommunikationsbeziehungen zwischen den wissenschaftlichen Kollektiven. In der Tat sind die gegenwärtig vorhandenen Bedingungen noch weit von optimalen Bedingungen entfernt. Die Beziehungen zwischen dem Makroklima des wissenschaftlichen Milieus und der Persönlichkeit des Wissenschaftlers, zwischen seinen Bestrebungen und wissenschaftlichen Interessen, sind häufig innerlich widerspruchsvoll. In der bürgerlichen Gesellschaft, die ihre historische Perspektive verloren hat, widersprechen die sozialen Ziele für die Entwicklung der Wissenschaft dem Wesen der Wissenschaft. Die Anstrengungen der Wissenschaftler sind weitgehend auf die Schaffung von Massenvernichtungsmitteln gerichtet: die wissenschaftlichen Erkenntnisse, die ihren Schöpfern entfremdet wurden, richten sich in der Militärtechnik und Rüstung gegen ihre Schöpfer selbst. So werden z. B. in den kapitalistischen Ländern 75 bis 90% aller Mittel für wissenschaftliche Forschungszwecke für die Erforschung von Themen verwendet, die der Kriegsvorbereitung dienen. In den entwickelten kapitalistischen Industrieländern erhöhten sich diese Ausgaben in den letzten 25 Jahren auf das 150fache. Mit Forschungsaufträgen von Militärbehörden sind in den kapitalistischen Ländern die qualifiziertesten Fachleute beschäftigt. In den USA wurde eine retrospektive Analyse der wissenschaftlichen Kader durchgeführt [134], die nach dem sogenannten „Hindsight"-Programm unmittelbar an Militärprojekten mitgewirkt hatten, bzw. an 710 wissenschaftlich-technischen Errungenschaften auf dem Gebiet der Entwicklung neuer Waffensysteme beteiligt waren. Es zeigte sich, daß der Kaderbestand der USA an Wissenschaftlern und Ingenieuren während der analysierten Periode sich zu 3,1% aus Doktoren der Wissenschaften, zu 8,6% aus Magistern der Wissenschaften und zu 34,6% aus Bakkalaurei der Wissenschaften zusammensetzte. Die restlichen 53,7% Kader bildeten junge Absolventen von Colleges usw. An den Entwicklungsarbeiten des „Hindsight"-Projektes arbeiteten aber zu 10,5% Doktoren der Wissenschaften, zu 22,5% Magister der Wissenschaften, zu 57% Bakkalaurei und nur 10% junge Absolventen von Colleges mit. Das zeigte, daß zu militärischen Forschungsprogrammen die besten wissenschaftlichen Kader herangezogen werden, die die höchste Qualifikation besitzen, um komplizierte wissenschaftliche Forschungsaufgaben zu lösen.

Die Tatsache, daß solche Wissenschaftler begreifen, daß ihr Schöpfertum dazu mißbraucht wird, um Massenvernichtungsmittel zu entwickeln, kann sie nicht zu der Überzeugung führen, daß ihre Tätigkeit eine soziale Bedeutung besitzt. Ein solches Makroklima des wissenschaftlichen Milieus führt nicht dazu, daß humane Ziele entwickelt werden. Die bürgerliche Ideologie, die die Interessen einer Klasse widerspiegelt, die keine historische Entwicklungsperspektive mehr besitzt, kann den Wissenschaftlern keine Ideale bieten, für die es sich zu kämpfen lohnt. Aus diesem Grunde findet man häufig unter den bürgerlichen Wissenschaftlern eine politische Indifferenz. Es ist kein Zufall, daß in dem „milieubedingten" Bewußtsein eines Wissenschaftlers in der bürgerlichen Gesellschaft kein Platz für klar bestimmte soziale Ziele vorhanden ist. Das „Erleben" der Welt, das Alltags- oder „reale" Leben ist für ihn denn auch der Sinn des Lebens. Der bürgerliche spanische Philosoph Ortega y Gasset sah sich zu folgenden bitteren Worten gezwungen: „Wir leben in einer Zeit, die die phantastische Möglichkeit, irgend etwas zu tun, spürt, die aber nicht weiß, was sie tun soll. Sie herrscht über alle Gegenstände, aber sie ist nicht Herr ihrer selbst. Sie fühlt sich verloren in ihrem eigenen Überfluß. Sie, die Mittel, Kenntnisse, eine Technik besitzt, die man niemals vorher kannte, läßt sich einfach treiben" [135, S. 62]. Der Kapitalismus hat der wissenschaftlichen Erkenntnis die Flügel beschnitten, er hat den besten Errungenschaften der modernen Wissenschaft ihren sozialen Sinn geraubt. Eine Gesellschaft, die die historische Initiative verloren hat, ist nicht in der Lage, begeisternde Ziele und Perspektiven zu entwickeln. Aus diesem Grunde richten immer mehr Wissenschaftler ihre Hoffnung auf den Marxismus-Leninismus. In der italienischen, der französischen und in anderen kommunistischen Parteien bildet die wissenschaftliche Intelligenz eine bedeutende Schicht.

Die Weltanschauung des Wissenschaftlers, die sich sowohl unter dem Einfluß der Entwicklung der Wissenschaft als auch durch das Einwirken des Makroklimas des außerwissenschaftlichen Milieus entwickelt, besitzt zeitweise einen entscheidenden Einfluß auf den Erfolg seiner Forschungstätigkeit. J. Bernal schreibt zu dieser Frage:

„Die große Schwierigkeit bei einer Entdeckung liegt nicht so sehr darin, die notwendigen Beobachtungen zu machen, als darin, sich bei ihrer Interpretation von den traditionellen Vorstellungen zu lösen. Seit Kopernikus die Bewegung der Erde und Harvey die Blutzirkulation erkannten, bis zu dem Zeitpunkt, da Einstein den Äther überwand und Planck das Wirkungsquantum postulierte, ging der wirkliche Kampf weniger darum, in die Geheimnisse der Natur einzudringen, als darum, die herrschenden Vorstellungen über den Haufen zu werfen, auch wenn diese zu ihrer Zeit geholfen hatten, die Wissenschaft voranzutreiben.

Trotzdem hängt der Fortschritt der Wissenschaft von dem Vorhandensein eines kontinuierlichen weiter überlieferten Bildes oder Funktionsmodells des Universums ab, das zum Teil beweisbar, zum Teil aber auch, sofern die Beweise nur vermeintlich sind oder überhaupt fehlen, mystisch ist. Es ist jedoch gleichermaßen notwendig, daß diese Tradition, welche sich aus Elementen zusammensetzt, die sowohl der Wissenschaft als auch der Gesellschaft entnommen sind (und die auch immer so zusammengesetzt sein muß), von Zeit zu Zeit und häufig gewaltsam wieder zerschlagen und angesichts der neuen Erfahrungen in der materiellen und der gesellschaftlichen Welt neu geformt wird" [136, S. 41].

Für den Erfolg des wissenschaftlichen Schöpfertums ist neben dem Makroklima des außerwissenschaftlichen Milieus das Mikroklima – die sozialpsychologischen Verhältnisse in den wissenschaftlichen Primärkollektiven – von großer Bedeutung. Das Mikroklima ist ein Begriff, der den Grad der psychologischen Verträglichkeit der Individuen innerhalb eines kleinen informellen Kollektivs bezeichnet. Auf der Grundlage der Gemeinsamkeit ihrer Interessen und Bedürfnisse entwickelt sich bei den Forschern ein gegenseitiger Synchronismus ihrer Handlungen, eine gegenseitige Gewogenheit, ein Einstehen einer für den anderen und eine gegenseitige Unterstützung in der wissenschaftlichen Forschung.

In einem wissenschaftlichen Kollektiv gibt es immer eine Kapazität (im Original: Leader – d. Red.) d. h. einen Wissenschaftler, der als Vorbild wirkt, dem seine Kollegen nacheifern und der ihre Interessen vertritt. Seine Rolle kann formell (z. B. durch den Stellenplan, durch eine Instruktion usw.) festgelegt sein, oder er ist die Autorität einer informellen kleinen Gruppe. Häufig kommt es auch vor, daß ein formeller Leiter unter dem Einfluß einer realen Autorität eines wissenschaftlichen Kollektivs steht. Folglich ist das Wirken einer solchen Kapazität nicht als eine juristisch verankerte Pflicht, sondern als ein soziales Verhältnis zu sehen, das sich in den zwischenpersönlichen Beziehungen herausbildet. Nach Auffassung des bekannten japanischen Sozialpsychologen T. Shibutani entsteht, wenn die Machtbefugnisse unter den zwischenpersönlichen Rollen ungleichmäßig verteilt werden, eine Autorität, ein Held, ein Forscher, eine Marionette oder ein Patron. Dabei ist es so, daß „wenn auch in jeder Gruppe Schablonen für die Ausübung dieser Rollen entwickelt werden, so unterscheiden sich diese letzteren analytisch von den konventionellen Rollen dadurch, daß im betreffenden Falle jede Person auf Grund ihrer persönlichen Qualitäten eine bestimmte Rolle übernimmt" [137, S. 267].

Das Makroklima in einem wissenschaftlichen Kollektiv hängt in der Hauptsache von der psychologischen Verträglichkeit der Autoritätsperson mit ihren Untergebenen ab, von dem Charakter der sich zwischen ihnen entwickelnden Beziehungen. Eine Autorität in einem wissenschaftlichen Kollektiv muß:

– voraussehen (prognostizieren), um die Ziele der Forschungstätigkeit zu bestimmen;

– seine Kollegen von dem wissenschaftlichcn Wert der gewählten Ziele sowie davon überzeugen, daß sie die Forschung innerhalb der festgesetzten Zeit effektiv abschließen können;

– die Forschung organisieren, indem er exakt die Pflichten zwischen den unterstellten Kollegen verteilt und den Grad ihrer Verantwortlichkeit festlegt;

– kontrollieren, indem er die Arbeit des Kollektivs überwacht, rechtzeitig hilft, um die gestellten Ziele zu erreichen.

Die Tätigkeit einer Autorität in einem Kollektiv wird nicht nach der Zahl der abgearbeiteten Stunden, sondern nach ihren Ergebnissen bewertet. Um einen normalen Ablauf der Forschungsarbeit zu sichern, darf eine Kapazität nur solche Fragen entscheiden, die sie nicht an einen anderen Forscher zur Untersuchung und Lösung übertragen kann. Eine solche Kapazität verwendet auf die Leitung ihres Kollektivs nicht mehr als 50% ihrer Arbeitszeit, die übrige Zeit verwendet sie dazu, um an den Forschungsarbeiten, an der Analyse und Bewertung der erzielten Zwischenergebnisse teilzunehmen. Die Leitung eines Kollektivs besteht nicht in einer „Repräsentation" im wissenschaftlichen Rat, sondern in der Entwicklung von Initiative und der Koordinierung der Anstrengungen der Unterstellten, in der Organisation der Verwirklichung des ausgearbeiteten Forschungsprogramms. Ein günstiges Mikroklima in einem wissenschaftlichen Kollektiv entwickelt sich dann, wenn die Kapazität außer der Sorge um günstige Arbeitsbedingungen für die Forscher, folgende Aufgaben erfüllt:

– wenn sie ihre Kollegen nach ihren Verdiensten einschätzt und sie entsprechend ihren Fähigkeiten einsetzt;

– wenn sie sich mit ihnen solidarisch erklärt, mit allen ständig einen engen Kontakt hält, über die Lage im wissenschaftlichen Forschungsinstitut informiert und nicht zuläßt, daß Informationen an die Forscher aus anderen Quellen gelangen, die in der Regel die tatsächliche Lage in der wissenschaftlichen Forschungseinrichtung entstellt wiedergeben;

– wenn sie bei jedem Forscher das Gefühl der Nützlichkeit seiner Arbeit für den Gesamterfolg der Forschungsarbeit entwickelt;

– wenn sie alle Initiativen unterstützt, d. h., den Forschern eine bestimmte Handlungsfreiheit läßt, ihnen die Möglichkeit gibt, an der Vorbereitung von Entscheidungen mitzuwirken, die die Interessen des Kollektivs berühren;

– wenn sie Voraussetzungen für einen freien Meinungsstreit schafft, wo jeder seine Gedanken darlegen kann und die Kollektivmitglieder in bestimmten Zeitabständen den übergeordneten Leitern vorstellt, damit sie dort ihre Meinung zu einer Frage, die ihre Tätigkeit betrifft, selbst darlegen können:

– wenn sie gerecht Disziplinverstöße ihrer Mitglieder ahndet;

– wenn sie die menschliche Würde ihrer Kollegen achtet;

– wenn sie für die Forscher Bedingungen schafft, daß sie ihre wissenschaftliche Qualifikation erhöhen, sie in höhere Funktionen aufrücken und ihr Lebensniveau verbessern können.

Eine Kapazität wird in der Regel ein wissenschaftliches Kollektiv nicht durch Weisungen und Befehle, sondern auf der Grundlage der Zusammenarbeit oder Nichteinmischung leiten. Eine Leitung durch Weisungen ist am wenigsten effektiv, da sie sich auf Anordnungen und Verfügungen gründet, die eine Organisation der schöpferischen Arbeit nach einer Schablone bedeuten. Eine Leitung auf der Grundlage von Nichteinmischung ist nur bei erfahrenen Wissenschaftlern anwendbar, die mit Aufgaben in der Grundlagenforschung beschäftigt sind. Unter den realen Bedingungen optimal ist eine Leitung auf der Grundlage einer Zusammenarbeit der Kapazität mit den unterstellten Forschern, die auf der Anerkennung der Forscher als gleichberechtigte Kollegen beruht. In einem solchen Falle werden das Bestehen einer Kontrolle und andere negative Momente der Leitung einer wissenschaftlichen Forschungseinrichtung auf der Grundlage von Wertungsnormen verhüllt und es entwickelt sich im Kollektiv ein günstiges Klima für ein erfolgreiches Suchen nach Unerforschtem.

Von außerordentlich großer Bedeutung für einen Wissenschaftler ist es, daß seine Leistungen in der Forschungsarbeit anerkannt werden, d. h., daß sein persönlicher Beitrag zur Lösung des Problems von der Kapazität und seinen Kollegen positiv gewürdigt wird, daß der Forscher ständig in seinem Gefühl bestärkt wird, daß seine Arbeit eine wissenschaftliche Arbeit und er selbst ein Wissenschaftler ist. Der amerikanische Wissenschaftssoziologe B. Glaser stellte fest: „Die Motivation eines Wissenschaftlers, die Fortsetzung seiner Anstrengungen, das Gefühl seines persönlichen und sozialen Wertes hängen davon ab, ob er bestimmte Formen der Anerkennung verspürt, wenn sie auch ganz minimal sind, die ihm helfen, zu einem Ergebnis zu gelangen. Außerdem ist ein Wissenschaftler heute in immer größerem Maße von der Reputation abhängig, die er unter seinen Mitarbeitern besitzt, da es davon abhängt, ob er alles Notwendige zur Durchführung seiner Arbeit bekommt" [138, S. 9].

Die wissenschaftliche Tätigkeit ist eine angestrengte Arbeit, die trotz größter Mühe nicht immer zu positiven Ergebnissen führt. Häufig hängt die Effektivität dieser Arbeit von einem emotionalen Aufschwung, von einer Begeisterung des Wissenschaftlers ab. Aus diesem Grunde besitzt das Mikroklima eine große Bedeutung, um einen optimalen „Nutzeffekt" des Wissenschaftlers zu erzielen.

Damit wird das Ineinandergreifen von Makroklima und Mikroklima, die Schaffung von günstigen Voraussetzungen dafür, daß diese zusammenfallen, zu einer wichtigen Aufgabe des Leitungssystems eines wissenschaftlichen Kollektivs. Diese Aufgabe kann in bedeutendem Maße gelöst werden, wenn die ständige Sorge des Leiters darauf gerichtet ist, die potentionellen Möglichkeiten sämtlicher Wissenschaftler zu entwickeln, ihre Fähigkeiten freizulegen und zielbewußt die Struktur der wissenschaftlichen Forschungseinrichtung mit dem Ziel zu verändern, eine maximal erreichbare Übereinstimmung zwischen den konventionellen Rollen und den zwischenpersönlichen und funktionalen Rollen zu erreichen. Die Optimierung der wissenschaftlichen Tätigkeit hängt davon ab, wieweit diese Rollen übereinstimmen. Je weniger spürbar die Unterschiede zwischen der formellen und informellen Organisation von wissenschaftlichen Kollektiven sind, desto mehr wird die Grenze zwischen dem Makroklima und Mikroklima verwischt, desto höher ist die Effektivität im wissenschaftlichen Arbeitsprozeß.

3. Das Problem der sozialen Mobilität in einem wissenschaftlichen Kollektiv

In der modernen Gesellschaft, in der die Wissenschaft eine immer größere Rolle spielt, gilt die Ausübung einer wissenschaftlichen Tätigkeit als eine hochgeachtete und ehrenvolle Arbeit. Ungeachtet des Massencharakters des Berufs des Wissenschaftlers gibt die Jugend, wie Ergebnisse von in Kiew, Nowosibirsk, Leningrad und einer Reihe anderer Städte der Sowjetunion durchgeführten konkreten soziologischen Untersuchungen zeigten, diesem Beruf den Vorzug gegenüber anderen Berufen. Nach ihrer Meinung ist die wissenschaftliche Tätigkeit eine schöpferische, hochbezahlte Arbeit, der von der Gesellschaft eine hohe Wertschätzung gezollt wird. Viele Hochschulabsolventen sind bestrebt, sogleich nach Verlassen der Hochschule in einem wissenschaftlichen Forschungsinstitut zu arbeiten. Im Zusammenhang mit dem schnellen Wachstumstempo der wissenschaftlichen Institutionen ist dieses für viele möglich. So wurden zum Beispiel viele Jahre lang die meisten Absolventen der technischen Hochschulen von Leningrad (bis zu 90%) direkt in wissenschaftlichen Forschungseinrichtungen eingesetzt. Dabei waren nur 4% der Wissenschaftler unmittelbar in Betrieben und Kombinaten tätig. Die Beschäftigtenzahl vieler wissenschaftlicher Institutionen wuchs schneller als die Investitionen für ihre technische Basis [139].

Das Problem, wie man fähige junge Nachwuchskräfte für eine wissenschaftliche Tätigkeit gewinnt, ist kompliziert und ein brennendes Problem. Es fällt schwer, Flugzeugführer oder Programmierer zu werden, wenn man nicht bestimmte Fähigkeiten und Neigungen zu einer solchen Arbeit mitbringt. Eine wissenschaftliche Tätigkeit stellt an einen Menschen besonders hohe Anforderungen. Nach Auffassung des bekannten amerikanischen Wissenschaftswissenschaftlers D. Price sind höchstens 8% der Bevölkerung für eine wissenschaftliche Tätigkeit geeignet. Offenbar hängt vieles von dem Ausbildungssystem und den sozialpolitischen Bedingungen ab. Unserer Meinung nach hat aber D. Price diesen Prozentsatz zu niedrig angesetzt. Es liegt jedoch außer Zweifel, daß nicht jeder Mensch ein Wissenschaftler werden kann. Deshalb braucht man ein System von wissenschaftlich begründeten Grundsätzen für die Auswahl von jungen Hochschulabsolventen zum Einsatz auf dem Gebiet der Wissenschaft. Man darf aber auch nicht in das andere Extrem fallen, und die wissenschaftliche Tätigkeit nur als Domäne von besonders begabten Einzelindividuen ansehen.

Unter den Bedingungen der wissenschaftlich-technischen Revolution in der Gegenwart besteht die wissenschaftliche Tätigkeit nicht nur darin, wissenschaftliche Arbeiten zu schaffen und Entdeckungen zu machen. Sie erfordert eine Masse von „nichtschöpferischer" Arbeit, insbesondere an Organisationsarbeit, die Sammlung von Materialien, eine hingebungsvolle Recherche nach Dokumenten, die Durchführung von Experimenten usw. In wissenschaftlichen Kollektiven besteht ein kompliziertes System von funktionalen Rollen, von denen ein großer Teil gründliche Kenntnisse eines Fachgebietes und die Durchführung von nicht-schöpferischen Operationen wie z. B. die Abfassung eines Protokolls über ein Experiment, die Führung einer Kartei usw. erfordern. In der modernen Wissenschaft schaffen die meisten „einfachen" Wissenschaftler die Voraussetzungen für den Erfolg eines relativ kleinen Teils von Wissenschaftlern, in deren Arbeiten das kollektive Schöpfertum ihrer Kollegen theoretisch ausgewertet wird. Aus diesem Grunde wird von einem Wissenschaftler eine Masse von „ungelernter", keineswegs schöpferischer Arbeit verlangt, für deren Wichtigkeit er jedoch volles Verständnis besitzen muß. A. I. Hercen schrieb: „Die Wissenschaft kommt nicht ohne Arbeit aus – das ist richtig. In der Wissenschaft gibt es keine andere Methode, etwas zu erlangen, als im Schweiße seines Angesichtes zu arbeiten, weder ein Gewaltakt, noch Phantasie, noch ein von ganzem Herzen sich Wünschen ersetzen die Arbeit. Aber", so fährt Hercen fort – indem er an die Hoffnungen solcher Menschen denkt, die die wissenschaftliche Tätigkeit als eine in der Gesellschaft geachtete und leichte Tätigkeit ansehen –, „für solche, die nicht arbeiten wollen, sondern sich mit dem Gedanken trösten, daß ... bald etwas vom Himmel fällt oder aus dem Boden aufsteigt, ist es eine andere, eine leichte Wissenschaft ..." [140, S. 12]

Um wissenschaftlich arbeiten zu können, benötigt man eine Fachausbildung. In der Sowjetunion wird eine intensive und zielstrebige Ausbildung der jungen Generation von Wissenschaftlern durchgeführt. Im Jahre 1925 wurde in der Sowjetunion die Aspirantur eingerichtet. Heute verdoppelt sich die Zahl der Aspiranten in der Sowjetunion alle drei bis vier Jahre. Eine der wichtigsten Aufgaben jeder wissenschaftlichen Forschungseinrichtung besteht in der Ausbildung von wissenschaftlichen Nachwuchskadern.

Die strukturellen Unterglieder einer wissenschaftlichen Forschungseinrichtung, die sich mit der Ausbildung von wissenschaftlichen Kadern beschäftigen, sowie der Apparat der Leitung dieser Einrichtungen besitzen eine gewisse Ähnlichkeit mit verschiedenen „Produktionssystemen" (z. B. mit Zweigen der Wirtschaft): für ihr normales Funktionieren ist eine Menge von Aufwendungen erforderlich, während das Ergebnis ihrer Tätigkeit ein bestimmter Effekt ist – der „Ausstoß" von Kandidaten und Doktoren der Wissenschaften, von verteidigten Dissertationen, ausgearbeiteten Monographien, wissenschaftlichen Artikeln usw.

Die Ergebnisse der Ausbildung von wissenschaftlichen Kadern stimmen mehr oder weniger mit den Zielen überein, die von der Leitung der Entwicklung der Wissenschaft gestellt werden. Je größer diese Übereinstimmung ist, desto effektiver ist die Tätigkeit der Kaderausbildung und letzten Endes auch des gesamten Systems der Leitung der Wissenschaft.

Die wissenschaftlich-technische Revolution in der Gegenwart stellt immer höhere Anforderungen an die Ausbildung von wissenschaftlichen Kadern. Auf der Internationalen Konferenz zu Problemen des Bildungswesens im September 1967 in Williamsberg (USA) wurde hervorgehoben, daß das Bildungssystem rasch an die schnellen Veränderungen angepaßt werden muß, die sich in Wissenschaft und Technik vollziehen. Eine bedeutende Aufmerksamkeit schenken diesen Problemen das Internationale Institut für Bildungsplanung (bei der UNESCO) [41] sowie solche Wissenschaftler, die sich mit der Erforschung der Effektivität des Bildungssystems beschäftigen, wie T. Schulz, U. Boyen F. Machlup, F. Kuibson.

Die wichtigsten Forderungen, die an die Ausbildung wissenschaftlicher Kader gestellt werden, bestehen in dem schnellen Tempo der Auswahl und Ausbildung der Kader, in der bedeutenden Erhöhung der Qualität der Ausbildung. Die sich in der Wissenschaft vollziehenden revolutionären Veränderungen erfordern Spezialisten, die in der Lage sind, während ihres ganzen Lebens weiter zu lernen und sich aktiv an die sich verändernden Bedingungen der wissenschaftlichen Tätigkeit anzupassen, um damit ihrem „moralischen Verschleiß" vorzubeugen. Die wissenschaftlichen Kader bilden eine äußerst wichtige Kennziffer für das wissenschaftlich-industrielle Potential eines Landes. Aus diesem Grunde hat sich während der letzten Jahrzehnte die Zahl der Wissenschaftler alle 10–15 Jahre verdoppelt. Die staatlichen Organe zur Leitung der Wissenschaft in den industriell entwickelten Ländern der Welt sehen die Ausstattung mit wissenschaftlichen Kadern als eine der wichtigsten Kennziffern für die Entwicklung der nationalen Ökonomik an. In Zusammenhang damit wird die soziale Mobilität der Kader zu einen aktuellen Problem. Für einen Wissenschaftler ist der Erwerb eines wissenschaftlichen Grades oder Titels nicht nur eine Frage seiner beruflichen Weiterentwicklung und einer Verbesserung seines Lebensniveaus. Dies bedeutet auch die Anerkennung seiner fachlichen Qualitäten durch seine Kollegen. Dieser letzte Umstand ist nicht minder wichtig. Ein Wissenschaftler muß sich ständig als Wissenschaftler fühlen, er muß um eine fachliche Anerkennung seiner Fähigkeiten ringen, muß unter seinen Fachkollegen bekannt werden, muß sich auf dem Gebiet der Wissenschaft weiter voran arbeiten. Nur unter diesen Voraussetzungen gewinnt er die Überzeugung, daß seine nicht leichte Arbeit der Suche nach neuen Wahrheiten in den Augen der Gesellschaft – und vor allem seiner Kollegen – gerechtfertigt ist.

In allen Ländern der Welt wurden Systeme für die fachliche Stimulierung der Wissenschaft entwickelt, es wurden Ehrentitel und Prämien für besonders hervorragende wissenschaftliche Errungenschaften festgelegt. Die Entwicklung eines Wissenschaftlers auf der „Stufenleiter" der wissenschaftlichen Grade und Titel kann man seine vertikale Mobilität nennen: je günstiger die Bedingungen für diese unter den gegebenen ökonomischen Ressourcen der Gesellschaft sind, desto effektiver ist die Arbeit der Wissenschaftler. Neben der vertikalen Mobilität gibt es auf dem Gebiet der Wissenschaft eine horizontale Mobilität. Sie kommt in dem Einsatz der Spezialisten auf den verschiedenen Zweigen der Wissenschaft zum Ausdruck, in der Möglichkeit ihrer Umqualifizierung (in dem Falle, daß ein Wissenschaftler ein ihm nicht zusagendes Fachgebiet gewählt hat), in einer gemeinsamen Arbeit von Wissenschaftlern an der „Nahtstelle" verschiedener wissenschaftlicher Disziplinen sowie in der gegenseitigen Information der Wissenschaftler über die Errungenschaften auf verwandten Gebieten. Zu der horizontalen Mobilität gehört auch das Problem des „moralischen Verschleißes" der Fachleute: Die Effektivität ihrer Tätigkeit wird in bedeutendem Maße dadurch bestimmt, wieweit ihr Fachwissen dem gegenwärtigen Entwicklungsstand der Wissenschaft entspricht.

Das System der wissenschaftlichen Grade und Titel ist in den einzelnen Länder unterschiedlich geregelt. In der Sowjetunion gibt es den wissenschaftlichen Titel Oberer wissenschaftlicher Mitarbeiter (staršij naučnyj sotrudnik) (und hinsichtlich seiner Bedeutung ihm gleichzusetzen den Titel Dozent); den Titel Professor sowie die wissenschaftlichen Grade Kandidat und Doktor der Wissenschaften. In den USA heißen die wissenschaftlichen Grade entsprechend Magister, Bakkalaureus und Doktor der Wissenschaften. In der VR Polen entspricht das System der wissenschaftlichen Grade und Titel, die entsprechend der wissenschaftlichen Qualifikation verliehen werden, nicht dem System, das in der Sowjetunion und in den Vereinigten Staaten üblich ist. Nach Beendigung der Hochschulausbildung erhält der ehemalige Student, wenn er eine volle Ausbildung an einer Hochschule absolviert hat und entsprechende Examina abgelegt hat, den Titel eines Magisters.

Der Magister ist kein wissenschaftlicher Grad, sondern nur ein Titel. Die höhere Qualifikation eines Wissenschaftlers wird durch den Grad Doktor zum Ausdruck gebracht, der nach Ablegung der Doktor-Examina und der Anfertigung einer entsprechenden wissenschaftlichen Forschungsarbeit verliehen wird. Einem Wissenschaftler mit einer noch höheren Qualifikation wird der Grad Dozent und schließlich der Grad Professor verliehen. Frankreich, Italien und Japan sowie andere Länder haben ihre Besonderheiten hinsichtlich der Verleihung von wissenschaftlichen Titeln und Graden.

Das Studium der sozialen Mobilität der wissenschaftlichen Kader kann auf drei Niveauebenen durchgeführt werden: in einer wissenschaftlichen Forschungseinrichtung, in einem Industriezweig und in einer Region. Es gibt folgende Hauprichtungen für die Analyse des Kadersystems:

1. Bestimmung der proportionalen Zusammensetzung der verschiedenen Kategorien von Mitarbeitern in einer wissenschaftlichen Forschungseinrichtung entsprechend den Arten der wissenschaftlichen Forschungsarbeiten:
— die Dynamik der Zahl der Wissenschaftler, der wissenschaftlich-technischen Mitarbeiter, des wissenschaftlichen Hilfspersonals und des Wirtschaftspersonals;
— das Verhältnis zwischen der wissenschaftlichen Qualifikation der Kader und der erbrachten wissenschaftlichen Produktion (in Gestalt von gedruckten Arbeiten, Patenten usw.);
— das Arbeitszeitbudget der einzelnen Kategorien der Beschäftigten;
— die Altersstruktur der wissenschaftlichen Kader;
— das Verhältnis zwischen den Altersgruppen der Wissenschaftler und den von der wissenschaftlichen Forschungseinrichtung auszuweisenden Ergebnissen.

2. Bestimmung der Abhängigkeit zwischen den Hauptaufgaben und Funktionen des wissenschaftlichen Forschungskollektivs und der Effektivität der wissenschaftlichen Tätigkeit:
— Vergleich der Zunahme der Ausgaben in einer wissenschaftlichen Forschungseinrichtung für die einzelnen Posten und des Tempos der Zunahme der Zahl der beschäftigten Wissenschaftler mit den Ergebnissen der abgeschlossenen wissenschaftlichen Forschungsarbeiten;
— Vergleich des Tempos der Vergrößerung der Zahl der Arbeitsräume und der Zunahme der Grundfonds mit der Erhöhung der Zahl der wissenschaftlichen Kader;
— Feststellung, ob die Bedingungen für die Beförderung und Qualifizierung der Mitarbeiter mit den Bedingungen der Organisation der

wissenschaftlichen Arbeit in der wissenschaftlichen Forschungseinrichtung übereinstimmen;
– Einfluß bestimmter Formen der materiellen und moralischen Stimulierung auf die Erhöhung der Effektivität der Tätigkeit der wissenschaftlichen Forschungseinrichtung.

3. Bestimmung des Charakters der Verbindungen zwischen der Kaderstruktur und der Dynamik der Entwicklung der wissenschaftlichen Kader mit dem wissenschaftlich-technischen Fortschritt im Industriezweig:
– Anteil der Wissenschaftler aus den verschiedenen Wissenschaftszweigen;
– Bedarf der Ministerien an wissenschaftlichen Kadern;
– kadermäßige Zusammensetzung der wissenschaftlichen Forschungseinrichtungen und Zahl der Mitarbeiter, aufgeschlüsselt nach Ministerien und Behörden sowie nach Industriezweigen;
– Verhältnis zwischen der Zahl der Spezialisten, die wissenschaftliche Arbeit unmittelbar in einer wissenschaftlichen Forschungseinrichtung eines Zweiges betreiben, zu der Zahl der Wissenschaftler, die in den Industriebetrieben des gleichen Zweiges arbeiten.

4. Die Effektivität des Systems der Kaderausbildung:
– die Aufteilung der wissenschaftlichen Mitarbeiter mit wissenschaftlichen Graden und Titeln in den wissenschaftlichen Forschungseinrichtungen auf die einzelnen Ministerien und Behörden, Industriezweige und Regionen sowie die Ermittlung des Anteils und der Dynamik der Zunahme der einzelnen Gruppen von Wissenschaftlern;
– Ermittlung der Zahl der Frauen in den verschiedenen Typen von wissenschaftlichen Forschungseinrichtungen, unterteilt nach Altersgruppen, wissenschaftlichen Graden, Titeln und Funktionen;
– die Feststellung, ob das Ausbildungssystem für die wissenschaftlichen Kader über die Aspirantur mit den Entwicklungsbedürfnissen von Wissenschaft und Industrie übereinstimmt;
– Ermittlung der Effektivität bestimmter Formen der Kaderausbildung.

Die soziale Mobilität der Wissenschaftler ist eine wichtige quantitative Kennziffer für das Niveau der Organisation der Wissenschaft als eines komplizierten Informationssystems.

Aus der Veränderung der Kennziffern, die die zahlenmäßige Zunahme der wissenschaftlichen Kader zum Ausdruck bringen, und der Ermittlung ihrer durchschnittlichen Verteilung auf die einzelnen Wissenszweige und die wichtigsten wissenschaftlichen Forschungseinrichtungen ist es möglich, eine vergleichende Analyse der Entwicklungstendenzen der Wissenschaft in den verschiedenen Ländern aufzustellen, progressive Tendenzen festzustellen und auf diese Weise Voraussagen darüber zu treffen, mit was die Wissenschaftler der Welt sich z. B. in 10 oder 15 Jahren beschäftigen werden. Eine solche Art von vergleichender Analyse bildet eine notwendige Grundlage für die Planung der Entwicklung der Wissenschaft. So gab es z. B. nach einer Zählung der Wissenschaftler in den USA im Jahre 1966 dort 90304 Doktoren der Wissenschaften (37% der Gesamtzahl der Wissenschaftler), 66754 Magister (27%), 73764 Bakkalaurei (30%), 6436 (3%) Wissenschaftler, die einen wissenschaftlichen Grad auf dem Gebiet der Medizin besaßen. Der höchste Anteil der Doktoren war auf dem Gebiet der Anthropologie zu verzeichnen (90%), dann folgten die Soziologie (76%) und die Psychologie (66%). Den wissenschaftlichen Grad eines Magisters besaßen 43% aller Mathematiker und 41% aller Statistiker. Die größte Zahl von Doktoren der Philosophie gab es auf dem Gebiet der Chemie (23900 Personen), dann folgten die Biologie, die Psychologie, die Physik usw.

Mit unmittelbarer wissenschaftlicher Forschungs- und Entwicklungsarbeit waren in den USA 80821 Wissenschaftler (33%) beschäftigt. Von ihnen arbeiteten in der Grundlagenforschung 38293 (16%). Die finanziellen Mittel waren folgendermaßen aufgeteilt:
auf die Grundlagenforschung entfielen 4%, auf die angewandte Forschung 18% und auf Entwicklungsarbeiten 78%.

Nicht nur die Zahl der Wissenschaftler nimmt in den USA zu, sondern auch die Zahl der Ingenieure und Techniker erhöht sich. Seit dem Jahre 1940 steigt die Zahl der auf dem Gebiet von Wissenschaft und Technik beschäftigten Wissenschaftler im Jahresdurchschnitt um 5%, bei einem Bevölkerungswachstum von nur 1,5%. Die Wissenschaftler und Ingenieure bilden 1,9% der Gesamtzahl der Fachkräfte, die in zivilen Zweigen beschäftigt sind.

Neben dieser Tatsache ist eine Zunahme der Zahl der Techniker zu verzeichnen: im Jahre 1940 gab es in den USA 300000, ein Jahr später bereits 550000 und im Jahre 1960 875000 Techniker; im Jahre 1970 war ihre Zahl auf etwa 1600000 angestiegen; d. h. innerhalb von 30 Jahren hat sich die Gesamtzahl der Techniker in den USA auf mehr als das Fünffache erhöht.

Die Notwendigkeit, die Gesamtzahl der wissenschaftlich-technischen Kader in den USA zu erhöhen, hat zu einer Reihe von Problemen geführt. Von ihnen sind zwei Probleme besonders aktuell: der „moralische Verschleiß" der Spezialisten und der von Jahr zu Jahr zunehmende Mangel an wissenschaftlich-technischen Kadern.

Über 1 Million Wissenschaftler und Ingenieure in den USA haben ihren Hochschulabschluß vor 5 bis 30 Jahren erworben; das Durchschnittsalter der Wissenschaftler betrug im Jahre 1966 38 Jahre. Unter den Bedingungen der gegenwärtigen „Informationsexplosion" der wissenschaftlich-technischen Literatur ist das Wissen eines Spezialisten, der nicht regelmäßig die Neuentwicklungen auf seinem Arbeitsgebiet verfolgt, innerhalb von 5 bis 10 Jahren „moralisch verschlissen". Um dem vorzubeugen, wurde in den USA ein weit verzweigtes Netz von Vorlesungskursen organisiert, die von führenden Wissenschaftlern für Hochschulabsolventen durchgeführt werden. Außerdem geben die meisten Firmen ihren Mitarbeitern die Möglichkeit, ihre Kenntnisse zu vertiefen und den wissenschaftlichen Grad eines Magisters oder Doktors der Wissenschaften zu erwerben. Solche Mitarbeiter werden an die Universitäten zu einem Zusatzstudium delegiert. Sie erhalten Weiterzahlung ihres vollen Gehaltes und die Kosten der Forschung, die sie an den Universitäten durchführen, werden von ihrer Firma übernommen. Um den negativen Einfluß des „moralischen Verschleißes" zu überwinden, wird in den USA der Entwicklung des Systems der wissenschaftlich-technischen Information große Aufmerksamkeit geschenkt.

Das Problem, daß es in den USA zu wenig wissenschaftlich-technische Kader gibt, wird immer spürbarer. Teilweise wird es dadurch gelöst, daß Spezialisten aus den industriell entwickelten Ländern Westeuropas abgeworben werden. Aus diesen Ländern kommen jährlich 1500 bis 4000 hochqualifizierte Wissenschaftler und Ingenieure in die USA. In den USA sind 17,3% der Mitglieder der Nationalen Akademie der Wissenschaften und 37,5% der Nobelpreisträger im Ausland geboren bzw. haben dort ihre Ausbildung erhalten. Allein 64 Mitglieder der Königlichen Akademie der Wissenschaften aus Großbritannien haben eine Tätigkeit in den USA aufgenommen. Insgesamt erhielten etwa 5% der amerikanischen Wissenschaftler und Ingenieure ihre Ausbildung im Ausland. Außerdem bleiben viele Studenten aus anderen Ländern, die zum Studium in die USA kommen, dort nach ihrem Studium für längere Zeit, und häufig kehren sie überhaupt nicht mehr in ihre Heimatländer zurück. Zum Beispiel bleiben mehr als 10% aller Studenten aus afrikanischen Ländern nach Abschluß ihres Studiums in den USA. Dem „Gehirnimport" aus anderen Ländern messen die führenden Kreise der USA immer größere Bedeutung bei. Deshalb wurden in vielen Ländern der Welt, insbesondere in Westeuropa, spezielle Werbebüros eingerichtet, um Wissenschaftler und Ingenieure in die USA zu locken.

In den USA wurde eine Prognose über die Perspektiven der Erhöhung der Zahl der Bakkalaurei und Magister der Wissenschaften für das Jahr 1975 ausgearbeitet. Ihre Zahl wird sich im Vergleich zu 1963 auf das Doppelte erhöhen, während die Zahl der Personen, die den wissenschaftlichen Grad eines Doktors der Wissenschaften erworben haben, noch schneller zunehmen wird. So lauten die Angaben des Ministeriums für Bildungswesen der USA. In den ökonomischen, medizinischen und anderen wissenschaftlichen Forschungseinrichtungen besaßen im Jahre 1963 450592 Personen den Grad eines Bakkalaureus oder die sogenannten ersten professionellen Grade (wie Doktor der Medizin); bis zum Jahre 1975 wird diese Zahl etwa 815000 betragen. Die Zahl der Personen, die den Grad eines Magisters erwarben, wird sich von 91418 im Jahre 1963 auf 163400 im Jahre 1975 erhöhen, während die Zahl der Doktoren der Wissenschaften sich in der gleichen Zeit von 61000 auf 114000 erhöhen wird. Die Zahl der Bakkalaurei auf dem Gebiet der physikalischen Wissenschaften wird sich parallel mit der allgemeinen Erhöhung der Zahl der Vertreter dieses Grades vollziehen. Im Jahre 1963 erhielten den Grad eines Bakkalaureus etwa 17575 Personen; im Jahre 1975 werden es 32000 Personen sein. In der Biologie wie auch in der Physik entspricht die Zunahme der Zahl der Bakkalaurei der allgemeinen Erhöhung der Zahl der Wissenschaftler mit diesem Titel. Am stärksten erhöht sich die Zahl der Bakkalaurei und Magister auf dem Gebiet der Mathematik. Die Zahl der Personen, die einen wissenschaftlichen Grad besitzen, wird sich bis 1975 im Vergleich zum Jahre 1963 mehr als verdreifachen, sie wird von 16121 auf 52000 ansteigen. Im Jahre 1975 wird das zweite Gebiet, das eine schnelle Zunahme der Zahl der Personen mit einem wissenschaftlichen Grad zu verzeichnen haben wird, das Gebiet der Fremdsprachen sein. (Erhöhung von 9868 Personen im Jahre 1963 auf 21000 Personen im Jahre 1975.) Am langsamsten wird die Zahl der Bakkalaurei auf dem Gebiet der Technik zunehmen: im Jahre 1975 werden etwa 51000 Bakkalaurei erwartet, gegenüber 33458 im Jahre 1963.

Die ersten Plätze hinsichtlich der Zahl der Magister der Wissenschaften werden ebenfalls die Mathematiker und die Fremsprachenspezialisten einnehmen. In der Mathematik wird sich die Zahl der Magister von 3323 im Jahre 1963 auf 7000 in Jahre 1975 erhöhen.

Es wird prognostiziert, daß die Zunahme der Zahl der Magister auf dem Gebiet der Technik und der physikalischen Wissenschaften ebenfalls sehr hoch sein wird. Die Zahl der Magister der Technik wird sich (zum Unterschied von den Bakkalaurei der Technik) bis zum Jahre 1975 mehr als verdoppeln (9635 im Jahre 1963 auf 20300 im Jahre 1975). Die Zahl der Magister der physikalischen Wissenschaften wird sich ebenfalls bis 1975 auf mehr als das Doppelte erhöhen (von 4399 auf 9500).

Die geringste Zunahme wird in den biologischen Wissenschaften, in der Medizin und in der Pädagogik erwartet. Bis zum Jahre 1975 wird die Zahl der Magister auf diesen Gebieten sich auf das Eineinhalbfache im Vergleich zu 1963 erhöht haben. Das Ministerium für Bildungswesen der USA schätzt, daß im Jahre 1975 die Zahl der Magister in den biologischen Wissenschaften 520000, in der Medizin 20600 und in der Pädagogik 50200 betragen wird.

Die Gesamtzunahme der Zahl der Doktoren der Wissenschaften wird höher sein als die Zunahme der Zahl der Bakkalaurei oder Magister. Die höchste Zunahme wurde auf dem Gebiet der Technik ermittelt. Die Zahl der Doktoren der technischen Wissenschaften wird sich von 1378 im Jahre 1963 auf 3300 im Jahre 1975 erhöhen. Nach den technischen Wissenschaften folgen die Mathematik, die Physik, die Biologie und die Fremdsprachen. Die Zahl der Doktoren der Medizin und der Pädagogik wird langsamer zunehmen.

Im Jahre 1962 gab es in Großbritannien 176998 Wissenschaftler und Ingenieure, die auf den verschiedensten Zweigen der Wirtschaft beschäftigt waren. Ihre Zahl betrug im Jahre 1970 338500 Personen.

In der Flugzeugindustrie Großbritanniens arbeiten an wissenschaftlichen Forschungs-, Entwicklungs- und Konstruktionsarbeiten 54,3% aller Wissenschaftler mit Hochschulabschluß. Dies ist der höchste Prozentsatz einer Beschäftigung von Wissenschaftlern im Vergleich zu anderen Zweigen der Wirtschaft. Im Durchschnitt beträgt die Zahl der Wissenschaftler auf je 100 mit wissenschaftlichen Forschungs- und Entwicklungsarbeiten beschäftigte Personen in den verschiedensten Zweigen der Wirtschaft in der Flugzeugindustrie 2,18% Wissenschaftler; in der elektronischen Industrie 2,09%; in der pharmazeutischen Industrie 2,02%; in der chemischen Industrie 1,72%; im Elektromaschinenbau 1,42%; in der Kunstfaserproduktion 1,4%; in der Buntmetallurgie 0,73%; und in der Schwarzmetallurgie 0,20% Wissenschaftler.

Es wird erwartet, daß bis zum Jahre 1972 die Zahl der Spezialisten, die mit wissenschaftlichen Forschungs- und Entwicklungsarbeiten beschäftigt sind, zunehmen wird. Die geringste Zunahme wird nach wie vor in der metallurgischen Industrie zu verzeichnen sein und 1% im Jahr betragen.

Die wissenschaftliche Forschungsarbeit in Japan wird in staatlichen und halbstaatlichen wissenschaftlichen Forschungseinrichtungen, in Instituten und Laboratorien von Privatfirmen und in wissenschaftlichen Forschungsinstituten und Laboratorien von staatlichen, städtischen und privaten Hochschulen durchgeführt.

Die Rolle und Stellung dieser einzelnen Teilglieder im Gesamtsystem der wissenschaftlichen Forschungsarbeit in Japan ist unterschiedlich. So arbeiteten am 1. April 1963 46,7% aller Wissenschaftler in privaten Firmen, 35,5% an den Universitäten und Colleges und 17,8% an staatlichen wissenschaftlichen Forschungsinstituten.

Wie aus den angeführten Angaben zu ersehen ist, stehen die Institute und Laboratorien von Privatfirmen auf dem Gebiet der wissenschaftlichen Forschungsarbeit in Japan sowohl hinsichtlich der durchschnittlich verausgabten finanziellen Mittel als auch auf Grund der Zahl der beschäftigten wissenschaftlichen Kader an erster Stelle.

Ihre wissenschaftliche Forschungsarbeit besteht jedoch in der Regel in angewandter Forschung und ist eng mit den Produktionsprozessen einer bestimmten Firma verbunden. Für die Grundlagenforschung besitzt die Tätigkeit der Hochschulen und besonders der staatlichen wissenschaftlichen Forschungseinrichtungen große Bedeutung.

In Japan gibt es etwa 9000 wissenschaftliche Forschungseinrichtungen, die Privatkonzernen, der Regierung oder örtlichen Organen sowie den Universitäten und Colleges gehören. Etwa 33% aller Wissenschaftler Japans arbeiten auf dem Gebiet der technischen Wissenschaften, 10% auf dem Gebiet der Naturwissenschaften, mit ökonomischen Forschungen sind 2%, mit Forschungen auf dem Gebiet des Rechts und der Politik 1,5%, der Literatur, Geschichte und Pädagogik 7,5% beschäftigt.

Eine wichtige Kennziffer für das wissenschaftliche Potential eines Landes bildet die Ausrichtung der wissenschaftlichen Forschungsarbeiten auf die Ausarbeitung von aktuellen Problemen der Produktion und die entsprechende Verteilung der wissenschaftlichen Kader auf die wichtigsten Richtungen der Forschungs-, Entwicklungs und Konstruktionsarbeiten. Als Beispiel sind die Ausgaben für einige Gebiete von wissenschaftlichen Forschungsarbeiten in verschiedenen Ländern, wie in den USA, Großbritannien und Japan, aufgeführt [73, S. 101] (Tab. 4).

Hierbei muß man den Umstand beachten, daß die Verteilung der Wissenschaftler auf die verschiedenen Gebiete der wissenschaftlichen Forschungsarbeiten von dem organisatorischen Aufbau der Wissenschaft wesentlich beeinflußt wird. Zum Beispiel ist in den USA die überwiegende Zahl von Wissenschaftlern mit Aufträgen aus der Industrie beschäftigt.

Die Errungenschaften der Industrie der USA bei der Entwicklung neuer Erzeugnisse hängen in bedeutendem Maße von der Effektivität der Tätigeit der amerikanischen Wissenschaftler ab. Große Industriebetriebe in den USA haben einige wissenschaftliche Forschungslabo-

Tabelle 4
Ausgaben für wissenschaftliche Forschungsarbeiten im Jahre 1967 (in %)

Industriezweig	USA	England	Japan
Flugzeugindustrie	33,5	36,2	13,2
Elektronische und Werkzeugbauindustrie	15,3	12,7	9,6
Elektrotechnische Industrie	21,9	9,4	20,8
Chemische Industrie	9,2	10,6	26,9
Erdölverarbeitungsindustrie	3,0	2,3	1,2
Metallurgische Industrie	1,6	2,5	5,5
Metallverarbeitende Industrie	2,9	3,2	2,4
Maschinenbau	7,4	12,6	7,7
Leichtindustrie	0,4	2,8	3,6
Lebensmittelindustrie	1,3	3,5	4,2
Bauwesen	1,5	0,7	3,8
Übrige Industriezweige	2,0	3,5	1,0

ratorien aufgebaut. Zuerst wurden diese als Zentren zur Entwicklung von neuen Industrieerzeugnissen und zur Verbesserung von in der Produktion befindlichen Artikeln eingerichtet. Heute führen diese Laboratorien aber umfassende Forschungsarbeiten in enger Zusammenarbeit mit den Universitätslaboratorien durch. Die Verbindung zwischen Industrie und den Universitäten kommt in folgender Weise zum Ausdruck:

1. Zur Lösung eines bestimmten Problems wendet sich ein Betrieb an Forscher einer Universität und bittet um die Gewährung von Konsultationen;

2. in der Regel werden unmittelbar mit Mitarbeitern von Universitäten Verträge über die Durchführung von Forschungsarbeiten abgeschlossen;

3. Industrielaboratorien werden in der Nähe von Universitäten eingerichtet, um den Professoren Gelegenheit zu geben, in der Industrie mitzuforschen, und den Spezialisten aus der Industrie, eine Lehrtätigkeit an der Universität auszuüben;

4. die Zusammenarbeit vollzieht sich dadurch, daß mehrere Universitäten ein Laboratorium aufbauen, um gemeinsam Forschungsarbeiten zu betreiben;

5. bei umfassenden Programmen von wissenschaftlichen Forschungsarbeiten finden verschiedene Methoden der Zusammenarbeit Anwendung: in jedem Falle unterstützen die industriellen Organisationen finanziell wissenschaftliche Forschungsarbeiten.

Die erweiterte Zusammenarbeit zwischen der Industrie und den Universitäten zeigt, daß beide Seiten mit ihren Ergebnissen zufrieden sind. Die Industrie der USA zieht große Vorteile aus der Arbeit der Universitätszentren, die sich mit der Erforschung von Produktionsprozessen beschäftigen.

Die meisten wissenschaftlich-technischen Forschungsarbeiten werden von Industriefirmen durchgeführt, die mehr als 5000 offiziell registrierte Laboratorien besitzen. In der Regel hat jede Firma ein Laboratorium, aber einige große Konzerne haben solche bei mehreren von ihren Tochterbetrieben und sie besitzen zuweilen auch ein Zentrallaboratorium oder ein zentrales wissenschaftliches Forschungszentrum. Mit Forschungsarbeiten, die für die Industrie bestimmt sind, beschäftigen sich Forschungszentren, die der Regierung, den Universitäten oder der Industrie unterstellt sind (Forschungszentren der Konzerne und Laboratorien von Zulieferbetrieben), kooperative Forschungseinrichtungen (die ihre Aufträge über eine Berufsvereingigung erhalten) sowie private Organisationen (die auf Kontraktbasis arbeiten).

Das System der Organisation und Leitung der wissenschaftlichen Forschungsarbeiten in den sozialistischen Ländern, die Dynamik der Ausbildung von wissenschaftlichen Kadern in der Sowjetunion und ihre Verteilung auf die einzelnen Wissensgebiete werden in einer Reihe von Arbeiten untersucht [2, 7, 73]. Die entwickelte sozialistische Gesellschaft schafft die Voraussetzung für ein beschleunigtes Wachstum der Zahl der Wissenschaftler. Hierbei muß besondere Aufmerksamkeit den Maßnahmen geschenkt werden, die einem „moralischen Verschleiß" der Spezialisten entgegenwirken und die auf eine ständige Vervollkommnung ihres Wissens im Rahmen einer Weiterqualifizierung durch Weiterbildungskurse und -seminare sowie durch verschiedene Formen der wissenschaftlich-technischen Propaganda gerichtet sind.

Man muß berücksichtigen, daß sich in den sozialistischen Ländern in der letzten Zeit die Arten der informellen Ausbildung von wissenschaftlichen Kadern (d. h. außerhalb der Aspirantur und der Doktorantur) in schnellem Tempo entwickelt haben. Immer häufiger legen freie Doktoranden, Assistenten, untere wissenschaftliche Mitarbeiter und leitende Spezialisten aus Betrieben Dissertationen vor, ohne ihre Tätigkeit in der Produktion zu unterbrechen. Diese bemerkenswerte Tendenz führt zum Entstehen von effektiven Formen einer informellen Ausbildung von wissenschaftlichen Kadern.

In der modernen Industrie finden in immer breiterem Umfange neue technologische Prozesse Anwendung, bei denen elektronische Werkzeuge, Halbleiter und andere Instrumentarien Anwendung finden, die bis vor kurzem nur in wissenschaftlichen Laboratorien verwendet wurden. Werktätige in der Produktion haben es immer häufiger mit superhohen und superniedrigen Temperaturen und Drücken zu tun.

Es ist klar, daß die Anforderungen an die theoretische Ausbildung der Kader, die alle diese komplizierten Einrichtungen bedienen, ununterbrochen zunehmen.

Wenn man berücksichtigt, daß sich der Prozeß der Neuausstattung und Vervollkommnung der Produktion immer mehr beschleunigt, so liegt es auf der Hand, daß auch die Ausbildung der wissenschaftlichen Kader, insbesondere solcher mit höchstem Qualifikationsgrad, und der Umfang, in dem sie in die Sphäre der Produktion einbezogen werden, ununterbrochen zunehmen muß.

Dabei wird der Bedarf der Volkswirtschaft an wissenschaftlichen Kadern zur Zeit noch ungenügend gedeckt. Die Ausbildung von wissenschaftlichen Kadern für die Arbeit in den Betrieben, in den Betriebsabteilungen, auf den Großbaustellen und in den Projektierungs- und Konstruktionseinrichtungen, in den Sowchosen und Kolchosen muß in einem größerem Umfange erfolgen. Die Reproduktion der Wissenschaftler vollzieht sich gegenwärtig über die planmäßige und außerplanmäßige Aspirantur und über die freie Doktorantur. Dabei ist das gesamte System der staatlichen Planung, Koordinierung und Kontrolle auf die planmäßige Aspirantur ausgerichtet. Dies ist natürlich, und für die Grundlagenwissenschaften muß man eine solche Form der Ausbildung weiterentwickeln und vervollkommnen. Man muß jedoch sehr aufmerksam auch darauf achten, was sich auf dem Gebiet der freien Doktorantur vollzieht, wo bisher noch Spontaneität und Selbstlauf herrschen. Aber gerade hier liegen noch große unausgeschöpfte Reserven, um die Reihen der Wissenschaftler mit mittlerer und höchster Qualifikation zu verstärken.

Die Analyse der statistischen Angaben über die Zahl der jungen Wissenschaftler, die in den letzten Jahren in der RSFSR, in der Ukraine, in Belorußland, in Kasachstan und in Usbekistan Kandidatendissertationen verteidigt haben, zeigt, daß jährlich etwa 65% aller Dissertationen von freien Doktoranden und außerplanmäßigen Aspiranten verteidigt werden, und daß der Anteil der planmäßigen Aspiranten nur 35% beträgt [142]. Dieses Verhältnis weist überzeugend nach, daß die freie Doktorantur und die außerplanmäßige Aspirantur äußerst wichtige Formen für die Ausbildung wissenschaftlicher Kader darstellen. Freie Doktoranden, die sich selbständig mit einer Forschungsarbeit beschäftigen, brauchen Bedingungen, die ihnen die Anfertigung der Dissertation erleichtern. Insbesondere ist es vielleicht zweckmäßig, ihnen die gleichen Vergünstigungen einzuräumen, die außerplanmäßigen

Aspiranten gewährt werden. Die Planung und das gesamte System der Ausbildung der Kandidaten der Wissenschaften über den Weg der freien Doktorantur sollte man unter staatliche Kontrolle stellen. Die Anlagerung der Produktionsaspirantur an eine Hochschule oder an ein wissenschaftliches Forschungsinstitut der Akademie gibt die Möglichkeit, die Ausbildung von wissenschaftlichen Kadern mit der Erhöhung des technischen Niveaus der Produktion zu verbinden. Dieses wird wahrscheinlich zu einer Erhöhung der Qualität und zu einer klareren Zielstellung der wissenschaftlichen Forschungsarbeiten führen und ihre Verbindung mit der Produktion verstärken.

Für die Optimierung der wissenschaftlichen Tätigkeit ist die Prognostizierung der Zunahme der wissenschaftlichen Kader sowie auch des Kaderbedarfs unter Berücksichtigung der Entwicklung der Industrieproduktion von großer Bedeutung. Eine Methode, wie man solche Prognose aufstellen kann, wurde von Prof. A. A. Zvorykin ausgearbeitet, die Methode der Angleichung an eine Gerade [143]. Für die dynamische Reihe der Zunahme der Zahl der wissenschaftlichen Kader wird eine Gleichung aus einer Geraden und einer Parabel nach der Methode der kleinsten Quadrate aufgestellt. Die errechneten Zahlen werden mit den faktischen Zahlen verglichen und der Abweichungskoeffizient wird bestimmt. In der Literatur wird folgende Formel zur Berechnung der Zahl der wissenschaftlichen Kader vorgeschlagen:

(22) $M = A \cdot B^{\alpha}$,

wobei M die Zahl der wissenschaftlichen Kader, A ein Koeffizient, der dem Basisjahr entspricht; $B = J -$ Basisjahr (J – Jahre des 20. Jahrhunderts) bedeuten.

Wenn man die Formel logarithmisiert, erhält man eine Gleichung der Gerade in logarithmischen Koordinaten

(23) $\lg M = \lg A + \alpha \lg B$

Hierbei bedeuten
$\lg M - \lg J$
die Kennziffer des Grades, die die Abweichung der Kurven in den Koordinaten charakterisiert, α den Koeffizienten für die untersuchte Reihe.

Uns scheint es, daß man bei der Ausarbeitung von Prognosen nicht nur die Dynamik der Zunahme der Zahl der wissenschaftlichen Kader, sondern auch die Faktoren ihrer sozialen Mobilität: ihren „moralischen Verschleiß" berücksichtigen muß. (Dieser kommt darin zum Ausdruck, daß ein Wissenschaftler aufhört, wissenschaftlich produktiv zu sein.) Ferner sind Geschlecht, Alter, Migration der Bevölkerung aus anderen

Beschäftigungsgebieten in das Gebiet der Wissenschaft sowie der Koeffizient für den Schritt von der Altersstufe x zur Altersstufe $x + 1$ zu erfassen. Um für eine Perspektivperiode die Zahl der Wissenschaftler mit der Altersstufe $x + 1$ zu Beginn des folgenden $k + 1$ Jahres zu berechnen, kann man folgende Formel verwenden:

$$S^{\beta}_{xk} P^{\beta}_{xk} + a^{\beta}_{k} r^{\beta}_{xk} Q_k = S^{\beta}_{x+1,\,k+1} \tag{24}$$

Hierbei bedeuten:

S^{β}_{xk} – Zahl der Wissenschaftler zu Beginn eines bestimmten Jahres

x – Altersstufe

β – Index für das Geschlecht

k – Bezugsjahr

P^{β}_{xk} – Koeffizient, der ausdrückt, wieviele Wissenschaftler von der Altersstufe x bis zur Altersstufe $x + 1$ gelangen

a^{β}_{k} – Koeffizient der Verteilung des Saldos aus der Migration von Wissenschaftlern aus anderen Gebieten der Volkswirtschaft in das Gebiet der Wissenschaft und umgekehrt nach dem Geschlecht

r^{β}_{xk} – Koeffizient der Verteilung des Saldos aus der Migration von Wissenschaftlern zwischen den Sphären der Volkswirtschaft nach den Altersstufen

Q_k – Saldo der Migrierenden

Die Zahl der Wissenschaftler selbst wächst exponentiell, mit einer mittleren Verdopplungsperiode von 12,5 Jahren. Diese Verdopplungszeit gilt jedoch nicht für die verschiedenen Gebiete der Wissenschaft sowie für die unterschiedlichen Rangstufen – („einfache") wissenschaftliche Mitarbeiter, qualifizierte Wissenschaftler, bekannte Wissenschaftler, hervorragende Wissenschaftler, berühmte Wissenschaftler, geniale Wissenschaftler – und für das verschiedene Niveau ihrer Qualifikation (Magister, Kandidat der Wissenschaften, Doktor der Wissenschaften) in gleicher Weise. So beträgt z. B. auf dem Gebiet der technischen Wissenschaften die Verdoppelungszeit 7 bis 8 Jahre, auf dem Gebiet der Philosophie 18–20 Jahre; die Zahl der hervorragenden Wissenschaftler hat sich gegenüber der Gesamtzahl der Bevölkerung in den letzten 60 Jahren nicht verändert [63, S. 314]. Aus diesem Grunde muß die Berechnung der Zahl der Wissenschaftler für die Perspektivperiode offensichtlich nach den einzelnen Wissenschaftsgebieten getrennt erfolgen, unter Berücksichtigung der Rangstufen der Wissenschaftler und des Niveaus ihrer wissenschaftlichen Qualifikation.

Man muß hervorheben, daß die Ausarbeitung einer Typologie der Faktoren, die die soziale Mobilität der Wissenschaftler begünstigen, die Entwicklung eines wisssenschaftlich begründeten Systems für die

Auswahl von Spezialisten (insbesondere der Jugend) für eine wissenschaftliche Tätigkeit, die Entwicklung eines gesamtstaatlichen Systems der Aus- und Weiterbildung von Wissenschaftlern zu einer dringenden Aufgabe geworden ist.

4. Innerwissenschaftliche Konfliktsituationen und Wege zu ihrer Lösung

Die Arbeit in der Wissenschaft führt dazu, daß sich ein Wissenschaftler mit einer besonderen Art von ethischen Normen (der „Wissenschaftsethik"), mit den spezifischen Interessen seiner Kollegen solidarisch fühlt, daß er im Prozeß seiner wissenschaftlichen Tätigkeit im einem ständigen beruflichen Kontakt mit ihnen steht. In einem gewissen Sinne kann man von einer besonderen sozialen Welt der Wissenschaft sprechen, die aus Mathematikern, Physikern, Philosophen usw. besteht, die ihrerseits wiederum aus Gruppen bestehen, in denen die Spezialisten zur Ausarbeitung gemeinsamer enger Fachprobleme vereint sind. Die funktionalen und konventionellen Rollen eines Wissenschaftlers grenzen ihn von anderen sozialen Welten ab – von der Welt der Künstler, der Bauleute, der Sportler, der Musiker usw. In der Welt der Wissenschaft gelten bestimmte Verhaltensnormen, sind Methoden üblich, mit denen die Handlungen abgestimmt und Entscheidungen getroffen werden. Sie unterscheiden sich von den Methoden, die unter Künstlern, Bauleuten, Sportlern, Musikern usw. üblich sind. Selbstverständlich sind sie alle irgendwie mit den allgemein-menschlichen Verhaltensnormen „zusammengebunden".

In der modernen Gesellschaft vollzieht sich eine immer weitere Differenzierung der einmal für sämtliche Wissenschaftler einheitlichen sozialen Welt der Wissenschaft in immer neue Teilsysteme. Dies wirft vor der Wissenschaftswissenschaft einen ganzen Komplex von aktuellen Fragen auf. S. R. Mikulinskij und M. G. Jaroševskij stellen fest: „Die Arbeit der Wissenschaftler, die in der Vergangenheit eine Arbeit von Einzelpersonen war, ihrem Wesen nach ähnlich der Arbeit des Handwerkers, hat sich vor unseren Augen in eine Abart der industriellen Arbeit verwandelt, mit dem für sie charakteristischen Massencharakter, der Unterordnung großer Kollektive unter ein einheitliches Ziel und einer tiefgehenden Teilung der Funktionen zwischen den in ihr beschäftigten Menschen. Dieses hat eine ganze Reihe neuer Probleme aufgeworfen, nicht nur strukturell-organisatorische und ökonomische Probleme, sondern auch sozial-psychologische Probleme" [144, S. 6f.].

Zu solchen sozialpsychologischen Problemen gehört die Analyse der innerwissenschaftlichen Konfliktsituationen, die für das wissenschaftliche Milieu unter den Bedingungen der wissenschaftlich-technischen Revolution in der Gegenwart charakteristisch sind.

Konfliktsituationen in der Wissenschaft sind eine übliche Erscheinung: ein Nichtübereinstimmen, eine kritische, von einer gegenseitigen Konkurrenz der verschiedenen Schulen und Richtungen bestimmte Einstellung, eine gegenseitige Kritik der Begründer verschiedener wissenschaftlicher Kollektive sind gar nicht selten in der Geschichte der Wissenschaft. Noch häufiger entstehen Krisenerscheinungen, wenn eine herrschende, allgemein als richtig anerkannte wissenschaftliche Theorie unter dem Ansturm neuer Faktoren untergeht. Häufig findet der Begründer einer solchen Theorie nicht den Mut, die Richtigkeit der neuen Konzeptionen anzuerkennen und er streitet sich mit den anders denkenden Wissenschaftlern herum, indem er seine falsche Position verteidigt. Solche Art von Konflikten sind eine natürliche Form der Entwicklung der Wissenschaft. Die Suche nach der Wahrheit ist ein dialektischer Weg, der auch nicht einzelne Fehler und Irrwege ausschließt. Um ein neues Ergebnis zu erreichen, ist eine angespannte Wettbewerbssituation erforderlich, ein Zusammenstoß von miteinander konkurrierenden Auffassungen über die Lösung eines stehenden Problems, „Konkurrenzverhältnisse" zwischen wissenschaftlichen Kollektiven, die an derselben wissenschaftlichen Thematik arbeiten, die das Problem jedoch mit unterschiedlichen Methoden und unter Verwendung nichtidentischer Verfahren angehen. Eine neue Information entsteht in einer Situation scharfer schöpferischer Diskussionen, beim Zusammenprall unterschiedlicher Meinungen. Konflikte, die aus der Verteidigung von wissenschaftlichen Auffassungen und Interessen herrühren, bilden eine natürliche Form der Existenz wissenschaftlicher Kollektive.

In der Wissenschaft können Krisenerscheinungen und Konflikte entstehen, die aus sozial-politischen Bedingungen herrühren. Ein typisches Beispiel einer solchen Situation ist die Krise der Naturwissenschaft zu Ende des 19., Anfang des 20. Jahrhunderts, deren Besonderheiten von V. I. Lenin in der Arbeit „Materialismus und Empiriokritizismus" aufgedeckt wurden. Eine solche Krise fördert nicht eine beschleunigte Entwicklung der Wissenschaft. Sie hängt mit einem Konflikt zwischen der wissenschaftlichen Erkenntnis zusammen, die zu objektiver Wahrheit strebt, und der in der Gesellschaft herrschenden Ideologie, die an der Entstellung dieser Wahrheit aus engen klassenmäßigen parteiischen Positionen interessiert ist. Der Konflikt zwischen dem spontan-materialistischen Inhalt der Wissenschaft und ihrer idealistischen Auffassung als Grundlage einer illusorischen Ideologie führt zu Krisen, die die Entwicklung der wissenschaftlichen Erkenntnis hemmen. Solange es in der Gesellschaft noch Klassenantagonismen gibt und Schichten und Gruppen existieren, die objektiv an einer illusorischen Erklärung der Wirklichkeit interessiert sind, so lange wird es auch Krisen in der Wissenschaft geben, die eine Konfliktsituation zwischen dem Inhalt der wissenschaftlichen Erkenntnis und der herrschenden Ideologie heraufbeschwören. Solche Krisen in der Wissenschaft, die durch die sozialpolitischen Verhältnisse, durch die bürgerliche Weltanschauung, hervorgerufen werden, werden mit der Errichtung des Sozialismus beseitigt.

Schließlich entstehen unter den Bedingungen der wissenschaftlich-technischen Revolution in der Gegenwart nicht selten innerkollektive Konfliktsituationen, die als Produktions- und Arbeitskonflikte auftreten. Arbeits- und Produktionskonflikte entstehen dadurch, daß ein wissenschaftliches Kollektiv nicht optimal geleitet wird. Wenn in einem Kollektiv die Zahl der Konflikte zunimmt, so ist das ein deutliches Zeichen dafür, daß die formelle Organisation der Forschung und das Niveau der Leitung nicht mit den Interessen und Motiven der Forscher übereinstimmen. Ursachen für das Entstehen von Konflikten gibt es in sämtlichen wissenschaftlichen Kollektiven. Ein objektiver Faktor, der zu Konfliktsituationen führt, ist eine zu strenge Reglementierung der Tätigkeit eines Wissenschaftlers in seinem Kollektiv. Einerseits wird von ihm Selbständigkeit und Entwicklung von Initiative bei der Stellung wissenschaftlicher Probleme verlangt; andererseits wird seine Tätigkeit durch die Leitung eingeschränkt, die an der Ausarbeitung des Planthemas interessiert ist. Dabei besitzen nicht selten Forschungsthemen in der Erkundungsforschung einen angewandten Charakter. Um sie mit guter Qualität abzuschließen, ist es erforderlich, vorher Grundlagenforschung zu betreiben, an denen die Leitung nicht immer interessiert ist.

Die Forderung nach einer beschleunigten Ausarbeitung von wenig erforschten Fragen führt dazu, daß es notwendig wird, Forschungsarbeiten überstürzt, mit einer niedrigen Qualitätsstufe durchzuführen. Die Folge davon ist, daß die Wissenschaftler ihre Selbständigkeit und ihr Gefühl der Befriedigung von den erzielten Ergebnissen verlieren, daß ihr Interesse an der Arbeit nachläßt. Der Wissenschaftler verwandelt sich allmählich in einen gewöhnlichen Angestellten, der einen Auftrag seiner Leitung ausführt. Zu einer besonderen Gereiztheit führt bei einem Wissenschaftler die Forderung, eine strenge Produktionsdisziplin einzuhalten, die Geringschätzung seitens der Leitung gegenüber der relativen Freiheit oder schöpferischen Arbeit des Wissenschaftlers, das ständige Erinnern an Termine, Arbeitszeitnormen usw. Gleichzeitig ist es heute unter den Bedingungen der wissenschaftlich-technischen Revolution und der Tatsache, daß die Arbeit eines Wissenschaftlers zu einem Massenberuf geworden ist, nicht möglich, allen eine Arbeitszeit frei nach ihrer Wahl zu gewähren, nicht die Termine und den Arbeitsaufwand für die einzelnen Forschungsthemen zu planen, von einer rechtzeitigen Forschungsabrechnung abzusehen. Damit bilden sich aber Situationen heraus, die zu Konfliktsituationen der Wissenschaftler mit der Leitung einer wissenschaftlichen Forschungseinrichtung führen können.

Zu den objektiven Faktoren, die zu Konflikten führen, gehört eine sehr komplizierte Struktur der Verpflichtungen, die der Wissenschaftler im Kollektiv zu erfüllen gezwungen wird. Seine konventionelle Rolle ist die Stellung des Wissenschaftlers als eines Angestellten mit einer bestimmten Dienststellung. Seine funktionale Rolle kommt in seinen beruflich anerkannten Verpflichtungen als Wissenschaftler zum Ausdruck; seine zwischenpersönliche Rolle zeigt sich in seiner Stellung als Mitglied eines Kollektivs. Wenn ein Wissenschaftler seine konventionelle Rolle gut ausüben will, dann muß er danach streben, zu einem Wissenschaftsleiter zu werden. In der Regel führt dies dazu, daß der Wissenschaftler seine funktionale Rolle verliert. Der amerikanische Wissenschaftswissenschaftler H. Shepard bemerkt, daß „der größte Teil der Wissenschaftler nicht zum Wissenschaftsleiter wird, wenn es aber einer wird, dann hört er auf, Wissenschaftler zu sein und verliert seine berufliche Autorität . . . Ein Teil der Wissenschaftler macht seine Karriere als Wissenschaftsleiter, an anderer als anerkannter Fachmann, dies vereinigt sich selten in einer Person" [145, S. 347]. Wenn ein Wissenschaftler den Wunsch hat, beruflich Anerkennung zu gewinnen, so fördert das nicht die Erfüllung seiner konventionellen Rolle. (Der Wissenschaftler strebt danach, mehr zu publizieren, er arbeitet aktiv in „unsichtbaren" Kollektiven mit und verwendet weniger Aufmerksamkeit darauf, die Forderungen der Leitung seines wissenschaftlichen Forschungsinstitutes peinlich genau zu erfüllen.) Häufig führt dies auch zur Verletzung der zwischenpersönlichen Beziehungen (die Kollegen können gegenüber einem erfolgreich wissenschaftlich Karriere machenden Wissenschaftler neidisch werden, sie können ihn verdächtigen, daß er Materialien des Kollektivs verwendet usw.). Aus diesem Grunde befindet sich ein Wissenschaftler in einer angespannten psychologischen Situation. Er ist gezwungen, intuitiv die Mitte zwischen den drei Rollen zu finden, die er im wissenschaftlichen Kollektiv spielen muß. Die ist keine leichte Aufgabe und endet in der Regel damit, daß ein Forscher etwas opfern muß: entweder seine Leitungskarriere und die damit verbundene Aufbesserung seiner materiellen Verhältnisse oder seine berufliche Anerkennung unter den Fachleuten oder sein gutes Verhältnis zu seinen Kollegen.

Häufig ergeben sich Konflikte, wenn es notwendig wird, die berufliche Orientierung eines Wissenschaftlers zu verändern: die wissenschaftlich-technische Revolution in der Gegenwart erfordert eine erhöhte berufliche Mobilität und einen schnellen Wechsel der Forschungsrichtungen, der erforschten Probleme usw. Infolgedessen wird ein Wissenschaftler gezwungen, seine enge Fachspezialisierung mehrfach zu wechseln, vom experimentellen Typ der Forschung zum theoretischen Typ überzugehen, aus der angewandten Forschung in die Grundlagenforschung überzuwechseln usw. Die Fähigkeit, sich umzuqualifizieren, bildet eine Berufseigenschaft eines Wissenschaftlers. In den Jahren 1968 und 1969 wurde in Leningrad und Riga eine Fragebogenaktion durchgeführt, von der 1400 Wissenschaftler an Forschungsinstituten der Akademie der Wissenschaften (naturwissenschaftliche Richtungen) und an wissenschaftlichen Forschungseinrichtungen von Industriezweiginstituten (technische Wissenschaften) erfaßt wurden [146, S. 109–116]. Es zeigte sich, daß mehr als die Hälfte der befragten Wissenschaftler in neuen wissenschaftlichen Richtungen arbeiten, die nicht ihrer Fachausbildung an der Universität entsprachen. In der Regel waren das junge Wissenschaftler, die weit über ihre reguläre Arbeitszeit hinaus an Themen arbeiten, die offiziell nicht eingeplant waren. Nur 25% der Wissenschaftler arbeiten an einem Thema, das völlig mit ihrer fachlichen Spezialisierung übereinstimmt, die sie an der Hochschule erhalten haben. Ein gewisser Prozentsatz (5,8%) arbeitet auf einem Gebiet, das nicht ihrem Ausbildungsprofil an der Hochschule und ihrer Fachrichtung entspricht, sondern zu einem angrenzenden Wissenschaftsgebiet gehört, das heißt, sie haben praktisch einen zweiten Beruf erlernt. Die Ursachen dafür, daß die wissenschaftliche Arbeit nicht mit der Fachausbildung an der Hochschule übereinstimmt, und der Grad dieser Nichtübereinstimmung sind in Tabelle 5 dargestellt.

Die Tatsache, daß ein bedeutender Teil der Hochschulabsolventen eine Tätigkeit aufnimmt, die weder ihrer allgemeinen Fachdisziplin noch ihrer engen Spezialausbildung an der Hochschule entspricht, zeugt davon, wie sehr die Neugestaltung der Hochschul-Ausbildungsprogramme hinter der stürmischen Entwicklung der Wissenschaft hinterherhinkt. Viele Hochschulabsolventen arbeiten auf neu entstandenen Richtungen in der Wissenschaft. Damit wird der Wechsel

Tabelle 5
Ursachen für die Nichtübereinstimmung zwischen der wissenschaftlichen Arbeit und der Spezialisierung an der Hochschule und der Grad dieser Nichtübereinstimmung (in Prozent). (Die Angaben betreffen Wissenschaftler aus Leningrad.)

Ursachen für die Nichtübereinstimmung der wissenschaftl. Arbeit mit der Fachausbildung an der Hochschule ——— Grad der Nichtübereinstimmung der wissenschaftlichen Arbeit mit der Spezialisierung an der Hochschule	Verteilung nach dem Absolventeneinsatz	Nichtzusagen der Spezialisierung an der Hochschule	keine Möglichkeit, entsprechend der Spez. an der Hochschule zu arbeiten	Arbeitsaufnahme in einer neu entstehenden Wissenschaftsrichtung
1	2	3	4	5
Der Arbeitsplatz entspricht nicht der engen Fach-Spezialisierung, jedoch der allgemeinen Fachrichtung, die im Diplom ausgewiesen ist	63,2	34,5	33,8	38,7
Das Arbeitsgebiet befindet sich auf einem zu dem im Diplom ausgewiesenen Gebiet benachbarten Wissenschaftsgebiet	32,8	46,2	50,0	46,9
Das jetzige Arbeitsgebiet entspricht nicht der Fachspezialisierung an der Hochschule und der Fachrichtung und befindet sich nicht auf einem benachbarten Wissenschaftsgebiet	4,0	19,3	16,2	14,4

des wissenschaftlichen Berufes, der Übergang zu einer Arbeit an den „Nahtstellen“ von wissenschaftlichen Disziplinen zum Schicksal der überwiegenden Zahl der Wissenschaftler. Der Mathematiker in der Soziologie, der Ingenieur in der Biologie, der Psychologe in den technischen Wissenschaften, der Physiker in der Physiologie, der Physiologe in der Psychologie und andere arbeiten an den „Nahtstellen“ interwissenschaftlicher Probleme. Die Zahl der interdisziplinären Forschungsarbeiten erhöht sich schnell und, wie die Wissenschaftsgeschichte zeigt, bahnen sich an den „Nahtstellen" die zukunftsträchtigen Entwicklungen an. Aus diesem Grunde liegt offensichtlich die Zukunft der Wissenschaft in einer Verstärkung der Komplexität der zu erforschenden Fragen.

Die Lage wird dadurch weiter zugespitzt, weil ungeachtet des Appells an die Wissenschaftler, auf benachbarten und auf Grenzgebieten zu arbeiten, in den wissenschaftlichen Forschungseinrichtungen der Akademien der Wissenschaften eine Tradition gepflegt wird, die zwar in den letzten Jahren schnell immer mehr abstirbt, die Grenzen der verschiedenen Spezialisierungsgebiete einzuhalten. Auf jeden Fall fällt es Fachleuten, die auf dem Gebiet der Wissenschaftswissenschaft, der Informatik, des wissenschaftlichen Kommunismus, der Bionik und auf vielen anderen „verwandten" Wissenschaftsgebieten arbeiten, schwerer als Fachleute anerkannt zu werden, als Wissenschaftlern, die einfach Ökonomen, Ingenieure, Philosophen oder Biologen sind und deren Forschungsthematik keine Zweifel aufkommen läßt, daß sie zu einem streng bestimmten Wissenschaftsgebiet gehören.

Zu den subjektiven Faktoren, die zum Entstehen von innerwissenschaftlichen Konflikten führen können, gehören solche wie die Verletzung des Mikroklimas, die unglückliche Wahl einer Autoritätsperson, die Verletzung der Würde eines Wissenschaftlers als Mensch und als Kollektivmitglied. Je gebildeter und kulturvoller ein Mensch ist, desto schmerzhafter reagiert er in den meisten Fällen auf jede Verletzung seiner Ehre und Würde.

Die Analyse der gegenwärtigen Lage in den wissenschaftlichen Forschungseinrichtungen zeigt, daß in vielen Kollektiven bei weitem nicht alle Möglichkeiten genutzt werden, um solche Bedingungen für die wissenschaftliche Arbeit zu schaffen, die ihre Effektivität fördern. Im Ausland wird der Untersuchung der Ursachen für die Entstehung von Konfliktsituationen und der Wege zu ihrer Lösung, Fragen des psychologischen Klimas in wissenschaftlichen Institutionen große Aufmerksamkeit in soziologischen und ökonomischen Forschungsarbeiten geschenkt.

Als Konfliktsituation kann man unserer Meinung nach die Gesamtheit der Worte und Taten von Personen ansehen, die in der gleichen wissenschaftlichen Forschungseinrichtung (oder in einer übergeordneten Organisation) arbeiten, die Wissenschaftler dazu führen, sich die Frage zu stellen, ob es zweckmäßig oder möglich ist, daß sie weiter in diesem Kollektiv bleiben, Worte und Taten, die die Qualität, die Quantität oder die Zweckmäßigkeiten ihrer Arbeit in Zweifel ziehen.

oder die auf andere Weise Wissenschaftlern eine Kränkung zufügen. Konfliktsituationen kann man in zwei Gruppen einteilen: in verbale Konflikte, bei denen sich die Interessenkollision oder der Meinungsstreit auf verbale Aussprüche beschränken, und in Arbeitskonflikte, bei denen die Konfliktsituation von gesellschaftlichen Organisationen, den Konfliktkommissionen der Gewerkschaften, von Gerichten oder von übergeordneten Organen, denen das betreffende Kollektiv unterstellt ist, erörtert werden.

Wie die Erfahrungen aus konkreten soziologischen Forschungen zeigen [85], bildet die Fragebogenmethode ein effektives Mittel, um die Ursachen für konkrete Situationen zu analysieren. Die Anwendung dieses Mittels erfordert jedoch eine sorgfältige Vorbereitung, Fachkenntnisse und Fertigkeiten in der Durchführung von soziologischen Forschungen, Taktgefühl, die Einhaltung der Normen der Ethik usw.

An die Ausarbeitung von solchen Fragebogen werden besondere Anforderungen gestellt:

1. In die Fragebogen dürfen keine Fragen und Fakten aufgenommen werden, die aus amtlichen Dokumenten oder wissenschaftswissenschaftlichen Quellen herangezogen werden können.

2. Es ist notwendig, die Fragen klar, verständlich formuliert und genügend scharf zu stellen; sie müssen sich auf sehr konkrete Erscheinungen und Prozesse beziehen und ganz bestimmte Antworten vorsehen.

3. Man darf sich nicht mit Antworten zufriedengeben, wie „systematisch“, „periodisch“, „selten“, um so mehr wenn sie nicht durch andere Fragen konkretisiert werden.

4. Die Fragen und die möglichen Antworten auf diese müssen jedem Wissenschaftler gut bekannt sein. Bei komplizierten Fragen muß man entsprechende Muster-Fragen und -Antworten vorgeben.

5. Die Fragen müssen im Fragebogen nach ihrem Schwierigkeitsgrad geordnet werden; und zwar sind zuerst solche Fragen aufzuführen, die große Überlegungen erfordern, darauf kommen einfachere Fragen und schließlich Angaben über den Befragten selbst. Es empfiehlt sich, die letzte Frage im Fragebogen für Bemerkungen und Vorschläge vorzusehen, für die man mindestens eine viertel Seite freilassen sollte.

Wenn diese Quelle zur Gewinnung von Informationen systematisiert und durch andere Methoden (die Analyse von verschiedenen Angaben über die Tätigkeit der Institute), durch das Interview von Wissenschaftlern u. a. soziometrische Tests, durch die Durchführung eines wissenschaftsorganisatorischen Experiments ergänzt wird, so bildet sie ein genügend objektives und für die Analyse der Ursachen von Konfliktsituationen sehr taugliches Hilfsmittel.

Es empfiehlt sich, den Entwurf des Fragebogens mehrfach mit den Wissenschaftlern verschiedener Spezialisierungsrichtungen, Altersstufen, Dienststellungen usw. „durchzugehen". Dies macht es möglich, inadäquate ungenügend „ziehende" Punkte aus dem Fragebogen herauszunehmen und den Fragebogen zu vervollkommnen.

Es ist am besten, eine Befragungsaktion damit zu beginnen, daß der Wissenschaftler, der die Befragung durchführt, bzw. die von ihm mit der Befragung beauftragten Organisatoren in einer kurzen persönlichen Unterhaltung oder einem Vortrag die Mitarbeiter des zu befragenden Instituts (des Laboratoriums oder der Abteilung) mit den Zielen, den Aufgaben und der Methodik der Befragung sowie mit der Art und Weise, wie die Fragen zu beantworten sind, bekanntmachen.

Zur Ausfüllung des Fragebogens sollte man in der Regel nicht mehr als ein bis zwei Tage Zeit geben, am besten ist es, die Bogen morgens auszuteilen und sie gegen Ende der Arbeitszeit einzusammeln, oder die Fragebogen abends auszuteilen und sie am nächsten Morgen einzusammeln. Wird die Zeit für die Ausfüllung zu sehr ausgedehnt, geht die Schärfe der Fragen verloren und der Prozentsatz der ausgefüllt zurückgegebenen Fragebogen geht stark zurück. Um eine größtmögliche Objektivität und Autorität der Befragung zu sichern, muß man sie in allen Stadien ihrer Durchführung völlig anonym organisieren.

Es ist erforderlich, daß man vor Ausfüllung des Fragebogens dem befragten Wissenschaftler genau das Ziel der Befragung erklärt, daß man sorgfältig das theoretische Programm durchdenkt und die grundlegenden Arbeitshypothesen ausarbeitet. Ausgehend hiervon werden die Fragen formuliert und ihre Gruppierungen vorgenommen. So kann zum Beispiel eine Gruppe von Fragen den Komplex der vermutlichen Ursachen für einen Konflikt erfassen, die mit fehlenden Bedingungen für die Weiterqualifizierung der Wissenschaftler und ihrem nicht richtigen Einsatz zusammenhängen, wohingegen ein anderer Komplex die Struktur der wissenschaftlichen Institutionen und ihren Leitungsstil erfaßt. Außerdem muß der Fragebogen streng auf das verfolgte Ziel ausgerichtet und nach der Zahl der in ihm enthaltenen Fragen optimal aussagekräftig sein. Ein solcher Fragebogen „arbeitet" bedeutend effektiver als ein Fragebogen, in dem zu viele Probleme angeschnitten werden, der in verschiedene Richtungen zielt und eine sehr große Zahl von Fragen enthält.

Im September 1964 wurde eine solche Untersuchung in einer Reihe von wissenschaftlichen Forschungseinrichtungen in Nowosibirsk durchgeführt: am Institut für Bergwesen der Sibirsker Abteilung der Akademie der Wissenschaften der UdSSR, am Sibirsker Institut für Energetik des früheren Staatlichen Komitees der UdSSR für Energetik, an der Sibirsker Filiale des Allunions-wissenschaftlichen Forschungsinstituts für Landwirtschaftsökonomie der UdSSR [85, S. 133f.). Die befragten Wissenschaftler, arbeiteten in den meisten Fällen nicht in einem, sondern in mehreren wissenschaftlichen Forschungsinstituten gleichzeitig. Aus diesem Grunde können die weiter unten analysierten Angaben über die Ursachen für das Entstehen von 155 Konfliktsituationen und die Wege zu ihrer Lösung nicht nur auf die Institute bezogen werden, in denen die untersuchten Personen zum damaligen Zeitpunkt arbeiteten.

Was war die häufigste Ursache für das Entstehen von Konfliktsituationen nach Meinung der Befragten? Die Angaben weisen mit erschöpfender Vollständigkeit auf folgendes hin: 1. Der fehlende Wille oder das Unvermögen, sich in das Kollektiv richtig einzuordnen; 2. das Unvermögen, Wissenschaftler zu leiten (eben zu „leiten" und nicht zu „kommandieren", was für Geistesschaffende überhaupt unannehmbar ist).

Die bei der Untersuchung gewonnenen Angaben beweisen, daß es notwendig ist, die Ursachen für das Entstehen von Konflikten in den Kollektiven zu untersuchen, und auf dieser Grundlage Wege zur Verbesserung des psychologischen Klimas in den Kollektiven ausfindig zu machen. Die Ursachen für das Entstehen von Konfliktsituationen in Kollektiven können sehr unterschiedlich sein und sind häufig unerwartet. Nach dem Ergebnis der Untersuchung war in den meisten Fällen (bei 87%) die Ursache des Konfliktes darin zu suchen, daß es der Mitarbeiter nicht verstand (genauer nicht wollte), sich in das Kollektiv richtig einzuordnen. In erster Linie zeigte sich diese Erscheinung darin, daß die betreffende Person ihren Kollegen offen ihre Mißachtung zum Ausdruck brachte, indem sie über Mitarbeiter des eigenen Kollektivs verleumderische oder taktisch unkluge Äußerungen machte (11,1% aller Konflikte). In sehr engem Zusammenhang hiermit stehen unehrenhaftes Handeln, Bezeugung persönlicher Feindschaft oder Neid. Damit wurde ein Viertel sämtlicher Konflikte durch ein Verhalten hervorgerufen, das die Moralnormen verletzt und das zuweilen bewußt begangen wurde, mit der Absicht, seinen Arbeitskollegen Unannehmlichkeiten zu bereiten. Solche Ergebnisse des Studiums des psychologischen Klimas in einem Kollektiv eröffnen bestimmte Möglichkeiten für die gesellschaftlichen Organisationen auf dem Gebiete der Erziehungsarbeit, besonders von einzelnen Mitgliedern des Kollektivs, von Streithähnen, Mitarbeitern, die Verwirrung stiften, von Intriganten usw.

Viele Konflikte werden durch Mißverständnisse aller Art hervorgerufen: durch eine falsche oder nicht exakte Vorstellung über die eigenen oder fremden Pflichten und Rechte (10,5%), durch eine nicht exakt vorgenommene Abgrenzung der Mitwirkung des einzelnen Wissenschaftlers an der Durchführung von gemeinsamen Arbeiten (ebensoviel Prozent), durch unsorgfältiges oder fehlerhaftes Arbeiten (8,8%) usw. Die Ursachen für das Entstehen solcher Konfliktsituationen sind ungenügende Aufmerksamkeit und Feinfühligkeit gegenüber seinen Kollegen, ein übereiltes Treffen von Feststellungen, voreilig gefaßte Entscheidungen oder ein undiszipliniertes Verhalten. Nur 13% der Konfliktsituationen entstanden aus der Unfähigkeit der Leiter, die Arbeit der ihnen unterstellten Kollektive zu organisieren. Hierbei muß man daran erinnern, daß in wissenschaftlichen Kollektiven die Autorität der Leiter nicht auf ihren Machtattributen beruht, die es ihnen gestatten zu „kommandieren", sondern auf ihrem Wissen und ihrem Talent.

Kann man in solchen Kollektiven von Konflikten verschont bleiben? Die Meinungen der an der Untersuchung Beteiligten waren zu dieser Frage geteilt: Die Mehrzahl – 59,4% – ist der Auffassung, daß man nicht ohne Konflikte bleiben kann. Die übrigen waren davon überzeugt, daß in ihren Kollektiven die meisten Konflikte verhindert werden könnten, wenn man die Ursachen, die zu ihnen führen, beseitigt.

Für die Wissenschaft ist der Meinungsstreit, sind unterschiedliche Auffassungen, ein unterschiedliches methodisches Herangehen charakteristisch. Dies muß aber ein Streit darüber sein, wie man einen Arbeitsplan am besten erfüllt und die effektivsten Wege zur Realisierung der Arbeitsergebnisse findet. Alle Menschen können sich einmal irren und einmal eine falsche Meinung haben; viele können auch außerdem einmal falsche Handlungen begehen. Gegenwärtig nehmen noch in dem Gesamtkomplex der Handlungsmotive von Menschen materielle Stimuli einen wichtigen Platz ein, die sie dazu zwingen, auch einmal entgegen ihren eigenen Überzeugungen zu handeln. Der Meinungsstreit und das Aufeinanderstoßen verschiedener Ideen können sich in einer solchen Form vollziehen, daß diese nicht zu Konfliktsituationen führen, daß durch sie den Menschen kein seelischer Schmerz bereitet wird, daß sie nicht die Freude an der Arbeit und das beglückende Gefühl des Schöpfertums trüben. Streit wird es immer geben, aber man muß ihn beilegen, bevor er sich zu einem Konflikt auswächst.

Die Mißachtung der Ansichten, der Interessen und der Würde anderer Menschen ist die Ursache dafür, daß Konfliktsituationen entstehen, die die Arbeit und das Leben von Kollektiven überschatten. Die Nichtbeachtung elementarer Verhaltensregeln in der Gesellschaft, ein grober Umgangston und das Bezeugen von Mißachtung gegenüber seinen Kollegen und besonders gegenüber unterstellten Mitarbeitern, eine fehlende Selbstbeherrschung, die Nichtbereitschaft, Zugeständnisse zu machen, das Unvermögen, zur rechten Zeit eine Anerkennung auszusprechen, die fehlende Fähigkeit, kritische Hinweise an die eigene Adresse zur Kenntnis zu nehmen, das sind die bei weitem nicht vollständig aufgezählten Erscheinungen, die von einer schlechten Erziehung und einem Unvermögen zeugen, sich in ein Kollektiv einzuordnen.

Wie kann man nach unserer Meinung Konfliktsituationen verhindern?

In erster Linie darf man nicht die konkreten (die faktischen und möglichen) Ursachen und die Folgen von Konfliktsituationen verschweigen, sondern man muß im Gegenteil sie gründlich analysieren. Besondere Aufmerksamkeit muß man hierbei dem Schaden schenken, den sie der Gesellschaft zufügen, indem sie den Prozeß der Verwandlung der Arbeit in das erste Lebensbedürfnis der Menschen im Sozialismus hemmen, indem sie die Mitarbeiter für eine längere Zeit von ihrer Arbeit ablenken (die Tatsache, daß ein Mitarbeiter pünktlich zur Arbeit erscheint, ist für eine Institution allein nicht von entscheidender Bedeutung). Der Institution kann ein viel größerer und nicht wieder gutzumachender Schaden dadurch zugefügt werden, daß ein Mitarbeiter mit seinen wissenschaftlichen Verbindungen, seinen Erfahrungen, seinen Ideen, Gedanken und Projekten die Institution verläßt.

Ein Hauptmittel, um Konfliktsituationen zu vermeiden, besteht darin, allen Leitern ohne Ausnahme die einfache Regel einzuhämmern: ein wissenschaftliches Forschungsinstitut, eine Abteilung, ein Sektor, ein Laboratorium usw. wird nicht kommandiert, sondern geleitet. Die zwischenmenschlichen Beziehungen im Kollektiv bleiben ungeachtet der Dienststellung, die ein Mitarbeiter einnimmt, immer menschliche Beziehungen und sogar persönliche Beziehungen; in den mit Ausführungsarbeiten betrauten Mitarbeitern darf man in keinem Falle nur Untergebene sehen. Objekt der Leistung sind doch in den meisten Fällen nicht die Nutzung der Arbeitszeit, nicht ein bloßes sich Beschäftigen, sondern die Gedanken, das Denken von Mitarbeitern (was man von Untergebenen nicht erwarten kann!). Der Leiter in einem solchen Kollektiv muß ein gebildeter Mensch im weitesten Sinne dieses Wortes sein, ein Fachmann und Leiter in einer Person [85].

Der Leiter eines wissenschaftlichen Kollektivs (ein Abteilungsleiter, ein Leiter eines Laboratoriums, eines Sektors, einer Gruppe usw.) darf nur in geringerem Maße als ein Leiter in der Produktion (z. B. ein Brigadier, ein Meister, ein Abteilungsleiter usw.) in seiner Leitungsarbeit gegenüber den ihm anvertrauten Kollektiv einen „administrativen Ton“ anschlagen. Bei ihm müssen vor allem die zwischenmenschlichen Beziehungen zwischen den Kollegen von unterschiedlicher Dienststellung überwiegen. Diese Beziehungen dürfen aber nicht zu „Kumpelei“ werden, denn dies führt unausbleiblich dazu, daß der Geleitete sein Verantwortlichkeitsgefühl verliert, führt zu einer ungleichen Behandlung der Mitglieder des Kollektivs durch den Leiter. Aus diesem Grunde fällt es dem Leiter eines wissenschaftlichen Kollektivs am schwersten, in seinen Beziehungen zu den Geleiteten die genaue Grenze einzuhalten, die verhindert, daß die kollegialen Verhältnisse zur „Kumpelei“ werden.

Prinzipienfestigkeit, überlegtes Handeln, hohe moralische Qualitäten des Leiters eines Kollektivs tragen nicht nur zur Entwicklung menschenwürdiger Beziehungen in einem Kollektiv bei. Die Psychologen behaupten, daß eine gute oder schlechte Einstellung zur Arbeit ein Schwanken der Arbeitsproduktivität um 70% bewirken kann. Ohne die oben angeführten Qualitäten des Leiters ist aber eine gute Einstellung zur Arbeit in einem wissenschaftlichen Kollektiv nicht möglich. Nur in einer guten Arbeitsatmosphäre kann man von Wissenschaftlern erwarten, daß sie alle Kräfte und Fähigkeiten für die Erfüllung der wissenschaftlichen Aufgaben effektiv einsetzen. Der Intellekt des Menschen reagiert offenbar sehr empfindlich auf die Sorge und Aufmerksamkeit, die ihm entgegengebracht wird.

Besonders unhaltbar wird die Lage, wenn, wie in einem Fragebogen [85] angeführt „Bedingungen herrschen, die es zulassen, daß ein Mitarbeiter, der sich hinsichtlich seiner Fähigkeiten nicht von denen unterscheidet, die für ihn arbeiten, mehrere Mitarbeiter für sich arbeiten läßt“.

Nach dem Statut der Gewerkschaften der UdSSR besitzen die Betriebsgewerkschaftsleitungen das Recht, zu Kandidaturen für leitende Funktionen Stellung zu nehmen. Die Gewerkschaftsleitungen in den Institutionen und Betrieben haben sich aber noch nicht daran gewöhnt, von ihrem Recht entsprechend Gebrauch zu machen. Gegenwärtig breitet sich in den Betrieben und auf den Baustellen immer stärker die Methode aus, daß ein Brigadier nur mit Einverständnis der Mitglieder seiner Brigade ernannt wird. Ein solches Einverständnis ist auch erforderlich, wenn neue Arbeiter in die Brigade aufgenommen werden sollen.

Um so mehr zweckmäßig ist es, eine solche vernünftige Methode für ein wissenschaftliches Kollektiv einzuführen, wo psychologische Faktoren für die Arbeitsorganisation von größerer Bedeutung sind als in einer beliebigen anderen Art der Arbeitstätigkeit des Menschen. Das Kollektiv muß davon überzeugt sein, daß seine Meinung auf jeden Fall von der übergeordneten Leitung bei der endgültigen Enscheidung über die Berufung des neuen Mitarbeiters berücksichtigt wird, sonst kann sich eine Situation ergeben, die auf längere Zeit die gesamte Arbeit in dem betreffenden Kollektiv desorganisiert.

Gegenwärtig werden die Stellungnahmen der Ausschreibungskommissionen zur Einstellung der Bewerber, die sich für die ausgeschriebenen Stellen beworben haben, in der Regel nicht dem Kollektiv mitgeteilt. Es wäre jedoch zweckmäßig, in einzelnen Fällen die Empfehlungen dieser Kommissionen auf den Vollversammlungen der Abteilungen, Laboratorien im ganzen Kollektiv (je nach der zu besetzenden Stelle) zu erörtern. Solche Beratung würde das Gefühl der allgemeinen Verantwortlichkeit für die Aufnahme eines neuen Mitarbeiters in das Kollektiv erhöhen und würde dem neuen Kollektivmitglied zeigen, daß sein Eintritt in das Kollektiv den Kollektivmitgliedern nicht gleichgültig ist.

Alles dies würde in seiner Gesamtheit bessere Garantien dafür geben, daß als Leitungskader die fähigsten, ehrlichen, von schöpferischer Arbeit besessenen Mitarbeiter ausgewählt werden, besser als das gegenwärtig der Fall ist. Dies würde verhindern, daß solche Funktionen mit Formalisten, Bürokraten, geschäftstüchtigen Leuten, Intriganten und Faulenzern besetzt werden. Leider muß man wohl oder übel der Ausführung eines Befragten auf einem Fragebogen zustimmen: „Nicht selten machen sich in einzelnen Kollektiven Unbegabte und Ränkeschmiede breit". Die Kollektive durchschauen sehr bald das wahre Wesen solcher Mitarbeiter, die nur dank ihrer Rückendeckung durch leitende Mitarbeiter stark sind, die häufig von gleichem Schlag wie sie selber sind.

Unter einem talentierten Leiter, der ein guter Psychologe und Kollege ist, können sich in einem Kollektiv keine Konfliktsituationen entwickeln; Meinungsstreit und Diskussionen, die die wissenschaftliche Arbeit betreffen, führen nur zur Erhöhung ihrer Produktivität. Die Regeln für den Umgang mit Unterstellten muß man in erster Linie erlernen. Bei der Beurteilung von Bewerbern für verantwortliche Funktionen muß man aber diesem Charakterzug die Hauptbedeutung beimessen. Die Gesetze der Psychologie, insbesondere der Sozialpsychologie, sind ebensolche objektiven Gesetze wie die Gesetze, durch die die Entwicklung von Natur und Wirtschaft bestimmt wird.

Das Leben ist in gewissem Grade ein System von Kompromissen. Und diese Regel müssen sich alle Mitglieder eines Kollektivs stets vor Augen halten. Jeder von ihnen kann sich ohne Schwierigkeit an Leute erinnern, mit denen er zusammengetroffen ist, die der Meinung waren, daß nur ihre Meinung die einzig richtige Meinung sei. Solche Menschen sind die schwierigsten Mitglieder in einem Kollektiv.

Die gesellschaftlichen Organisationen spielen eine große Rolle bei der Entwicklung und Festigung einer gesunden moralischen Atmosphäre in einem Kollektiv. Solche Maßnahmen des Leiters, wie taktisches Herangehen an die Feststellung der Ursachen eines entstandenen Konflikts, und – wenn erforderlich – die umfassende Diskussion der strittigen Fragen, auf Grund deren er entstanden ist, eine konkrete Propagierung der Regeln des sozialistischen Gemeinschaftslebens und eines sozialistischen Verhaltens im Kollektiv, der Ausspruch einer öffentlichen Mißbilligung gegenüber den Initiatoren eines Konflikts, unabhängig von ihrer Dienststellung, machen es möglich, Konflikte auf ein Mindestmaß zu beschränken oder sie überhaupt auszuschließen.

Die Achtung der menschlichen Würde, die Fähigkeit, auch eine bittere Wahrheit anzuhören, ein überlegtes und Unstimmigkeiten vorbeugendes Handeln gegenüber den Kollegen muß auch bei der Diskussion einer kommunistischen Einstellung zur Arbeit einen größeren Platz einnehmen. Die gesellschaftlichen Organisationen müssen durch ihre gesamte Tätigkeit die Mitglieder eines Kollektivs zu einem ehrlichen Pflichtbewußtsein erziehen, zu einer klaren und ausgeprägten Vorstellung von den Zielen und der Methodik ihrer Arbeit; sie müssen Wege suchen, um die Pflichten gerecht abzugrenzen und die Voraussetzungen für eine ständige Weiterqualifizierung der Kollektivmitglieder zu schaffen. In einer solchen Situation kann man, wie ein Befragter in seinem Fragebogen schreibt, „im guten sich über jede beliebige Frage einigen. Bleibe selbst Mensch und achte die Anderen".

Auf welche Art und Weise wurden Konfliktsituationen in der oben angeführten Untersuchung gelöst? Ein Viertel von ihnen wurde dadurch gelöst, daß die Beteiligten am Konflikt zu normalen Beziehungen zurückfanden, ohne daß eine offizielle Erörterung des Konfliktes stattfand oder eine Partei sich entschuldigte oder sonst etwas unternahm. Ebensoviele mußte die Leitung in Ordnung bringen: die Streitenden versöhnen, bestimmte Strafen aussprechen oder sogar eine Entlassung verfügen.

Von den gesellschaftlichen Organisationen wurden 16,1% der Konflikte erörtert (fast sämtliche im Rahmen der Partei). Fast 17% der Konflikte endeten damit, daß die Beteiligten das Kollektiv verließen, in der Mehrzahl der Fälle „auf eigenen Wunsch".

Für ein wissenschaftliches Kollektiv kann man nach den Unterlagen der konkret-soziologischen Untersuchung ein Wahrscheinlichkeitsmodell der Konfliktsituation konstruieren. Ein solches Modell gestattet es, Konflikte vorauszusehen und, mit dem Ziel ihrer Verhütung, Maßnahmen zur Optimierung des Einsatzes der wissenschaftlichen Kader, zu einer organisatorischen „Rekonstruktion" der Tätigkeit des Kollektivs zu ergreifen. Eine Konfliktsituation in einem wissenschaftlichen Kollektiv kann man durch folgendes Modell darstellen:

$$\frac{dx_1}{dt} = w_1(t) - \int_{\infty}^{t} g_1(T, t - T) w_1(T) dT \tag{25}$$

$$\frac{dx_1}{dt} = P_{i-1}(t) y_{i-1}(t) - \int_{\infty}^{t} g_i(T, t - T) P_{i-1}(T)_{y-1}(T) dT; \tag{26}$$

$$\frac{dy_1}{dt} = [(1 - b_1)t] \int_{\infty}^{t} g_1(T, t - T) w_1(T) dT - [a_1(t) + P_1(t)] y_1(t); \tag{27}$$

$$\frac{dy_i}{dt} = [(1 - b_i)t] \int_{\infty}^{t} g_1(T, t - T) P_{i-1}(T) y_{i-1}(T) dT - [a_i(t) + P_i(t)] y_i(t); \quad i = 2, 3, \ldots, n. \tag{28}$$

Das Modell umfaßt folgende Parameter:

$w_i(t)$ – Zahl der Wissenschaftler, die an verschiedenen Konfliktsituationen im Zeitpunkt t zum i-ten Mal beteiligt sind;

$x_i(t)$ – Zahl der Wissenschaftler, die im Zeitpunkt t in einen Konflikt verwickelt sind und vorher an i Konflikten beteiligt waren;

$w_i(t)$ – Zahl der Wissenschaftler mit i-ter Teilnahme an Konflikten, die nach Urlaub, Dienstreise usw. im Moment t ihre Arbeit aufnahmen;

$y_i(t)$ – Zahl der Wissenschaftler mit i-ter Beteiligung an Konflikten, die im Augenblick t im Kollektiv arbeiteten und nicht mit einer Wahrscheinlichkeit von gleich Null in den nächsten Konflikt verwickelt werden;

$b_i(t)$ – Effektivität der Einwirkung der gesellschaftlichen Meinung – Anteil der Personen, die im Kollektiv arbeiten, mit i-ter Teilnahme an Konflikten, die daraus Lehren gezogen haben;

$a_i(t)$ – Anteil der Teilnahme der Wissenschaftler der Kategorie $y_i(t)$ durch Überwechseln in andere wissenschaftliche Kollektive usw.;

$g_i(T, t - T)$ – Anteil der Personen, die zum i-ten Mal im Zeitpunkt T in Konflikte verwickelt waren und zu dem Zeitpunkt $t \geqq T$ die Arbeit aufnahmen.

Das System der Geleichung wird integriert.

Die Modellierung einer Konfliktsituation macht es möglich, effektiv ein Kollektiv zu leiten, indem man den wahrscheinlichsten Lauf der Ereignisse voraussieht.

Zur Prognostizierung von Konflikten in wissenschaftlichen Kollektiven können die Methoden der Spieltheorie Anwendung finden. Die Spieltheorie – ein Gebiet der Mathematik – untersucht Modelle von Konfliktsituationen, in denen zwei oder mehrere Parteien mindestens teilweise entgegengesetzte Ziele verfolgen. Hierbei hängt das Ergebnis der Handlungen jeder Partei von den Strategien ab, die vom Gegner ausgearbeitet wurden. So sind zum Beispiel in einem Spiel zweier Personen, bei denen die Summe gleich Null ist, die Interessen der Spieler diametral entgegengesetzt, d. h. der Gewinn des einen Spielers ist genau gleich dem Verlust des anderen Spielers, d. h. die Summe der Gewinne ist immer gleich Null. Es wird als ausgeschlossen angesehen, daß die in einen Konflikt verwickelten Parteien zusammenarbeiten. In einem Spiel mit gemischten Motiven besitzen die Spieler neben gegensätzlichen auch noch gewisse gemeinsame Interessen, auf deren Grundlage die Gegner miteinander verhandeln, indem sie Verpflichtungen übernehmen, Versprechungen abgeben, miteinander kommunizieren und Drohungen aussprechen. Mit Hilfe der Spieltheorie kann man die logische Struktur eines Konfliktes und seine Grundelemente ermitteln, kann man Empfehlungen für ein rationelles Verhalten in einer Konfliktsituation abgeben und eine solche imitieren. Man darf aber auch nicht die Bedeutung der Spieltheorie bei der Analyse von Konflikten in einem wissenschaftlichen Kollektiv überschätzen. Ihre Methoden erfassen nicht solche Konfliktsituationen, in denen emotionale Elemente (Affekte) eine entscheidende Rolle bei ihrer Entstehung spielen. Das Hauptmittel sie zu lösen, bildet die gesellschaftliche Meinung, die sich in Diskussionen, Beratungen u. a. m. herausbildet. „Die reale Wirklichkeit wird in der Spieltheorie in bedeutendem Maße idealisiert, wodurch die Theorie sehr stark eingeschränkt wird“, schreiben R. D. Luce und H. Raiffa [147, S. 183]. So wird z. B. angenommen, daß die Spieler im Spiel eine optimale Strategie wählen, ein Zufallsverlust wird ausgeschlossen usw. Zur Analyse einzelner Seiten von Konfliktsituationen ist jedoch die Anwendung von Methoden der Spieltheorie vollauf gerechtfertigt.

Eine für ein wissenschaftliches Kollektiv typische Konfliktsituation, die nicht von der Spieltheorie erörtert wird, ist der Wettbewerb von *N* Personen mit einer Null-Summe, die danach streben, nicht einander zu besiegen, sondern eine einheitliche Auffassung zu erreichen.

In einem bestimmten Sinne stellt der gesamte wissenschaftliche Forschungsprozeß eine solche Art von Spiel dar, im Verlauf dessen die Symptome eines Konfliktes entstehen, die sich entwickeln, ihre volle Stärke erreichen und gelöst werden. Das Mittel, um solche Konflikte in der Wissenschaft zu lösen, bildet die gesellschaftliche Meinung als eine der wirksamsten Methoden einer informellen Leitung eines wissenschaftlichen Kollektivs.

5. Die Rolle der gesellschaftlichen Meinung in einem wissenschaftlichen Kollektiv

Zum Unterschied von einem Produktionskollektiv, in dem den Mitarbeitern durch die Leitung administrativ vorgeschrieben wird, bestimmte Produktionstätigkeiten auszuüben, wirken in einem wissenschaftlichen Kollektiv „keine anderen Kräfte außer der gesellschaftlichen Meinung des wissenschaftlichen Milieus auf den Wissenschaftler ein“ [148, S. 16].

Die Rolle der gesellschaftlichen Meinung bei der Leitung der Gesellschaft wird in den Arbeiten von G. M. Gak, A. K. Uledov, B. A. Grušin, A. I. Gorjačev u. a. Wissenschaftlern untersucht. A. K. Uledov definiert die gesellschaftliche Meinung als Zustand des gesellschaftlichen Bewußtseins [149, S. 49]. B. A. Grušin ist der Auffassung, daß die gesellschaftliche Meinung kein besonderes Widerspiegelungsobjekt besitzt, das sich von dem Objekt unterscheidet, das in den verschiedenen Formen des gesellschaftlichen Bewußtseins widergespiegelt wird, und verbindet seine Definition mit dem Begriff „Massenbewußtsein“ [150, S. 60, 61]. Die gesellschaftliche Meinung ist ein Zustand des Massenbewußtseins, das gesellschaftliche Bewußtsein „mit im Innern zerbrochenen Scheidewänden“, „ein Produkt zweier Größen – des Alltagsbewußtseins und der theoretischen Kenntnisse“. Die Spezifik der gesellschaftlichen Meinung als Typ des Bewußtseins besteht in der Spezifik der Gesetzmäßigkeiten, die ihr Funktionieren lenken, sowie in den spezifischen Formen, in denen es widergespiegelt wird.

Bezogen auf wissenschaftliche Kollektive, in denen die gesellschaftliche Meinung eine regulative Rolle spielt, gebührt eher der Definition von M. Ja. Koval'zon der Vorzug, die er in seiner Rezension des Buches von B. A. Grušin „Meinungen über die Welt der Meinungen“ entwickelt. Sie besteht in folgendem: „Die gesellschaftliche Meinung ist Ausdruck der gemeinsamen Interessen. Sie tritt in Erscheinung, wenn wir sie als Urteil über irgendeinen Gegenstand betrachten, sowohl im Alltagsbewußtsein als auch in den historisch entwickelten Formen der Ideologie. Sie bildet sich heraus auf der Grundlage der ökonomischen Beziehungen und kann diese sowohl in der Form von unmittelbaren ökonomischen Forderungen als auch in der Form von politischen, rechtlichen, religiösen, moralischen, ästhetischen und anderen Auffassungen ... zum Ausdruck bringen. Als spezifische gesellschaftliche Erscheinung betrachtet, tritt die gesellschaftliche Meinung nicht nur als ein Urteilen über etwas in Erscheinung, sondern auch als reales Verhältnis zwischen Menschen, das sich auf Grund eines bestimmten Bewußtseins herausgebildet hat, als ein aktives Handeln, in dem sich auch seine Kraft zeigt. So ist die gesellschaftliche Meinung nicht nur und nicht so sehr ein Urteilen über etwas. Sie ist ein konkreter historischer Mechanismus, der Urteile mit Handlungen von Menschen verbindet, ein Mechanismus, der eine Meinung in der Praxis verkörpert" [151, S. 155].

In der Tat, die gesellschaftliche Meinung ist immer mit realen praktischen Handlungen verbunden. In der Regel unterscheidet man zwischen einer expressiven (wertenden, kontrollierenden) Funktion, einer konsultativen Funktion (z. B. bei einer Volksdiskussion über Gesetzentwürfe usw.) und einer direktiven Funktion (Wahlen, Konferenzen) der Meinung in der Gesellschaft. In einem wissenschaftlichen Kollektiv erfüllt die gesellschaftliche Meinung eine wertende, konstruktive, regulierende und informative Funktion, Funktionen, die in ihrer Gesamtheit die informelle Leitung vieler Seiten der wissenschaftlichen Tätigkeit bewirken.

Die *wertende* Funktion der gesellschaftlichen Meinung besteht in dem in der Wissenschaft entwickelten Mechanismus eines „organisierten Skeptizismus", d. h. in der Forderung, eine objektive und leidenschaftslose Überprüfung der in einer wissenschaftlichen Arbeit dargelegten Ergebnisse zu sichern. Die Wissenschaftler nehmen gegenüber den Ereignissen des gesellschaftlichen Lebens, und dabei auch gegenüber denjenigen, die sich in der Sphäre der Wissenschaft abspielen, eine bestimmte Position ein. Sie werten die Ergebnisse der Tätigkeit einer wissenschaftlichen Forschungseinrichtung und von einzelnen Wissenschaftlern auf spezifische Art und Weise. Die formellen Leitungsmethoden stehen unter der informellen Kontrolle durch die gesellschaftliche Meinung der Wissenschaftler. Der amerikanische Soziologe N. Storer definiert den Inhalt dieser Seite der gesellschaftlichen Meinung in der Wissenschaft auf folgende Weise: „Die Funktion dieser Norm besteht darin, die Verwendung von willkürlichen Stimuli als Motivation für die Forschung zu verhindern, weil eine solche Praxis alle inneren Mittel der Kontrolle ineffektiv macht und auf diese Weise zur Desintegration der Wissenschaft als eines sozialen Systems führt" [152, S. 116].

In der Wissenschaft besteht ein ziemlich entwickeltes Netz von Organen, das die Wahrnehmung der Wertungsfunktion der gesellschaftlichen Meinung bewirkt. Wissenschaftliche Räte, wissenschaftliche Konsultativorgane, methodische Räte und andere Typen von beratenden Organen, von denen die Ergebnisse der wissenschaftlichen Tätigkeit beraten und kollektiv bewertet werden, gibt es praktisch in sämtlichen wissenschaftlichen Forschungseinrichtungen, unabhängig von ihrer ressortmäßigen Unterstellung.

Die *konstruktive* Funktion der gesellschaftlichen Meinung in einem wissenschaftlichen Kollektiv besteht darin, daß auf der Grundlage von kollektiv ausgearbeiteten Wertungsnormen die sozialen Beziehungen programmiert und die Handlungsweisen bestimmt werden. Nicht selten besitzt die gesellschaftliche Meinung einen imperativen Charakter. So werden zum Beispiel auf den meisten wissenschaftlich-technischen Konferenzen und Symposien Empfehlungen an die Leitungsorgane beschlossen (an das Staatliche Komitee für Wissenschaft und Technik des Ministerrates der UdSSR, an das Ministerium für Hoch- und Fachschulwesen der UdSSR, an die Staatliche Plankommission der UdSSR usw.). Diese Empfehlungen stellen keine Direktiven dar, die von den Organen, an die sie adressiert sind, durchgeführt werden müssen. Die Direktivorgane sind jedoch gezwungen, mit der Meinung der wissenschaftlichen Öffentlichkeit zu rechnen. Das findet seinen Ausdruck in den entsprechenden Korrelationen der Volkswirtschaftspläne, in der Veränderung bestimmter Aspekte der Wissenschaftspolitik usw. Die Effektivität der konstruktiven Rolle der gesellschaftlichen Meinung in der Wissenschaft wird unmittelbar durch die wissenschaftliche Begründetheit der Empfehlungen, der Beschlüsse der wissenschaftlichen Räte usw. bestimmt. Aus diesem Grunde führt die Realisierung der konstruktiven Funktion der gesellschaftlichen Meinung im wissenschaftlichen Kollektiv zu der Notwendigeit, ihre Ausarbeitung zu organisieren. Als Initiator hierzu tritt nicht selten die Leitung einer wissenschaftlichen Forschungseinrichtung auf, die daran interessiert ist, daß optimale Entscheidungen zur Leitung des wissenschaftlichen Forschungsprozesses getroffen werden.

Die gesellschaftliche Meinung kann in der Wissenschaft als Regulator zur Verteilung der zwischenpersönlichen Rollen im Kollektiv auftreten, d. h. eine *regulative* Funktion zur Organisierung des Verhaltens der Wissenschaftler entsprechend den Normen und Regeln der Wissenschaftsethik erfüllen. Das Problem der Pflicht und Verantwortlichkeit des Wissenschaftlers für die Ergebnisse seiner Arbeit, die wissenschaftliche Ehrlichkeit und Prinzipienfestigkeit, die Selbstkritik und andere moralische Fragen werden praktisch mit Hilfe der Regulativfunktion der gesellschaftlichen Meinung entschieden. Gleichzeitig wird die überwiegende Mehrheit aller Entscheidungen in einem wissenschaftlichen Kollektiv unter Berücksichtigung der Forderungen der Wissenschaftsethik getroffen. Ein besonders großes Gewicht besitzt die Regulativfunktion der gesellschaftlichen Meinung, wenn es sich darum handelt, Entscheidungen in Fragen einer Mitautorenschaft, einer schöpferischen Zusammenarbeit, der Unterstützung der Jugend durch ehrwürdige Wissenschaftler bei der Gewinnung einer vertieften Fachspezialisierung u. a. mehr zu treffen. In dem Maße, wie sich die Wissenschaft unter den Bedingungen der entwickelten sozialistischen Gesellschaft in ein sich selbsttätig regelndes System verwandelt, wird die Rolle und die Bedeutung der gesellschaftlichen Meinung als Regulator für die wissenschaftliche Tätigkeit zunehmen.

Schließlich besitzt die gesellschaftliche Meinung im wissenschaftlichen Kollektiv eine *informative* Funktion: In der Regel gibt es zu ein und derselben Frage keinen Monismus der Wertungen, sondern meist stellt man einen Pluralismus fest, d. h. es existieren unterschiedliche Meinungen mit einem unterschiedlichen Kompetenzgrad, einer unterschiedlichen wissenschaftlichen Begründetheit usw. Dieses gibt alternative Möglichkeiten, um eine rationelle Entscheidung zu treffen, indem aus den vielen Positionen zu ein und derselben Frage eine Wahl getroffen wird. Die gesellschaftliche Meinung eines wissenschaftlichen Kollektivs besitzt eine bedeutende „Informationskapazität" und kann nicht selten mit Erfolg zur Wertung von komplizierten Situationen genutzt werden. Im Zusammenhang mit der bedeutenden Rolle der gesellschaftlichen Meinung für ein optimales Funktionieren einer wissenschaftlichen Forschungseinrichtung entsteht die Notwendigkeit, sie speziell zu studieren und zu analysieren, um einen Mechanismus von Rückkopplungen zwischen dem formellen Leiter (bzw. einer Autorität) und dem Kollektiv zu schaffen.

Die Erforschung der gesellschaftlichen Meinung umfaßt folgende Etappen:

1. Faktensammlung durch Beobachtung, statistische Analyse usw.;
2. Analyse der gesammelten Primärdaten;
3. Formulierung von Schlußfolgerungen und theoretischen Hypothesen auf der Grundlage der Faktenanalyse;
4. Entscheidungsfindung zur Optimierung der Organisation und Leitung einer wissenschaftlichen Tätigkeit auf der Grundlage des Studiums der gesellschaftlichen Meinung der Wissenschaftler.

Das Studium der gesellschaftlichen Meinung eines wissenschaftlichen Kollektivs kann auf der Grundlage der Analyse von Dokumenten (von

Protokollen von Versammlungen gesellschaftlicher Organisationen, von wissenschaftlichen Räten, von Eingaben von Wissenschaftlern an die Parteileitung, an die Leitung der Jugendorganisation, an die Gewerkschaftsleitung usw.), von publizierten Thesen von Referaten sowie anhand von Stenogrammen von Diskussionsbeiträgen auf wissenschaftlich-technischen Konferenzen und Symposien erfolgen und schließlich durch eine Befragung der Wissenschaftler mit Hilfe der Interviewmethode bzw. der Ausgabe von Fragebogen.

Die wissenschaftliche Rechtfertigung und der wissenschaftliche Wert des Studiums der Dokumente und Materialien (z. B. der Stenogramme), in denen die Meinungen verobjektiviert sind, steht außer Zweifel. Aber bei weitem nicht alle Meinungen werden in der Wissenschaft in einem Dokument fixiert. Außerdem muß man in einer wissenschaftlichen Forschungseinrichtung häufig operativ Informationen über Meinungen von Mitgliedern eines Kollektivs zu vielen Fragen der laufenden wissenschaftlichen Tätigkeit sammeln. Schließlich entspricht, wenn die Meinung z. B. durch ein Stenogramm, auf Magnetband usw. festgehalten wird, nicht immer das gesprochene Wort dem, was der Betreffende tatsächlich denkt. Aus diesem Grunde verdient die Fragebogen- und Interviewmethode, ungeachtet ihres bekannten Subjektivismus und der Grenzen, die diese Methoden besitzen, als eine Methode, die das Studium der Dokumente ergänzt, Beachtung. In dem Falle, daß die Fragebogenmethode Verwendung findet, um die gesellschaftliche Meinung in einer wissenschaftlichen Forschungseinrichtung zu erforschen, entsteht das Problem der Repräsentativität. Die gesellschaftliche Meinung kann sowohl auf der Grundlage einer Totalbefragung als auch einer Teilbefragung erfolgen. Im ersten Falle werden alle Mitarbeiter einer wissenschaftlichen Forschungseinrichtung erfaßt, im zweiten Falle nur ein Teil (eine Auswahl). In diesem Falle entsteht das Problem, wie man die Repräsentativität sichert..

In erster Linie ergibt sich die Frage, wieviel Elemente aus der Generalmenge man berücksichtigen muß, um eine zufriedenstellende Wertung der gesellschaftlichen Meinung zu erhalten. Die komplizierten Fragen, die in einer wissenschaftlichen Forschungseinrichtung stehen, lassen sich selten mit einer einfachen Zufalls-Auswahl erfassen. Im allgemeinen ist es erforderlich, komplizierte Auswahlmethoden anzuwenden.

Untersuchen wir einige Besonderheiten der verschiedenen Auswahl-Methoden, mit dem Ziel, die gesellschaftliche Meinung in einem wissenschaftlichen Kollektiv zu erforschen.

1. *Die einfache Zufallsauswahl*

Aus N verschiedenen Elementen einer Grundgesamtheit kann man n bei $\frac{N}{n}$ Möglichkeiten auswählen. Folglich ist nach der Zahl $\frac{N}{n}$ eine unterschiedliche und elementare Auswahl möglich. Im allgemeinen kann man die Wahrscheinlichkeit der Bestimmung jeder Auswahl feststellen. Wenn die Festlegung so vorgenommen wird, daß jede elementare Auswahl eine gleiche Chance bei der Wahl besitzt, so handelt es sich um eine einfache Zufallsauswahl. Ihr Wesen besteht darin, daß die Generalmenge, die aus Elementen besteht, in Teile zerlegt wird, die sich voneinander unterscheiden, wobei ihre Summe selbstverständlich der Grundgesamtheit entsprechen muß: $N_1 + N_2 + \ldots + N_n = N$.

2. *Die Mehrstufen-Auswahl*

Im Falle der Mehrstufen-Auswahl wird die Grundgesamtheit in mehrere große Elemente unterteilt, die ihrerseits in immer kleinere Elemente weiter unterteilt werden, bis der Forscher unmittelbar auf das zu studierende Element stößt.

Bei der Durchführung von statistischen Untersuchungen der gesellschaftlichen Meinung finden oft verschiedene Auswahlmethoden gleichzeitig Anwendung.

Bei der Auswahl der Elemente aus der Grundgesamtheit findet nicht selten die Methode der Zufallsauswahl Anwendung. Hierbei versteht man unter Zufallsauswahl die Auswahl, die man erhält, wenn zuerst sämtliche Elemente der Gesamtheit durchnumeriert werden, worauf die Elemente der Auswahl durch Los bestimmt werden. Die Zufallsauswahl kann mit Hilfe von Zufallszahlen vorgenommen werden.

Eine systematische oder mechanische Auswahl findet besonders häufig Anwendung. Sie ist einfach, aber die Wertung der Exaktheit des Ergebnisses stellt ein ernstes theoretisches Problem dar. Wenn der Forscher davon überzeugt ist, daß keine Verbindung zwischen der Ordnung der Elemente und dem Merkmal besteht, das untersucht wird, so ist es in diesem Falle gleichgültig, wie die Auswahl vorgenommen wird.

Die Analyse der gesellschaftlichen Meinung in einer wissenschaftlichen Forschungseinrichtung auf der Grundlage des Studiums von Dokumenten, von Fragebogen und mit Hilfe von Interviews wird wesentlich bereichert, wenn die Methode der Momentbeobachtungen Anwendung findet. Mit ihrer Hilfe wird eine breite Erfassung der zu untersuchenden Gesamtheit der Wissenschaftler erreicht, eine exakte Fixierung verschiedener Meinungen und eine Objektivität der fixierten Ergebnisse.

Die Methode der Momentbeobachtungen kann bei den verschiedenen Arten der Datengewinnung zur Erforschung der gesellschaftlichen Meinung in einem wissenschaftlichen Kollektiv Anwendung finden. Die Daten aus Momentbeobachtungen sind durch eine bedeutend niedrigere Kennziffer der Dispersion der Merkmale im Vergleich zu den Daten gekennzeichnet, die auf der Grundlage von laufenden Beobachtungen gewonnen wurden. Hieraus folgt, daß, wenn man sich mit einer gleichen Fehlerbreite der Auswahl zufriedengibt, man bei Anwendung der Methode der Momentbeobachtungen den Umfang der Auswahl bedeutend einschränken kann. Damit ist die Methode der Momentbeobachtungen effektiver bei der Sammlung von Massendaten. Zur Realisierung der Methode der Momentbeobachtungen benötigt man Untersuchungsprogramme und ein Frageformular (einen Befragungsbogen). Die Methode der Momentbeobachtungen macht es möglich, ein System von stabilen Fragen zu Grundkennziffern mit einem System sich ändernder Ergänzungsfragen, die durch konkrete Bedingungen der betreffenden Zeitperiode hervorgerufen wurden, zu verbinden.

Auf Grund der Regulativfunktion der gesellschaftlichen Meinung ergibt sich die Aufgabe, diese nicht nur personell zu studieren, sondern auch eine zuverlässige, ständig funktionierende Verbindung zwischen dem Leiter (bzw. einer wissenschaftlichen Autorität) und dem wissenschaftlichen Kollektiv herzustellen. Eine optimale wissenschaftliche Tätigkeit hängt in bedeutendem Maße davon ab, inwieweit der Leiter bei seinen Entscheidungen die gesellschaftliche Meinung des Kollektivs berücksichtigt, und wie weit er seinerseits auf die Mitarbeiter einwirkt und an der Bildung ihrer Meinung mitwirkt. Die wirksamste, historisch entwickelte Form zur Herstellung einer Rückkopplung zwischen dem Leiter und dem wissenschaftlichen Kollektiv bilden Beratungen und Aussprachen, in denen der Leiter die gesellschaftliche Meinung erfährt, er aber andererseits die Möglichkeiten hat, sie mit zu beeinflussen, indem er seine Entscheidungen mit dem von ihm geleiteten Personenkreis abstimmt.

Solche Beratungen kann man sowohl nach ihrer Struktur als auch nach ihrem Inhalt klassifizieren.

Nimmt man eine Einteilung nach ihrer Struktur vor, so erhält man folgende Typen:

Diktatorische Beratungen sind Beratungen, auf denen der Leiter seinen Standpunkt darlegt oder eine Anordnung erläßt, wobei er allein zu Worte kommt. Die Zahl der Teilnehmer ist nicht reglementiert. Der Vorzug solcher Beratungen besteht in ihrer Schnelligkeit, in der unmittelbaren praktischen Verwirklichung der Entscheidungen, sowie in der Wahrung der hierarchischen Stufenleiter. Ihr Mangel besteht in dem Fehlen des Elements der gemeinsamen Meinungsbildung, wodurch nicht die Möglichkeit gegeben ist, die gefaßten Entscheidungen zu koordinieren.

Autokratische Beratungen bilden eine Variante des vorhergehenden Typs von Beratungen. Auf ihnen fordert der Leiter, daß jeder einzelne Teilnehmer seine Meinung darlegt! Damit besteht eine solche Beratung aus einer Folge von Fragen und Antworten. Die mögliche Teilnehmerzahl ist hier begrenzt. Der Vorteil einer solchen Art von Beratungen besteht in ihrer Schnelligkeit und der Möglichkeit eines jeden Teilnehmers, mehr oder weniger ausführlich seinen Standpunkt darzulegen. Ihre Mängel bestehen in der Passivität, der künstlichen Koordinierung, in der Möglichkeit, daß bei Teilnehmern gegenüber dem Leiter feindselige Stimmungen aufkommen können.

Segregative Beratungen stellen ihrem Wesen nach eine fiktive Beratung dar, da sich der Leiter faktisch nur mit einem privilegierten Teilnehmer unterhält. Solche Art von Beratungen führen zu negativen Folgen.

Diskussionsversammlungen bilden eine demokratische Form der Beratungen, die für die Lösung eines Problems am besten geeignet ist. Sie finden auch Anwendung, um eine regelmäßige oder außerordentliche Koordinierung der Handlungen vorzunehmen. Auf solchen Beratungen nimmt die Stelle des Leiters des wissenschaftlichen Kollektivs der Vorsitzende der Versammlung ein. Äußerst wichtig ist, daß der Vorsitzende die Kunst der Versammlungsleitung beherrscht. Diese Funktion des Vorsitzenden kann auch der Leiter selbst ausüben, wenn er es versteht, in der Versammlung nicht als Leiter, sondern als Teilnehmer aufzutreten. Die Teilnehmerzahl solcher Beratungen ist begrenzt und sollte nicht mehr als 15 Personen betragen. Ihre Vorzüge bestehen in der Möglichkeit, daß alle Teilnehmer frei ihre Meinung sagen können, wodurch ihr Verantwortlichkeitsgefühl für die Durchführung der auf der Versammlung getroffenen Entscheidungen erhöht wird. Auf ihnen wird eine Koordinierung des weiteren Vorgehens erreicht, sämtliche Teilnehmer werden zusammengeschweißt, und für die Mehrzahl der Teilnehmer ist die Möglichkeit gegeben, offen gegen die Meinung des Vorsitzenden (bzw. des Initiators) der Versammlung aufzutreten. Die Mängel einer solchen Beratung bestehen in ihrer Länge, in der ungenügenden Exaktheit der gefaßten Beschlüsse im Vergleich zu den auf diktatorischen oder autokratischen Beratungen gefaßten Beschlüssen.

Freie Beratungen sind dadurch gekennzeichnet, daß eine bestimmte Tagesordnung fehlt. Sie können sowohl mit einem Vorsitzenden als auch ohne einen solchen durchgeführt werden; aber auch wenn es einen solchen gibt, dann ist seine Rolle sehr begrenzt. Auf solchen Beratungen werden keine Beschlüsse gefaßt; ihre Teilnehmerzahl ist in der Regel nicht groß. Ein Beispiel für solche Beratungen sind die wöchentlichen „Operativbesprechungen" der leitenden Mitarbeiter. Je mehr eine solche Beratung einen „offenen" Charakter besitzt, um so geringer darf die Zahl der Teilnehmer sein.

Bei einer Einteilung nach dem Inhalt erhält man folgende Typen von Beratungen:

Diktatorische Beratungen: auf ihnen werden Anordnungen und Verfügungen bekanntgegeben. Eine Unterart dieser Beratungen ist eine Konferenz, auf der der Referent nach seinem Ermessen auf Fragen antworten kann, die ihm nach seinem Referat von den Teilnehmern gestellt werden.

Autokratische Beratungen: in ihnen legen alle verantwortlichen Mitarbeiter mündlich vor dem Leiter Rechenschaft ab.

Beratungen, die mit dem Ziel durchgeführt werden, *die Meinung der Mitarbeiter zu erfahren*, bevor eine Entscheidung oder eine geplante Maßnahme in der Praxis durchgeführt werden.

Beratungen gemischten Typs (gewöhnliche Koordinierungsberatungen) sind die periodisch durchgeführten Beratungen der Abteilungsleiter. Damit solche Beratungen effektiv sind, muß man sie an bestimmten Tagen zu bestimmter Zeit durchführen und ihre Dauer streng begrenzen. Solche Beratungen machen es möglich, die Teilnehmer zur Disziplin zu erziehen, systematisch immer die gleichen Schlüsselfragen zu behandeln, Fakten und die kurz- und langfristigen Arbeitsprogramme eines jeden Teilnehmers der Beratung zu studieren, eine Koordinierung der Arbeitsprogramme vorzunehmen, Entscheidungen über die Einberufung anderer Beratungen zur Durchführung einer außerordentlichen Koordinierung oder Untersuchung zu treffen.

Diskussionsversammlungen. Ihre Vorbereitung und Durchführung bereitet besonders viel Schwierigkeiten. Der Vorsitzende (Initiator) einer solchen Beratung muß ein sehr qualifizierter Spezialist sein. Er darf nicht seine Auffassung den Mitgliedern der Beratung aufzwingen wollen, sondern ist im Gegenteil verpflichtet, ihre Bemerkungen und Vorschläge zu beachten.

Bevor man zur Vorbereitung einer Diskussionsversammlung schreitet, muß man auf folgende Fragen eine positive Antwort geben können (schon eine einzige negative Antwort kann eine Veränderung des Charakters der Versammlung zur Folge haben): Ist eine solche Beratung notwendig; muß man die Tagesordnung sofort diskutieren oder kann man dies noch eine Zeitlang verschieben; werden sämtliche Versammlungsteilnehmer kompetent sein, um das Problem, das auf die Tagesordnung gesetzt wird, mit zu entscheiden; verfährt man richtig, wenn man zur Beratung bestimmte kompetente Spezialisten nicht mit einlädt; sind die Teilnehmer auf die Beratung vorbereitet; besitzen sie genügend Fakten zu dem Problem, über das auf der Beratung entschieden werden soll; sind die Ziele der Beratung objektiv und genügend klar; gestattet die dienstliche Stellung der Teilnehmer, eine Entscheidung zu unterstützen, die auf der Beratung vorgeschlagen werden könnte; besteht die Möglichkeit, eine reibungslose Durchführung der Beratung zu ermöglichen (Störungen durch Telefongespräche, durch Besucher usw. auszuschließen).

In erster Linie muß man nach Studium des Problems, das auf die Tagesordnung gestellt werden soll, den Ablaufplan für die Beratung aufstellen (nur für den Vorsitzenden allein). In ihm sollten folgende Angaben enthalten sein:

1. die einzelnen Phasen der Beratung mit einem entsprechenden Zeitplan;

2. das einleitende Referat (mit einer Darlegung des Problems, das auf der Beratung behandelt werden soll, der gestellten Ziele und der möglichen Wege und Methoden der Untersuchung);

3. eine Aufzählung der Fragen, die in jeder der vorgesehenen Phasen diskutiert werden sollen;

4. eine Einführung aller überzeugenden Begründungen, um möglichen Einwänden entgegentreten zu können;

5. einige Beispiele oder Anekdoten, um die Diskussion aufzulockern.

Man muß auch dafür Sorge tragen, daß den Teilnehmern die erforderlichen Informationen, wie statistische Angaben, graphische Darstellungen, Zeichnungen, Fotografien usw. zur Verfügung stehen.

Schließlich ist es erforderlich, zur praktischen Vorbereitung der Beratung zu schreiten. Diese Etappe umfaßt die Wahl des Versammlungsortes, die Festlegung von Tag und Zeit der Eröffnung, die Versendung der Einladungen (mit informatorischen Angaben), die Organisierung der Beschallungsanlage usw., die Aufstellung der Möbel und der anderen Einrichtungsgegenstände usw.

Die Beratung muß man auch so vorbereiten, daß sich die Teilnehmer in ihren Beiträgen an den Rahmen der Tagesordnung halten, dabei aber die Möglichkeit haben, ihre Meinung frei darzulegen und ihre Vorschläge zu unterbreiten.

Der Vorsitzende muß den Verlauf der Diskussion lenken. Die Ergebnisse einer Beratung hängen sehr stark von den persönlichen Eigenschaften sowohl des Vorsitzenden als auch der Teilnehmer ab.

Im chronologischen Ablauf einer Diskussionsversammlung spiegelt sich der Einfluß des Vorsitzenden wieder. Er muß deshalb auch den Teilnehmern vorgestellt werden, wenn er ihnen unbekannt ist. Man muß auch anstreben, daß sich jeder Teilnehmer selbst vorstellt, wenn die Teilnehmer nicht alle miteinander bekannt sind. Der Vorsitzende muß durch sein Auftreten für eine offene und freie Atmosphäre sorgen. Es ist angebracht, daß die Tagesordnung und die vorgesehenen Phasen der Beratung an sichtbarer Stelle angeschrieben werden, wenn sie nicht die Teilnehmer in die Hand bekommen. Zuerst ist das vorbereitete einleitende Referat zu verlesen. Die Diskussion ist mit vorher festgelegten Fragen zu beginnen. Der Vorsitzende hat den Verlauf der Diskussion sorgfältig zu verfolgen und er muß dafür sorgen, daß sämtliche Teilnehmer „mitarbeiten". Er muß die Diskussion in die erforderliche Richtung lenken, wenn einzelne Teilnehmer von der Tagesordnung abweichen, und er muß dafür sorgen, daß nur zu konkreten Problemen diskutiert wird. Er kann weiter die Diskussion durch Fragen an die Teilnehmer beleben. Als Letzter muß er seine Meinung sagen. Er muß seine Beiträge (durch Beispiele, durch amüsante Historien usw.) illustrieren. Er hat die Teilnehmer entweder zum Sprechen anzuregen oder ihre Diskussionsfreudigkeit zu bremsen. Er muß von Zeit zu Zeit für eine Entspannung sorgen. Er muß darüber wachen, daß der vorher festgelegte Zeitplan für die einzelnen Phasen der Beratung eingehalten wird. Er muß dafür sorgen, daß die Teilnehmer ihre Vorschläge unterbreiten. Er muß den Wert des Beitrages jedes einzelnen Diskussionsredners für die Lösung des Problems unterstreichen. Er muß die einzelnen Stadien für die Lösung des Problems festhalten und sie an sichtbarer Stelle aufschreiben. Er muß die bei der Lösung des Problems erreichten Erfolge vermerken und entsprechende Schlußfolgerungen ziehen. Er muß die Teilnehmer zur Abfassung endgültiger Schlußfolgerungen heranziehen. Er muß die Ergebnisse der Beratung festhalten und verkünden.

Der Vorsitzende darf während der Beratung die Teilnehmer nicht einen einzigen Augenblick aus dem Auge lassen. So muß er auch dann, wenn er sich mit dem Rücken zu den Teilnehmern wenden muß, um etwas an die Tafel zu schreiben, weitersprechen. Entwickeln die Teilnehmer ungenügend Aktivität, so muß der Vorsitzende nach seinem Ermessen entsprechende Maßnahmen ergreifen. Sie können darin bestehen, daß er allgemeine oder spezifische Fragen stellt, daß er eine erheiternde Geschichte erzählt, daß er zurückhaltenden Teilnehmern der Beratung Mut macht, sich zu Wort zu melden, oder daß er die Bedeutung von Diskussionsbeiträgen hervorhebt. Ist die Diskussionsfreude dagegen zu groß, so ist der Vorsitzende verpflichtet, je nach der Lage der Dinge, ebenfalls einzugreifen. Dabei ist zu empfehlen, daß er um so ruhiger auftritt, je aktiver und erregter die Teilnehmer sind. Besonders erregten Teilnehmern kann er direkte Fragen stellen und sie bitten, diese zu beantworten. Er kann an die Teilnehmer Dokumente zur Kenntnisnahme geben, wenn solche zu den erörterten Fragen zur Verfügung stehen, und zur Hilfe von Anschauungsmitteln greifen. In besonderen Fällen darf er auch einen sehr wortreichen Diskussionsteilnehmer unterbrechen oder ihn bitten, sich kürzer zu fassen.

Der Vorsitzende ist verpflichtet, in jeder Situation Höflichkeit zu bewahren. Wenn es erforderlich ist, muß er entschieden auftreten, dabei muß er aber einen offenen Zusammenstoß mit einzelnen Teilnehmern vermeiden. Die Hauptsache ist aber seine Bescheidenheit; er darf nicht den anderen seine Überlegenheit zur Schau stellen wollen.

So ist die Leitung eines wissenschaftlichen Kollektivs ein soziales Verhältnis, das sich auf Übereinstimmung von formellen und informellen Leitungsmethoden, auf Analyse und Berücksichtigung der gesellschaftlichen Meinung und auf eine in größtmöglichem Maße rationelle Verteilung der sozialen Rollen zwischen den Mitgliedern des Kollektivs gründet, auf Aufrechterhaltung eines bestimmten Gleichgewichts zwischen dem Makroklima und dem Mikroklima, mit dem Ziel, maximal erreichbare Ergebnisse in der wissenschaftlichen Arbeit zu erzielen. Die schöpferische Anwendung der Grundsätze der marxistisch-leninistischen Weltanschauung ist dabei für die Leitung eines wissenschaftlichen Kollektivs von entscheidender Bedeutung.

In den Materialien des XXIV. Parteitages der KPdSU wurde dem Problem der Erhöhung der Effektivität der wissenschaftlichen Forschungstätigkeit große Aufmerksamkeit geschenkt und die methodologische Rolle der marxistisch-leninistischen Philosophie und der kommunistischen Weltanschauung im Prozeß des wissenschaftlich-technischen Schöpfertums unterstrichen. Unter den Bedingungen des intensiven Wechsels der wissenschaftlichen Probleme, des Entstehens neuer Richtungen an den „Nahtstellen“ verschiedener wissenschaftlicher Disziplinen, der weiteren Vertiefung der Spezialisierung der Wissenschaftler übt der Marxismus-Leninismus in dem wissenschaftlichen Suchen die äußerst wichtige Integrierungsfunktion aus. Aus diesem Grunde muß, wie in dem Rechenschaftsbericht des ZK der KPdSU an den XXIV. Parteitag unterstrichen wurde, jeder Wissenschaftler – sowohl der Theoretiker als auch der Experimentator, als auch der

Leiter eines wissenschaftlichen Kollektivs – die Methoden der dialektisch-materialistischen Analyse der Erscheinungen der Realität bis zur Vollkommenheit beherrschen und sie schöpferisch in seiner Arbeit anwenden.

Kapitel IV

Prinzipien einer effektiven Nutzung des kollektiven Charakters der wissenschaftlichen Arbeit

1. Die Polystruktur der Forschung und die Vertiefung der beruflichen Differenzierung der Arbeit in der modernen Wissenschaft

Unbestrittene Fakten zeugen von dem intensiven Wachstum der Kollektivität der wissenschaftlichen Arbeit in der modernen Wissenschaft. So betrug z. B. auf dem Gebiet der Chemie zu Anfang unseres Jahrhunderts der Anteil des individuellen Schöpfertums 85%, während gegenwärtig insgesamt nur 35% aller Arbeiten von Einzelautoren stammen. Im gleichen Maße nahm der Anteil der Kollektivarbeiten zu [153]. Man kann mit Recht annehmen, daß sich dieser Prozeß weiter verstärken wird. Die Industrialisierung der wissenschaftlichen Arbeit, die Erhöhung des Anteils der wissenschaftlichen Hilfsoperationen, die mit der umfassenden Einführung der elektronischen Datenverarbeitungstechnik im Zusammenhang stehen, die Erhöhung der Kosten für neues Wissen, die zu einer schnellen Zunahme der Zahl der Wissenschaftler führt, alle diese Faktoren verstärken unausbleiblich die Tendenz der Verwandlung der individuellen wissenschaftlichen Arbeit in ein kollektives wissenschaftlich-technisches Schöpfertum.

Die Kollektivität der wissenschaftlichen Arbeit kommt nicht allein darin zum Ausdruck, daß die Zahl der wissenschaftlichen Arbeiten, der Forschungs- und Entwicklungsberichte, der Patentschriften, Entdeckungen usw., an denen mehrere Autoren beteiligt sind, ständig zunimmt. In der Wissenschaft besitzen immer mehr wissenschaftliche Forschungsthemen einen ausgesprochen komplexen Charakter, d. h. sie erfordern, daß sie von Spezialisten bearbeitet werden, die verschiedenen, oft weit voneinander entfernten Wissenschaftsgebieten angehören. Damit entsteht das Problem, wie sich solche Spezialisten, die den Inhalt und die Sprache ihres eigenen engen Fachgebietes kennen, aber nicht mit den wissenschaftlichen Kenntnissen ihrer Kollegen vertraut sind, untereinander verständigen. Dem Leiter eines solchen Kollektivs obliegt es, als eine Art „Dolmetscher“ zwischen ihnen zu fungieren; er muß sichern, daß die Mitarbeiter aus den verschiedenen Fachgebieten, die an dem gleichen Problem arbeiten, einander verstehen. Schließlich arbeiten angesichts der „Informationsexplosion" in der Literatur und der Geheimhaltung vieler Forschungsergebnisse auf dem Gebiet der Atomphysik, der Raketentechnik, der Schwerkörperphysik, der Chemie usw., viele Wissenschaftskollektive gleichzeitig an ein und denselben Fragen und bewußt an gleichzeitig laufenden Programmen, d. h. daß Dutzende und zuweilen sogar Hunderte von Wissenschaftlern gleichzeitig auf breiter Front in der gleichen wissenschaftlichen Richtung die Erkundung betreiben.

Diese äußeren Erscheinungen zeigen, daß sich der Charakter der wissenschaftlichen Arbeit verändert hat. Wenn im vergangenen Jahrhundert die wissenschaftliche Arbeit einen ausgeprägten individuellen Charakter besaß und die Endergebnisse des wissenschaftlichen Schöpfertums stets mit bestimmten Personen verbunden waren, so bildet heute die wissenschaftliche Tätigkeit eines Wissenschaftlers immer häufiger nur eine Komponente eines Forschungsprogramms, an dem vielleicht Zehntausende von Wissenschaftlern, Konstrukteuren und Arbeitern arbeiten. Die wissenschaftliche Arbeit verliert ihren individuellen Charakter und nimmt immer mehr den Charakter einer gesellschaftlich notwendigen kollektiven Arbeit an, die darauf gerichtet ist, die Gesellschaft durch die Nutzung neuen Wissens unter Produktionsbedingungen reicher zu machen. Damit nimmt die wissenschaftliche Arbeit einen Charakter an, der sie der Massenproduktion annähert und der eine Kooperation der Arbeit in großem Rahmen unter Anwendung von technischen Mitteln möglich macht. Es bilden sich spezialisierte wissenschaftliche Forschungseinrichtungen heraus, die einander ergänzen, die Arbeit der Wissenschaftler aus einzelnen Laboratorien und Sektoren wird im Rahmen eines Industriezweiges bzw. eines territorialen Bereiches koordiniert.

Die Bearbeitung eines wissenschaftlichen Problems als Ziel der wissenschaftlichen Forschung vollzieht sich durch Kollektive von Wissenschaftlern, die häufig geographisch voneinander entfernt arbeiten und nur mit Hilfe des Telefons oder des Fernschreibers, durch den Austausch von Dokumenten oder Informationen sowie durch die von Zeit zu Zeit durchgeführten Koordinierungsberatungen miteinander in Verbindung stehen, an denen in der Regel nur die führenden Spezialisten teilnehmen. Damit wird die wissenschaftliche Forschung zu einer polystrukturellen Tätigkeit: sie besteht aus einer Menge miteinander verbundener, relativ selbständiger Teilforschungsaufgaben, die ihre eigenen Ziele besitzen und die nur in ihren Grundlagen mit dem Gesamtziel des Forschungsvorhabens abgestimmt werden. Diese Teilaufgaben können von einem Kollektiv oder von einer informellen Gruppe innerhalb einer wissenschaftlichen Forschungseinrichtung auf der Grundlage eines Koordinierungsprogrammes realisiert werden. Entsprechend der relativen Selbständigkeit der nach einem einheitlichen Programm durchgeführten Teilforschungsthemen entsteht die Möglichkeit, die Forschung dadurch zu optimieren, daß die Arbeiten parallel nebeneinander laufend durchgeführt werden, indem wissenschaftliche Kollektive organisiert werden, die auf der Grundlage der Kooperation an dem gleichen Problem arbeiten. Die Kollektive müssen hierbei für die einzelnen Ziele der Forschung spezialisiert sein.

Das allgemeine Schema einer wissenschaftlichen Forschung kann durch den Zyklus „Forschung–Produktion" ausgedrückt werden. In der Produktion wird das Wissen materialisiert, während die Forschung in ihr ihren logischen Abschluß findet. Karl Marx stellte fest: „... wenn der Produktionsprozeß zur *Anwendung der Wissenschaft*, wird umgekehrt die Wissenschaft zu einem Faktor, sozusagen zu einer Funktion des Produktionsprozesses" [154, S. 22].

Die Rolle der Wissenschaft als einer unmittelbaren Produktivkraft der gesellschaftlichen Produktion zeigt sich darin, daß in der Gegenwart Forschungsarbeiten in der Regel durch die Überleitung der erzielten Ergebnisse in die Industrie abgeschlossen werden. Der Zyklus „Forschung–Produktion" umfaßt alle Arten der wissenschaftlichen Forschungs- und Entwicklungsarbeiten, die ihrerseits in logische Etappen unterteilt werden. Die Hauptstadien des Zyklus „Forschung–Produktion" sind folgende:

1. Grundlagenforschung (theoretische Forschung, Erkundungsforschung usw.);
2. angewandte Forschung;
3. Konstruktions- und Entwicklungsarbeiten;
4. Überleitung der Ergebnisse von abgeschlossenen Forschungsarbeiten in die Produktion;
5. technische, ökonomische usw. Produktionsvorbereitung des neuen Erzeugnisses oder des neuen Verfahrens bzw. Neubau von Betrieben, Betriebsabteilungen usw. einschließlich der erforderlichen Bau-, Montage- und Erprobungsarbeiten unter Betriebsbedingungen;
6. laufende Produktion.

Die ersten drei Etappen des Zyklus spielen sich in einer wissenschaftlichen Forschungseinrichtung ab, die vierte Etappe wird von einer wissenschaftlichen Forschungseinrichtung, von einem Betrieb oder gemeinsam von beiden vollzogen, für die fünfte Etappe ist ein Betrieb zuständig, mit wissenschaftlicher Beratung durch eine wissenschaftliche Forschungseinrichtung, die sechste Etappe wird von einem Betrieb selbständig vollzogen.

Die Effektivität der wissenschaftlichen Tätigkeit hängt in bedeutendem Maße davon ab, wie die Arbeiten auf diesen Etappen ablaufen. M. A. Gusakov hat vollkommen Recht, wenn er unterstreicht: „Die Beziehungen zwischen den Etappen des Zyklus bilden, was die benötigte Durchlaufzeit und die finanziellen Mittel anbelangt, die Grundlagen für die Planung der Wissenschaft und die Realisierung ihrer Ergebnisse. Ohne diese Beziehungen zu berücksichtigen und sie statistisch zu werten, kann man weder die Wissenschaft planen noch tatsächlich leiten" [155, S. 57].

In dem Beschluß des ZK der KPdSU und des Ministerrates der UdSSR „Über Maßnahmen zur Erhöhung der Effektivität der Arbeit der wissenschaftlichen Einrichtungen und zur beschleunigten Nutzung der Ergebnisse von Wissenschaft und Technik in der Volkswirtschaft" (vom Oktober 1968) wird die Notwendigkeit unterstrichen, den Zyklus „Forschung–Produktion" zu verkürzen und die erzielten positiven Ergebnisse aus der wissenschaftlichen Forschungstätigkeit schneller in die Produktion überzuführen. Wenn im 19. Jahrhundert oft Dutzende von Jahren verstrichen, bevor der Zyklus Forschung–Ingangsetzung der Industrieproduktion abgeschlossen war, so wird heutzutage eine Idee innerhalb von fünf bis sechs Jahren nach ihrer wissenschaftlichen Begründung in Metall, Beton usw. verkörpert. Die Verkürzung des Zyklus „Forschung–Produktion" erschließt gewaltige Rerserven zur Erhöhung der Effektivität der wissenschaftlichen Tätigkeit. Man kann eine Reihe von wichtigen Faktoren aufzählen, die den Zyklus „Forschung–Produktion" beeinflussen, und deren Optimierung zur Verkürzung des Zyklus, zur Einsparung von Zeit und Arbeitsaufwand, zur Erhöhung der Effektivität der Tätigkeit einer wissenschaftlichen Forschungseinrichtung führt.

Diese Faktoren sind folgende:

– das Ansetzen der Strukturglieder der wissenschaftlichen Forschungseinrichtung auf die einzelnen Arbeitsetappen;

– die Übereinstimmung zwischen der organisatorischen Struktur der wissenschaftlichen Forschungseinrichtung und den Typen der durchzuführenden wissenschaftlichen Forschungsarbeiten;

– eine ständige Abrechnung in der Planung, der Finanzierung, dem Kadereinsatz usw.;

– eine enge und ständige Verbindung zwischen der wissenschaftlichen Forschungseinrichtung und der Entwicklungs- und Konstruktionseinrichtung bzw. zu der Stelle, an der eine Muster- bzw. Versuchsproduktion durchgeführt wird;

– Elemente der Komplexität in der Durchführung von wissenschaftlichen Forschungs-, Projektierungs- und technologischen Arbeiten;

– ein hoher Entwicklungsstand der Versuchsbasen und ein schnelles Wachstumstempo der Investitionen zu ihrer Entwicklung;

– Voraussetzungen, die die Dauer des Zyklus für besonders wichtige Arbeiten, die in die Volkswirtschaftspläne der UdSSR oder der Unionsrepubliken aufgenommen wurden, verkürzen, und die die Möglichkeit bieten, für diese Arbeiten vorhandene leistungsfähige Produktions- und Konstruktionsbasen einzusetzen;

– eine Übereinstimmung zwischen der Zahl und dem Charakter der wissenschaftlichen Forschungseinrichtungen in den einzelnen ökonomischen Regionen der Sowjetunion mit den Bedürfnissen des technischen Fortschritts der Industriebetriebe;

– eine ständige Zunahme des Anteils der in die Produktion übergeführten Arbeiten von abgeschlossenen Forschungsarbeiten und insbesondere von solchen, die in die Volkswirtschaftspläne der UdSSR und der Unionsrepubliken aufgenommen wurden;

– ein ständiges Anwachsen der Zahl der Erfindungen, von denen ein immer größerer Teil in die Produktion übergeführt wird;

– eine Erhöhung der Zahl der Arbeiten, die von wissenschaftlichen Forschungseinrichtungen auf der Grundlage von Wirtschaftsverträgen mit Industriebetrieben durchgeführt werden;

– eine Zunahme des Anteils von ökonomisch hocheffektiven Arbeiten an der Gesamtzahl der in der Produktion übergeführten wissenschaftlichen Forschungsthemen.

Von besonderer Bedeutung ist, daß die Struktur der wissenschaftlichen Forschungseinrichtung mit der logischen Einteilung der Forschungsarbeiten in einzelne Etappen übereinstimmt und die Systeme zu ihrer Sicherstellung den Zielen und Aufgaben der wissenschaftlichen Forschungsarbeiten entsprechen. Aus diesem Grunde bildet die Verbesserung der Analyse und Wertung der einzelnen Etappen der Forschungstätigkeit ein sehr aktuelles Problem.

Jede Art der wissenschaftlichen Forschung besitzt ihre spezifische Einteilung in logische Etappen. Unter der logischen Etappe einer Forschungsarbeit versteht man die Gesamtheit der gedanklichen Operationen, der Meßverfahren und methodischen Verfahren, die erforderlich sind, um ein bestimmtes konkretes wissenschaftliches Ergebnis zu erzielen, das den Weg zum Ziel der wissenschaftlichen Forschung verkürzt. Die Effektivität der Forschung besteht aus der Summe von

Effekten, die in jeder einzelnen Etappe zu erzielen sind. In jeder Etappe tritt die Spezifik des Wissenschaftsgebietes in Erscheinung: Ein physikalisches Experiment unterscheidet sich selbstverständlich von einem chemischen oder technischen Experiment, wenn sie auch alle gewisse gemeinsame Züge einer experimentellen Forschung besitzen. Die Verringerung des Arbeitsaufwandes in jeder Forschungsetappe, die Erhöhung ihres „Nutzeffektes" bilden einen äußerst wichtigen Weg, um die Effektivität der wissenschaftlichen Tätigkeit zu erhöhen. In die Etappe der Überleitung der Forschungsergebnisse in die Praxis ist das Endergebnis von Bedeutung: eine Rezeptur, ein Vorentwurf, ein Funktionsmuster, eine technische Dokumentation, eine Nullserie usw. Auf die Verkürzung des Zyklus „Forschung–Produktion" übt auch das System der wirtschaftsvertraglichen Beziehungen zwischen den wissenschaftlichen Forschungseinrichtungen und den Industriebetrieben bei der Durchführung der Projektierungs-, Konstruktions- und technologischen Operationen einen wesentlichen Einfluß aus.

Damit besteht das Problem, die Forschung in logische Etappen einzuteilen. Dieses Problem kann auf verschiedenen Niveaustufen gelöst werden: für jedes einzelne Wissenschaftsgebiet – unter Berücksichtigung der auf dem betreffenden Gebiet üblichen spezifischen Methoden und Verfahren –; für unterschiedliche Typen von wissenschaftlichen Forschungseinrichtungen – für Akademieinstitute, Industriezweiginstitute usw. – auf der Grundlage der Typologie der Arten der Forschung (Grundlagenforschung, angewandte Forschung; Entwicklungs- und Konstruktionsarbeiten) und schließlich durch die Konstruktion eines logisch-mathematischen Modells, in dem sämtliche Bedingungen außer dem schöpferischen Prozeß in seiner abstrakten Form eliminiert werden.

Untersuchen wir die Einteilung der Forschung in logische Grundetappen für die beiden letzten Niveaustufen.

Die Kompliziertheit, die Grundlagenforschung, die angewandte Forschung und die Konstruktions- und Entwicklungsarbeiten in Hauptetappen einzuteilen, besteht darin, daß sie als vollständige oder unvollständige Etappen auftreten können. So besitzen bis zu 75% der wissenschaftlichen Forschungsthemen an den Instituten der Akademie der Wissenschaften der Ukrainischen SSR für das Jahr 1970 einen angewandten Charakter, d. h. es wird letzten Endes angenommen, daß es möglich ist, die erzielten Ergebnisse in die Produktion zu überführen. Dies bedeutet jedoch nicht, daß tatsächlich eine solche Überführung stattfindet. Viele Forschungsarbeiten führen nicht dazu, daß im Ergebnis ein Industriemuster entwickelt wird; andere sind unter

Produktionsbedingungen wenig ökonomisch; wieder andere erfordern bedeutende Investitionen, die nicht aufgebracht werden können usw. Auf Grund verschiedener Ursachen werden angewandte Forschungsthemen in einer bestimmten Etappe abgebrochen, z. B. bei der theoretischen Ausarbeitung einer Frage, die von praktischer Bedeutung ist. Damit wird eine solche angewandte Forschung, was ihre Form anbelangt, zu einer Grundlagen- bzw. Erkundungsforschung, wenn sie auch ihrem Wesen nach eine nicht abgeschlossene angewandte Forschung ist. Aus diesem Grunde ist es zweckmäßig, bei einer Einteilung der Forschungsarbeiten in Etappen davon auszugehen, daß sie ihrer Struktur nach vollständige Etappen darstellen.

Wenn man die Etappeneinteilung auf der Grundlage einer Typologie der Arten der Forschungsarbeiten durchführt, dann ist es wichtig, auch ihre zeitliche Abfolge zu berücksichtigen. Für die Durchführung von Meß- und Prüfverfahren, von logischen Verallgemeinerungen usw. benötigt man in jeder Etappe Arbeitszeit. Sie wird als Mittelwert auf der Grundlage von Stichproben-Untersuchungen in wissenschaftlichen Forschungseinrichtungen gemessen. Die Menge der logischen Etappen bildet das System der Forschung, das unter Berücksichtigung der zeitlichen Abfolge in Perioden eingeteilt wird.

Die Grundlagenforschung besteht aus 36 Hauptetappen, die zu drei Perioden zusammengefaßt werden: zu der wissenschaftsorganisatorischen Periode, der schöpferischen Periode und der Periode der praktischen Realisierung der erzielten Forschungsergebnisse:

Logische Hauptetappen der Grundlagenforschung

I. Wissenschaftsorganisatorische Periode

1. Schöpferische Zielsuche (Suchen der Aufgabe) der Forschung: Studium der Beschlüsse von Direktivorganen, von Wissenschaftlichen Koordinierungsräten, von Artikeln, die Aufgaben oder Problemstellungen enthalten usw.
2. Bestimmung des Ziels (der Aufgabe) der Forschung.
3. Wertung der Bedeutung der Forschungsarbeit durch vorheriges Studium der Literatur, der wissenschaftlichen Forschungsthematik verwandter Forschungseinrichtungen.
4. Treffen der Entscheidung über die Durchführung der Forschung.
5. Durchführung von Berechnungen über die benötigten finanziellen Mittel und die materiell-technische Versorgung der Forschung.
6. Aufnahme der Forschungsaufgabe in den Plan eines Forschungsinstituts.

7. Ausarbeitung einer vorläufigen Forschungsstrategie: Festlegung der Kernpunkte sowie der erforderlichen finanziellen Aufwendungen für die einzelnen Etappen der Arbeit.
8. Vorbereitung des schöpferischen Kollektivs – oder im Falle einer individuellen Arbeit – Beratung der Forschungsstrategie auf einer Sitzung des Labors bzw. des Wissenschaftlichen Rates.
9. Studium der letzten Errungenschaften von Wissenschaft und Technik auf dem an das Ziel der Forschung angrenzenden Gebiet.
10. Auswahl der für die Forschung wichtigen dokumentalen Informationsquellen. Festlegung der thematischen Breite der zu dem Forschungsthema aufzustellenden Bibliographie.

II. Schöpferische Periode

1. Allgemeine Einschätzung der in der Wissenschaft vorhandenen Entwicklungen, die mit der Erreichung des Zieles der Forschung zusammenhängen. Feststellung der Informationen, die veraltet sind.
2. Beschreibung des Untersuchungsobjektes auf der Grundlage der vorhandenen dokumentalen Informationen.
3. Ausarbeitung der wichtigsten theoretischen Argumente, die das voraussichtliche Forschungsergebnis begründen.
4. Auswahl der Forschungsmethoden.
5. Konstruktion eines hypothetischen Modells des Forschungsergebnisses, d. h. Beschreibung des vorgestellten gesuchten Ergebnisses in der Form einer „Arbeitshypothese".
6. Ermittlung der Menge der fehlenden wissenschaftlichen Fakten zur Realisierung des Modells.
7. Entwicklung von (theoretischen bzw. experimentellen) Methoden und Mitteln, um die hypothetisch angenommenen Fakten zu ermitteln.
8. Bestimmung der Methodik, mit deren Hilfe neue Fakten gesucht werden sollen.
9. Planung eines Experimentes bzw. von ergänzenden theoretischen Untersuchungen.
10. Suche nach neuen Fakten: Durchführung eines Experimentes, zusätzliche Durchsicht von inzwischen eingegangener neuer Literatur usw.
11. Aufbau der Beschreibung und Klassifizierung der neuen Fakten.
12. Theoretische Wertung und Analyse des Wesens der neu gewonnenen Fakten.
13. Korrektur der „Arbeitshypothese" unter Berücksichtigung der neuen wissenschaftlichen Fakten bzw. Aufstellung einer neuen „Arbeitshypothese".
14. Allgemeine Wertung der erzielten Forschungsergebnisse: Anfertigung eines Zwischenberichtes, einer Veröffentlichung in einer wissenschaftlichen Zeitschrift oder in einem Sammelband, Information auf einem Symposium oder auf einer Sitzung des wissenschaftlichen Koordinierungsrates zum Problem.

15. Ausarbeitung der Strategie für die weiter einzuschlagenden Wege der Forschung.
16. Konstruktion von Modellen der verschiedenen wahrscheinlichen Wege zur Lösung der Forschungsaufgabe.
17. Auswahl der optimalen Lösungsvariante aus einer Vielzahl von Lösungsvarianten.
18. Aufstellung einer Hypothese als eine Systematisierung der wissenschaftlichen Fakten.
19. Überprüfung der Hypothese auf experimentellem Wege, durch eine theoretische Analyse der ihr zugrunde liegenden Ausgangsthesen usw.
20. Ausarbeitung einer Erläuterung der wissenschaftlichen Fakten mit einer Formulierung der Gesetze, der Grundbegriffe und Grundprinzipien.
21. Ausarbeitung der Struktur der wissenschaftlichen Theorie.
22. Applikation (Anwendung) der theoretischen Thesen auf die wissenschaftlichen Fakten.

III. Periode der praktischen Realisierung der Forschungsergebnisse

1. Abfassung der Dokumente zur Beantragung eines Urheberscheines oder eines Auslandspatentes.
2. Anfertigung von Publikationen oder eines Forschungs- und Entwicklungsberichtes.
3. Ausarbeitung eines Prinzip-Schemas und einer technischen Dokumentation zur Überführung der Forschungsergebnisse in die Produktion.
4. Ausarbeitung eines Wirtschaftsvertrages oder eines Vertrages über schöpferische Zusammenarbeit mit einem Konstruktionsbüro, einer Projektierungsorganisation oder einem Laboratorium eines Industriebetriebes.

Die angewandte Forschung auf dem Gebiet der Technik umfaßt drei Perioden (Vorbereitungsperiode, experimentelle Periode und Periode der Formulierung und Wertung der Forschungsergebnisse), die aus 13 Etappen bestehen:

Logische Hauptetappen der angewandten Forschung (auf einem Gebiet der Technik)

I. Vorbereitungsperiode

1. Ausarbeitung und Formulierung der technischen Aufgabenstellung.
2. Anfertigung einer Berechnung des Arbeitsaufwandes und einer Kalkulation.
3. Anfertigung eines Literaturberichtes (state of the art) zu dem Forschungsthema.

4. Ausarbeitung einer Methodik für die Durchführung der Experimente
   a) Wahl der Forschungsmethode;
   b) Ausarbeitung der Formulare, Tabellen und Graphiken;
   c) Aufstellung einer Materialliste.

II. Experimentelle Periode

1. Entwicklung der für die Durchführung der Experimente benötigten Apparaturen sowie
   a) Durchführung von Berechnungen
   b) Anfertigung von Zeichnungen (Skizzen).
2. Anfertigung der Apparaturen sowie ihre
   a) Erprobung und Anpassung;
   b) Ausfertigung des Erzeugnispasses;
   c) Anfertigung der Berichtskalkulation.
3. Durchführung der Experimente.
4. Auswertung der Ergebnisse der Experimente, wozu auch die Anfertigung von Tabellen, von Graphiken, das Ziehen von Schlußfolgerungen und die Ausarbeitung von Empfehlungen gehören.

III. Periode der Formulierung und Wertung der Forschungsergebnisse

1. Patentanmeldung und Ausarbeitung von Artikeln.
2. Anfertigung des Abschlußberichtes zu dem Thema, wozu gehört:
   a) Ausarbeitung eines Referates;
   b) Berechnung der ökonomischen Effektivität aus der Überleitung des Forschungsergebnisses in die Produktion;
   c) Gegenüberstellung der geplanten und tatsächlichen Aufwendungen.
3. Bestätigung des Abschlußberichtes, wozu gehören:
   a) Bestätigung durch den Wissenschaftlich-technischen Rat;
   b) Erhalt von Stellungnahmen und Rezensionen;
   c) Bestätigung des Berichtes durch die übergeordnete Einrichtung.
4. Ausarbeitung eines Prinzipschemas und einer technischen Dokumentation für die Überleitung der Forschungsergebnisse in die Produktion.
5. Ausarbeitung eines Wirtschaftsvertrages oder eines Vertrages über schöpferische Zusammenarbeit mit einem Konstruktionsbüro, einer Projektierungseinrichtung oder einem Labor eines Industriebetriebes.

Auf dem Gebiet der Chemie stellen wir 4 Perioden fest (Laborperioden, Überprüfung der Labormuster durch einen Versuch, Abschlußperiode der Forschung und die Periode der Versuchsproduktion), diese bestehen aus 16 Etappen:

Logische Hauptetappen in der angewandten Forschung (auf dem Gebiet der Chemie)

I. Laborphase

1. Informationsanalyse der entsprechend dem Thema ausgewählten chemischen Konzeption.
2. Laborversuche.
3. Erste technisch-ökonomische Ausarbeitung.
4. Konstruktion eines Modells.

II. Periode der Überprüfung der Labormuster durch einen Versuch

1. Überprüfung der technisch-ökonomischen Ausarbeitung am Modell.
2. Großtechnische Versuche.
3. Endgültige technisch-ökonomische Ausarbeitung.
4. Formulierung der Projektierungsaufgabe.
5. Durchführung von Untersuchungen auf einer Pilotanlage.

III. Abschlußperiode der Forschung

1. Ausarbeitung des Abschlußberichtes zu dem Forschungsthema.
2. Patentanmeldung und Ausarbeitung von Artikeln.
3. Bestätigung des Berichtes.

IV. Periode der Versuchsproduktion

1. Entwicklung eines Vorprojekts.
2. Ausarbeitung des Ausführungsprojektes.
3. Ausarbeitung eines Wirtschaftsvertrages mit einem Betrieb.
4. Anwendung der erzielten Ergebnisse auf einer Produktionsanlage.

Den höchsten Arbeitsaufwand erfordern die Entwicklungs- und Konstruktionsarbeiten. Statistische Angaben über den Aufwand für die verschiedenen Arten der Forschung zeigen, daß auf die Entwicklungs- und Konstruktionsarbeiten in der Regel mehr als die Hälfte sämtlicher Mittel entfallen, die für die Lösung einer bestimmten Frage aufgewendet werden müssen. Zwischen den Ergebnissen der angewandten Forschung und der Serienproduktion liegt die schöpferische Arbeit einer großen Zahl von ingenieurtechnischen Mitarbeitern und Konstrukteuren. Diese Art der Forschung unterscheidet sich durch einen besonders hohen Anteil von wissenschaftlichen Hilfsarbeiten (Zeichnungs-, Berechnungs- und anderen Arbeiten) aus. Viele dieser Arbeiten können gleichzeitig durchgeführt werden, um die Gesamt-Entwicklungszeit zu verkürzen. Die Entwicklungs- und Konstruktionsarbeiten als Forschungsart bestehen aus 8 Perioden und 96 logischen Hauptetappen:

Logische Hauptetappen von Entwicklungs- und Konstruktionsarbeiten

I. Ausarbeitung der technischen Dokumentation. Anfertigung der Vorprojektierung

1. Ausarbeitung und Abstimmung der technischen Aufgabenstellung.
2. Berechnung des Arbeitskräfteaufwandes und Anfertigung einer Kalkulation.
3. Anfertigung eines technischen Literaturberichtes.
4. Durchführung der technisch-ökonomischen Berechnungen.
5. Entscheidung über eine Zusammenarbeit bei der Entwicklung mit anderen interessierten Einrichtungen und Betrieben.
6. Anfertigung eines Verzeichnisses der Dokumente für das experimentelle Projekt.
7. Anfertigung der technischen Zeichnungen für die zu bauenden Baugruppen.
8. Anfertigung der technischen Zeichnungen für die Gesamtansichten der Anlagen.
9. Anfertigung eines kinematischen Schemas.
10. Anfertigung eines Schemas der Rohrleitungsnetze.
11. Ausarbeitung von Varianten zur Wahl des optimalen Arbeitsregimes.
12. Anfertigung einer Berechnungs- und Erläuterungsschrift.
13. Aufstellung einer vorläufigen Bestelliste für zu bestellende Elektroausrüstungen, Materialien und Zuliefererzeugnisse.
14. Abstimmung der Listen für die Lieferung von Zuliefer-Ausrüstungen.
15. Entscheidung über Fragen der Zusammenarbeit mit anderen Abteilungen.
16. Ausarbeitung der Arbeitsprogramme.

II. Technische Projektierung

1. Ausarbeitung und Abstimmung der technischen Aufgabenstellung.
2. Berechnung des Arbeitsaufwandes und Anfertigung einer Kalkulation.
3. Anfertigung eines Literaturberichtes über die technische Literatur.
4. Durchführung der technisch-ökonomischen Berechnungen.
5. Entscheidung über Fragen der Zusammenarbeit in der technischen Projektierung mit anderen Organisationen und Betrieben.
6. Festigkeitsberechnungen.
7. Berechnung des Energiebedarfs.
8. Berechnung der geometrischen Parameter.
9. Anfertigung der technischen Zeichnungen der Gesamtansichten der Anlagen, Baugruppen und der Fundamente.
10. Anfertigung des Rohrleitungs-, des Elektroenergieversorgungs- und des kinematischen Schemas.
11. Ausarbeitung von Varianten zur Wahl eines optimalen Arbeitsregimes.
12. Festlegung der Bestelliste für Elektroausrüstungen und Elektromaterialien sowie für andere Zuliefererzeugnisse.

13. Ausarbeitung der technischen Bedingungen für die Konstruktion.
14. Abstimmung der Bedarfslisten für die Zulieferausrüstungen.
15. Durcharbeitung der zum Projekt abgegebenen Bemerkungen.
16. Feststellung über die Patentreinheit.
17. Überarbeitung der Anlage vom Gesichtspunkt der industriellen Formgestaltung.
18. Teilnahme an der Behandlung und Abstimmung des Projektes.
19. Abstimmung und Bestätigung der vorgeschlagenen technischen Bedingungen.
20. Ausarbeitung und Übergabe der bautechnischen Aufgabenstellung (Baugrube, Fundamente) an den Auftraggeber.
21. Entscheidung über Fragen der technischen Projektierung mit anderen Abteilungen.
22. Anfertigung eines Verzeichnisses der zum technischen Projekt gehörenden Dokumente.
23. Abstimmung des Arbeitsprogrammes.

III. Feinprojektierung

1. Berechnung des Arbeitsaufwandes und Anfertigung einer Kalkulation.
2. Anfertigung eines Literaturberichtes über die technische Literatur.
3. Entscheidung über eine Zusammenarbeit mit interessierten Organisationen und Betrieben.
4. Anfertigung der Werkstattzeichnungen der Gesamtansichten der Baugruppen und Einzelteile.
5. Anfertigung der zusammenfassenden Spezifikation (des Gesamtteile-Verzeichnisses).
6. Anfertigung des Elektroschemas.
7. Anfertigung des Hydraulikschemas.
8. Anfertigung des kinematischen Schemas.
9. Anfertigung der Montagezeichnungen.
10. Durcharbeitung der zum Projekt gemachten Bemerkungen.
11. Abstimmung mit dem Herstellerbetrieb für die Anlage.
12. Ausarbeitung der Erprobungsprogramme.
13. Abstimmung und Korrektur der Erprobungsprogramme.
14. Durchführung der technischen Erprobung.
15. Entscheidung von Fragen einer Zusammenarbeit mit anderen Abteilungen.
16. Durcharbeitung der Bemerkungen und Bestätigung der technischen Bedingungen.
17. Anfertigung der Liste der Zulieferererzeugnisse und -materialien.
18. Ausarbeitung des technischen Passes.
19. Berechnung des Gewichtes und andere Berechnungen.
20. Ausarbeitung der Instruktionen (Gebrauchsanweisung).
21. Anfertigung der Karten für das technische Niveau.

22. Anfertigung des Gesamtverzeichnisses aller zum Feinprojekt gehörenden Dokumente.
23. Ausarbeitung einer Annotation.
24. Durcharbeitung der Konstruktionen, Baugruppen und Mechanismen unter dem Gesichtspunkt ihrer fertigungsgerechten Lösung.
25. Lösung der Fragen der Zuverlässigkeit.
26. Überarbeitung der Anlage vom Gesichtspunkt der industriellen Formgestaltung.
27. Korrektur der Werkstattzeichnungen unter Berücksichtigung der bei der Erprobung festgestellten Mängel.
28. Ausarbeitung des Arbeitsprogrammes.

IV. Herstellung des Versuchsmusters

1. Überprüfung der technischen Dokumentation unter dem Gesichtspunkt der Konstruktion.
2. technologische Vorbereitung der Produktion.
3. Projektierung und Herstellung der benötigten Vorrichtungen.
4. Anfertigung der Einzelteile und Baugruppen und Montage des Versuchsmusters.
5. Durchführung der Einricht- und Anpassungsarbeiten.
6. Aufsicht durch den Autor, Konsultation bei der Herstellung des Versuchsmusters der Anlage.
7. Durchführung von Erprobungen und Abnahme der Anlage entsprechend dem Programm.
8. Überarbeitung der Ergebnisse der Erprobung der Versuchsanlage und Ausarbeitung der Dokumentation.

V. Überarbeitung und Produktionsreifmachung des Versuchsmusters (nach den Erprobungsergebnissen)

1. Demontage der Anlage.
2. Neuanfertigung und Auswechseln einzelner Teile der Baugruppen und Blöcke.
3. Erneute Montage der Anlage.
4. Durchführung der Einricht- und Anpassungsarbeiten.
5. Aufsicht durch den Autor.
6. Durchführung von Erprobungen und Abnahme der Versuchsanlage entsprechend dem Programm.
7. Überarbeitung der Ergebnisse der Erprobung und Ausarbeitung der Dokumente.
8. Korrektur der Werkstattzeichnungen und Präzisierung der übrigen technischen Dokumentation entsprechend den Ergebnissen aus der Erprobung.

VI. Überleitung des Versuchsmusters der Anlage in die industrielle Produktion

1. Montage der nicht standardgemäßen Ausrüstungen, Einrichten der Anlage.
2. Versuchsbetrieb, Ausarbeiten der Technologie, Ausbildung des Personals des Auftraggebers.
3. Vorbereitung der Anlage zum Probelauf.
4. Durchführung der Erprobung der Anlage und Anfertigung der Erprobungsakte und -protokolle.

VII. Herstellung des Funktionsmusters der Anlage

1. Korrektur der Werkstattzeichnungen der Anlage und der übrigen technischen Dokumentation entsprechend den Ergebnissen der Erprobung der Versuchsanlage.
2. Technologische Vorbereitung der Produktion.
3. Projektierung und Herstellung der Vorrichtungen.
4. Herstellung der Einzelteile und Baugruppen, Montage des Funktionsmusters.
5. Durchführung von Einricht- und Anpassungsarbeiten.
6. Aufsicht durch den Autor; Konsultation bei der Herstellung des Funktionsmusters der Anlage.
7. Werkserprobung des Funktionsmusters unter Produktionsbedingungen, Ausarbeitung der Dokumentation.

VIII. Korrektur der Werkstattzeichnungen und der übrigen technischen Dokumentation für die Serienproduktion

1. Korrektur der Dokumentation entsprechend den Ergebnissen der Erprobung der Nullserie des Funktionsmusters unter Produktionsbedingungen.
2. Übergabe der Dokumentation an den Auftraggeber.

Die vorgeschlagene Einteilung der Arten von Forschungsarbeiten in einzelne Etappen erhebt keinen Anspruch auf Vollständigkeit. Sie wird hier gegeben, um die These zu begründen, daß durch eine Kooperation von spezialisierten wissenschaftlichen Kollektiven, die die einzelnen Forschungsarbeiten nach einem zielgerichteten Programm gleichzeitig durchführen, ohne das gleiche zu tun, sondern die ihre Handlungen koordinieren, bedeutende innere Reserven zur Erhöhung der Produktivität der wissenschaftlichen Arbeit erschlossen werden können. Leider wurden noch keine Methoden gefunden, um das Denken eines Menschen zu beschleunigen, aber man hat allen Grund davon auszugehen, daß es Methoden gibt, die zu einer beträchtlichen Steigerung der Effektivität des „kollektiven" Denkens durch eine bessere Arbeitsorganisation der Wissenschaftler und die richtige Aufeinanderabstimmung ihrer funktionalen Aufgabenstellung in der Wissenschaft führen.

Um die Nutzung des kollektiven Charakters der wissenschaftlichen Arbeit zu optimieren, erscheint uns die Ausarbeitung von logisch-mathematischen Strukturmodellen der wissenschaftlichen Forschung, in denen alle äußeren Bedingungen eliminiert sind, ein aktuelles Problem zu sein. Mit ihrer Hilfe lassen sich Extremalvarianten für eine optimierte wissenschaftliche Forschung entwickeln, die man mit den in der Realität in einer wissenschaftlichen Forschungseinrichtung ablaufenden Forschungsprozessen vergleichen kann, um wissenschaftlich begründete Empfehlungen zu ihrer Verbesserung auszuarbeiten. Gegenwärtig gründen sich solche Empfehlungen in der Regel auf den „gesunden Menschenverstand", die Alltagserfahrungen von Wissenschaftsorganisatoren und berücksichtigen höchstens noch die „besten Praxiserfahrungen". Die Wissenschaftsstatistik beschränkt sich im Grunde genommen darauf, die am besten funktionierenden wissenschaftlichen Forschungseinrichtungen zu ermitteln, um deren Erfahrungen auszuwerten und zu verallgemeinern. Hierbei wird aber häufig die Spezifik der verschiedenen Gebiete der Wissenschaft ignoriert, wird nicht das Entwicklungsniveau der Forschungsarbeiten und der Probleme berücksichtigt, die in der wissenschaftlichen Forschungseinrichtung untersucht werden usw. Ein logisch-mathematisches Modell der Forschung würde einen Vergleichsmaßstab abgeben, mit dessen Hilfe man objektiv einschätzen könnte, inwieweit die Tätigkeit einer realen wissenschaftlichen Forschungseinrichtung dem idealen Vorbild nahekommt, in dem die Forschung optimiert abläuft.

Die sich herausbildende Theorie der Wissenschaftsorganisation geht davon aus, daß auf der Grundlage der Verallgemeinerung von empirisch gewonnenen Daten über reale Forschungsprozeduren, Forschungstypen und Forschungsarten es möglich ist, eine abstrakte logische Konzeption auszuarbeiten, in der die sozialen Bedingungen, die Arten und das Niveau der Leitung, die Methoden zur Organisation der wissenschaftlichen Tätigkeit, die Qualifikation der wissenschaftlichen Kader usw. als im Hinblick auf den eigentlichen Forschungsprozeß als ökologische Bedingungen eliminiert sind.

A. I. Rakitov führt folgende Begriffe ein, die in der Theorie der Wissenschaftsorganisation Verwendung finden können [70]:

Das Kriterium der Wissenschaftlichkeit: Wenn S ein System von wissenschaftlichem Wissen darstellt und s eine bestimmte richtige, durchdachte Aussage ist, die in der Sprache der betreffenden Wissenschaft formuliert wurde, so enthält s wissenschaftliche Erkenntnisse:

1. wenn diese Aussage als bestimmte Folge aus grundlegenden Aussagen von S gewonnen werden kann oder,

2. wenn sie als fundamentales Wissen oder als Prinzip im System S angesehen werden kann, aus dem man eine Reihe von Schlußfolgerungen ableiten kann, die einer experimentellen Bestätigung zugänglich sind.

Wenn man annimmt, daß sämtliches Wissen in bestimmten schriftlichen Texten fixiert, d. h. in der Sprache der modernen Wissenschaft ausgedrückt ist, und in Form einer auf irgendeine Weise geordneten Liste oder einer Serie von Listen dargestellt werden kann, in denen jede auf beliebige Weise ausgewählte Einheit des Wissens indexiert werden kann, so wird es möglich, das Kriterium der Neuigkeit von Wissen zu bestimmen. Dieses Kriterium besteht in folgendem: Eine bestimmte Einheit des wissenschaftlichen Wissens gilt als neu, wenn sie den Anforderungen der Wissenschaftlichkeit genügt und im Augenblick ihrer Schaffung in der Liste des vorher gewonnenen wissenschaftlichen Wissens nicht enthalten ist.

Schließlich wird auch der Begriff *formale Etappe* (Komponente) der Forschungsarbeiten eingeführt. Er ist unabhängig von den Arten der Forschungsarbeiten sowie von den Typen und Besonderheiten der zu studierenden Objekte und von der Forschungsoperation oder Forschungsmethode, aus denen die Etappen als Elemente bestehen. Wenn man annimmt, daß jeder beliebige Prozeß, jede Situation, jede Sache, die ein Forschungsobjekt bilden, als ein bestimmtes System von Elementen $x_1, x_2, x_3 \ldots$, dargestellt werden können, über die die Behauptungen $s_1, s_2, s_3 \ldots$ aufgestellt werden können, die ein wissenschaftliches System S bilden, so wird Forschungsoperation oder Forschungsmethode jede beliebige Handlung genannt, die solche Veränderungen in dem System der Elemente $x_1, x_2, x_3 \ldots$, hervorruft, die zur Veränderung von mindestens einer Behauptung $s_1, s_2, s_3 \ldots s_n$ im System S führt, oder die eine neue Behauptung s_{n+1} dem System S hinzufügt oder eine solche Hinzufügung erforderlich macht.

Zur Ausführung einer Forschungsmethode wird eine Einheit einer abstrakten Zeit benötigt. Ein optimierter wissenschaftlicher Forschungsprozeß stellt ein „gnoseologisches Ideal" dar, ein ideales Modell, in dem für die Forschungsprozeduren, die die formalen Etappen der abstrakten Forschung bilden, ein Minimum an abstrakter Zeit verausgabt wird. Die sozialen und anderen Bedingungen bilden hierbei das ökologische Milieu einer solchen Forschung.

Ein solches Herangehen an das Studium der wissenschaftlichen Forschung besitzt eine außerordentlich große Perspektive. Wenn es gelingen würde, eine einheitliche strenge Theorie des Forschungsprozesses zu schaffen, so wäre es möglich, mit ihrer Hilfe solche Typen von Organisationsstrukturen von wissenschaftlichen Forschungseinrichtungen zu bestimmen, die zu einer maximalen Annäherung der sich in der Realität abspielenden Forschungsarbeiten an das gnoseologische Ideal führen. Um aber aus dieser Methode eine Organisationstheorie der Wissenschaft zu machen, muß gleichzeitig der Kreis der beschriebenen Begriffe ergänzt werden.

Erstens stellt die Forschung nicht nur eine logische Abfolge von Etappen dar, sondern sie bildet auch einen bestimmten lenkbaren Prozeß, der durch die Grenzen der wissenschaftlichen Forschungseinrichtung eingeschränkt wird. Aus diesem Grunde ist es zweckmäßig, den Begriff „abstrakte Leitung" und „abstrakte wissenschaftliche Forschungseinrichtung" einzuführen. Eine wissenschaftliche Forschungseinrichtung ist ein System, das aus idealen Wissenschaftlern besteht, die in der Lage sind, jedes beliebige wissenschaftliche Problem unter der Voraussetzung zu lösen, daß ihnen unbeschränkte materiell-technische Ressourcen und eine ideale Informationsversorgung zur Verfügung stehen und die mit einem minimalen Aufwand an abstrakter Zeit wissenschaftliches Wissen erzeugen, das dem Kriterium der Neuheit standhält. Die abstrakte Leitung ist eine Menge von Handlungen zur Organisation, Planung, Kontrolle, Koordinierung und Leitung und Stimulierung der Tätigkeit von Wissenschaftlern, die eine abstrakte wissenschaftliche Forschungseinrichtung bilden.

Zweitens ist es notwendig, eine Liste von idealen Zielen der wissenschaftlichen Forschung aufzustellen. Gegenwärtig wird ein Forschungsthema unter Berücksichtigung von folgenden Faktoren festgelegt: von ökonomischen Faktoren – in der Sphäre der Wissenschaft amortisieren sich Investitionen schneller und bringen einen höheren Gewinn als in der Industrie; von sozialpolitischen Faktoren – die Wissenschaft erhöht das Prestige, sie vergrößert die Chancen, in internationalen Konflikten zu obsiegen, bei politischen Kollisionen Vorteile zu gewinnen usw.; von soziologischen Faktoren – die Wissenschaftler geben der Gesellschaft neues, originelles Wissen als Entgelt für ihre besonders hoch bezahlte soziale Stellung. Die Gewinnchancen von Ergebnissen in der Wissenschaft sind jedoch von zehntrangiger Bedeutung und hängen in der Hauptsache nicht von den Wissenschaftlern ab, sondern davon, ob die gesellschaftlichen Bedingungen zur Organisation der Nutzung ihres Wissens gegeben sind. Die sozialpolitischen und soziologischen Faktoren liegen ebenfalls außerhalb der Sphäre der Wissenschaft. Offensichtlich ist eine Analyse der Ziele der Forschungsarbeiten erforderlich, die aus der Logik der Entwicklung der Wissenschaft selbst entstehen. In diesem Falle erweisen sich die ökonomischen und anderen Faktoren für die Themenwahl in bezug auf eine solche Liste von abstrakten Zielen als ökologische Faktoren.

Drittens benötigt man den Begriff „idealer Wissenschaftler" in der Forschung, d. h. man muß eine Menge von Eigenschaften bestimmen, die einen Wissenschaftler als solchen definieren. Und schließlich ist es notwendig, die Struktur der abstrakten Forschung in eine Menge von formellen Etappen (Komponenten) aufzugliedern, die aus Forschungsprozeduren und Forschungsmethoden, aus Verbindungen zwischen ihnen und aus Eigenschaften bestehen, die der Forschung als ganzheitliches System eigentümlich sind. In einer abstrakten wissenschaftlichen Forschungseinrichtung verwenden die Wissenschaftler auf die Forschungsoperationen die gleiche Menge an abstrakten Zeiteinheiten. Diese Probleme bedürfen einer weiteren Ausarbeitung.

Man muß feststellen, daß die Zunahme der Polystrukturalität der Forschungsarbeiten, ihre weitere Aufspaltung in eine immer größere Zahl von autonomen logischen Etappen zu einer Vertiefung der beruflichen Differenzierung der wissenschaftlichen Arbeit führt. Heute sind nur noch wenige Wissenschaftler in der Lage, vollkommen selbständig ein Thema in der Grundlagenforschung oder der angewandten Forschung zu bearbeiten. Mit der Durchführung von Entwicklungs- und Konstruktionsarbeiten sind wissenschaftliche Forschungseinrichtungen beschäftigt, in denen Tausende von Wissenschaftlern tätig werden. Die Wissenschaft verwandelt sich immer mehr in ein integriertes System von spezialisierten wissenschaftlichen Kollektiven, die an komplexen Problemen auf der Grundlage der Prinzipien der Kooperation arbeiten. Komplexe Probleme bilden heute die überwiegende Mehrheit in der Wissenschaft.

2. Die Organisation von komplexen wissenschaftlichen Forschungsarbeiten

Eine komplexe wissenschaftliche Forschung besteht in dem Studium von Prozessen, Erscheinungen und Gegenständen, das von wissenschaftlichen Kollektiven oder von Gruppen von mehreren Kollektiven durchgeführt wird, in denen Wissenschaftler aus verschiedenen Fachrichtungen nach einem einheitlichen Programm arbeiten und ihre gemeinschaftlichen Tätigkeiten zur Erreichung eines gemeinsamen Zieles koordinieren. Das Organisationssystem komplexer wissenschaftlicher

Forschungsarbeiten kann ein formelles, ein informelles oder ein gemischtes System sein. Es erfordert eine anpassungsfähige, sich ständig verändernde Struktur, die zwar formell bestimmt, aber stets mobil sein muß, und die sich leicht an die sich verändernden Bedingungen anpassen muß. An der Bearbeitung von komplexen wissenschaftlichen Problemen können, angefangen von einem einzigen wissenschaftlichen Forschungsinstitut oder einem seiner Strukturglieder, dem Vertreter verschiedener Fachrichtungen angehören, bis zu einigen Tausenden wissenschaftlichen Forschungsinstituten, Industriebetrieben usw. beteiligt sein. So können z. B. solche aktuellen Fragen wie der Start von Orbitalraketen, von Mondraketen, die Erforschung der Ozeane, die Geophysik der Erde, die Beeinflussung des Wetters usw. nur gelöst werden, wenn Tausende von Wissenschaftlern, Ingenieuren, Konstrukteuren ihre Anstrengungen nach einem abgestimmten Programm vereinigen.

Die Leitung der Lösung von komplexen wissenschaftlichen Problemen ist eine komplizierte Aufgabe. Die Erforschung solcher Probleme wird von einem System vorgenommen, das aus einer Menge von Teilsystemen von einzelnen wissenschaftlichen Kollektiven besteht, die in einem gemeinsamen aufeinander abgestimmten Programm als Glieder zusammengeschlossen sind. Die Leitung des Systems umfaßt folgende Operationen: Analyse, Synthese, Ausarbeitung der gemeinsamen Idee für jedes Teilsystem, Wertung dieser Idee, Suche nach optimalen Lösungsvarianten. Das Ziel ist die Ermittlung und genaue Definition der technischen Grundaufgaben des gesamten Systems sowie der Wege und Mittel zu ihrer Lösung. Die Wertung der allgemeinen Idee des Systems macht es möglich, die notwendigen Entscheidungsvarianten auszuarbeiten. In dieser Etappe ist es notwendig, die Sammlung der Informationen zu sichern, die die allgemeine Idee des Systems und seine Komponenten (Teilsysteme) betreffen, damit diese Daten in den Phasen der Entwicklung und Produktion genutzt werden können. Bei der Erfüllung dieser zutiefst technischen Funktion ist es notwendig, ein hohes Allgemeinniveau an technischem Wissen mit einer Spezialisierung auf verschiedenen Arbeitsstufen zu verbinden und alles dies in bestimmte Organisationsformen zu integrieren. In Verlauf der Arbeiten zur Organisation des Systems müssen Konsultationen durchgeführt und Verbindungen zu bestimmten Gruppen des technischen Personals aufgenommen werden, die in staatlichen Organen beschäftigt sind.

Die Leitung von komplexen Forschungsarbeiten gründet sich damit auf ein systemmäßiges Herangehen an die zu leitenden Teilsysteme. Das systemmäßige Herangehen ist in erster Linie eine Methode, um die Aufgaben der Leitung zu werten, die es gestattet, sowohl die äußeren als auch die inneren Faktoren zu erfassen. Das systemmäßige Herangehen gibt die Möglichkeit, die wirkliche Rolle und die tatsächlichen Funktionen sämtlicher Teilsysteme im System zu erkennen. Unter System wird hierbei eine organisatorische Einheit, die Gesamtheit der wissenschaftlichen Forschungsinstitute, Betriebe und anderen Kollektive verstanden, die eine abgestimmt handelnde Einheit bilden. Wenn man der Konzeption Bertalanffys folgt, der ein System als Gesamtheit von miteinander verbundenen Elementen versteht, die einem besonderen (System-)Gesetz unterworfen sind [156], so bildet eine komplexe Forschung ein polystrukturelles System, das aus Teilsystemen (einzelnen an der Forschungsarbeit teilnehmenden wissenschaftlichen oder Produktionskollektiven) besteht, deren Leitung zentralisiert erfolgt.

Die Leitung bildet einen Hauptfaktor, der die Koordinierung der Operationen der Teilsysteme und ihre Abstimmung mit der Umwelt sichert. Die Leitung stellt ihrem Wesen nach einen Prozeß der Herstellung von bestimmten Beziehungen und Verbindungen zwischen den menschlichen und materiellen Ressourcen und ihre Abstimmung mit dem Gesamtsystem zur Erreichung bestimmter Ziele dar.

Das systemmäßige Herangehen an die Organisation von komplexen wissenschaftlichen Forschungsarbeiten besteht aus drei Aspekten: der Ausarbeitung des Systems; der Organisation der Teilsysteme; der Leitung der Teilsysteme auf der Grundlage eines ausgearbeiteten Programms.

Der Leitung nach einem Programm liegen Prinzipien zugrunde, die mit den sich ändernden Anforderungen abgestimmt wurden, die an die Entwicklung und Produktion gestellt werden und die mit der Gewinnung und Überführung der Ergebnisse einer komplexen Forschungsaufgabe im Zusammenhang stehen. Diese Prinzipien bestehen in der Integration sämtlicher Tätigkeitsarten, die zur Erreichung eines bestimmten Zieles notwendig sind. Sie gründen sich auf eine besondere integrierende und koordinierende Tätigkeit, die dazu dient, eine große Menge von Funktionen auf die Erreichung des gemeinsamen Zieles der komplexen Forschung auszurichten. Die Prinzipien für die Leitung nach einem Programm von komplexen Forschungsvorhaben werden mit Hilfe von Leitungsfunktionen realisiert. Man kann fünf solcher Funktionen aufführen, die zur vollständigen Lösung einer bestimmten Aufgabe erforderlich sind: das Bewußtwerden eines Bedürfnisses; Projektierung und Entwicklung; Produktion (Ausführung); Lieferung, Installation oder Verteilung; Nutzung. Diese Funktionen müssen durch verschiedene Organisationen realisiert werden. Auf Grund der immer komplizierter werdenden Leitungsaufgaben erhöht sich die Notwendigkeit, neue, effektivere Organisationsmittel und -methoden zu entwickeln, deren Hauptziel darin besteht, die aufgezählten Funktionen zu integrieren.

Die Grundidee der Leitung nach einem Programm geht von der Notwendigkeit aus, sämtliche oben aufgezählten Funktionen rechtzeitig zu integrieren und ein koordiniertes und effektives System zu entwickeln, das das Treffen von optimalen Entscheidungen zu einer bestimmten Aufgabe sichert. Wenn weniger komplizierte Anforderungen gestellt sind, dann ist es möglich, diese Funktionen voneinander abzugrenzen und ihre Ausübung verschiedenen Organen und Institutionen zu übertragen. Hierbei wird der maximalen Erweiterung der Aufgaben, die zu jeder Funktion gehören, und, darauf folgend, der Optimierung der Tätigkeit des gesamten Systems erstrangige Bedeutung beigemessen. Die allgemeine Idee der Leitung nach einem Programm ist auf die Optimierung der Tätigkeit des gesamten Systems ausgerichtet und schließt auf diese Weise eine halbe Optimierung bei der Erfüllung einer bestimmten einzelnen Funktion aus. Diese Konzeption erfordert, daß eine Organisationsstruktur geschaffen wird, die die Integration von Technik, Wissenschaft und Leitung sichert.

Das Leitungssystem eines komplexen Forschungsvorhabens nach einem bestimmten Programm muß die Ressourcen, über die die betreffende Organisation verfügt, sowie die Organisationsstruktur an die sich ändernden Bedingungen der Umwelt anpassen, um ein ständiges Voranschreiten in der Tätigkeit zur Erreichung des gemeinsamen Zieles der Forschung zu erreichen.

Das erste und wichtigste in einem Leitungssystem nach einem Programm sind die wissenschaftlichen Kader, und erst an zweiter Stelle kommt die Organisationsform. Eine aktuelle Forderung besteht darin, daß die Spezialisten ununterbrochen ihre Kenntnisse und Arbeitserfahrungen verbessern. Ihr Kadereinsatz ist ein Problem, dessen Lösung für die Effektivität der Leitung den Ausschlag gibt.

Eine erfolgreich abgeschlossene Forschungsarbeit ist das Ergebnis einer abgestimmten Tätigkeit von Spezialisten, von denen jeder seine Sache besser kennt als irgendein anderer. Der Beitrag, den jeder Wissenschaftler dank seines individuellen Wissens, seiner Erfahrungen, seines Arbeitsvermögens leistet, ist für den Erfolg des gesamten Kollektivs unbedingt erforderlich. Ein Wissenschaftler gibt nicht alles in seinen Möglichkeiten Stehendes voll aus, wenn er nicht davon überzeugt ist, wie wichtig seine Arbeit ist. Um zu erreichen, daß jeder Spezialist seinen Beitrag zur Erreichung des gemeinsamen Zieles leistet, ist eine bestimmte Disziplin erforderlich, die mit einer zuvorkommenden Behandlung und Achtung jedes Wissenschaftlers verbunden sein muß. Die Disziplin in einem wissenschaftlichen Kollektiv gründet sich auch darauf, daß jeder seine persönliche Verantwortlichkeit in allen Gliedern der Organisation eines komplexen Forschungsvorhabens von unten nach oben spürt.

Von den Leitern eines komplexen wissenschaftlichen Forschungsvorhabens müssen solche Probleme gelöst werden wie die Konzentration von Pflichten und Verantwortlichkeit im Leitungssystem, die Vereinigung der Fähigkeiten, des Wissens und der Arbeitskraft jedes Mitarbeiters zu einer solidarischen und bewußt handelnden Einheit, die Sicherung von vernünftigen Entscheidungen und ein schnelles und entschiedenes Handeln.

Ein allgemeines Leitungsprinzip, dem sich alle Glieder des Systems unterordnen müssen, besteht in folgendem: jeder, dem eine Arbeit übertragen wurde, und der für ihre Erfüllung verantwortlich ist, muß entsprechende Vollmachten besitzen. Beim Treffen einer beliebigen Entscheidung ist es erforderlich, Möglichkeiten, Veränderungen in einem vorher angenommenen Plan vorzunehmen, vorzusehen, wenn sich dies nach einem tieferen Eindringen in das Wesen des zu studierenden Objektes erforderlich machen sollte, denn jeder Tag einer Forschungsarbeit nach einem Programm bringt neue Informationen, neue Ansichten, neue Ideen, wirft neue Probleme auf, die man in den Prognosen nicht berücksichtigen konnte.

Zu den Methoden und Mitteln der Leitung von komplexen wissenschaftlichen Forschungsarbeiten gehören folgende: die regelmäßige Durchführung von Beratungen des Leitungspersonals, von wissenschaftlich-technischen Konferenzen, Symposien und Konferenzen zu Leitungsmethoden, von Konferenzen und Beratungen der Programmleitung mit führenden Fachleuten; Rechenschaftsberichte über die Erfüllung der gesamten im Programm vorgesehenen Arbeiten, über die Erfüllung der technischen Pläne, die Erfüllung der Netzpläne, über die Nutzung der finanziellen Zuwendungen und Fonds sowie über den Stand von besonders verantwortlichen Operationen.

Die Protokolle von wissenschaftlich-technischen Konferenzen und Symposien sowie die Rechenschaftsberichte erhalten alle interessierten Personen; sie dienen als Informationen, die helfen, die Tätigkeit eines wissenschaftlichen Forschungsinstituts im Rahmen der im Programm vorgesehenen Arbeiten exakter zu koordinieren. Die Beratungen der Leiter des Programmvorhabens werden in der Regel in bestimmten Zeitabständen einberufen, insbesondere im ersten Stadium der Arbeiten. Effektive Leitungsmethoden und Leitungsinstrumente werden auf diesen Beratungen mit der gleichen Aufmerksamkeit und Sorgfalt ausgearbeitet, als wenn es sich um eine Suche nach neuen wissenschaftlichen und technischen Lösungen handelt. Zu einer erfolgreichen Leitung eines komplexen wissenschaftlichen Forschungsvorhabens nach einem Programm sind in der Regel nicht-traditionelle Planungs-, Informations- und Koordinierungsmethoden, Kontroll- und Wertungsmethoden erforderlich. Ebenfalls ist erforderlich, ständig eine praktische Wertung der Organisations- und Leitungsmethoden vorzunehmen und nach neuen und besseren Methoden Ausschau zu halten, die zu besseren Ergebnissen führen:

Die Hauptelemente des Leitungssystems eines komplexen wissenschaftlichen Forschungsvorhabens bestehen in folgendem:

1. Die Leiter der einzelnen speziellen Projekte besitzen alle Vollmachten für den gesamten Ablauf der Arbeiten nach dem Programm und tragen hierfür die volle Verantwortung. Die leitenden Mitarbeiter in der Leitung erhalten exakte, klare und umfassende Vollmachten, wobei sie dafür verantwortlich gemacht werden, bestimmte Teile und Abschnitte des Programms zu verwirklichen.

2. Die einzelnen Komponenten des Systems bilden eine Einheit. Dieses Prinzip ist deshalb von Bedeutung, weil ein Nichtmitziehen oder ein Zurückbleiben eines Bestandteiles des Programms die Erfüllung des gesamten Programms aufhält und ein Hindernis für den Aufbau eines Systems bildet. Der Erfolg der Leitung eines Systems hängt von der Harmonie und dem abgestimmten Handeln sowohl der technischen als auch der organisatorischen Aspekte des Programms ab.

3. Es finden anpassungsfähige Leitungsmethoden Anwendung. Dabei werden die vielen Zwischenglieder, die für eine Bestätigung und Sanktionierung sonst notwendig sind, abgeschafft, um eine höherer Effektivität der Leitung zu erreichen.

4. Die Leitung der Arbeiten nach dem Programm erfaßt sämtliche Arten der wissenschaftlichen Tätigkeit von wissenschaftlichen Forschungseinrichtungen bzw. Industriebetrieben.

5. Die Leitung muß eine positive Einstellung zu allen neuen Methoden beziehen. Die Leitung nach einem Programm erfordert, daß systematisch die bisher Anwendung findenden Methoden und Verfahren vervollkommnet werden.

6. Es findet eine Motivierung und Stimulierung Anwendung. Die Arbeiten, die von allen am Programmvorhaben beteiligten Wissenschaftlern durchgeführt werden, sind motiviert und ihre Bedeutung wurde allen Wissenschaftlern und Produktionskollektiven klar gemacht.

Für sie wird ein System von materiellen und moralischen Stimuli ausgearbeitet, das gegenüber den beteiligten Kollektiven, einzelnen Wissenschaftlern und Arbeitern Anwendung findet.

7. Die Notwendigkeit, sich an die Arbeitsbedingungen, die vorhandenen Ressourcen und die zur Verfügung stehende Technologie anzupassen, wird berücksichtigt.

8. Das entscheidende, zentrale Organ für die Leitung eines komplexen Forschungsvorhabens ist der Stab zur Ausarbeitung von effektiven Leitungsmethoden für die gesamten im Programm vorgesehenen Arbeiten, das Planungs-, Informations- und Koordinierungszentrum, das Zentrum für die kritische Auswertung auf der höchsten Leitungsebene (das Koordinierungskomitee, der wissenschaftliche Rat usw.).

9. Die Leitung von Forschungs- und Entwicklungsarbeiten nach einem Programm erfolgt nach einem exakt festgelegten Zyklus, der mit der Ausarbeitung des Programms beginnt. In dem ausgearbeiteten Programm werden sämtliche Objekte exakt festgelegt, die zu erforschen sind; die Notwendigkeit ihrer Erforschung wird motiviert und es werden die erforderlichen materiell-technischen Ressourcen, die geplante Zeitdauer sowie die für die Durchführung Verantwortlichen festgelegt. Im Programm für ein komplexes Forschungsvorhaben wird auch das Leitungssystem festgelegt, das von einer Integration von Leitung, Technik und Technologie ausgeht.

10. Die Ausarbeitung von speziellen Netz- und Ablaufplänen und von Wegen zu ihrer Realisierung unter Berücksichtigung einer regelmäßigen Rechenschaftslegung über den Verlauf der Arbeiten bildet die Grundlage für die Auswertung und das Treffen von Entscheidungen.

11. Es wird gesichert, daß eine rechtzeitige Feststellung und Auswertung des erreichten Standes der Arbeiten auf allen Stufen der im Programm vorgesehenen Arbeiten gesichert ist, damit rechtzeitig Entscheidungen zum gesamten Komplex des Forschungsprogramms getroffen werden können.

Der Erfolg der Realisierung der im Programm vorgesehenen Arbeiten hängt in bedeutendem Maße von dem Stab der Leitung ab, von der Gruppe von verantwortlichen Leitern, die unter Berücksichtigung sämtlicher wissenschaftlichen, technischen und staatlichen Faktoren Entscheidungen treffen. In diese Gruppe werden die qualifiziertesten Mitarbeiter aufgenommen, die Erfahrungen in der Organisation von großen Forschungsvorhaben besitzen und als Wissenschaftler eine große Autorität besitzen.

Die Leitungsgruppe für komplexe wissenschaftliche Forschungsvorhaben muß der *Planung* besondere Aufmerksamkeit schenken. Zu diesem Zweck ist die Gruppe zu folgendem verpflichtet:

1. Die Tätigkeit sämtlicher wissenschaftlicher und Produktions-Kollektive, die an der Erfüllung des Programms beteiligt sind, zu planen.
2. Der Erfolg der Planung hängt von einem klaren Verständnis der vor der Gruppe stehenden Aufgaben, sowie von der Gesamteinschätzung der aktuellen und in der Perspektive stehenden Aufgaben ab. Die Berücksichtigung dieser beiden Elemente ist von großer Bedeutung für eine erfolgreiche Erfüllung des Programms eines komplexen Forschungsvorhabens. Aus diesem Grunde muß die Gruppe eine wissenschaftlich begründete Prognose über die Perspektive des zu untersuchenden Problems besitzen.
3. Den Mitarbeitern, die für die Durchführung der von der Gruppe ausgearbeiteten Pläne verantwortlich sind, muß die Möglichkeit gegeben werden, an der Ausarbeitung dieser Pläne mitzuwirken, d. h., die für die Erfüllung der Pläne Verantwortlichen werden in die Planung des Programms der Arbeiten einbezogen.

Eine Gruppe besteht in der Regel aus ständigen und nichtständigen Mitgliedern. Den Kern der Gruppe bilden hochqualifizierte Mitarbeiter, die ständigen Gruppenmitglieder. Außerdem gehören der Gruppe als ständige Mitglieder die Leiter der wissenschaftlichen Forschungseinrichtungen und Betriebe an, die an dem Forschungsvorhaben beteiligt sind. Die Arbeit der Gruppe wird mit Hilfe von Koordinierungsberatungen organisiert. Der Nutzen solcher Beratungen besteht nicht allein darin, daß an der Beratung des Programms der Forschungsarbeiten hochqualifizierte Fachleute teilnehmen, sondern auch darin, daß solche Beratungen den außerordentlich nützlichen Meinungsaustausch stimulieren.

Die Hauptpflicht der ständigen Mitglieder der Gruppe besteht darin, die Perspektive der vom Forschungsvorhaben zu lösenden Aufgaben allseitig zu studieren und – falls notwendig – rechtzeitig Entscheidungen zur Abänderung des Programms zu treffen, und die organisatorische Struktur zu verbessern, um die Effektivität der Tätigkeit der wissenschaftlichen Forschungseinrichtungen, die an der Komplexforschung beteiligt sind, zu erhöhen.

Von besonderer Bedeutung für eine Optimierung der wissenschaftlichen Tätigkeit ist, daß die organisatorische Struktur und das Leitungssystem des Forschungsvorhabens mit den Zielen der im Programm vorgesehenen Arbeiten übereinstimmen.

Es ist unmöglich, eine bestimmte Organisationsform als vollkommenes

Vorbild anzusehen. Sämtliche Formen besitzen ihre positiven Seiten und einige sogar viele Vorzüge, aber jede Form weist auch gleichzeitig bestimmte Mängel auf, die von den Umständen und Bedingungen abhängen, unter denen die betreffende Organisationsform der Forschungsarbeiten Anwendung findet. Die Auswahl der Organisationsform, die zu einem bestimmten Zeitpunkt zur Erreichung eines bestimmten Zieles Anwendung findet, hängt von der Aufgabe ab, die zu lösen ist, sowie von den Umständen, unter denen die Lösung erfolgt. Die Abstimmung und Koordinierung sämtlicher Glieder, Etappen, Organisationsstufen des Forschungsvorhabens mit dem Leitungssystem bilden eine effektive Methode, um das Programm eines komplexen Forschungsvorhabens zu realisieren. Dabei erweist es sich fast immer als unmöglich, diesem Grundsatz bei dem gesamten Komplex von Arbeiten treu zu bleiben, denn die Ressourcen, über die die Initiatoren eines komplexen Forschungsvorhabens verfügen, reichen nicht aus, um die Anforderungen sämtlicher am Programm Mitwirkenden zu erfüllen. Aus diesem Grunde fällt es schwer, eindeutig die Frage zu beantworten, welche Leitungsmethoden man zur Lösung der vielfältigen Aufgaben, die zu einem Forschungsprogramm gehören, am besten anwenden kann und sollte. Noch schwerer fällt es, fertige Rezepte für eine Organisation vorzuschlagen, die ökonomisch effektiv und gleichzeitig für sämtliche Wissenschaftler annehmbar ist.

In der Regel sind heute die Leiter von wissenschaftlichen Forschungseinrichtungen bestrebt, möglichst viele Mitarbeiter, möglichst viel Geld und möglichst viele Materialien, Hilfsmittel und andere Ressourcen zu erhalten und gleichzeitig die Menge der zu empfangenden und abzusendenden Dokumente, die Zahl der durchzuführenden Beratungen, die Zahl der Verfügungen und Anordnungen zu verringern. Trägt aber nun immer die Erhöhung der Zahl der Planstellen und der Mittel zu einer Effektivität der Forschung bei? Kann man in der Leitung ohne Beratungen auskommen? Welche Zahl von Dokumenten und Anweisungen ist erforderlich, um einen möglichst großen Effekt zu erzielen? Letzten Endes läuft doch alles auf die Frage hinaus: Welche Bedingungen führen zu einer optimalen Nutzung der Arbeitszeit? Auf diese Frage, die sich lediglich auf Intuition gründet, kann man schwer eine Antwort geben. Die Erfahrungen zeigen, daß in dem Maße, wie die Komplexität eines Forschungsvorhabens zunimmt, die Wissenschaftler – und insbesondere die hochqualifizierten Wissenschaftler (wie die Doktoren der Wissenschaften), die in der Regel Leiter von wissenschaftlichen Kollektiven sind – einen immer größeren Teil ihrer Arbeitszeit für die Durchführung von wissenschafts-organisatorischen, „nicht-schöpferischen" Arbeiten benötigen. An der Akademie der Wissenschaften der Ukrainischen SSR beträgt z. B. der Anteil der wissenschafts-organisatorischen Arbeiten bei 19% der Kandidaten der Wissenschaften 3,5 Stunden und bei 10,5% mehr als 3,5 Stunden, 17% der Doktoren der Wissenschaften müssen entsprechend 36% ihrer Arbeitszeit auf solche Arbeiten verwenden. Es wurde festgestellt, daß, je höher die Dienststellung und die wissenschaftliche Qualifikation eines Wissenschaftlers ist, desto mehr Arbeitszeit muß er für wissenschafts-organisatorische Arbeiten aufwenden. Wenn ein unterer Wissenschaftlicher Mitarbeiter für die gleiche Tätigkeitsart im Durchschnitt eine Stunde aufwenden muß, so benötigt ein oberer Wissenschaftlicher Mitarbeiter 2 Stunden und ein Abteilungsleiter 3,5 Stunden. Die Höhe des „nichtschöpferischen" Anteils der Arbeitszeit wird auch von der Art der Forschung beeinflußt (sie nimmt zu, wenn Experimente durchgeführt werden müssen, und verringert sich, wenn es sich um theoretische Forschungsarbeiten handelt). Auch das Wissenschaftsgebiet übt einen Einfluß aus. (In der Kybernetik, Mechanik, Physik usw. müssen die Fachleute für die Organisation ihrer Arbeit mehr Zeit aufwenden als die Historiker, die Philosophen und Juristen.) Der Zeitaufwand wird auch von dem Stand der Mechanisierung der wissenschaftlichen Hilfsarbeiten beeinflußt [2, S. 130–139]. Die Spezifik der verschiedenen wissenschaftlichen Kollektive erfordert die Ausarbeitung besonderer Maßnahmen für jedes Kollektiv, um die Nutzung der Arbeitszeit zu optimieren. Wichtig ist hierbei eine Senkung des allgemeinen Arbeitsaufwandes für die Forschung, eine Verringerung der unrationell verausgabten Arbeitszeit für wissenschafts-organisatorische Tätigkeiten und für wissenschaftliche Hilfsarbeiten sowie die Erhöhung des Anteils der „schöpferischen" Komponenten der Arbeit.

Im Zusammenhang hiermit entsteht die Aufgabe, den Arbeitsaufwand der Wissenschaftler bei der Durchführung von komplexen wissenschaftlichen Forschungsvorhaben systematisch zu analysieren, mit dem Ziel, den unproduktiven Aufwand an Arbeitszeit zu verringern und die Zeit zu erhöhen, die für den unmittelbar schöpferischen Prozeß zur Verfügung steht. Eine solche Analyse muß regelmäßig durchgeführt werden und muß umfassen:

1. die Bestimmung des Arbeitsaufwandes für die Sammlung von Primärinformationen;
2. die Wahl einer effektiven Methode für die Informationssammlung und die Ausarbeitung der erforderlichen Dokumente;
3. die Verarbeitung der Primärinformation mit Hilfe von elektronischen Datenverarbeitungsanlagen;

4. die Auswertung der erzielten Zwischenergebnisse und das Ziehen von Schlußfolgerungen;

5. das Treffen von Entscheidungen zur optimalen Nutzung der Arbeitszeit der Wissenschaftler.

Ein Effekt ist nur dann zu erwarten, wenn die Arbeitsaufwandsuntersuchungen regelmäßig durchgeführt werden und ihre Ergebnisse operativ in Entscheidungen verarbeitet werden, die die Organisation der Forschungsarbeiten so verändern, daß die Arbeitszeit der Wissenschaftler optimal genutzt wird.

Betrachten wir kurz einige wichtige Besonderheiten der Analyse des Arbeitsaufwandes von Wissenschaftlern.

In der Regel findet beim Studium des Arbeitszeitaufwandes von Mitarbeitern von wissenschaftlichen Forschungseinrichtungen die Methode der Selbstaufnahme des Arbeitstages Anwendung, die durch die Fragebogenmethode sowie die Methode von Momentbeobachtungen (MMB) ergänzt werden kann. Die Bedeutung der Momentbeobachtungen besteht darin, daß durch sie der subjektive Faktor bei der Analyse des Arbeitszeitbedarfs (besonders wenn es sich um unproduktive Arbeiten, d. h. um Verlustzeiten handelt), der bei der Methode der Selbstaufnahme und der Fragebogenmethode stark in Erscheinung tritt, hier ausgeschaltet ist. In der Regel werden nach der MMB 1,5- bis 2mal höhere Arbeitszeitverluste als bei der Methode der Selbstaufnahme und der Fragebogenmethode ermittelt. Die Methode der Selbstaufnahme, der Momentbeobachtung und die Fragebogenmethode erfordern einen bestimmten Arbeitsaufwand sowohl von Seiten der Personen, die die Untersuchung durchführen, als auch der untersuchten Personen. Aus diesem Grunde ist es erforderlich, den Arbeitsaufwand für die Sammlung der Primärinformation zu erfassen. Da die Zahl der zu untersuchenden Kollektive häufig sehr groß ist, erhebt sich logischerweise die Frage, ob man nicht anstatt einer Totalbefragung eine Teilbefragung (Stichprobenuntersuchung) durchführen kann. Jedoch ist die optimale Größe des zu befragenden ausgewählten Teiles der Mitarbeiter eine ungelöste Frage. Hierzu gibt es einige Erfahrungen, die besagen, daß eine repräsentative Auswahl bei etwa 10% bis 15% gegeben ist. Es ist notwendig, die optimale Größe der Auswahl zahlenmäßig zu bestimmen.

Das Entscheidungsmodell wird nach dem Prinzip der Optimierung aufgebaut. Dabei werden die positiven und negativen Momente, die sich bei einer Veränderung der Auswahlgröße ergeben, rechnerisch ermittelt.

Innerhalb einer gegebenen Grundgesamtheit N kann die Größe der

Auswahl v innerhalb der Grenzen 0 bis N verändert werden. Mit der Zunahme von v erhöht sich der Arbeitsaufwand, der für die Durchführung der Untersuchung benötigt wird. Angenähert kann man davon ausgehen, daß der Arbeitsaufwand im Durchschnitt für jede zu untersuchende Person gleich ist und daß deshalb die Höhe des Arbeitsaufwandes eine lineare Funktion der Größe der Auswahlquote ist (in dem Falle, daß die Arbeitszeituntersuchungen wiederholt durchgeführt werden, können bestimmte Abweichungen von der linearen Form der Abhängigkeit auftreten).

Andererseits erhöht sich in dem Maße, wie v zunimmt, die Zahl der Informationen, die der Untersuchende erhält, und die die Grundlage für die Entscheidungsfindung bilden, um die Nutzung der Arbeitszeit der Versuchspersonen zu verbessern. Es liegt auf der Hand, daß die Qualität der Entscheidung von der Zahl der gesammelten und verarbeiteten Informationen abhängt, d. h. von der Größe von v wird die Steigerung der Arbeitsproduktivität der Mitarbeiter, die auf Grund der Untersuchung erzielt wurde, abhängen.

Mit Hilfe des einheitlichen Maßes (Arbeitszeitaufwand) wird es damit möglich, die positiven und negativen Effekte zu messen, die eine Veränderung der Größe von v zur Folge hat. Die Möglichkeit, die gewonnenen Informationen zu nutzen, ergibt sich aus dem Verhältnis der mittleren Abweichung von der absoluten Größe der zu beobachtenden Menge. Ein Beispiel: Es wurden die Leiter von 3 Sektoren einer wissenschaftlichen Forschungseinrichtung befragt. Für ihre Sitzungen verwenden sie täglich: erster Sektor 0,5 Stunden, zweiter Sektor 2 Stunden, dritter Sektor 3,5 Stunden. Durchschnittsgröße $6:3 = 2$ Stunden. Mittlere Abweichung $3:3 = 1$ Stunde. Damit ist die Abweichung kommensurabel mit der zu beobachtenden Größe. In dem Maße, wie sich die Zahl der zu beobachtenden Mitarbeiter erhöht, verringert sich das Verhältnis (Abweichung – zu messende Größe).

Von einer bestimmten Größe v_a ab beginnt das „Arbeitsgebiet", in dem jede neue Antwort die Zahl der Informationen erhöht, trotzdem ist aber die Zahl der Antworten bereits genügend groß, um zuverlässige Ergebnisse erwarten zu können. Schließlich, beginnend mit einer bestimmten Größe von v_b, ändert die Zunahme der Zahl der Antworten praktisch bereits nichts mehr an der gesuchten Durchschnittsgröße, hier beginnt das Gebiet der „Unerheblichkeit". Wenn m^x die erforderliche Zahl der zu untersuchenden Mitarbeiter ist und q^x die zulässige Fehlerquote, so erhalten wir nach dem Theorem von Čebyšev über die Mittelwerte die Größe der möglichen Abweichungen (Varianz) nach folgender Gleichung:

(1) $$q = \frac{M}{\tilde{x}} 100\%$$

Hierbei bedeuten:

M – mittlerer quadratischer Fehler in Stunden;

$\tilde{x}$ – arithmetischer Mittelwert nach der bestimmten Auswahlgesamtheit in Stunden. Weiter finden wir

(2) $$q^{x^2} = \frac{M^2}{\tilde{x}} = \frac{\delta^2}{\tilde{x}^2 m^x}\left(1 - \frac{m^x}{N}\right),$$

(3) $$q^2 = \frac{M^2}{\tilde{x}} = \frac{\delta}{\tilde{x}} = \frac{\delta^2}{\tilde{x}^2 m}\left(1 - \frac{m}{N}\right),$$

Hierbei bedeutet:

δ –mittlere quadratische Abweichung.

Dividieren wir (2) durch (3), so erhalten wir:

$$\frac{q^{x^2}}{q^2} = \left(\frac{10}{q}\right)^2 = \frac{m\left(1 - \frac{m^x}{N}\right)}{m^x\left(1 - \frac{m}{N}\right)} = \frac{m\,(N - m^x)}{m^x\,(N - m)};$$

(4) $$\left(\frac{10}{q}\right)^2 \left(\frac{N - m}{m}\right) = \frac{N - m^x}{m^x}; \quad \left(\frac{10}{q}\right)^2 \frac{N - m}{m} + 1 = \frac{N}{m^x};$$

$$m^x = N \frac{1}{1 + \left(\frac{10}{q}\right)^2 \frac{N - m}{m}}; \quad q = 10\%$$

Die erforderliche Repräsentation v^x beträgt:

$$v^x = \frac{m^x}{N} 100\% .$$

Wenn folglich die Varianz oder Streuung mehr als 10% beträgt, so kann man nach dieser Formel die Zahl der Mitarbeiter ausrechnen, die man befragen muß, d. h. die zur optimalen Größe der Auswahl v^x notwendig sind. Damit kann man, wenn man den Arbeitsaufwand für das Studium der Verwendung der Arbeitszeit verringern will, bei einer zulässigen (noch tragbaren) Varianz (von z. B. 10%) den notwendigen Repräsentativgrad (die Größe der Auswah v) in Abhängigkeit von der Größe der Grundgesamtheit (der Gesamtzahl der listenmäßig erfaßten Wissenschaftler N) berechnen.

In der zweiten Etappe der Analyse der Verwendung der Arbeitszeit von Wissenschaftlern erfolgt die Wahl der Untersuchungsmethode, und es werden die entsprechenden Dokumente ausgearbeitet. Wenn die Methode der Momentbeobachtung (MMB) und die Methode der Selbstaufnahme in der Regel keinen Zweifel hinsichtlich der Zweckmäßigkeit ihrer Anwendung aufkommen lassen, so ruft eine Befragungsaktion nicht selten eine negative Reaktion hervor. Einige Wissenschaftler sind von vornherein der Meinung, daß eine Fragebogenaktion eine unwissenschaftliche Forschungsmethode sei. So schreibt z. B. E. D. Mordržinskaja, daß die Methode von ausgewählten Fragen, „wenn sie auch eine Reihe von Bequemlichkeiten praktischer Art bietet... doch ein äußerst eingeschränktes Material liefert, um mehr oder weniger begründete Schlußfolgerungen und Ergebnisse zu gewinnen", daß sie mit dem Mangel des „Subjektivismus, behaftet sei, der es ermöglicht, die Spezifik der untersuchten gesellschaftlichen Erscheinung zu ignorieren, indem diese zu reinen zahlenmäßigen Problemen degradiert werden" [157, S. 250].

In der Tat besitzt eine Befragungsaktion nicht wenige negative Seiten: die Willkür bestimmt, ob eine Versuchsperson als Untersuchungsobjekt erfaßt wird, den Subjektivismus des Befragers, der die zu befragenden Personen untersucht usw. Aus diesem Grunde ist eine strenge Auswahl der Fragen erforderlich, eine durchdachte und präzise Fragestellung und eine objektive Analyse der erhaltenen Antworten. In den Fragebogen sind eine Reihe von Fragen enthalten, auf die verschiedene Antworten gegeben werden können.

Entsprechend den Zielen der Sozialforschung und der Arbeitshypothese ist es zweckmäßig, solche Fragen als Unterpunkte von einer oder von mehreren Grundfragen anzuordnen, wie z. B.:

Wie oft führen Sie persönlich eine Arbeit aus, die von weniger qualifizierten Mitarbeitern erledigt werden könnte?

regelmäßig	zeitweilig	selten	überhaupt nicht
1	2	3	4

Wieviel Zeit verwenden Sie täglich für diese Arbeit?

bis zu einer Stunde	zwei Stunden	drei bis vier Stunden	fünf und mehr Stunden
1	2	3	4

Das nach Abschluß der Befragung gewonnene Zahlenmaterial wird allseitig entsprechend den interessierenden Merkmalen quantitativ und qualitativ analysiert (z. B. nach dem Geschlecht der Wissenschaftler, nach ihrer Dienststellung, nach ihrem wissenschaftlichen Grad, nach dem Typ der wissenschaftlichen Forschungseinrichtung, in der sie arbeiten, nach der Dauer ihrer Tätigkeit in der gegenwärtigen Funktion, ihrem Alter usw.). Hierbei wird die Zahl der Personen gezählt, die eine bestimmte Frage oder eine bestimmte Menge von Fragen beantwortet haben, es wird ihr prozentualer Anteil von allen befragten Personen (bzw. an der den Forscher interessierenden Personengruppen) festgestellt; es werden die korrelierenden Abhängigkeiten zwischen den einzelnen Faktoren und Merkmalen ermittelt und es wird eine Regressionsanalyse durchgeführt.

Bestimmte Schwierigkeiten können bei der Bearbeitung der Ergebnisse aus einer Fragebogenaktion entstehen. Wenn es nur einige Dutzende von Fragebogen zu bearbeiten gilt, so kann man diese Arbeit manuell erledigen. In der Regel ist es aber erforderlich, Hunderte und Tausende von Fragebogen zu bearbeiten. Enthält ein Fragebogen 10 bis 15 Fragen, so kann man Lochkartenrechner verwenden. Die Lochkartenrechenmaschinen besitzen aber sehr begrenzte Möglichkeiten: sie haben keine Vorrichtung, um Multiplikations- und Divisionsoperationen vorzunehmen; ihnen fehlt ein operativer Speicher und eine automatisierte Ausrechnung. Aus diesem Grunde ist es zweckmäßig, wenn die Fragebogen eine große Zahl von Fragen enthalten, ihre rechnerische Bearbeitung mit Hilfe einer EDVA vorzunehmen. Sie ermöglicht es, komplizierte Verbindungen festzustellen, das Ausgangsmaterial in der vielfältigsten Weise nach allen den Forscher interessierenden Fragen und Merkmalen zu sortieren, um daraufhin ein gründlicheres Studium der Informationen mit Hilfe der Korrelationsanalyse vorzunehmen.

Die Vorbereitung der Primärinformationen für eine Bearbeitung mit Hilfe der EDVA besteht darin, daß zuerst die Antworten aus jedem Fragebogen in Form eines bestimmten Ziffernsatzes in einem 8stufigen Zahlensystem aufgezeichnet werden, das heißt, es erfolgt eine Codierung der Fragen und Antworten aus dem Fragebogen. Daraufhin erfolgt die Ablochung – die Daten aus den Formularen werden auf Lochkarten übertragen. Die Ausarbeitung des Lochbeleges umfaßt folgende Operationen:

1. die Festlegung der Angaben aus dem Fragebogen, die bei der Aufstellung der Hauptgruppierungen der Tabellen gemeinsam bearbeitet werden sollen;

2. die Festlegung der Angaben, die für die Berechnung von vielen

Tabellen Verwendung finden sollen; es ist zweckmäßig, diese am Anfang des Fragebogens in einer besonderen Spalte unterzubringen;

3. die Unterbringung der Angaben aus dem Fragebogen auf dem Lochbeleg, wobei Angaben, die gemeinsam bearbeitet werden sollen, auf einem Lochbeleg untergebracht werden müssen;

4. die Festlegung der Muster für die Hauptgruppen der Tabellen;

5. die Festlegung des Platzes der Angaben im Fragebogen; diese werden so angeordnet, daß die Angaben auf einer Seite oder unter einer Nummer mit ihrer Reihenfolge auf dem Lochbeleg übereinstimmen;

6. die Festlegung der endgültigen Reihenfolge der Angaben auf den Lochbelegen entsprechend ihrer präzisierten Anordnung auf dem Fragebogen;

7. die Anbringung der Fragebogennummer auf sämtlichen Lochbelegen in ein- und derselben Reihe. Von den Lochkarten werden die Daten in eine EDVA eingegeben und nach einem vorher aufgestellten Programm entsprechend bearbeitet, z. B. sortiert.

Der arbeitsaufwendigste Prozeß bei der Bearbeitung der Ergebnisse aus einer Fragebogenaktion ist das Codieren. In Fragebogen zur Erforschung des Arbeitsaufwandes von Wissenschaftlern, die an komplexen wissenschaftlichen Forschungsthemen arbeiten, können zwei Arten von Fragen Anwendung finden:

1. Fragen, die Antworten zu Unterpunkten enthalten, die einander nicht ausschließen;

2. eine Frage zu einem Unterpunkt schließt die Antworten zu sämtlichen übrigen Unterpunkten aus.

Zum Beispiel:

Wie muß Ihrer Meinung nach das optimale Verhältnis zwischen wissenschaftlichem und wissenschaftlich-technischem Hilfspersonal sein?

1 : 3	1 : 5	1 : 10
1	2	3

In diesem Falle ist eine bejahende Antwort nur zu einem der drei Unterpunkte möglich.

Es gibt zwei Codierungsmöglichkeiten. Die erste Methode besteht darin, daß die Zahlen, die den Antworten entsprechen, unmittelbar von den Erfassungsbogen übertragen werden, und zwar aus sogenannten Kontrolltabellen, die in jedem Fragebogen als Einschaltspalte enthalten sind. Bei der zweiten Methode werden die Antworten auf die Unterpunkte durch Zahlen codiert, unter denen sie im Fragebogen stehen. Dieses ist dann möglich, wenn die Grundfragen im Fragebogen der Reihe nach durchnumeriert sind, wenn die Unterpunkte zu diesen Fragen wieder mit einer neuen Zahl beginnen. Die meisten Fragen dürfen nicht mehr als sieben Unterpunkte besitzen und die Antworten müssen sich in der Regel gegenseitig anschließen, sonst wird das Codieren des Materials erschwert und erfordert zusätzlichen Speicherraum in der EDVA.

Zum Beispiel:

1. Wieviel gesellschaftliche Aufträge (Parteiaufträge) wurden Ihnen erteilt?

ein	zwei	drei	vier	fünf und mehr	kein einziger
1	2	3	4	5	6

2. Wieviel Zeit in der Woche verwenden Sie für deren Erledigung?

eine Stunde	zwei Stunden	drei bis vier Stunden	5 bis 6 Std.	7 bis 8 Std.	10 Std.	mehr als 10 Std.
1	2	3	4	5	6	7

3. Werden in Ihrer Organisation gesellschaftliche Veranstaltungen während der Arbeitszeit durchgeführt?

ständig	manchmal	niemals
1	2	3

Bei der Ausarbeitung des Fragebogens wird bereits berücksichtigt, welche von diesen beiden Codierungsmethoden Anwendung finden soll. Eine wichtige Voraussetzung dafür, daß die Daten aus den Fragebogen nach der ersten Methode kodiert werden sollen, besteht in Folgendem:

Wenn der Forscher eine Befragung zu 15 bis 45 Hauptfragen durchführt und er nicht mehr als 2000 bis 2500 Personen befragen will, so werden in der Regel im Fragebogen sämtliche Unterpunkte nacheinander mit laufenden Nummern versehen, dem Fragebogen wird eine Kontrolltabelle beigefügt, in der hinter den Nummern der Unterpunkte die entsprechenden Codezahlen angegeben sind. Wenn die zweite Methode Anwendung finden soll, so werden im Fragebogen die Unterpunkte numeriert und die Befragten kreuzen die Zahl an (bzw. unterstreichen sie), die die Antwort auf die Frage darstellt.

Zum Beispiel:

Halten Sie Ihren vorgegebenen Zeitplan ein?

Arbeitszeit			Freizeit		
ja	teilweise	nein	ja	teilweise	nein
1	2	3	4	5	6

Wären z. B. die Zahlen 2 und 6 unterstrichenen, so würde dies bedeuten, daß der Wissenschaftler nur teilweise den vorgegebenen Arbeitszeitplan einhalten konnte, es ihm aber nicht gelungen ist, auch seine Freizeit einzuhalten.

Vom Gesichtspunkt der optimalen Nutzung der Arbeitszeit der Wissenschaftler ist die formelle Organisation eines komplexen wissenschaftlichen Forschungsvorhabens am rationellsten. Hierbei können Formen der Netzplanmethode, die verschiedenen Modifikationen der PERT-Methode, die Methode der linearen Grafik, der Gantt-Grafik usw. Anwendung finden [91].

Das Wesen eines formellen Systems der Forschungsorganisation besteht in folgendem: Zur Ausarbeitung eines wissenschaftlichen Problems stellt eine Gruppe von Leitern eines komplexen Forschungsvorhabens rechtzeitig einen detaillierten Plan für die Forschungsarbeiten, die Projektierungs-, Versuchs- und Auswertungsarbeiten sowie eine Plankalkulation der Gesamtkosten des Vorhabens und einen Kostenplan für die einzelnen Arbeiten auf. Ein solcher Plan wird für die gesamte voraussichtliche Laufzeit des Themas aufgestellt und nach Monaten unterteilt; falls erforderlich, kann er korrigiert werden. Für jeden Monat wird die Zahl der Wissenschaftler angegeben, die unmittelbar an dem Thema mitarbeiten. In den Kostenplan und die Plankalkulation der Gesamtkosten des komplexen Forschungsvorhabens werden folgende vier Positionen aufgenommen: direkte Ausgaben für die Forschung, Projektierung und Herstellung des Versuchsmusters; Gemeinkosten für diese Zwecke, Kosten für Rohstoffe und Materialien, Gesamtsumme aller Kosten.

Der Plan wird regelmäßig überprüft. Diese Kontrollen bilden eine Art Abschluß für bestimmte Arbeitsetappen des Forschungsprogramms, sie bilden den Ausgangspunkt für die Planung der folgenden, bisher nicht vorgesehenen Maßnahmen und für eine Korrektur des Kostenplanes und der Kalkulation der Gesamtkosten des Forschungsvorhabens. Überprüfungen werden nach Abschluß folgender Etappen der Forschungsarbeiten vorgenommen:

1. nach der Ausarbeitung des Planes und des Kostenplanes für die Forschungs- und Projektierungsarbeiten;
2. nach Durchführung der entscheidenden Experimente und der im Zusammenhang hiermit erfolgenden Überprüfung des Forschungsprogramms;
3. nach Entwicklung, Herstellung und Erprobung des Experimentiermodells, der Präzisierung des Kostenplanes und der Plankalkulation der Gesamtkosten für das Forschungsvorhaben;
4. nach Abschluß der Projektierung des Versuchsmusters;
5. nach Herstellung des Versuchsmusters;
6. nach Erprobung der Nullserie;
7. nach Überarbeitung und endgültiger Abschlußprüfung des Versuchsmusters und Einreichung der Patentanmeldung;
8. nach Abschluß der Ausarbeitung der technischen, Produktions- und ökonomischen Dokumentation, der endgültigen Feststellung der Gesamtkosten des Forschungsvorhabens und der Bestätigung des Versuchsmusters;
9. nach Überleitung des Versuchsmusters in die Produktion.

Die Abstände zwischen den einzelnen Überprüfungen werden entsprechend der im Plan vorgesehenen Dauer jeder Etappe der einzelnen Arbeiten festgelegt.

Die Gruppenleiter geben monatlich auf einem genormten Formular über den Stand der Arbeiten am Forschungsvorhaben einen zusammenfassenden Bericht. Diese Berichte enthalten folgende Angaben: Ziele der Forschungsarbeit, ihre geplanten Kosten; Art der für den Monat geplanten Arbeiten und Erfüllungsstand des Arbeitsplans für die betreffende Etappe; aufgetretene Schwierigkeiten im Verlauf des Berichtsmonats; Maßnahmen, die zur Überwindung der angeführten Schwierigkeiten ergriffen wurden bzw. vorgesehen sind; Vorschläge für Abänderungen im Forschungsprogramm, im Kostenplan und in der Kalkulation der Gesamtkosten des Forschungsvorhabens, Kosten, die schätzungsweise noch erforderlich sind, um das Ziel des Forschungsprogramms zu erreichen, unter Berücksichtigung der neuen Umstände. Sämtliche oben genannten Angaben werden nur auf der Vorderseite des Monatsberichtes eingetragen. Eine solcher Vorbehalt sorgt dafür, daß der Bericht keine unwesentlichen Angaben enthält.

Die Rückseite des Berichtes ist für graphische Darstellungen und Diagramme vorgesehen:

1. für eine Darstellung des Erfüllungsstandes des Programms für das komplexe Forschungsvorhaben in der entsprechenden Etappe (durch bestimmte Zeichen);

2. für eine graphische Darstellung (in Gestalt einer Kurve) der faktischen Entwicklung der Kosten der Forschung im Vergleich zu dem für die einzelnen Monate aufgestellten Kostenplan.

Eine formelle Organisation von komplexen wissenschaftlichen Forschungsvorhaben ist, ungeachtet ihrer offensichtlichen Vorzüge, nicht in jedem Falle effektiv, obwohl diese Methode in den wissenschaftlichen Forschungsorganisationen für die einzelnen Industriezweige häufig Anwendung findet. Das hat seinen Grund darin, daß sich das wissenschaftliche Schöpfertum, besonders auf dem Gebiet der Grundlagenforschung, nur sehr schwer normieren läßt. Es hängt damit zusammen, daß wissenschaftliche Ideen nicht nur ein Ergebnis von logischen Denkoperationen, sondern auch der Intuition des Wissenschaftlers sind. Die Intuition ist keine mystische „Erleuchtung", die dem formalisierten Verlauf der sinnvollen Gedankenoperationen entgegengesetzt ist, bedeutet keinen phantastischen „Durchbruch" von Produkten der unbewußten Tätigkeit des Gehirns in die Sphäre des Bewußtseins, kein „Aha-Erleben", kein intuitives Sehen, kein Insight usw., sondern sie ist das Ergebnis der vorhergehenden Tätigkeit des Wissenschaftlers, ein zusammengedrängtes, geronnenes Ergebnis seiner vorhergehenden gedanklichen Tätigkeit, lediglich daß diese in der Form einer plötzlichen Mutmaßung in Erscheinung treten. Da die Intuition kein bestimmtes Ziel besitzt, kann ein wissenschaftliches Schöpfertum, das diese nutzt, nur informell, als freies wissenschaftliches Suchen organisiert werden, als langjähriges Nachdenken über ein- und dieselbe Erscheinung unter den Bedingungen einer unbestimmten Auswahl aus verschiedenen Lösungsmöglichkeiten. So wies z. B. A. Einstein darauf hin, daß er sich bereits in seiner Jugend mit folgenden Fragen beschäftigt hatte: Es war bekannt, daß Experimente mit fallenden Körpern analoge Ergebnisse an Bord eines fahrenden Schiffes und an Land ergaben. Was würde aber mit dem Licht einer Lampe passieren, die an Bord eines fahrenden Schiffes aufgestellt wird? Würde bei genügend schneller Fahrt das Schiff die Strahlen der eigenen Lichtquelle überholen, analog einer Kugel, die den Mündungsknall mit Überschreiten der Schallmauer überholt? Einstein gelang es schließlich, erfolgreich eine neue Konzeption des Raumes und der Zeit zu entwickeln, aus der folgte, daß ein Schiff nicht die Strahlen einer eigenen Lichtquelle einholen kann.

Die experimentelle Bestätigung der Wahrscheinlichkeitstheorie (die Erfahrungen von Michelson und Morly) zeigte, daß die Hypothese von

Einstein richtig war, wenn auch, wie Einstein in seiner Autobiographie feststellte, er diese Hypothese rein intuitiv aufgestellt hatte. Bekanntlich überzeugte diese Hypothese nicht seine Zeitgenossen, weil sie eine Intuition nicht als eine fundierte Begründung für ein Wissen ansahen. Deshalb beschreiben auch bis zum heutigen Tage die Physiklehrbücher die Einsteinsche Theorie als Antwort auf die Experimente von Micelson.

Wenn aber nun die Wissenschaft eine verallgemeinerte Form der Beobachtungen darstellt, dann ist der Fakt der Intuition Einsteins vollkommen verständlich. Einstein mußte auf Grund des in der damaligen Zeit erreichten Wissensniveaus mit dem Prinzip beginnen, daß es unmöglich sei, eine absolute Translokation in der Mechanik zu beobachten. Wenn er nun dieses Prinzip auf die Lichtstrahlung anwandte, dann mußte er von der gleichen Vermutung ausgehen, obwohl er sie nicht erklären konnte. Aber solche Vermutungen, über die man sich keine Rechenschaft ablegen kann, sind bei unserer Wahrnehmung der Dinge die Regel: sie beeinflussen auch die Wahrnehmung der einzelnen Dinge durch die Wissenschaftler.

Die Hypothese I. Newtons über die absolute Ruhe, die Einstein widerlegen mußte, war mit der Überzeugungskraft des gewöhnlichen Sehens der Dinge verknüpft. Gewöhnlich sehen Wissenschaftler die Dinge so, wie sie sind, d. h. wie dies die Verbindung zwischen dem Inhalt der Erfahrung darstellt, wozu auch die experimentelle Erfahrung gehört. Daher konnte Einstein, als er seine durchdringenden Gedanken auf das Weltall richtete und in seine Überlegungen den Fall der Lichtquelle mit einbezog, die Strahlen aussendet, nur das von ihm gesehene Ergebnis der Beobachtung empfinden, d. h. daß der Lichtstrahl niemals von der Lichtquelle eingeholt wird. Gerade daran dachte er, als er feststellte, daß er intuitiv diese Entdeckung „kannte".

Aber keine Forschungsaufgabe konnte ihrem Ziel nach unbestimmter sein als die Aufgabe von Einstein, die ihn zur Entdeckung der Relativitätstheorie führte. Er stellte jedoch fest, daß er im Verlauf seiner langjährigen Forschungsarbeit von einem gewissen „Richtungssinn" geleitet wurde, daß er eine unmittelbare Annäherung „an etwas Bestimmtes" spürte. Zweifellos fällt es sehr schwer, diesem Gefühl mit Worten Ausdruck zu verleihen, aber es war wirklich so, und dieses Gefühl unterschied sich deutlich von den späteren Gedanken A. Einsteins über die rationelle Form der Lösung dieses wissenschaftlichen Problems. In diesem Falle kann man eine Integration von immer noch unbestimmten Elementen in den allmählichen, immer mehr eingeschränkten Komplex von Verbindungen feststellen, die bis zum Ende noch nicht aufgedeckt sind. In gewisser Weise erinnert dies an ein Schachspiel. Bekanntlich gibt es im Schachspiel etwa 10^{120} verschiedene Möglichkeiten [158, S. 28]. Ein „optimales" Spiel ist bei dieser unwahrscheinlich hohen Zahl von Varianten praktisch unmöglich, da eine Strategie des erschöpfenden Durchmusterns nicht möglich ist. Nichtsdestoweniger findet ein Schachspieler auf Grund seiner Intuition immer einen mehr oder weniger erfolgreichen Ausweg aus dieser Lage.

Man kann noch ein weiteres Beispiel aus der Wissenschaftsgeschichte anführen. Die von Kepler im Verlaufe von 6jährigen Studien aufgestellten Hypothesen von der ellipsenförmigen Bahn des Mars waren häufig unklar. Die charakteristische Leitidee, der Kepler ständig folgte, und der er seinen Erfolg verdankte, war seine feste Überzeugung, daß die Umlaufbahn des Planeten Mars in einem gewissen Grade durch die mechanische Einwirkung der Sonne bestimmt wird. Diese unklare Vorahnung – die Vorwegnahme der Theorie Newtons – war genügend gerechtfertigt und brachte Kepler dazu, sämtliche Epizyklen des Ptolemäus zu verwerfen und seine Vorstellungskraft und Intuition auf die Suche nach einer einzigen Formel zu konzentrieren, die die allgemeine Umlaufbahn des Planeten mit seiner Geschwindigkeit und Form in Übereinstimmung bringt. Auf diese Weise entdeckte Kepler die beiden Gesetze von der elliptischen Umlaufbahn der Planeten.

Hieraus ergibt sich, daß ein Wissenschaftler, der sich von seiner Intuition leiten läßt, vorausgegangene Gedankenoperationen verallgemeinert, indem er diese Verallgemeinerung mit seiner schöpferischen Phantasie und seinen Kenntnissen integriert. J. A. Ponomarev ist der Auffassung, daß eine intuitive, für den Wissenschaftler unerwartete Lösung einer Aufgabe sich dadurch erklärt, daß sich ein unbewußtes Nebenprodukt seiner Tätigkeit in ein bewußt gewordenes Produkt verwandelt [159, S. 240]. Wahrscheinlich gibt es solche Fälle im wissenschaftlichen Schöpfertum, aber überzeugender ist die Auffassung der Intuition als im Bewußtsein geronnene Verallgemeinerung aus der vergangenen wissenschaftlichen Tätigkeit des Wissenschaftlers, die ihm als wichtiges Element zur Lösung eines brennenden Problems in einer laufenden Forschungsarbeit bewußt geworden ist. Gerade hiervon zeugen die untersuchten Beispiele der intuitiven Hypothesen von Einstein und Kepler.

Die informellen Methoden der Organisation von komplexen wissenschaftlichen Forschungsarbeiten zielen einerseits darauf ab, günstige Bedingungen für das Auftreten einer Intuition bei den Wissenschaftlern zu schaffen, und andererseits darauf, sie von wissenschaftlich-organisatorischen Arbeiten zu entlasten. Zu diesem Zweck wird den Wissenschaftlern gestattet, während einer bestimmten „Inkubationsperiode", die er braucht, damit seine Ideen „reifen", nicht seinen Arbeitsplatz in der wissenschaftlichen Forschungseinrichtung aufzusuchen. So verfolgt zum Beispiel das System der Beurlaubung für schöpferische Arbeit von Mitarbeitern von wissenschaftlichen Forschungseinrichtungen zur Anfertigung von Kandidaten- und Doktordissertationen in der UdSSR die Hauptaufgabe, Voraussetzungen für ein „freies" Schöpfertum zu schaffen, das nicht durch strenge Administrativ- und disziplinarische Maßnahmen eingeengt ist. Um die Belastung der führenden Wissenschaftler mit „unschöpferischer" Arbeit zu verringern, werden „Brigaden" aus Wissenschaftlern und Wissenschaftsleitern und -organisatoren gebildet, die ein Forschungsvorhaben mit allem Notwendigen versorgen, werden Wissenschaftsorganisatoren ausgebildet, speziell zu dem Zweck, um wissenschaftliche Forschungseinrichtungen und komplexe wissenschaftliche Forschungsvorhaben zu leiten.

Unter den Bedingungen der wissenschaftlich-technischen Revolution in der Gegenwart werden in der Regel informelle und formelle Leitungsmethoden gemeinsam angewandt. In der Regel finden solche Mischformen der Organisation von komplexen wissenschaftlichen Forschungsvorhaben in der angewandten Forschung Anwendung. Eine typische Form einer solchen Mischform bilden angewandte Forschungsvorhaben auf der Grundlage einer Projektleitung.

Dieser neue Organisationstyp spielt eine wesentliche Rolle bei der Realisierung von umfassenden Programmen. Er findet auch auf dem Gebiet der Gesellschaftswissenschaften Anwendung. So werden z. B. die meisten Forschungsaufträge des Instituts für konkrete Sozialforschung der Akademie der Wissenschaften der UdSSR auf der Grundlage einer Projektleitung durchgeführt. Die Organiationsform der Projektleitung sichert, daß einerseits in jedem operativen Glied eine exakte Linie der Verpflichtungen und der Verantwortlichkeit und andererseits von Rechten und Pflichten besteht. Alle an dem Projekt Mitarbeitenden, von den Leitern, den Forschern und Ingenieuren bis hin zu den Arbeitern, fühlen sich als Mitgestalter am gemeinsamen Prozeß. Das Projekt geht von einer wissenschaftlichen Auffassung der Funktionen eines Forschungssystems aus. Dabei wird den Hauptelementen der Sicherung der Anpassungsfähigkeit des Systems besondere Beachtung geschenkt. Wenn es darauf ankommt, schnell bestimmte Ergebnisse zu erzielen, so wird ein solches Bestreben von der Möglichkeit kommensuriert, schnell mit der Arbeit zu beginnen. Um einen Erfolg zu erzielen, werden erfahrene und energische Wissenschaftler herangezogen und ihnen der Auftrag erteilt, wichtige Probleme zu lösen. In diesem Falle gibt man sich in der Regel nicht damit zufrieden, daß man den bequemsten Weg geht und solche Personen heranzieht, die geeignet sind, Standardaufgaben (gewöhnliche Aufgaben) zu erledigen. Bei Forschungsvorhaben mit Projektleitung werden die Absichten und Bestrebungen so lange nicht detailliert, bis erste Ergebnisse aus experimentellen Arbeiten vorliegen, die sich auf die Lösung der Hauptfragen konzentrieren und die die Grundlage für das Treffen einer Entscheidung bilden. Damit geht einher, daß die Gesamtarbeiten vorher nicht in eine bestimmte enge Richtung gelenkt werden.

Die direkte Abhängigkeit zwischen der Effektivität von Vorhaben in der angewandten Forschung und der Produktion, für die sie bestimmt sind, drückt der Organisation der Laboratorien und Sektoren ihren Stempel auf. In großen Laboratorien und Sektoren mit einer komplizierten Struktur sind die Wissenschaftler und Ingenieure nach Wissenschaftsdisziplinen organisiert (z. B. Chemie, Physik, Metallurgie, usw.), nach Erzeugnisarten (Polymere, Farbphotographie usw.), nach Arbeitsetappen (Grundlagenforschung, angewandte Forschung, Entwicklung, Herstellung von Versuchsmustern). In der Praxis besitzen die meisten Laboratorien und Sektoren eine gemischte Struktur; sie haben Gruppen, die hauptsächlich nach Wissenschaftsdisziplinen für die einzelnen Stadien des Forschungsvorhabens und nach Produktionsarten für die einzelnen Stadien des Entwicklungsprojektes organisiert sind, die aber in funktionalen Einheiten, d. h. in bestimmten Problemabteilungen arbeiten.

Der Mischtyp wird bei der Organisationsstruktur der Laboratorien in den meisten Fällen deshalb bevorzugt, weil hierbei der gesamte Forschungs- und Entwicklungsprozeß an einer neuen Produktionsart ununterbrochen einheitlich gelenkt wird. Zu diesem Zwecke finden als Hilfsmittel die PERT-Methode, Methoden der Operationsforschung usw. Anwendung. Die Organiation von Forschungsarbeiten nach wissenschaftlichen Disziplinen und von Entwicklungsarbeiten nach Produktionsarten ermöglicht es, die Kenntnisse und Fähigkeiten der hochqualifizierten Spezialisten in sämtlichen Arbeitsetappen – von der Geburt der Forschungsprojekte bis zur Überleitung von besonders perspektivreichen Ergebnissen in die Produktion – zu nutzen. Zu diesem Zwecke wird in einer Reihe von Industrielaboratorien der Übergang eines Forschers – z. B. des Autors eines Projektes – aus der Grundlagenforschung in die angewandte Forschung und von dort in die Entwicklung bis zur Herstellung des Versuchsmusters stimuliert. In den meisten Fällen besteht jedoch hierzu keine direkte Notwendigkeit; es reicht bereits aus, wenn hochqualifizierte Spezialisten in den praktischen Etappen der Arbeit an einem Projekt zur Konsultation herangezogen werden.

Von einem gewissen Interesse für eine Organisation von komplexen Forschungsvorhaben mit Mischformen der Organisation sind die Erfahrungen der amerikanischen, nicht auf Gewinnerzielung ausgerichteten Forschungsorganisation „RAND-Corporation", die im Jahre 1946 gegründet wurde. Ihre Hauptaufgabe besteht in der wissenschaftlichen und sozialpolitischen Prognostizierung im Interesse des Kriegsministeriums der USA [160, S. 205]. Dieses Problem besitzt an sich einen komplexen Charakter und setzt das „Abwägen" des Einflusses verschiedener Faktoren des wissenschaftlich-technischen Fortschritts auf die Entwicklung der Gesellschaft sowie die Analyse der Wechselbeziehungen ökonomischer, sozialer und politischer Probleme der Zukunft voraus. Bekannt ist die Prognose der wissenschaftlich-technischen Errungenschaften, die von der RAND-Corporation für die letzten 30 Jahre des 20. Jahrhunderts und das erste Jahrzehnt des 21. Jahrhunderts ausgearbeitet wurde [73, S. 294–298]. Die Corporation beschäftigt mehr als 1000 Mitarbeiter, von denen etwas mehr als die Hälfte Wissenschaftler sind. Sie sind in Abteilungen für ökonomische Wissenschaften, für Kostenanalyse, Militärlogistik, Aero-Astronautik, Systemforschung, Planetarwissenschaften, Elektronik, Mathematik, Datenverarbeitungstechnik, Physik und Gesellschaftswissenschaften vereinigt. Die von den Mitarbeitern herausgegebenen Arbeiten besitzen in der Regel einen verallgemeinernden komplexen Charakter: „Psychose und Zivilisation", „Überblick über die sowjetische Kosmoswissenschaft", „Die Wirtschaft Frankreichs und der Staat", „Arbeitsproduktivität in der sowjetischen und amerikanischen Industrie" usw.

An der Spitze der RAND-Corporation stehen ein Präsident und zwei Vizepräsidenten. Die Gesellschaft wird von einem Konsortium geleitet, dem auch die Leiter der Forschungsabteilungen angehören. Dieser Verwaltungsrat ist für die Gesamtleitung und für die Qualität des Forschungsprogramms sowie für die Bewertung der Forschungsergebnisse verantwortlich. Dieser Rat organisiert die Planung der langfristigen Forschungsprojekte. Seine Empfehlungen werden dem Präsidenten vorgelegt, der verpflichtet ist, über sie eine Entscheidung zu treffen. Dem Präsidenten wird eine Liste von Problemen vorgelegt. Er entscheidet, welche Themen in den nächsten 5 Jahren eine Bedeutung in strategischer, taktischer und technischer Beziehung haben werden. Sobald in dieser Frage eine einheitliche Meinung erzielt wurde, wird sie in einem schriftlichen Memorandum festgehalten, das dem Präsidenten des Verwaltungsrates zugeleitet wird.

Die Gesellschaft wird durch ein Kuratorium beraten, das aus 20 Vertretern von Wissenschaft, Industrie und der Öffentlichkeit besteht. Das

Kuratorium wird über die Realisierung des Programms und die erzielten Ergebnisse ständig auf dem Laufenden gehalten. Die Politik der Gesellschaft wird auf der Grundlage von Konsultationen mit dem Kuratorium festgelegt. Das Kuratorium tritt zweimal im Jahr zusammen; auf diesen Versammlungen werden die Forschungsergebnisse der RAND-Corporation zur Diskussion gestellt. In der Zwischenzeit werden die Geschäfte des Kuratoriums von einem Komitee aus 5 Personen wahrgenommen.

Die RAND-Corporation ist nach Fachgebieten organisiert: sie besitzt 11 technische (Forschungs-)Abteilungen. Jede Abteilung führt Forschungen auf ihrem Spezialgebiet durch. Wenn jedoch ein großes und komplexes Forschungsvorhaben die Kompetenz einer Abteilung überschreitet, dann stützt man sich in diesem Falle auf Spezialisten der gesamten Corporation. Dadurch ist die Anpassungsfähigkeit bei der Lösung komplexer interdisziplinärer Aufgaben gewährleistet, denn keine einzelne Abteilung kann beim Studium von bestimmten Themen für sich eine Monopolstellung in Anspruch nehmen.

Für jedes Projekt wird ein Leiter bestimmt. Die Mitarbeiter der RAND-Corporation sind zwei Leitern unterstellt: ihrem Abteilungsleiter, der für eine qualifizierte Arbeit auf ihrem Fachgebiet die Verantwortung trägt, und ihrem Projektleiter, der auch aus einer anderen Abteilung kommen kann und die Spezialarbeit organisiert. Da der einzelne Mitarbeiter, der an einem Projekt arbeitet, das viele Disziplinen berührt, häufig für längere Zeit aus dem Gesichtskreis seines Leiters heraustritt, ist es erforderlich, von Zeit zu Zeit die geleistete Arbeit zu überprüfen. Dies erfolgt in der Regel alle halbe Jahre bei der Beratung des Inhalts der Arbeiten.

Die Gesellschaft ist bestrebt, die Mängel einer strengen formellen Organisationsstruktur zu umgehen, indem sie davon ausgeht, daß der Erfolg von Forschungsarbeiten weitgehend von dem eigenen Antrieb und der Initiative des Einzelnen abhängt. Die Organisationsstruktur sichert, daß alle nützlichen Ideen von Mitarbeitern, unabhängig von ihrer Dienststellung, die Leiter der Corporation erreichen. Die RAND-Corporation hat aus ihren Mitarbeitern einen Wissenschaftler-Stab gebildet, der als Verbindungsglied zwischen der Gesellschaft und ihrem wichtigsten Auftraggeber — den Land- und Luftstreitkräften der USA — fungiert. Dieser muß dafür sorgen, daß die von der RAND-Corporation erzielten Forschungsergebnisse effektiver genutzt werden. Gleichzeitig wird eine kleine Gruppe von hohen Offizieren aus den Luftstreitkräften in den Forschungsstab der RAND-Corporation abkommandiert, wodurch eine ständige enge Zusammenarbeit zwischen Gesellschaft und ihrem Auftraggeber erreicht wird.

Zu dem gleichen Zweck wurde das „Project RAND Military Advisory Group" (MAG) nach dem Vorbild eines Aufsichtsrates (Kuratoriums) gebildet. MAG tritt ebenso wie ein Aufsichtsrat zweimal im Jahr zu Beratungen und Diskussionen zusammen. MAG konsultiert und informiert den Oberkommandierenden der Luftstreitkräfte der USA über das Forschungsprogramm der RAND-Corporation und ihre Vorstellungen über die Führung eines Luftkrieges. Die militärische Konsultativgruppe von MAG bildet für die RAND-Corporation ein wichtiges Bindeglied zu den Luftstreitkräften sowie eine wertvolle Quelle von Informationen, Ideen und Ratschlägen.

Die RAND-Corporation und die Luftstreitkräfte der USA sind untereinander durch schriftliche Berichte und Publikationen verbunden, die die Forschungsergebnisse und Aufzeichnungen von persönlichen Gesprächen enthalten. Es finden informelle und formelle Zusammenkünfte statt. Im Verlauf der Arbeit an einem Projekt halten die Mitarbeiter von RAND ständig einen persönlichen Kontakt mit ihren Kollegen aus den Luftstreitkräften. Bei formellen Beratungen berichten die Projektleiter über den Stand der Entwicklungsarbeiten den verantwortlichen und anwesenden Militärangehörigen aller Ränge der Luftstreitkräfte. Ist ein Projekt abgeschlossen und hat der Kritik der Kollegen von RAND standgehalten, so werden die Ergebnisse dem Auftraggeber durch den Projektleiter persönlich dargelegt. Der verantwortliche Wissenschaftler läßt sich niemals durch einen Berichterstatter vertreten: Es gilt der Grundsatz, wer eine Arbeit durchgeführt hat, der stellt sie auch dem Auftraggeber vor, der hierüber eine Entscheidung trifft.

Der Auftraggeber kann auf dieser Abschlußdiskussion durch ein Komitee vertreten werden, das speziell zu diesem Zweck von dem Oberkommando der Luftstreitkräfte – oder für besonders wichtige Projekte vom Verteidigungsminister selbst – gebildet wird. Die schriftlichen Berichte gehen nicht nur an die Luftstreitkräfte, sondern auch an die Armee, die Flotte und das Verteidigungsministerium. Um eine hohe Effektivität zu erreichen, ist jedem Mitarbeiter ein Maximum an Freiheit für ein schöpferisches Denken eingeräumt.

Viele Wissenschaftler der RAND-Corporation üben außerdem eine Lehrtätigkeit an Universitäten aus, andere eine Forschungstätigkeit in einem Institut.

Die Ergebnisse der Forschungsarbeiten der RAND-Corporation werden regelmäßig in Büchern, Berichten, in Reports, Artikeln und Empfehlungen veröffentlicht. Die der Geheimhaltung unterliegenden Ergebnisse sind nur der Regierung und dem Auftraggeber aus dem

Verteidigungsministerium zugänglich. Ergebnisse, bei denen keine Notwendigkeit besteht sie geheimzuhalten, werden dagegen möglichst breit als Bücher, Zeitungsartikel und Forschungs- und Entwicklungsberichte (Reports) verbreitet.

Der Mischtyp von komplexen wissenschaftlichen Forschungsvorhaben setzt damit folgende Merkmale voraus:

1. Die Planung der Ziele des Programms und der Forschung selbst, in der Richtung, daß die erzielten Ergebnisse eine maximale Effektivität bei minimalem Aufwand und minimalen Überleitungszeiten sichern müssen;

2. eine exakte Definition des Zieles der durchzuführenden wissenschaftlichen Forschungsarbeit und der allgemeinen Strategie für ihre Durchführung auf der Grundlage einer Prognostizierung der Perspektivität des Programms;

3. sämtliche Glieder des Forschungsprogramms erhalten eine klare Aufgabenstellung für die einzelnen wissenschaftlichen Forschungsaufgaben unter Hinweis auf die maximalen Möglichkeiten zu ihrer Lösung;

4. die Ausarbeitung einer systematischen Wissenschaftspolitik, in deren Rahmen eine Wertung der erzielten Zwischenergebnisse der Forschung organisiert wird, und bei uneffektiven Lösungen Forschungsarbeiten eingestellt werden.

Eine gute Organisationsstruktur eines komplexen wissenschaftlichen Forschungsvorhabens bildet eine notwendige Voraussetzung für seine optimale Durchführung.

Kapitel V

Die Optimierung der intellektuellen Kommunikation auf dem Gebiet der Wissenschaft

1. Die intellektuelle Kommunikation als Methode des Zusammenwirkens wissenschaftlicher Kollektive

Für die Entwicklung der modernen Wissenschaft ist der „explosive" Charakter der Wissenszunahme und des Umfanges an wissenschaftlichen Informationen charakteristisch. Heute gibt es in der Welt etwa 100000 Titel von wissenschaftlichen Zeitschriften [169]. Außerdem erscheinen jährlich eine große Zahl von nicht öffentlich zugänglichen Dokumenten, die eine wertvolle Quelle an wissenschaftlichen Informationen darstellen. Das sind die wissenschaftlich-technischen (Forschungs- und Entwicklungs-)Berichte, Informationskarteien, Manuskripte, Korrekturen von wissenschaftlichen Arbeiten usw. Wenn man die Zahl der im Jahre 1965 veröffentlichten Informationsquellen gleich 1 setzt, so wird sich ihre Zahl bis zum Jahre 1975 verdoppelt haben; bis zum Jahre 1985 ist sie auf das 4,6fache angewachsen; im Jahre 2000 hat sie sich auf das 14,5fache erhöht, d. h. innerhalb von 35 Jahren hat sich die Menge der Informationen auf das 14,5fache erhöht und beträgt 57,7 Millionen Dokumente im Jahr. Gleichzeitig verringert sich ständig der Nutzungsgrad der wissenschaftlichen Informationen. Für einen Forscher wird es immer schwieriger, die für ihn notwendigen Angaben ausfindig zu machen; dadurch kommt es zu ungerechtfertigten Wiederholungen von wissenschaftlichen Forschungsarbeiten. So werden in den USA jährlich für solche Wiederholungen mindestens 10% sämtlicher für wissenschaftliche Forschungs- und Konstruktions- und Entwicklungsarbeiten verausgabter Mittel verwendet [162] und 30% bis 80% der Arbeitszeit der Wissenschaftler entfällt auf solche unnützen Arbeiten [163].

Die Lage wird noch dadurch verschlimmert, daß in der Gesellschaft Informationsbarrieren existieren, die den Zugang zu den Informationsquellen erschweren. Zu ihnen gehören folgende Arten von Informationsbarrieren:

Historische Barrieren. Ihre Wirkung ist direkt proportional dem Alter der Informationen: Je weiter der zeitliche Abstand eines Dokumentes von der Gegenwart ist, desto schwerer fällt es, seinen Inhalt zu verstehen, ohne die Situation, in der es entstanden ist, besonders zu analysieren.

Geographische Barrieren. Sie zeigen sich darin, daß der Zugang zu einer Information um so schwerer ist, je weiter der Nutzer von der Informationsquelle entfernt ist. Mit der Entwicklung moderner Nachrichtenverbindungen werden aber ihre Wirkungen abgeschwächt.

Politische Barrieren: Ihre Wirkung ist umgekehrt proportional der Intensität der internationalen Verbindungen, der Verbindungen zwischen den Parteien und von anderen Verbindungen zwischen den Staaten.

Sprachbarrieren: Sie ergeben sich aus der Tatsache, daß heute Angehörige fast aller Völker der Welt, die in fast 3000 Sprachen sprechen, sich mit einer wissenschaftlichen Tätigkeit beschäftigen. Die Folge davon ist, daß eine immer größere Zahl von Informationsquellen in wenig bekannten Sprachen (z. B. in Japanisch, Chinesisch, in Hindi usw.) publiziert wird.

Generationsbarrieren. Sie bestehen darin, daß die Generation der Wissenschaftler, die in traditionellen Methoden erzogen wurde, sich oft weigert, neue Richtungen in der Wissenschaft anzuerkennen.

Ökonomische Barrieren. Sie bestehen in der Unentwickeltheit der Informationseinrichtungen in den industriell zurückgebliebenen Ländern.

Staatliche Barrieren. Sie hängen mit den politischen Barrieren zusammen und bestehen darin, daß Informationen aus militär-strategischen, politischen und anderen Gründen geheimgehalten werden.

Behördliche (zwischenzweigliche) Barrieren. Sie hängen mit der Unterentwicklung der zwischenzweiglichen Informationsbeziehungen zusammen.

National-psychologische Barrieren: Sie hängen mit den psychologischen Besonderheiten der Nationen zusammen und zeigen sich besonders ausgeprägt in einer Reihe von Gesellschaftswissenschaften.

Terminologiebarrieren: Sie werden durch die Spezifik der Wissenschaftssprachen in den einzelnen Wissenschaftszweigen hervorgerufen. Man hat festgestellt, daß 60% aller potentiellen Leser eines jeden wissenschaftlichen Artikels oder Buches hinsichtlich ihrer beruflichen Interessen nicht mit den Interessen des Autors übereinstimmen.

Sozialpsychologische Barrieren: Sie sind durch das Allgemeinbildungsniveau der Gesellschaft bedingt, durch das Interesse der wichtigsten Schichten und Klassen einer Gesellschaft an der Nutzung der Ergebnisse der Wissenschaft. Viele Erfindungen und Entdeckungen wurden von ihren Zeitgenossen unterschätzt; ihre Entwicklung vollzog sich über eine lange Periode und oft wurde ihre Bedeutung erst durch eine Neuentdeckung erkannt.

Organisatorische Barrieren. Sie kommen darin zum Ausdruck, daß eine Informationsquelle nicht zugänglich ist, weil der Spezialist, der sie benötigt, nichts von ihrer Existenz weiß, oder weil es für ihn praktisch unmöglich ist, sie in den ungeordneten Informationsmassiven ausfindig zu machen.

Einige dieser Barrieren werden im Verlauf der wissenschaftlich-technischen Revolution überwunden (z. B. die geographischen und die ökonomischen Barrieren). Die Abtragung anderer Barrieren setzt eine sozialpolitische Umwandlung der Gesellschaft voraus (z. B. bei den politischen und Regimebarrieren); für die Beseitigung einer dritten Art von Barrieren ist ein allgemeiner Fortschritt der modernen Gesellschaft erforderlich (z. B. bei den sozial-psychologischen und den Generationenbarrieren).

Schließlich werden einige Barrieren durch die mangelnde Ordnung der Informationsströme hervorgerufen (z. B. die Organisationsbarrieren), durch die Zunahme der beruflichen Differenzierung der Wissenschaftler (die terminologischen Barrieren), durch die es immer schwieriger fällt, ein gegenseitiges Verstehen auf einer bestimmten allgemeinen Grundlage zu erreichen, ohne die spezifischen Sprachen der von ihnen vertretenen engen wissenschaftlichen Spezialrichtungen zu verwenden.

Die „Informations"krise in der Wissenschaft stellt sich somit als ein äußerst vielgestaltiges Problem dar, das nicht nur ein Studium der Informationsaspekte im eigentlichen Sinne, sondern auch von sozialen und ökonomischen Aspekten erforderlich macht. Ein Ausweg aus der Informationskrise läßt sich nicht finden, wenn man einseitig an dieses Problem herangeht, d. h. indem man nur die technischen, die sozialen oder die terminologischen Aspekte berücksichtigt.

Der Prozeß des Informationsaustauschs in der Wissenschaft besitzt zwei Seiten: ein Wissenschaftler kann ohne eine entsprechende Informationsversorgung, d. h. ohne eine kritische Analyse und Wertung des Standes der Forschung bezüglich des zu untersuchenden Problems, ohne Bestimmung des Zieles der Forschung und einer Prognose über ihre Perspektive keine Forschungsarbeit betreiben. Ein Wissenschaftler kann auch nicht ohne Kommunikation mit seinen Kollegen arbeiten, die an dem gleichen Problem in anderen wissenschaftlichen Forschungseinrichtungen arbeiten, die sich zuweilen in verschiedenen Staaten befinden, weil die Wissenschaft eine internationale Erscheinung ist und das Niveau der Errungenschaften der nationalen Wissenschaftskader dadurch bestimmt wird, ob es dem allgemeinen Standard entspricht, der als „wissenschaftliches Weltniveau" gilt.

Ein wirksames Mittel zur Kommunikation wissenschaftlicher Kollektive ist der Austausch von Informationen, die in den Primärdokumenten publiziert werden. Infolgedessen ist die Information für einen Wissenschaftler eine Quelle seines Wissens und ein Mittel zum Meinungsaustausch mit seinen Kollegen, eine Form des intellektuellen Verkehrs mit ihnen. Durch solche Informationsquellen schaffen die Wissenschaftler zeit- und raumlose „unsichtbare" wissenschaftliche Kollektive von Forschern verschiedener Generationen und historischer Epochen, die an dem gleichen Problem arbeiten. Wissenschaftler, die auf dem Gebiet der Mechanik arbeiten und die Wege für interplanetare Flüge bahnen, sind in gewissem Sinne Co-Autoren *eines* Kollektivs, das von I. Newton durch seine Arbeiten begründet wurde.

Die Co-Autoren von A. Einstein sind seine Nachfolger, die die Relativitätstheorie ausgearbeitet haben. Mit Recht wird festgestellt: „Eine wissenschaftliche Information schöpferisch aufnehmen, bedeutet ihren Formalismus entschlüsseln, in den gegenständlichen Inhalt der Theorie eindringen, das gegenständliche Modell wiederaufbauen, das der Schöpfer der Theorie geschaffen hat ... Ein vollständiges Eindringen in das Wesen einer Theorie, wenn es erforderlich wird, erneut dasjenige gegenständliche Modell zu bauen, das der Schöpfer der Theorie geschaffen hat, zwingt dazu, die Methode des Aufbaus des angeführten Modells und folglich auch die Denkmethode des Autors aufzudecken. Es ist klar, daß das Maß, wie der Aufnehmende die Denkmethode eines Wissenschaftlers begreift, von vielen Faktoren abhängt, aber einen anderen Weg zur Aneignung der inhaltlichen Seite einer wissenschaftlichen Theorie gibt es nicht" [164, S. 222f.].

Folglich muß die Optimierung der intellektuellen Kommunikation in der Wissenschaft einerseits die Informationsversorgung des Wissenschaftlers umfassen, d. h. es muß ihm die Möglichkeit gegeben werden, alle zu der zu untersuchenden Frage gehörenden Informationsquellen zu nutzen. Andererseits erfordert die Optimierung ein höheres Niveau des Verständnisses von wissenschaftlichen Texten, d. h. die Verringerung des Teiles der Leser, die auf Grund von terminologischen und anderen Barrieren einen Artikel eines Wissenschaftlers, der für sie bestimmt ist, offensichtlich nicht verstehen.

In der modernen Wissenschaft bildet die Informationsversorgung von Forschung und Entwicklung ein Grundelement ihrer Organisation. Jeder Wissenschaftler wendet heute für die Suche und Auswertung von wissenschaftlichen Informationen etwa ein Drittel seiner gesamten

Forschungszeit auf. Er ist hierzu aus verschiedenen Gründen gezwungen: aus Tradition; infolge der Unterentwickeltheit der Informationsversorgung in den wissenschaftlichen Forschungseinrichtungen usw. Eine zum richtigen Zeitpunkt erfolgende Versorgung der Wissenschaftler mit wissenschaftlich-technischen Informationen eines entsprechenden Niveaus würde einen großen Teil der Arbeitszeit der Wissenschaftler freisetzen und dazu führen, daß ein Mehr an Arbeitskräften von 40 bis 50000 Wissenschaftlern jährlich zur Verfügung stehen würde. Vom Niveau der Informiertheit der Wissenschaftler hängen auch der Neuheitswert der von ihnen erzielten wissenschaftlichen Forschungsergebnisse sowie die Möglichkeit, sie in der Industrie zu nutzen, unmittelbar ab.

Ein Forscher braucht nicht beliebige Informationen – ihr Umfang verdoppelt sich gegenwärtig alle 10 bis 15 Jahre –, sondern ihm helfen nur relevante Informationen, d. h. solche Informationen, die seinen Informationsanforderungen entsprechen. Diese Informationsanforderungen werden durch die Informationsbedürfnisse des Wissenschaftlers bestimmt. Diese Informationsbedürfnisse sind dynamisch; sie verändern sich sowohl in der Zeit als auch im Raum: die Mitarbeiter ein und derselben wissenschaftlichen Forschungseinrichtung haben zur gleichen Zeit unterschiedliche Informationsbedürfnisse, und beim gleichen Mitarbeiter verändern sich je nach der logischen Etappe der Forschungsarbeiten mit der Zeit die von ihm zuerst angemeldeten Informationsbedürfnisse. Optimal ist eine solche Organisation der Informationsversorgung, die jeden Forscher operativ und kontinuierlich nur mit relevanten Informationen versorgt. Das fällt jedoch um so schwerer, weil die Quellen, die von dem Wissenschaftler genutzt werden, äußerst unterschiedlich sind.

Bücher, wissenschaftlich-technische Zeitschriften und bibliographische Literatur (die verschiedenen Informationsmittel) bilden die am häufigsten benutzten Quellen, aus denen er seine Informationen bezieht. In letzter Zeit nimmt jedoch die Bedeutung von anderen Dokumenten zu. Zu ihnen gehören: Patente, die Spezialliteratur, Firmenkataloge, Prospekte, Preislisten, Bulletins u. a. Publikationen, die von Industriebetrieben herausgegeben werden, technische Standards und Literatur zu Fragen der Standardisierung und Normung, Kataloge von Projekten und neuen Konstruktionsvorrichtungen, technische und wissenschaftliche Filme, Kataloge von Messen und technischen Ausstellungen. Zur folgenden Gruppe von wichtigen Informationsmaterialien gehören Berichte über wissenschaftliche Forschungsprojekte (Forschungs- und Entwicklungsberichte, die Reportliteratur), Diplomarbeiten, Dissertationen, Referate und Protokolle von wissenschaftlichen und technischen Konferenzen, Kongressen und Symposien. Eine besondere Gruppe von Informationsmaterialien bilden die von den Informationszentren und ihren Einrichtungen gelieferten Informationsmittel. Alle diese verschiedenen Informationsmaterialien sind bekannt und werden in unterschiedlichem Maße genutzt.

Von besonderer Bedeutung sind Informationsquellen, in denen die „Frontlinie" der Wissenschaft zum Ausdruck kommt: die Patentliteratur, Forschungs- und Entwicklungsberichte, Materialien von wissenschaftlichen Konferenzen, Kongressen und Symposien, Dissertationen sowie einzelne Publikationen und Bulletins, die von wissenschaftlichen Forschungseinrichtungen herausgegeben werden. Die Patentliteratur wird als Informationsquelle weitestgehend genutzt; die Forschungs- und Entwicklungsberichte sowie die Protokolle von Konferenzen, Kongressen und Symposien werden dagegen in geringerem Maße genutzt.

In den kapitalistischen Ländern unterliegen Forschungs- und Entwicklungsberichte in den meisten Fällen der Geheimhaltung und sind so lange nicht zugänglich, wie die Ergebnisse dieser Arbeiten nicht zum Patent angemeldet wurden. Nur wenige Ländern sichern eine umfassende Information über solche Berichte. Man muß feststellen, daß der Zugang zu einer großen Zahl von Informationsquellen dieser Gruppe selbst dann, wenn solche Materialien nicht der Geheimhaltung unterliegen, sehr erschwert ist, da sie nicht allgemein zugänglich und über den Buchhandel käuflich zu erwerben sind. Das gleiche trifft auch auf Diplomarbeiten, Dissertationen, Berichte und Protokolle von wissenschaftlichen Kongressen, Konferenzen und Tagungen zu. Auf Grund der Bedeutung dieser Quellen haben einige Länder im Ausland Büros eingerichtet, die die Aufgabe haben, solche Dokumente zu beschaffen, die nicht über den Buchhandel vertrieben werden. Ein Beispiel hierfür ist das Informationsbüro der skandinavischen Länder in Washington „Skandok".

Große wissenschaftliche Forschungseinrichtungen haben ein Interesse an allen Arten von Informationen; mittlere und kleinere Forschungseinrichtungen interessieren sich je nach der Richtung ihrer wissenschaftlichen Arbeiten nur für bestimmte Arten von Dokumenten. Die Wissenschaftler schenken in der Regel der wissenschaftlich-technischen Zeitschriften- und der Patenliteratur besondere Aufmerksamkeit. Zweifellos wird immer ein großer Teil der benötigten Informationen in der wissenschaftlich-technischen Fachliteratur gefunden werden; vom Gesichtspunkt der Aktualität sind aber diese Informationen im Verhältnis zu den Informationen, die durch die Patentliteratur vermittelt werden, veraltet. Ein Patent bildet zweifellos die Quelle für die letzten Informationen auf dem entsprechenden Gebiet.

Für Institute, Laboratorien, technologische, Projektierungs- und Konstruktionsbüros sind auch Informationen von besonderer Bedeutung, die in der Form von Forschungs- und Entwicklungsberichten (in der Report-Literatur), in der Patentliteratur, in Berichten über wissenschaftlich-technische Sitzungen, Konferenzen und Kongresse sowie in Dissertationen und in Katalogen über ausgearbeitete Projekte und Konstruktionen enthalten sind.

Auf Grund der Tatsache, daß der Informationsbedarf durch die individuellen Informationsanforderungen der Forscher bestimmt wird, ist es erforderlich, diese Bedürfnisse mit Hilfe von konkret-soziologischen Methoden (der Fragebogenmethode, der Interviewmethode, der Methode der Selbstaufnahme, mit Hilfe von Operagrammen usw.) zu untersuchen. Von einer Fragebogenaktion werden im Durchschnitt etwa 8–10% der Wissenschaftler erfaßt. Das reicht aus, um den Informationsbedarf der einzelnen Nutzergruppen und seine Abhängigkeit von dem Typ der wissenschaftlichen Forschungseinrichtung, dem Charakter der durchgeführten wissenschaftlichen Forschungsarbeiten, vom Zeitaufwand der Mitarbeiter der wissenschaftlichen Forschungseinrichtung für ihre Informationsversorgung, von der Zahl und der Qualifikation der Mitarbeiter der Informationseinrichtung usw. festzustellen.

In den entwickelten kapitalistischen Ländern (z. B. in den USA, in England, Frankreich, der Bundesrepublik und Japan) wurden in den letzten Jahren die finanziellen Aufwendungen für die Entwicklung von Informationseinrichtungen schnell erhöht; sie betragen heute ein bis 2,5% der Gesamtausgaben für die Wissenschaft. Der Anteil der Ausgaben für die Informationsversorgung innerhalb der Ausgabenposten in einer wissenschaftlichen Forschungseinrichtung vergrößert sich schnell. Auch in der Sowjetunion wachsen die Aufwendungen für die Entwicklung der Informationsversorgung, und die Gesamtausgaben pro-Kopf eines Wissenschaftlers für seine Informationsversorgung steigen ständig an.

Die Effektivität der Informationsversorgung von wissenschaftlichen Forschungs- und Entwicklungsarbeiten hängt von der Relevanz der den Forschern übermittelten Informationen, von der Zahl der Informationseinrichtungen und der Qualifikation und altersmäßigen Zusammensetzung ihrer Mitarbeiter ab sowie von dem Niveau ihrer technischen Ausstattung mit Mitteln der Orgtechnik, dem Grad der Mitwirkung der strukturellen Unterglieder der Forschung an der Informationsarbeit der wissenschaftlichen Forschungseinrichtung. Die ökonomische Effektivität der Informationsversorgung wird aus dem Verhältnis der Ausgaben für die Tätigkeit der Einrichtungen der wissenschaftlich-technischen Information und den Gesamteinsparungen an Arbeitsaufwan din den einzelnen Etappen des Forschungsvorhabens berechnet, die im Ergebnis der Nutzung der Information erzielt wurden.

Die Informationsversorgung läßt sich optimieren, indem man ihre ökonomische Effektivität erhöht – indem man die Relevanz der Informationen für die Wissenschaftler und ihre Zuordnung zu den Forschungsthemen erhöht, indem man Wissenschaftler und Informatoren bei der Durchführung der Forschungsarbeiten enger miteinander verbindet und die Informatoren in die Forschung einbezieht, durch eine Mechanisierung und Automatisierung der Informationsprozesse unter Anwendung moderner technischer Mittel einschließlich der EDVA. Zu dieser Optimierung trägt eine wissenschaftliche Arbeitsorganisation in den Informationseinrichtungen der wissenschaftlichen Forschungseinrichtungen bei, die Bildung von spezialisierten wissenschaftlichen Informationseinrichtungen in den einzelnen wissenschaftlichen Zweig- und Regionalzentren für bestimmte wissenschaftliche Schwerpunktprobleme, die eine große Bedeutung für die Entwicklung der Industrie besitzen. Von größter Bedeutung ist, daß die Informationsflüsse in der Wissenschaft geordnet werden und die Wissenschaftler einen leichten Zugang zu den Informationsquellen haben. Um diese Aufgabe zu lösen, ist es erforderlich, die Wissenschaft als informationslogisches System von Wissen zu analysieren.

In den letzten Jahren hat der Informationsaspekt des wissenschaftlichen Schöpfertums eine immer größere Aufmerksamkeit der Forscher auf sich gezogen. Die maschinelle Übersetzung, die Entwicklung von informations-logischen Sprachen, das automatische Referieren von wissenschaftlichen Texten mit Hilfe der EDV – diese und viele andere Fragen stoßen auf ungelöste Probleme, die mit der logisch-methodologischen Analyse des Informationsaspektes des wissenschaftlichen Schöpfertums zusammenhängen.

In einer Reihe von Arbeiten von E. K. Vojšvillo wird der Versuch unternommen, unter Verwendung des Begriffs Information originelle Methoden zur Analyse von logischen Formen des wissenschaftlichen Wissens – der Begriffe, Gesetze und Theorien – zu benutzen [165–167]. Nach seiner Meinung ist es zweckmäßig, zwischen Sinn und Information zu unterscheiden. Das Verhältnis „Enthaltensein" für eine Information von zwei Aussagen, die keine freien Variablen enthalten $\mathfrak{B}$ $(A_1, \ldots, A_k)$ und $\mathfrak{A}$ $(A_1, \ldots, A_e, \mathfrak{B}_1, \ldots \mathfrak{B}_r$, wobei $0 \leqq 1 \leqq k$; $r \geqq 0$; und $(A_1, \ldots, A_e)$ deskriptive Termini sind, die die betreffenden Aussagen $\mathfrak{B}$ $(A_1, \ldots A_k)$ gemeinsam besitzen, bedeutet, daß in der betreffenden Aussage die deskriptiven Termini $A_1 \ldots, A_k$ enthalten sind. Dementsprechend bildet die Information $\mathfrak{A}$ einen Teil der Information $\mathfrak{B}$, wenn die Menge W $[X_1 \ldots, X_k, Y_1, \ldots Y_r]$ $\mathfrak{B}$ $(X_1 \ldots, X_k)$ einen Teil der Menge W $[X_1, \ldots, X_k, Y_1 \ldots, Y_r]$ $\mathfrak{A}$ $(X_1, \ldots, X_c, Y_1, \ldots, Y_r)$ bildet. $\mathfrak{A}$ ist eine Folge von $\mathfrak{B}$. Die Kongruenz der Mengen bedeutet eine Kongruenz von Informationen, d. h. eine logische Äquivalenz der Aussagen. Werden zwischen komplizierten Aussagen Verhältnisse auf Grund der in ihnen enthaltenen Information festgelegt, die sich auch auf die Begriffe erstrecken, so schlägt E. K. Vojšvillo vor, folgende Definitionen zu berücksichtigen:

$$\text{Wenn } \mathfrak{B} \begin{cases} \text{ist } \mathfrak{B}_1 \wedge \mathfrak{B}_2, \text{ dann ist } W' \square \mathfrak{B}_1 \cap W \square \mathfrak{B}_2, \\ \text{ist } \mathfrak{B}_1 \vee \mathfrak{B}_2, \text{ dann ist } W \square \mathfrak{B} = W \square \mathfrak{B}_1 \cup W \square \mathfrak{B}_2, \\ \text{ist } \mathfrak{B}_1, \text{ dann ist } W \square \mathfrak{B} = (W \square \mathfrak{B}_1), \text{ wobei der Strich } (') \\ \text{das Zeichen für die Ergänzung aller } (k + or) - ok \text{ zur} \\ \text{Menge bedeutet.} \\ (X_1, \ldots, X_k, Y_1, \ldots, Y_r), \\ \text{ist } \mathfrak{B}_1 \supset \mathfrak{B}_2, \text{ dann ist } W \square \mathfrak{B} = (W \square \mathfrak{B}_1' \cup W \mathfrak{B}_2) \end{cases}$$

N. A. Šanin entwickelte eine konstruktive Auslegung der mathematischen Überlegungen, G. E. Vleduc, V. K. Finn u. a. haben eine informations-logische Sprache für die strukturorganische Chemie ausgearbeitet, A. V. Kuznecov und andere eine informations-logische Sprache für die elementare Geometrie, Ju. A. Šrejder und E. K. Vojšvillo unternahmen den Versuch, Kalküle auszuarbeiten, die mehr den Ausdrucksmitteln natürlicher Sprachen entsprechen [168]. V. A. Uspenskij, der die Aktualität der Algorithmierung der Entsprechung „Sinn-formaler Ausdruck" unterstrich, bemerkt: „Der Bau einer Informationsmaschine und einer Maschinensprache erfordert vertiefte theoretische Forschungen, insbesondere von Forschungen, die zur Lösung der Hauptaufgabe erforderlich sind, nämlich der Schaffung von Metatheorien. Wir glauben, daß es notwendig ist, möglichst schnell mit der Unterschätzung der Formalisierung einer Theorie Schluß zu machen" [169, S. 49].

Besondere Aufmerksamkeit wird von den Wissenschaftlern dem Informationsaspekt des wissenschaftlichen Schöpfertums in Zusammenhang mit dem Problem Zeichen und Bedeutung geschenkt. In der Literatur entwickelt sich ein Verständnis der Bedeutung als Invarianz einer Information.

M. V. Popovič definiert das Zeichen folgendermaßen: „Ein Zeichen nennen wir jedes beliebige Objekt, dem ein Sinn beigelegt werden (das verstanden werden kann) und zur Übermittlung einer Nachricht dienen kann ... Ein Zeichen ist alles, was einen kybernetischen Informationsaufbau besitzt“ [89, S. 50]. In den „kybernetischen Aufbau“ wird hierbei auch der Mensch mit einbezogen. Die Bedeutung faßt M. V. Popovič als Invarianz der Umwandlung von Zeichenfolgen auf.

L. O. Reznikov definiert die Bedeutung als diejenige Information „über den bezeichneten Gegenstand, die es (das Zeichen, die Red.) trägt“. Nach seiner Meinung sind Information und Widerspiegelung identisch [170, S. 9].

Eine am weitesten entwickelte Konzeption von der Bedeutung als Invarianz einer Information wurde von I. S. Narskij vorgeschlagen. Er ist der Auffassung, daß Information und Widerspiegelung nicht ein und dasselbe sind. „Ein Zeichen übermittelt keine Information über sich selbst, sondern darüber, was von ihm, dem Zeichen, im Zusammenhang mit anderen Zeichen des Systems bezeichnet wird“ schreibt I. S. Narskij [171, S. 37]. Widerspiegelung, Information und Zeichen sind Begriffe, die sehr nahe verwandte, aber keine identischen Prozesse charakterisieren [172, S. 8–10]. Die Information besteht nach der Auffassung von I. S. Narskij aus Zeichenstrukturen und ihren Bedeutungen. Die Zeichen und ihre Bedeutung bilden Elemente der Information, d. h. bestimmte Beziehungen in dem Sinne, wie er von A. I. Uemov erläutert wird [173]. Der allgemeine, unveränderliche Teil der Variablen einer übertragenen Information, das ist auch die Invarianz der Information, die dort vorhanden ist, wo mindestens zwei Interpreten existieren, von denen der eine das betreffende Zeichen formt und anwendet und der andere es wahrnimmt und die empfangene Information realisiert.

Selbst die angeführte kurze Übersicht über einige Ideen, die in der letzten Zeit in der Literatur entwickelt wurden und die mit der Informationsanalyse zusammenhängen, zeugt von der Aktualität der Untersuchung dieses Problems insbesondere in logisch-methodologischer Hinsicht. Aus diesem Grund verdient das Studium der Mechanismen, die zu einer Informationsverdichtung führen können, der Wege zur Erhöhung des Verständnisses von wissenschaftlichen Texten in der wissenschaftlichen Erkenntnis, besondere Beachtung. Die Lösung dieses Problems ist von großer Bedeutung für eine Optimierung der wissenschaftlichen Forschungstätigkeit.

2. Die Intensivierung der Erkenntnisprozesse in der modernen Wissenschaft und das Problem der Vervollkommnung des Verständnisses von wissenschaftlichen Texten

Die sich in der Gegenwart vollziehende wissenschaftlich-technische Revolution übt einen immer größeren Einfluß auf die verschiedenen Seiten des Lebens der Gesellschaft aus. Eine Erscheinungsform der wissenschaftlich-technischen Revolution ist das beschleunigte Entwicklungstempo der Wissenschaft. Statistische Untersuchungen zeugen davon, daß sich in den letzten Jahrzehnten die Wissenschaft nach dem sogenannten Exponential-Gesetz entwickelt hat: alle 10 bis 15 Jahre ist eine Verdoppelung der finanziellen Aufwendungen, der Zahl der in der Organisation und Durchführung von wissenschaftlichen Forschungs-, Entwicklungs- und Konstruktionsarbeiten Beschäftigten, der Menge an wissenschaftlichen Informationen usw. zu verzeichnen. Selbst nach vorsichtigen Prognosen werden in der Sowjetunion in 30 Jahren in der Sphäre der Wissenschaft etwa 5 Prozent der gesamten erwerbstätigen Bevölkerung beschäftigt sein. Es hat sich eine solche paradoxe Lage entwickelt, daß, wenn das gegenwärtige Entwicklungstempo der Wissenschaft beibehalten würde, im Jahre 2020 die gesamte erwachsene Bevölkerung der Erde sich mit wissenschaftlicher Forschungsarbeit beschäftigen würde, die Ausgaben für diese Arbeiten würden dann die Höhe des gegenwärtigen Bruttosozialproduktes der entwickelten Industrieländer betragen.

Das hohe Entwicklungstempo der Wissenschaft ist eine gesetzmäßige Erscheinung: von der Überleitung der Errungenschaften von Wissenschaft und Technik in die Produktion hängt überwiegend das Entwicklungstempo der Wirtschaft ab, und in dem Maße, wie sich die wissenschaftlich-technische Revolution entfaltet, muß man natürlich auch eine weitere beschleunigte Entwicklung der Sphäre der Wissenschaft erwarten. Unter Berücksichtigung der Tatsache, daß die ökonomischen und Arbeitskräfteressourcen der Gesellschaft begrenzt sind, gelangen einige Forscher zu der Voraussage, daß in nicht ferner Zukunft der wissenschaftliche Fortschritt sich „abschwächen" wird, daß die Gesellschaft bewußt von der Durchführung von teuren, wenn auch perspektivreichen Forschungsvorhaben Abstand nehmen wird. Andere vertreten die Auffassung, daß es keinen besonderen Grund zur Besorgnis gibt, da die Wissenschaftsstatistik nicht der Hauptfaktor ihrer Wertung ist, weil die wissenschaftlichen Ergebnisse nicht durch die Zahl der Wissenschaftler und der von ihnen publizierten Arbeiten bestimmt werden, sondern von der Perspektive und dem Neuheitswert der entwickelten wissenschaftlichen Ideen. Schließlich gewinnt die Behauptung an Boden, daß die Wissenschaft sich in einem „Umbruchstadium" befindet und der Ausweg aus der Lage in einer allseitigen „Industrialisierung" der wissenschaftlichen Arbeit besteht: in einer Ausstattung der wissenschaftlichen Forschungsinstitute mit elektronischer Datenverarbeitungstechnik, mit neuesten Forschungsausrüstungen, in einer Einführung von ökonomischen Methoden zur Bewertung der erzielten Ergebnisse usw.

Nach unserer Auffassung sind die angeführten Vorstellungen von dem gegenwärtigen Stand der Wissenschaft berechtigt, aber einseitig. Sie richten die Aufmerksamkeit hauptsächlich auf quantitative Parameter der Wissenschaftsentwicklung. Dabei wird auch der wichtige Umstand außer acht gelassen, daß unter den Bedingungen der sich in der Gegenwart vollziehenden wissenschaftlich-technischen Revolution sich das Tempo der Erneuerung der materiell-technischen Basis der Gesellschaft bedeutend erhöht hat. Das hat zu der Aufgabe geführt, die Erkenntnisprozesse zu intensivieren, zu der Forderung nach einer starken Verkürzung der Zeiträume, die den Wissenschaftlern für die Inkubation, die Evolution und die Überleitung von wissenschaftlichen Ideen in die Produktion zur Verfügung stehen.

Das exponentielle Wachstumsgesetz für die Hauptparameter der modernen Wissenschaft stellt eine äußerst wichtige Erscheinung dar, die auf sich in der Tiefe vollziehende quantitative Veränderungen im Charakter des wissenschaftlichen Wissens selbst hindeutet. Die heute in der Wissenschaft zunehmende Intensivierung der Erkenntnisprozesse zeigt sich in der Erhöhung des Informationsgehaltes der verwendeten wissenschaftlichen Begriffe, in der Verkürzung der Wege des Forschers zum Ziel durch eine Nutzung der Erfahrungen, die in der Wissenschaftsgeschichte gesammelt wurden, sowie durch die Anwendung von mathematischen Methoden für die Durchführung des Experiments, in der Themenwahl und der Bestimmung der Richtung des wissenschaftlichen Suchens, sie kommt zum Ausdruck in der zunehmenden Rolle der Methodologie und der philosophischen Analyse der wissenschaftlichen Erkenntnis.

Die Intensivierungsprozesse in der Wissenschaft haben in der letzten Zeit die Aufmerksamkeit einer immer größeren Zahl von Forschern auf sich gelenkt. A. I. Uemov, L. N. Sumarokova und B. V. Plesskij haben Methoden zur Vereinfachung von semiotischen Systemen ausgearbeitet und suchen auf dieser Grundlage Methoden zur Anwendung verschiedener logischer Mittel zur Vereinfachung der wissenschaftlichen Information.

A. K. Suchotin untersucht auf dem Wege einer Analyse der Geschichte der Wissenschaft Wege zur Erhöhung der Kapazität des Wissens durch Umwandlung der Methoden, dieses Wissen auszudrücken. D. P. Gorskij entwickelt die Idee, daß die zunehmende Rolle der Abstraktion in der Wissenschaft eine Widerspiegelung der Tendenz der Beschleunigung des wissenschaftlichen Erkenntnisprozesses ist.

Ein zur Zeit wenig untersuchter Aspekt zur Intensivierung der Erkenntnisprozesse bildet die Erhöhung des Informationsgehaltes der Strukturelemente des Wissens durch die Umwandlung ihres Inhalts. Möglicherweise bringt gerade diese Erscheinung weiterführende Perspektiven für die Entwicklung der Wissenschaft zum Ausdruck.

Eine charakteristische Besonderheit der Genesis des wissenschaftlichen Wissens ist die Tendenz, komplizierte auf einfache Erscheinungen zurückzuführen. Seit Pythagoras sind die Wissenschaftler bestrebt, die Natur als eine Erscheinung zu beschreiben, die ungeachtet der unendlichen Vielfalt ihrer Wirkungen in ihren Gründen einfach ist. A. Einstein schrieb: „Die höchste Pflicht der Physiker ist die Suche nach solchen allgemeinen Elementargesetzen, aus denen man durch eine einfache Deduktion die Karte der Welt ableiten kann" [174, S. 9]. In dieser Bemerkung ist eine der wichtigsten Besonderheiten der wissenschaftlichen Erkenntnis enthalten. In der Tat bildet das Wesen eines jeden beliebigen realen Prozesses stets eine tiefer liegende Grundlage für die unendliche Menge seiner Eigenschaften, die in den Wechselbeziehungen mit anderen Prozessen und Erscheinungen zum Ausdruck kommen. Das Wissen, das in dieses Wesen eindringt, deckt den Urgrund auf, aus dem auf ganz natürliche Weise sämtliche zahlreiche Eigenschaften des Prozesses, die durch eine ungeordnete Menge von wissenschaftlichen Fakten fixiert werden, ihren Anfang nehmen. Diese Vertiefung in das Wesen erfolgt mit Hilfe der Mittel des theoretischen Denkens, indem die Verbindungen zwischen den Seiten eines Objektes und in diesen Verbindungen notwendigen Wechselbeziehungen der widergespiegelten Erscheinungen (oder von Eigenschaften einer Erscheinung) aufgedeckt werden. In dem Maße, wie man in das Wesen eines durch das Denken widergespiegelten Prozesses eindringt, nimmt die Zahl der zu untersuchenden Objekte ab, denn es zeigt sich, daß die unendliche Menge der Eigenschaften des Prozesses, die von ihm „auf der Oberfläche", in den Wechselwirkungen mit dem Milieu geäußert werden, aus wenigen wesentlichen inneren Verbindungen der Struktur dieses Prozesses abgeleitete (reflektierte) Eigenschaften sind.

Das Wissen von einer ungeordneten Menge von wissenschaftlichen

Fakten wird in dem Maße, wie der Mensch in das Wesen des widergespiegelten Prozesses eindringt, auf die Erforschung einer begrenzten Zahl von wesentlichen Verbindungen reduziert, die durch das Denken im Inhalt bestimmter Prinzipien und Ideen fixiert werden, aus denen sämtliche zahlreichen Eigenschaften des Prozesses in Gestalt seiner äußeren Erscheinungen logisch ableitbar sind. Das Faktische verwandelt sich schrittweise in das Theoretische.

Im Zuge der Entwicklung vom Faktischen zum Theoretischen nimmt das Wesen eine vereinfachte Gestalt an. Je tiefer das Wissen das Wesen einer Erscheinung aufdeckt, desto einfacher wird seine Form. Es vollzieht sich eine allmähliche Reduzierung (Minimierung) der (logischen, sprachlichen und anderen) Mittel, die zur Fixierung der erreichten Ergebnisse des Denkens erforderlich sind. Die Minimierung des Wissens ist eine Nebenerscheinung, eine Folge der Verwirklichung einer allgemeinen Entwicklungstendenz des Wissens: einen Gegenstand entsprechend der erreichten Entwicklungsetappe der Praxis mit einer möglichst großen Tiefe des Eindringens in das Wesen des Prozesses widerzuspiegeln. V. M. Gluškov stellt fest: „Vom Informationsgesichtspunkt entsteht hier die Aufgabe, die als Optimierungsaufgabe behandelt werden kann: auf welche Weise konstruiert man ein Kalkül für die Gesamtheit der Faktoren und wählt diese aus, so daß sie insgesamt einen minimalen Umfang zur Speicherung der entsprechenden Information einnehmen" [175, S. 8]. Gluškov versteht hierbei unter Kalkül die „Sprache" einer wissenschaftlichen Theorie, ihre logischen Mittel.

Die wissenschaftliche Erkenntnis beschränkt sich selbstverständlich nicht allein auf diese Tendenz. In seinen wissenschaftlichen Vorstößen auf Neuland strebt der Wissenschaftler in erster Linie danach, die Wahrheit zu finden und erst an zweiter Stelle interessiert ihn die Einfachheit und Eleganz der Form der erzielten Ergebnisse. Aber auch die Natur ist keineswegs so einfach, wie dies seinerzeit von Euler, Laplace, Herschel, Poincaré, Mach und anderen Naturforschern angenommen wurde. Die Entdeckungen der letzten Jahrzehnte (die Verletzung der Symmetrieregeln zwischen Rechts und Links in der Natur, die Existenz von Materie und Antimaterie beim Zerfall des neutralen k-Mesons, die abgeplattete Form der sichtbaren Seite der Sonne, die Abweichungen von der Isotropie der Verbreitung der kosmischen Reststrahlung usw.) führten zu sehr begründeten Zweifeln an der Einfachheit der Welt. Trotzdem wählt aber ein Wissenschaftler aus zwei Erklärungen ein und derselben Erscheinung diejenige aus, die einfacher und dabei gleichzeitig informativer ist, die mehr Informationen über die widergespiegelte Erscheinung enthält als die kompliziertere Erklärung. Aus diesem Grunde ist die Einfachheit der Form ein Charakterzug der wissenschaftlichen Erkenntnis.

Die Optimierung des Wissens hängt, wie von V. M. Gluškov hervorgehoben wurde, mit dem Abwerfen von Informationsballast zusammen, mit der Verdichtung und Gerinnung des wissenschaftlichen Wissens zu informationsverdichteten Formen. In diesen Formen existiert die gesammelte Information über die Erscheinung in implizierter Form. Ein großer Teil von ihr kann notwendigenfalls wieder hervorgerufen werden: zum Beispiel können aus einer theoretischen These empirisch überprüfbare Folgen abgeleitet werden; einzelne Theorien können nach der Zahl der von ihnen erklärten Fakten, d. h. hinsichtlich ihrer Informativität miteinander verglichen werden usw. In diesem Sinne schließt die verdichtete Information die Ergebnisse des gesamten ihr vorhergehenden Forschungsprozesses eine. V. I. Lenin hob folgenden Gedanken von Hegel hervor, der besondere Aufmerksamkeit verdient: „... das Allgemeine ... erhebt auf jeder Stufe weiterer Bestimmung die ganze Masse seines vorhergehenden Inhalts und verliert durch sein dialektisches Fortgehen nicht nur nichts, noch läßt es etwas dahinten, sondern trägt alles Erworbene mit sich und bereichert und verdichtet sich in sich" [32, S. 156].

Der Sinn einer solchen Verdichtung von wissenschaftlichen Informationen besteht darin, daß der Informationsgehalt des Wissens bei gleichzeitiger Vereinfachung der Methoden seiner Widerspiegelung erhöht wird. So besitzt z. B. die von Schrödinger aufgestellte Gleichung in der Quantenmechanik eine sehr einfache Form, aus ihr kann aber eine große Menge von Folgen abgeleitet werden.

Mit der Einführung von neuen wissenschaftlichen Begriffen vollzieht sich eine sprunghafte Erhöhung des Informationsgehaltes der Struktureinheiten des Wissens. Von A. N. Kolmogorov, V. M. Tichomirov und anderen Mathematikern wurde die Zunahme der Informationskapazität von abstrakten mathematischen Räumen hinsichtlich der Formulierung der Quantentheorie mit Hilfe der sogenannten kontinualen Integrale von Fejnman und Wiener errechnet. Die Analyse der Begriffe, die von den Physikern verwendet werden, machte es möglich, viele Gesetzmäßigkeiten des schöpferischen Suchens in der modernen Physik zu erklären. Insbesondere zeigte es sich, daß die Informationskapazität von Begriffen der Mathematik in dem Maße, wie sie in die „Tiefe" der Materie eindringen, exponentiell zunimmt [176]. Um Elementarteilchen zu lokalisieren, führte Dirac die Delta-Funktion ein, das heißt, er begann Begriffe des Funktionenraumes anzuwenden. Heute liegt der Funktionen-„Raum" der Theorie der Elementarteilchen zugrunde. Die Informationskapazität des euklidischen Raumes „reicht" nur zur Beschreibung von Objekten der klassischen Physik aus. Die Elementarteilchen (wie das Elektron, das Neutron usw.) werden mit Hilfe von Funktionen beschrieben. Das Niveau der Submikrowelt erfordert jedoch zu seiner Beschreibung phantastische Informationskapazitäten von topologischen und theoretischen Gruppenstrukturen abstrakter mathematischer Räume. Gerade beim Übergang von der Untersuchung einer bestimmten Menge zum Studium sämtlicher möglichen topologischen Räume, die man einigen Systemen ihrer Teilmengen aufgeben kann, vollzieht sich eine exponentielle Zunahme der Informationskapazität der Begriffe der Mathematik.

Die Verdichtung und Gerinnung von kolossalen Informationsmengen zu einfachen Wissenssystemen, zu Begriffen, die gewaltige gegenständliche Gebiete der Wirklichkeit beschreiben, ist ein Charakterzug der modernen Wissenschaft. Im Zusammenhang damit sehen Popper, Barker, Quine und viele andere ausländische Logiker den Informationsgehalt als ein Maß für die Einfachheit einer Hypothese bzw. einer wissenschaftlichen Theorie an: Je größer die Zahl von empirischen Daten ist, die durch theoretische Schlußfolgerungen erklärt werden, desto einfacher sind diese Schlußfolgerungen. Quine vertritt z. B. die Auffassung, daß die Einfachheit „bestrebt ist, das Aktionsfeld einer Theorie – ihren Reichtum an zu beobachtenden Folgen – zu vergrößern" [177, S. 20]. Quine schließt folgendermaßen: Wenn das Auftreten einer Theorie Θ eine Reihe von Beobachtungen K hervorbringt (Unterklasse C, wobei C die Klasse sämtlicher geprüfter Folgen von Θ bedeutet), so genügt, je einfacher Θ ist, eine um so geringere Menge von K, um die Erscheinung Θ hervorzurufen, oder umgekehrt, für eine bestimmte K-Theorie ist Θ um so einfacher, je informativer C zu sein bestrebt ist.

Wie zu ersehen, identifiziert Quine den Informationsgehalt („die Kraft einer Theorie" zur Erklärung von Fakten) mit der Einfachheit. Obwohl dieses bei weitem keine identischen Erscheinungen sind und, wie Goodman mit Recht hervorhebt, die Einfachheit nicht immer mit einem hohen Informationsgehalt identisch ist [178], besteht zwischen ihnen ohne Zweifel eine Verbindung. Sie zeigt sich insbesondere in der zunehmenden Bedeutung des Prinzips der Invarianz in der modernen Wissenschaft. Der physikalische Inhalt des Prinzips der Invarianz wurde durch das Theorem von E. Noether aufgedeckt. Nach ihm entspricht die Invarianz eines dynamischen Systems hinsichtlich einer bestimmten Gruppe von Umwandlungen dem Gesetz der Erhaltung einer bestimmten physikalischen Größe [179]. So bleiben solche Invarianzen wie Ladung, Spin, Ruhemasse, Paarigkeit, Zerfallsweise und der Charakter der Wechselwirkungen eines Elementarteilchens unverändert, wenn auf sie eingewirkt wird oder wenn sie umgewandelt werden. In diesem Falle sind sie unabhängig von der Wahl des Koordinatensystems und den Handlungen des Beobachters.

Viele physikalische und chemische Theorien decken die Bedingungen für die Erhaltung der Gesetze bezüglich der mathematischen Gruppen von Umwandlungen auf; z. B. die Relativitätstheorie – das ist die Theorie von der Invarianz physikalischer Gesetze, die die Bedingungen ihrer Erhaltung in bezug auf sich bewegende Systeme aufdeckt; in der Theorie der Prüfung von Figuren wird die Suche nach Invarianzen mit Hilfe der Integral- und Differentialgeometrie vorgenommen – die Arbeiten von G. von Förster, A. Novikow und Steinhaus [180]. In der Wissenschaft erhöht sich schnell die Zahl der Gesetze der Erhaltung, insbesondere „die Gesetze der Physik verwandeln sich immer mehr und mehr in Gesetze der Erhaltung" [181]. Das Theorem von E. Noether macht es möglich, für beliebige Theorien die Gesetze der Erhaltung mit den entsprechenden Invarianzen zu vergleichen. Die Rolle der Invarianzen in der modernen Wissenschaft ist auch deshalb besonders bedeutsam, weil in ihr Mengen-Gruppen-Vorstellungen über den Raum, die von F. Klein in seinem berühmten Erlanger Programm ausgearbeitet wurden, eine fundamentale Bedeutung besitzen. Entsprechend den Thesen dieses Programmes wird der Inhalt jeder beliebigen geometrischen Theorie durch die Bedingungen der Kongruenz zweier Objekte vorgegeben, wobei als kongruent Objekte gelten, die durch eine Umwandlung der betreffenden Gruppe verbunden sind. Die Größen, die im Verlaufe eines physikalischen Experiments festgestellt werden und die den Invarianzen der Gruppen entsprechen, werden als Konstante interpretiert, die die Gesetze der Erhaltung geben. Eine Invarianz feststellen, die nicht von der Art und Weise des Messens einer bestimmten Erscheinung abhängt, bedeutet dem Wesen nach, diese Erscheinung mit Hilfe des einen oder anderen Gesetzes der Erhaltung zu erklären. S. V. Illarionov definiert bezüglich des Erkenntnisprozesses die Invarianzen als Charakteristika einer relativen Bestimmtheit der Objekte und Prozesse, die in der Kategorie der Qualität fixiert ist. Nach seiner Meinung „ist in gewissem Sinne das Wesen eine Invarianz einer Gruppe von Qualitäten, während die Qualität eine Invarianz einer Gruppe der Eigenschaften ist, und umgekehrt: die Qualitäten sind Projektionen des Wesens, während die Eigenschaften eine Projektion der Qualitäten sind" [182, S. 92].

Die wissenschaftliche Erkenntnis entdeckt in der Vielfalt der Eigenschaften bestimmte Invarianzen der Qualitäten und erforscht danach eine begrenzte Menge von Invarianzen des Wesens, die auch die gesamte Vielfalt der Erscheinungen einer qualitativ bestimmten Erscheinung oder eines qualitativ bestimmten Prozesses bestimmen. Folglich vollzieht sich in dem Maße, wie von den Eigenschaften zu den Qualitäten übergegangen wird und durch die wissenschaftliche Erkenntnis das Wesen aufgedeckt wird, eine Verringerung der Zahl der widergespiegelten Invarianzen – von Charakteristika einer relativen Stabilität der Erscheinung bzw. des Prozesses – und gleichzeitig erhöht sich der Informationsgehalt der sich entsprechend vereinfachenden Begriffe, findet eine Verdichtung, eine Gerinnung des Inhalts der Informationen, die im Prozeß der Forschung gewonnen wurden, in ihnen statt.

Man kann sich mit der Meinung einverstanden erklären, daß diejenige Theorie, die die tiefste Invarianz aufspaltet, sich als optimal organisiert erweist: ihr liegen Eigenschaften und Verhältnisse zugrunde, die auch für den betreffenden Abschnitt der Wirklichkeit am wesentlichsten sind und zu ihrer Formierung werden so viele Hypothesen verwendet, wie zur Erläuterung der betreffenden wissenschaftlichen Fakten notwendig sind. In dem Maße, wie Informationen gesammelt werden, erklärt diese Theorie neue Fakten, ohne zu zusätzlichen Hypothesen greifen zu müssen; sie erweist sich als eine Theorie, die die größte Einfachheit besitzt [183].

Der Prozeß der Informationsverdichtung als Ausdruck der Intensivierung der Erkenntnisprozesse in der Wissenschaft tritt in erster Linie im Inhalt von wissenschaftlichen Texten in Erscheinung. Die Form, in der das Wissen existiert, ist die Sprache (das Wissen in der Form eines Zeichensystems). Hieraus folgt, daß die wissenschaftlichen Informationen durch die Gesamtheit der wissenschaftlichen Texte zum Ausdruck gebracht werden. Ein wissenschaftlicher Text wird als unmittelbares Objekt nicht von der Sprachwissenschaft untersucht; von der Stilistik (von der stilistischen Syntax) wird er nur als informative Redeeinheit betrachtet, die als Beispiel des sogenannten kollektiven Stils definiert wird [184]. Aus diesem Grunde gehört in gewissem Sinne dieser Begriff zur philosophischen Analyse der Sprache der Wissenschaft. In dieser Analyse stellt ein wissenschaftlicher Text eine bestimmte geordnete Menge von Aussagen dar, deren Summe eine qualitativ bestimmte Ganzheit bildet, die zur Fixierung der Informationszirkulation in der Sphäre Wissenschaft als Ergebnis der Erkenntnis von Erscheinungen und Prozessen der Realität bestimmt ist.

In der wissenschaftlichen Kommunikation spielen die semantischen Charakteristiken eines wissenschaftlichen Textes, d. h. der Sinn der Zeichen (ihre sinnliche Bedeutung – nach A. A. Vetrov, ihr Intensional – nach R. Carnap, ihre Connotation – nach J. St. Mill) und ihre Bedeutung (ihr Nominat nach G. Frege, ihre Bedeutung – nach B. V. Birjukov, ihr Denotat – nach A. Church, ihr Extensional – nach R. Carnap, die gegenständliche Bedeutung der Zeichen – nach A. A. Vetrov), die einen Text bilden, die Hauptrolle.

Die stilistischen Besonderheiten von wissenschaftlichen Texten (die logische Folge der Darlegung, die Informationsgerinnung, die Gedrängtheit, die Widerspruchsfreiheit, die Vollständigkeit, die Klarheit, die Objektivität der Darlegung usw.) werden durch die semantischen Besonderheiten des Inhaltes, der von den Texten fixiert werden soll, bestimmt.

In der Gnoseologie wird bekanntlich eine Teilung des Wissens in zwei Ebenen, in eine empirische und eine theoretische Ebene vorgenommen, werden die grundlegenden Gesetzmäßigkeiten des Übergangs des Wissens vom empirischen Niveau zum theoretischen Niveau aufgedeckt, und werden auch in bestimmtem Maße die Besonderheiten einzelner Elemente des Wissens – des Faktes, der Abstraktion, der Idee, des Prinzips, der Theorie usw. – unterschieden und erforscht.

Unter Berücksichtigung des Mechanismus der Informationsverdichtung in einem wissenschaftlichen Text wird das Wissen von empirischem Niveau durch ein System von faktographischen Informationen (SFI) dargestellt, während das Wissen von theoretischem Niveau durch ein System von theoretischen Informationen (STI) dargestellt wird. Die Einheit der faktographischen und theoretischen Informationen bildet die Ausgangsbedingung für die Existenz eines wissenschaftlichen Textes als Phänomen. Die Elemente des STI besitzen einen empirischen Ursprung und stellen die Ergebnisse einer Verdichtung von faktographischen Informationen dar. V. I. Lenin schrieb: „Das Zusammenfallen des Begriffes mit der ‚Synthese', der Summe, der Zusammenfassung der Empirie, der Empfindungen, der Sinne steht für die Philosophen aller Richtungen außer Zweifel. Woher dieses Zusammenfallen? Von Gott (Ich, die Idee, das Denken etc. etc.) oder von (aus) der Natur? Engels ist mit seiner Fragestellung im Recht" [32, S. 222].

V. I. Lenin denkt an die Arbeit von F. Engels „Anti-Dühring", in der der empirische Ursprung der Begriffe begründet wird. Der gnoseologische Mechanismus der Informationsverdichtung („Synthese", Summe von Informationen) wird durch die Dialektik der Vertiefung der wissenschaftlichen Erkenntnis in dem Wesen der Erscheinungen und Prozesse definiert. Eine Informationsverdichtung findet statt: 1. in dem Maße, wie ein Übergang vom STI zum STI stattfindet, und 2. innerhalb dieser Systeme.

Die Systeme der faktographischen und theoretischen Informationen sind nicht homogen; in ihnen gibt es „Knotenpunkte" der Erkenntnis – Kategorien, Gesetze usw., Elemente einer wissenschaftlichen Information, um die herum die Informationsmitteilungen gruppiert sind.

Nennen wir sie „Kerne" zur Gerinnung der Informationen, da offensichtlich ist, daß ihre Informativität (im Sinne ihrer „theoretischen Kraft" zur Erklärung von Fakten) größer ist als die von einzelnen empirischen Feststellungen. In jedem System – sowohl in SFI als auch in STI – gibt es Gerinnungskerne, um die herum die Informationen sich gruppieren.

Die Kerne für die Gerinnung von SFI bilden unserer Auffassung nach der wissenschaftliche Fakt und die faktographische Beschreibung. Im System der theoretischen Informationen spielen eine analoge Rolle als Gerinnungskern die Abstraktionen (das wissenschaftliche Gesetz, das Prinzip, das Axiom usw.) und die wissenschaftliche Theorie. Das Bindeglied zwischen SFI und STI in wissenschaftlichen Texten bildet die wissenschaftliche Erklärung. Ihre gnoseologische Funktion im Prozeß der Informationsverdichtung besteht darin, daß sie den Gerinnungskern des SFI als notwendige Folge darstellt, die sich aus den Gerinnungskernen von STI ergibt. Eine wissenschaftliche Erklärung besteht folglich in der Anwendung der STI auf die Wirklichkeit durch ein theoretisches Durchdenken der Bedingungen und Beziehungen, unter denen eine Erscheinung abläuft, die in SFI widergespiegelt wird. Einen wissenschaftlichen Fakt kann man als ein Verhältnis zwischen bestimmten Elementen eines wissenschaftlichen Textes definieren, das durch Aussagen fixiert ist, und ein Teil seines sinnlichen Inhalts ist.

Ein Verhältnis, das durch eine Aussage fixiert wird, ist ein Merkmal, das 1, 2, ... n Gegenstände charakterisiert, das heißt $P(x)$, $R(x, y)$, (wobei x ein bestimmter Gegenstand aus dem betreffenden gegenständlichen Gebiet die Eigenschaft P besitzt und x und y sich in der Beziehung R zueinander verhalten). Wieviel n (Gegenstände) durch ein Merkmal charakterisiert werden, so viel Stellen besitzt das Verhältnis oder das entsprechende Prädikat. Der Zahl der Stellen eines Prädikates entspricht die Zahl der in ihm vorhandenen freien Variablen.

Eine ungeordnete Menge von Merkmalen, die im Ergebnis der Anwendung von Meßprozeduren gewonnen wurden, wird systematisiert, klassifiziert und gruppiert. Hierbei vollzieht sich eine Verdichtung der wissenschaftlichen Informationen, die in den Merkmalen enthalten sind, ihre Verwandlung in ein „statistisches Durchschnittsergebnis" – einen Fakt. Im dialektischen Materialismus wird bekanntlich ein Unterschied zwischen den Kategorien Grundlage (etwas Äußeres zu irgend etwas) und dem Grund, der Ursache (etwas Inneres, Basishaftes zu irgend etwas) gemacht. Die Fakten außerhalb der SFI bilden die Grundlage der Erkenntnis, aber noch nicht ihren Grund. Der einzelne Fakt wird erst im SFI zu einem wissenschaftlichen Fakt. Die wissenschaftlichen Fakten als Kerne für die Gerinnung von Informationen spielen in der Erkenntnis die Rolle des Grundes von theoretischen Systemen. Auf die Gesamtheit der Fakten stützen sich gleichsam die theoretischen Begründungen. In der wissenschaftlichen Forschung werden Informationen gesammelt: Fakten verwandeln sich in die empirische Basis einer Theorie. Die qualitative Umwandlung von Fakten zur Basis einer Theorie, die durch Ordnung der Menge an Fakten vorgenommen wird, ist gleichzeitig ein Prozeß der Entstehung von wissenschaftlichen Abstraktionen als Strukturelementen eines theoretischen Systems und das Funktionieren der Fakten im Verlauf der Bildung eines solchen Systems. Hierbei werden die optimalen Parameter eines Wissens, das die Wirklichkeit widerspiegelt, ausgearbeitet.

Die qualitative Umwandlung der Fakten zur empirischen Basis einer Theorie vollzieht sich durch die beiden Typen von Denkoperationen:

1. durch das Systematisieren und Verdichten von Fakten (d. h. eine Erhöhung der Quantität des Wissens, der Gemeinsamkeiten von Kenntnissen) mit Hilfe von Knotenpunkten der Erkenntnis (von Kategorien, Gesetzen usw.). Damit wird der Übergang von den Fakten zur Theorie vollzogen, eine „Anhebung" des Wissens vom empirischen Niveau auf das Niveau von theoretischen Kenntnissen. Die Informationen, die in den Fakten enthalten sind, gehen nicht verloren, sondern verdichten sich in dem Maße, wie sich das Wissen entwickelt.

2. Durch Gruppierung und Ordnung der Fakten nach allgemeinen Merkmalen, unabhängig davon, ob sie von wesentlicher Bedeutung für die Fixierung von Eigenschaften der betreffenden Erscheinung sind oder nicht, und eine Gerinnung der verdichteten Informationen zu einer faktographischen Beschreibung.

Der erste Typ von Denkoperationen kennzeichnet eine Entwicklung des Wissens auf der „Vertikalen" – vom Fakt zur Theorie; der zweite Typ eine Entwicklung des Wissens auf der „Horizontalen" – die Auswahl von Fakten nach der Häufigkeit der Wiederholung gemeinsamer

Merkmale in ihrer struktureinheitlichen „Ebene". Im Ergebnis der Wechselwirkung dieser Typen von Denkoperationen gewinnt im Verlauf des gesamten Erkenntnisprozesses die Struktur des theoretischen Wissens den Charakter eines mosaikförmigen, integralen Gebildes. In dieser Struktur „scheinen durch" die historischen Etappen des Werdeganges des theoretischen Wissens, seine „vertikalen" und „horizontalen" Schnitte. Hierin besteht die Eigenart des modernen wissenschaftlichen Denkens. Die Begriffskomponente eines Textes ist nicht einfach eine Wissenschaftssprache, wie sie der Neopositivismus auffaßt. Mit ihrer Hilfe wird im Wissenssystem das Forschungsprojekt in seinen äußerst komplizierten Wechselwirkungen mit anderen Erscheinungen und Prozessen nachgebildet. Der konzeptionelle Inhalt eines wissenschaftlichen Textes besteht auch in einem bestimmten Zeichensystem, in der Widerspiegelung der gnoseologischen Besonderheiten des Prozesses der Erforschung des zu erkennenden Objektes, und schließlich in einer Verkörperung der Methode seiner Erkenntnis.

Als empirisch-theoretisches Wissen wird die faktographische Beschreibung durch bestimmte logische Richtlinien systematisiert, die denn auch der Beschreibung von Eigenschaften von Erscheinungen den Charakter von verdichteten wissenschaftlichen Informationen verleihen. Mit ihrer Hilfe werden Denkoperationen von zweifacher Art vollzogen:

1. die Feststellung der Übereinstimmung zwischen den einzelnen Fakten, und auf der Grundlage der festgestellten Übereinstimmung – die Ordnung der Fakten zu geordneten Gruppen;

2. der Vergleich der Fakten mit theoretischen Termini oder Begriffen, Kategorien, Gesetzen usw., die den „roten Faden" der Aussagen der Sprache des theoretischen Systems bilden.

Wir wollen die erste Art von Operationen die gruppierende Art, und die zweite die generalisierende, verallgemeinernde Art nennen [17].

Die Struktur von wissenschaftlichen Abstraktionen verkompliziert sich in dem Maße, wie die Zahl der durch sie verallgemeinerten Faktenmengen zunimmt. Die Grenzen für die empirische Basis einer Theorie werden durch diejenige Menge an Fakten bestimmt, die durch Formen von wissenschaftlichen Abstraktionen, die zur Struktur einer Theorie als einzelne Elemente gehören, geordnet werden.

Da die Fakten im Ergebnis eines praktischen Prozesses gebildet werden, so bildet die empirische Basis, die qualitativ umgewandelte Fakten darstellt, damit einen solchen Grund für eine Theorie, in dem die Praxis durch ein vermittelndes Glied gleichsam in latenter Form enthalten ist. Gerade dies verleiht dem theoretischen Wissen Zuverlässigkeit.

Die heuristischen Möglichkeiten einer wissenschaftlichen Theorie hängen davon ab, wie eng die Verbindung zwischen ihrer empirischen Grundlage und ihren theoretischen Schlußfolgerungen ist. Der bekannte amerikanische Mathematiker J. v. Neumann schrieb: „Wenn die Mathematik sich weit von ihrer empirischen Quelle löst und noch weiter geht, wenn sie in der zweiten und dritten Generation nur noch indirekt von den Ideen beflügelt wird, die von der Realität hervorgebracht wurden, dann beschwört dies sehr große Gefahren herauf. Die wissenschaftliche Disziplin nimmt immer mehr einen rein ästhetischen Charakter an, sie wird immer stärker ein ‚l'art pour l'art' ... Mit anderen Worten: Bei einer sehr weiten Entfernung von der empirischen Quelle oder nach vielen unproduktiven ‚abstrakten' Vorstößen, die ohne einen Zufluß frischer Ideen von außen vorgenommen werden, droht der Mathematik als Wissenschaft die Gefahr einer Entartung" [185, S. 147]. In bezug auf die Logik als besonderer Zweig der wissenschaftlichen Forschung unterstreicht A. A. Zinov'ev, „sie ist in ihren Ausgangsgründen, was die Quelle ihrer Problematik und die Kriterien der Wertung ihrer theoretischen Resultate anbelangt, eine empirische Wissenschaft" [186, S. 166].

Infolgedessen besitzen für solche Wissenschaften, wie für die Mathematik und die Logik, die experimentellen Untersuchungen im allgemeinen Kontext des naturwissenschaftlichen Wissens eine wichtige Bedeutung für die Vollziehung von wissenschaftlichen Entdeckungen. Der Mathematiker und der Logiker machen deshalb Entdeckungen, weil der Physiker, der Biologe und der Chemiker experimentieren und dabei mathematische und logische Methoden anwenden. Hierbei vollzieht sich ein Prozeß der Verdichtung von wissenschaftlichen Informationen und eine Gerinnung von informationellen Mitteilungen zu Gerinnungskernen – zu wissenschaftlichen Fakten, zu einer faktographischen Beschreibung, zu einer Abstraktion und zu einer wissenschaftlichen Theorie. Dieser Prozeß vollzieht sich sowohl innerhalb der „Schnitte" des Wissens, auf seinen verschiedenen Ebenen, d. h. innerhalb der SFT und STI, wie auch beim Übergang von empirischem Wissen zu theoretischem Wissen. Es werden einige logische Regeln für die Gerinnung von Informationen zu Gerinnungskernen im Rahmen der SFI und der STI herausgearbeitet.

Das SFI besitzt gewissermaßen zwei „Schnitte" von informationellen Mitteilungen: wissenschaftliche Fakten mit ihren korrelierenden Merkmalen und die faktographische Beschreibung, die sich in korrelativer Verbindung mit den durch diese Beschreibung ungeordneten wissenschaftlichen Fakten befindet. Diese beiden „Schnitte" des SFI besitzen ein und dieselben Regeln für die Gerinnung von Informationen.

Die Intensivierung von theoretischen Kenntnissen in der Wissenschaft kommt in der Verdichtung von wissenschaftlichen Informationen zum Ausdruck. D. P. Gorskij bemerkt mit Recht: „Beim Übergang vom Konkreten zum Abstrakten und beim Aufsteigen vom Abstrakten zum Konkreten werden unser Wissen von der Welt und die dabei von uns gewonnenen Informationen wesentlich intensiviert: ihr Wert für die Praxis und für die weitere Erkenntnis nehmen wesentlich zu. Beim Aufsteigen vom Abstrakten zum Konkreten zum Zweck einer adäquateren und kompakteren Widerspiegelung der Wirklichkeit nehmen wir zu verschiedenen Arten der Systematisierung der gesammelten und bebereits analysierten Informationen Zuflucht. Dies findet seinen Ausdruck in den verschiedenen Typen des Aufbaus von wissenschaftlichen Theorien, was mit der weiteren Intensivierung unseres Wissens verbunden ist" [187, S. 271].

Die Verdichtung des Wissens in einem STI vollzieht sich durch die Gerinnung von faktographischen Informationen sowie auch durch vorher systematisierte theoretische Informationen zu Kernen der Gerinnung von wissenschaftlichen Informationen – zu Gesetzen, Ideen, Prinzipien, theoretischen Aussagen usw., d. h. zu wissenschaftlichen Abstraktionen, die Elemente einer Theorie bilden und im Ergebnis des Prozesses der gedanklichen Abstraktion von einer Reihe von Eigenschaften der zu erkennenden Objekte und der Beziehungen zwischen ihnen sowie einer gleichzeitigen Aufspaltung einer bestimmten Eigenschaft oder Beziehung, die den Forscher interessiert, gebildet werden. Die höchste Form der Verdichtung von wissenschaftlichen Informationen ist die Theorie. Sie besitzt eine komplizierte Struktur. Neben den Abstraktionen als Kerne für die Gerinnung von Informationen enthält eine Theorie faktographische Beschreibungen für Schlußregeln, Aussagen usw. Den Grund einer Theorie bilden Ausgangsprinzipien, Ideen; sie hat auch ihre Grenzen für die wissenschaftliche Erklärung der objektiven Wirklichkeit. Die Entwicklung einer Theorie ist ebenfalls ein Prozeß der Informationsverdichtung. Ein deutliches Beispiel für „intensivierte" und „verdichtete" Systeme von Wissen bilden die axiomatischen Theorien. In ihnen wird in geronnener (verkürzter) Form die gesamte Menge an Wissen (Theoremen) widergespiegelt, das zu einem bestimmten Kreis von Objekten gehört. In der modernen Wissenschaft gewinnen solche Arten von Theorien eine immer größere Bedeutung, die gerade in höchstem Maße verdichtete wissenschaftliche Informationen enthalten. Von ihnen finden die hypothetisch-deduktive, die genetische und die axiomatische Form des Aufbaus von theoretischen Systemen besonders häufig Anwendung.

Wissenschaftliche Texte, die verdichtete Informationen über die Wirklichkeit enthalten, werden als wissenschaftliche Kommunikationsmittel zum gegenseitigen Verständnis der Wissenschaftler, die gemeinsam nach wissenschaftlichen Erkenntnissen suchen, geschaffen. Die Effektivität der Nutzung der Texte durch die Wissenschaftler, die Tiefe, mit der sie die in einem Text enthaltenen Ideen verstehen, bilden eine entscheidende Kennziffer für die Intensivierung der Erkenntnisprozesse. Eine Aufgabe der in allen entwickelten Ländern der Welt geschaffenen Systeme zur Informationsversorgung der Wissenschaftler und Ingenieure besteht in folgendem: diese Systeme müssen dazu beitragen, daß das Verstehen von wissenschaftlichen Texten durch die Wissenschaftler und ihre praktische Nutzung in der Grundlagen- und angewandten Forschung sowie in den Entwicklungs- und Konstruktionsarbeiten wesentlich erhöht wird. Das Wissen erhält einen Wert, wenn es verstanden und als gewisse zuverlässige Informationen in der wissenschaftlichen Erkenntnis genutzt wird.

Das Problem des Verstehens ist eines der kompliziertesten Probleme in der Philosophie. Einzelne Logiker (Frege, Carnap) identifizieren das Verständnis mit dem Sinn und setzen voraus, daß jedem intuitiv klar ist, was „verstehen" bedeutet. Andere (Russell, der frühe Wittgenstein) führen das Verstehen auf die Benennung der Sachen, in gewisser Weise der Daten, durch den Forscher zurück, der ihnen nach bestimmten Regeln bestimmte formale Ausdrücke zuteilt. Aus diesem Grunde besteht auch von ihrem Gesichtspunkt der Prozeß des „Verstehens" in dem Sich-Erinnern und Zu-Gebrauchen-Lernen. In dieser Frage gibt es aber auch noch einen anderen Aspekt, der damit zusammenhängt, daß Informationen durch wissenschaftliche Texte ausgedrückt werden; die Wissenschaft wird durch ein System von Dokumenten (Texten) und Wissenschaftlern dargestellt, die einerseits diese Dokumente produzieren und andererseits – wenn sie neue Dokumente produzieren wollen, diese Dokumente verarbeiten, d. h. die verdichteten Informationen, die in wissenschaftlichen Dokumenten enthalten sind – verstehen müssen.

Eine allgemeine Tendenz in der Gegenwart ist das Absinken des Niveaus des Verstehens von wissenschaftlichen Texten. Dies hängt mit der Zunahme der Informationsflüsse sowie damit zusammen, daß unter den Bedingungen einer intensiven Differenzierung der Wissenschaft sich eine vertiefte Spezialisierung vollzieht und dementsprechend ein Absinken des Niveaus des Verstehens von wissenschaftlichen Texten durch die Vertreter von eng spezialisierten wissenschaftlichen Richtungen, selbst auf dem Gebiet „ihrer" wissenschaftlichen Disziplin, zu verzeichnen ist. Für einen Wissenschaftler besitzt eine wissenschaftliche Information dann einen Sinn, wenn sie für ihn verständlich ist, wenn sie kritisch durchdacht ist und zur Schaffung neuer Informationen in der Form von neuen wissenschaftlichen Dokumenten verwendet werden kann.

„Einen-Sinn-besitzen" bedeutet für eine wissenschaftliche Information ihre „Verstehbarkeit". Die Fähigkeit, den Übergang vom Text zum Sinn und vom Sinn zum Text vorzunehmen, ist ein Zeichen für die „Sprachbeherrschung" eines Textes. In der Regel weiß ein Wissenschaftler intuitiv, ohne irgendwelche speziellen Prozeduren vornehmen zu müssen, was er in einem bestimmten wissenschaftlichen Text versteht und was für ihn keinen Sinn besitzt, was er nicht zur Gewinnung neuer Ergebnisse nutzen kann. Folglich besitzen für einen Wissenschaftler nur solche wissenschaftlichen Informationen einen Sinn, die er in seiner praktischen wissenschaftlichen Forschungstätigkeit verwenden kann. Diese Tätigkeit ist eine Approbation, inwieweit ein Wissenschaftler sich den Sinn („die Verständlichkeit") einer Information aneignen kann. Da für einen Forscher nur einen Sinn besitzt, was für ihn verständlich ist, so bilden „Verständlichkeit" und „Sinn" variable Größen, die durch die Qualität eines Textes, durch das Qualifikationsniveau des Wissenschaftlers, der die wissenschaftliche Information über den Gegenstand der Forschung nutzt, und die Gesamtheit seines erworbenen Wissens bestimmt werden.

Bekanntlich stehen nach dem sogenannten Dreieck von Ogden und Richards Bezeichnung (Nomen) und Sinn in der Sprache in einer symmetrischen Beziehung zueinander. Um die Bedeutung für bestimmte Bezeichnungen zu suchen, verwendet man gewöhnlich alphabetische Wörterverzeichnisse; für die Suche von Bezeichnungen (Wörtern) entsprechend dem ihnen zugrunde liegenden Sinn finden sog. ideologische oder konzeptionelle Wörterbücher Anwendung. Wir nennen ein konzeptionelles Wörterbuch, das eine bestimmte Liste von Objekten, Eigenschaften und Objektklassen mit bestimmten Verbindungen zwischen ihnen darstellt und das in einer natürlichen Sprache geschrieben ist, einen Thesaurus Θ (von griechisch ϑησαυρόε- Schatzkammer, Reichtum, Lager, Reserve). Nach der Definition von Ju. A. Šrejder kann man die Quantität an semantischen Informationen, die in einem Text T bezogen auf den Thesaurus Θ enthalten ist, durch das Maß der Veränderung dieses Thesaurus im Ergebnis der Analyse des Textes T als geordnete Menge von Wörtern messen [188].

Nehmen wir weiter an, daß ein Thesaurus ein System von Begriffen und von Verbindungen zwischen ihnen darstellt, das einen „Durchschnitts"-Wissenschaftler beschreibt. Dann kommt das Niveau des Verstehens eines Textes T durch einen Durchschnittswissenschaftler als Größe der Veränderung des Thesaurus im Ergebnis der Textanalyse zum Ausdruck. Unterschiedliche wissenschaftliche Texte werden von Wissenschaftlern mit einem unterschiedlichen Grad von „Verstehen" durchdacht. Hierbei tritt der Thesaurus Θ als Mittler auf, mit dessen Hilfe sich der Prozeß des Verstehens von wissenschaftlichen Texten vollzieht. Ein gewisser Komplex von Texten, die wissenschaftliche Informationen enthalten, und der Thesaurus des „Durchschnitts"-Wissenschaftlers vereinigen sich zu einer Ganzheit, die den Prozeß des Verstehens von Texten darstellt.

Ein „verstandener" wissenschaftlicher Text besteht aus Aussagen, die in Teilmengen unterteilt sind, aus – vom Gesichtspunkt des Thesaurus gesehen – sinnvollen und nicht sinnvollen Aussagen. Die sinnvollen Aussagen enthalten eine Teilmenge von wahren Aussagen, die Informationen tragen und den Thesaurus Θ verändern. Hieraus folgt, daß offensichtlich die Aufgabe des Systems der Informationsversorgung der Wissenschaftler nicht in ihrer mechanischen Belieferung mit Informationsquellen und -mitteln besteht, von denen von vornherein feststeht, daß viele nicht verstanden werden, sondern aus der selektiven, differenzierten Informierung der Forscher, die darauf abzielt, den Thesaurus Θ zu verändern. Nur auf eine solche Weise kann man die paradoxe Situation verändern, die sich in der Wissenschaft herausgebildet hat, daß trotz der gewaltigen Masse an Informationen, die von der Menschheit aufgehäuft wurde, der Forscher beständig unter einem Mangel an für ihn notwendigen Informationen leidet und er häufig gezwungen ist, bereits Bekanntes zu wiederholen. So betrug z. B. im Jahre 1968 der Anteil der abgelehnten Erfindungsanmeldungen in der Sowjetunion, die auf Grund des Fehlens eines Neuheitswertes abgelehnt werden mußten, 91 Prozent [189]. Die Folge ist, daß sich die Anstrengungen vieler wissenschaftlicher Forschungskollektive auf Grund des „Informationshungers" inmitten eines Ozeans von Informationen als nutzlos erweisen. In der Erhöhung der Effektivität der Nutzung von wissenschaftlichen Texten durch Organisierung einer selektiven Informationsversorgung der Wissenschaftler liegt eine bedeutende Reserve zur Intensivierung des Prozesses der wissenschaftlichen Erkenntnis.

In der Wissenschaft existiert die Information somit in verdichteter Form. Die Informationsverdichtung zu Einheiten des wissenschaftlichen Wissens mit einem hohen Informationsgehalt ist ein Prozeß, der dem Gesetz des exponentiellen Wachstums der Massive an wissenschaftlichen Informationen entgegenwirkt. Man kann die Hypothese aufstellen, daß der Prozeß der Informationsverdichtung einen sich in der Wissenschaft herausbildenden gnoseologischen Mechanismus darstellt, der die negativen Folgen des exponentiellen Wachstumsgesetzes der Informationsflüsse aufhebt. Die Zunahme des wissenschaftlichen Wissens vollzieht sich direkt proportional zur Schnelligkeit seiner Verdichtung in Wissenseinheiten und nicht zur Quantität und zum Umfang der wissenschaftlichen Informationen. Aus diesem Grunde wächst das wissenschaftliche Wissen ständig langsamer, als die Informationsflüsse und auch die Ausgaben für ihre Erzeugung einschließlich der Zahl der Wissenschaftler, der finanziellen Aufwendungen für wissenschaftliche Forschungstätigkeit und der Menge an wissenschaftlichen Forschungseinrichtungen zunehmen. Es bestehen offensichtlich bestimmte rationelle Verhältnisse zwischen den Kennziffern für die Entwicklung der Wissenschaft, die dazu führen, daß eine Erhöhung einzelner Parameter der Wissenschaft nicht immer zur schnelleren Zunahme von wissenschaftlichem Wissen führt. Werden diese Beziehungen verletzt, so erfolgt eine „Verdünnung" der Lösung des Wissens in den intensiv anwachsenden Informationsfluten, eine Zunahme der „Selbstkosten" der Produktion von Informationsmassiven und letzten Endes ein Absinken der Effektivität des Funktionierens der Wissenschaft in der Gesellschaft, eine Verringerung ihrer Rolle im wissenschaftlich-technischen Fortschritt.

Zur Erhöhung der effektiven Nutzung von wissenschaftlichen Texten und zur Lösung des Problems der Vervollkommnung der Kommunikation zwischen wissenschaftlichen Kollektiven besitzen die obengenannten Besonderheiten der wissenschaftlichen Information eine wesentliche Bedeutung. Um den negativen Folgen der „Informationsexplosion" an wissenschaftlichen Publikationen zu entrinnen, reicht es nicht aus, nur ihre äußere Form zu verbessern, das Textvolumen zu miniaturisieren, sie von Papier auf Magnetband zu übertragen, die Publikationszeiten zu verkürzen, Vorabdrucke herauszugeben usw. Die Nutzung des in der Wissenschaft spontan gebildeten gnoseologischen Mechanismus zur Verdichtung der Informationen in wissenschaftlichen Texten bildet ebenfalls eine wichtige Richtung zur Vervollkommnung der wissenschaftlichen Forschungsarbeit.

Im Zusammenhang hiermit ist eine grundlegende Revision der traditionellen Ansichten über die Aufgaben und die Ziele der Organe der wissenschaftlich-technischen Information und der wissenschaftlichen Bibliotheken erforderlich. Heute beschränkt sich ihre Tätigkeit praktisch auf eine mechanische, undifferenzierte Lieferung von Informationsmaterialien an die Wissenschaftler, insbesondere in der Form von Bibliographien, Referatezeitschriften, von Literaturberichten usw. Ihre eigentliche Aufgabe besteht aber in einer speziell auf den Adressaten zugeschnittenen selektiven Informationsversorgung der Wissenschaftler, die den Charakter einer schöpferischen Mitwirkung von Informatoren und Bibliothekaren bei der Lösung von wissenschaftlichen Problemen besitzt.

Auch die Frage der Ausbildungsmethoden an den Hochschulen und Universitäten muß anders gestellt werden. Das gegenwärtig übliche Ausbildungssystem der Studenten ist im Grunde genommen auf die Anreicherung ihres Gedächtnisses mit Sachverhalten und Fakten orientiert. Unter den Bedingungen einer Intensivierung der Erkenntnisprozesse in der Wissenschaft entsteht jedoch die Aufgabe, sich in erster Linie Methoden zur Gewinnung solcher Erkenntnisse und Verfahren zum Verstehen von wissenschaftlichen Texten anzueignen. Schließlich ist es wahrscheinlich erforderlich, bei der Prognostizierung, der Planung und der Ausarbeitung von langfristigen Entwicklungsprogrammen für die Wissenschaft den Prozeß der Intensivierung der wissenschaftlichen Erkenntnis zu berücksichtigen und entsprechende rationelle Beziehungen zwischen seinen einzelnen Parametern herzustellen, so daß die Rolle der Wissenschaft im gesellschaftlichen und wissenschaftlich-technischen Fortschritt ständig zunimmt, während die „Selbstkosten" der von ihr produzierten Ergebnisse sich ständig verringern.

3. Die Optimierung der Nutzung der Informationsströme in der Wissenschaft

Die nach bestimmten Merkmalen geordneten Mengen von wissenschaftlichen Texten bilden das System der Informationsflüsse (SIF), das als Hauptkommunikationsmittel zwischen den wissenschaftlichen Kollektiven dient. Damit die Informationsquellen optimal genutzt werden können, müssen sie geordnet, das heißt auf bestimmte Weise organisiert sein. Zwischen den Schöpfern der wissenschaftlichen Informationen und ihren Verbrauchern sowie den Informationsspeichern (Bibliotheken, Informationszentren usw.) müssen rationelle Verbindungen hergestellt werden.

Nach verschiedenen Quellen in Zeitschriften aus den letzten Jahren gibt es in der Welt etwa 100 Millionen Titel von wissenschaftlichen Arbeiten, darunter 30 Millionen Bücher. In 100000 Zeitschriften werden jährlich etwa 4 Millionen Artikel publiziert, wobei in den wichtigsten 30000 wissenschaftlich-technischen Periodika 2,5 Millionen Artikel veröffentlicht werden. Täglich erscheinen in der Welt in den verschiedensten Formen durchschnittlich 100 Autorenbogen (zu 16 Druckseiten) Text, umgerechnet auf einen Spezialisten, der auf einem engen Gebiet von Wissenschaft und Technik arbeitet. Wiederholte statistische Berechnungen anhand von unterschiedlichen Massiven von gedruckten wissenschaftlich-technischen Informationen haben ergeben, daß sich ihr Umfang alle 10 bis 15 Jahre verdoppelt.

Im allgemeinen benötigt ein Forscher bei der Informationsrecherche nicht ein Dokument, sondern eine Information über neue Kenntnisse. Die gegenwärtig herrschende Praxis, daß die gleichen Kenntnisse mehrfach publiziert werden, daß sich Informationen wiederholen oder entstellt wiedergegeben werden, sowie auch die Unvermeidlichkeit, daß oftmals Dokumente erscheinen, die die in anderen Dokumenten niedergelegten Kenntnisse wiederholen, führt zu einer schnellen und immer größeren Komplizierung der Informationssituation.

Die Beschreibung sämtlicher beliebigen Informationsquellen kann in formalisierter Form vorgenommen werden. Diese geschieht jedoch nur mit einem geringen Teil der allgemeinen Informationsfonds. Im Anfangsstadium befinden sich auch Arbeiten über eine einheitliche Klassifikation von Dokumenten und zur Entwicklung von vereinheitlichten Systemen zu ihrer Kodierung. Dieses Problem ist im Zusammenhang mit der Aufgabe, die Nutzung der Informationen in der Wissenschaft zu optimieren, von äußerst großer Bedeutung. Die Recherche und Nutzung der Informationsquellen, die der Forscher benötigt und die in den Informationsfonds vorhanden sind, wird mit jedem Jahr komplizierter.

Die vorhandenen Karteien, Kataloge und Dokumentenverzeichnisse werden in der Regel nach *einem* Aspekt aufgebaut (entweder nach dem Autor, wie z. B. im Autorenkatalog, nach dem Sachgebiet wie z. B. im Sachkatalog usw.). Dies steht in direktem Widerspruch zu der klar zum Ausdruck kommenden Polythematik der Informationsfonds für den wissenschaftlich-technischen Fortschritt. Die begrenzte Zahl der „Eingänge" zu einem modernen wissenschaftlichen Auskunftsapparat bildet heute seinen größten Mangel. Gleichzeitig ist auch die Forderung von prinzipieller Bedeutung, daß in dem jeweiligen System von „Eingängen" (im allgemeinen in Gestalt von Merkmalen) nicht nur die Beschreibung der Dokumente, sondern vor allem ihr Inhalt, die in ihm enthaltenen wissenschaftlich-technischen Erfahrungen, mit möglichst großer Vollständigkeit nachgewiesen werden.

Im Zusammenhang damit wird zu Recht die Frage nach einer Klassifikation der Dokumente (entsprechend den vorhandenen Formalisierungsmöglichkeiten), die die Informationsflüsse bilden, aufgeworfen. Sämtliche gegenwärtig bekannten Arten von solchen Quellen können diesbezüglich in 4 Klassen unterteilt werden:

1. Informationsquellen, deren Inhalt in der Regel bereits auf Grund der Struktur der Dokumente selbst formalisiert ist (Statistiken, Kataloge, Karteien und dergleichen mehr).

2. Informationsquellen, in denen bereits ein Teil ihres Inhalts formalisiert wiedergegeben wird (wissenschaftliche Arbeiten mit einem entwickelten Formelapparat, z. B. Arbeiten in der Mathematik oder in der Chemie, Patente und Urheberscheine, der Inhalt von Referatezeitschriften und dergleichen mehr).

3. Informationsquellen, die sich bezüglich einzelner Teile ihres Inhalts mit den vorhandenen Formalisierungsmethoden und -mitteln teilweise formalisieren lassen (Materialien aus der Klasse 2 sowie staatliche Normen, Anträge auf Urheberscheine, Jahrbücher von Publikationen, Anschauungsmaterialien usw.).

4. Informationsquellen, deren Hauptinhalt auf Grund des gegenwärtigen Entwicklungsstandes der Formalisierungsmethoden zur Zeit nicht oder nur schwer formalisierbar ist (wissenschaftliche Arbeiten von beschreibendem Charakter, mehrbändige und zwischenzweigliche Sammelbände usw.).

Ungeachtet aller auf der Hand liegenden Schwierigkeiten, eine kodierte Aufzeichnung des Inhalts von Dokumenten vorzunehmen, können Informationsquellen, die zu den Klassen 1, 2 und 3 gehören, einen bedeutenden Teil der allgemeinen Informationsfonds bilden und zusammen mit den bereits vorhandenen äußeren formalen Beschreibungen der Informationsquellen aller Typen als Ausgangsbasis für die Entwicklung von spezifischen Methoden zur Klassifikation der Informationsflüsse betrachtet werden.

Die Informationsflüsse bestehen aus Primärdokumenten, Sekundär- und Tertiärdokumenten [190].

Primärdokumente (Primärinformationen) enthalten:

– unbearbeitete Daten, die verbal oder mit Hilfe von Statistiken wiedergegeben werden;

– Angaben über Personen, die diese Daten untersuchen oder mit ihnen arbeiten;

– Angaben über Organisationen, die eine solche Tätigkeit unterstützen oder organisieren;

– Dokumente (oder Primärdokumente), die eine Darlegung von

konkreten Erscheinungen oder von durch sie angeregten Ideen auf einem materiellen Träger enthalten.

Eine wissenschaftliche Primärinformation ist eine im Erkenntnisprozeß gewonnene logische Information, die die Gesetzmäßigkeiten der objektiven Welt adäquat widerspiegelt und in der historischen Gesellschaftspraxis genutzt wird [191, S. 35–39]. Außer den Primärinformationen unterscheidet der französische Wissenschaftler M. Menou noch Quasi-Primärinformationen und Informationen, die vor den Primärinformationen liegen.

Quasi-Primärinformationen sind Sekundärinformationen, deren Spezifik, sowohl was ihre Form als auch was ihr Inhalt anbelangt, so gestaltet ist, daß man sie bei ihrer Nutzung erneut bearbeiten muß, um sie in das eigene Dokumentationssystem eingeben zu können.

Informationen, die vor einer Primärinformation liegen, sind Informationen über den Verlauf eines Ereignisses: z. B. Angaben über eine im Aufbau begriffene Organisation, über ein in Ausarbeitung befindliches Programm, über vorbereitende Dokumente usw. Diese Informationen sind besonders dadurch gekennzeichnet, daß sie selten in die Hände solcher Personen gelangen, die nicht an ihrer Schaffung beteiligt sind.

Sekundärinformationen sind eigentlich Informationen über Informationen, d. h. sie stellen eine Umwandlung von Primärinformationen in eine Form dar, die entweder dazu dient, diese Informationen zu übermitteln, zu speichern, sie in eine EDVA einzugeben zum Zwecke einer Dokumentenrecherche, oder dazu, Primärinformationen zu identifizieren oder die Gebiete, für die sie wesentlich sind, bzw. die Probleme, die sie betreffen, zu kennzeichnen. Entsprechend ihrer Definition ist ein Zitat (eine Fußnote) ebenfalls eine Information.

Sekundärdokumente sind das Endergebnis einer analytisch-synthetischen und logischen Bearbeitung von wissenschaftlichen Primärdokumenten. In der Regel werden zu Sekundärdokumenten gerechnet: Nachschlagewerke, Literaturstudien, Referate und Annotationen, Materialien der Expreß-Information, Bibliographien, Kataloge und Karteien.

Die Referatezeitschriften und anderen Formen der sog. Signalliteratur erfüllen gegenwärtig zwei Hauptfunktionen: sie stellen ein Mittel zur Verbreitung von Informationen über neue Errungenschaften von Wissenschaft und Technik dar und dienen als Informationsrecherchesystem, das es gestattet, die Recherche nach Dokumenten zu bestimmten Fragen, zu Anfragen, die von Spezialisten an Informationszentren gerichtet werden, durchzuführen.

Man muß jedoch feststellen, daß das zur Zeit bestehende System der Informationsversorgung die Forscher nicht von unnötigen Informationen abschirmt. Es gibt noch keinen Mechanismus, der als Art Schutzwall die gewaltige Überschwemmung mit Literatur, die keine Quelle von nützlichen Informationen für die Wissenschaftler darstellt, von ihnen fernhält.

Tertiärinformationen sind ein Hilfsmittel zum Aufsuchen von Sekundärinformationen, in denen Primärinformationen nachgewiesen werden. Diese Bearbeitung von Sekundärdokumenten kann in folgender Richtung erfolgen:

– es werden solche Elemente ausgewählt, die den Informationsbedürfnissen, den Gewohnheiten und der Spezifik des Nutzers entsprechen;

– der Nutzen von Elementen von Primärinformationen für den Informationsnutzer wird nach einer bestimmten Definition bewertet;

– die materielle Struktur von Primärinformationen wird umgewandelt (z. B. zu sog. Digests, zu Textauszügen, zu Auszügen von Daten usw.);

– die in Primärinformationen enthaltenen Daten werden bearbeitet und es wird eine vollständige Übersicht über den Stand einer Frage erarbeitet, vorhandene Mängel werden festgestellt (Literaturberichte (state of the art), thematische Studien usw.);

– neue Informationstypen werden geschaffen, wie z. B. aus Literaturquellen Graphiken, Diatonmittel usw.;

– Informationen werden mit Hilfe von Konferenzen, Beratungen, Symposien usw. „belebt" [190].

Der Informationsfluß wird als dynamische Organisation in einem Funktionenraum betrachtet, deren Elemente in der Form von Vektoren eines Koordinatensystems dargestellt werden können. Diese Systeme bilden die Mengen der wissenschaftlichen Dokumente (Bücher, Forschungs- und Entwicklungsberichte usw.), die durch die thematischen, berufsmäßigen und anderen Interessen der Hauptkategorien der Informationsnutzer gebildet werden.

In jedem System kann ein Teil der Informationen mit Hilfe der Wahrscheinlichkeitsrechnung für die nachfolgenden Stadien ihrer Verarbeitung ermittelt werden. Ein Element des Informationsflusses ist die dokumentierte Mitteilung, die für das betreffende System den Sinn von Koordinaten besitzt, d. h. die einen bestimmten Wert für den Informationsnutzer besitzt, der zu der betreffenden Kategorie gehört. Die vorhandenen Informationsflüsse kann man nach folgenden Merkmalen klassifizieren:

1. nach ihrer Richtung
Die Resultante des Informationsflusses ist in bezug auf seine Elemente gerichtet. In diesem Falle werden die Informationen in den Informationsflüssen in wissenschaftlich-technische und in ökonomische Informationen unterteilt.
2. nach ihrer Lokalität
Die Resultante des Informationsflusses entspricht der Menge der nicht gerichteten Vektoren in den sich überschneidenden Teilmengen der Elemente des Informationsflusses. Die sich überschneidenden Teilmengen kann man als Informationsmassive charakterisieren, die in den Verlagen entstehen und die in Archiven, Bibliotheken, Instituten oder Abteilungen für wissenschaftlich-technische Information aufbewahrt werden.
3. unter dem hierarchischen Gesichtspunkt
Die Resultante des Informationsflusses wird auf Grund der Menge der das Koordinatensystem bildenden Vektoren bestimmt und liegt innerhalb der Grenzen, die durch das Niveau der sie bildenden Informationsflüsse gesteckt sind.

Die Informationsflüsse bilden ein System (SIF), das die Menge der Informationsflüsse darstellt, die durch die Resultanten des Koordinatensystems ausgedrückt werden. Die Erforschung der Informationsflüsse und ihrer Systeme kann nicht ohne Berücksichtigung der Kriterien und Merkmale, die ihre Existenz bestimmen, effektiv erfolgen.
Eine Voraussetzung für das Vorhandensein von SIF ist das Merkmal der Abgeschlossenheit, das in einer strengen Definition der Teilmenge der Resultanten der Informationsflüsse des betreffenden Systems über der gesamten Menge der Informationsflüsse besteht. Zum Beispiel wird die Teilmenge sämtlicher Periodika, die in der Ukrainischen SSR ansässig sind, durch die Wahl der Sprache der Periodika für ihre gesamte Teilmenge bestimmt.

Aus dem Vorhandensein von Merkmalen und Grenzen in den Informationsflüssen und in dem SIF ergeben sich bestimmte Forderungen, die an die Wahl der quantitativen Methoden zu ihrem Studium und ihrer Analyse zu stellen sind. Folgende Methoden können Anwendung finden:

– statistische Auswahlmethoden, um die bedeutungstragenden Faktoren zu ermitteln;

– statistische Methoden zur Analyse und Beschreibung von Informationsflüssen;

– Methoden zur Beschreibung und Auswahl von Kriterien zur Optimierung von Informationsflüssen.

Wenn man ein SIF als ein kompliziertes System mit einer Vielfalt von strukturell-funktionalen Verbindungen betrachtet, kann man eine Reihe von Methoden entwickeln, die zu seinem Studium Anwendung finden können: die Methode der linearen und nichtlinearen Regressionsanalyse von Mengen, die Methode der Korrelationsanalyse, die Methode des vollständigen und eingehenden Faktorenexperiments. Für kompliziertere Situationen können Methoden der dynamischen Regressionsanalyse und Methoden der mathematischen Programmierung Anwendung finden.

Von entscheidender Bedeutung für eine bessere Nutzung von SIF in der Wissenschaft ist die Ordnung der spontan sich herausbildenden Informationsflüsse. Die Ordnung von SIF besteht in einer Klassifikation der Informationen durch die Entwicklung eines regionalen zwischenzweiglichen vereinheitlichten Klassifikators, in dem die Informationsquellen nach inhaltlichen Merkmalen geordnet werden. Dies würde die Möglichkeit geben, bei der Recherche von für einen Wissenschaftler erforderlichem Wissen die elektronische Datenverarbeitungstechnik anzuwenden, wodurch praktisch für jeden Forscher der freie Zugang zu jeder beliebigen Informationsquelle erschlossen wäre. Infolgedessen ist die Schaffung eines regionalen Klassifikators für Informationsflüsse ein Problem, von dessen Lösung eine grundlegende Verbesserung der Nutzung der Informationen in der Wissenschaft abhängt. Untersuchen wir einige perspektivreiche Wege zur Lösung dieses Problems. Die Schaffung eines vereinheitlichten Klassifikators für Informationsflüsse erfordert:

1. die Beachtung des Erfordernisses, daß sämtliche Methoden, Verfahren und Richtlinien für die Formalisierung eine gewisse Gemeinsamkeit besitzen, um die Möglichkeiten einer vergleichenden und synthetischen Analyse eines umfassenderen Kreises von Bestandteilen von Informationsflüssen zu sichern;
2. eine vollständigere Widerspiegelung des Komplexes von logischen Verbindungen anzustreben, die im Inhalt von Dokumenten enthalten sind;
3. den unterschiedlichen Grad und den Charakter der Verbindungen der Dokumente mit den Erscheinungen und Prozessen, die zu ihrer Entstehung geführt haben, zu berücksichtigen.

Im Klassifikator muß die Möglichkeit gegeben sein, die unterschiedlichen Informationsflüsse (Gruppen von Informationsquellen) nach exakt abgegrenzten logisch-informatorischen und Adressengruppierungen einzuteilen, mit dem Ziel, eine selektive Informationsrecherche mit veränderlicher Tiefe des Klassifikators durchzuführen.

Die Gesamtheit der Informationsflüsse wird als eine bestimmte Menge $\mathfrak{M}$ von Gegenständen (und Gruppen von Gegenständen) angesehen, von denen jeder bestimmte Eigenschaften besitzt. Gerade die Tatsache, daß die Gegenstände solche Eigenschaften besitzen, gibt die Möglichkeit, eine Klassifikation von Informationsflüssen vorzunehmen. Wenn man diese Frage gründlicher betrachten will, muß man eine Reihe von Begriffen und allgemeinen Regeln für die Klassifikation und die Ausarbeitung von Klassifikatoren-Katalogen präzisieren.

Eine Klassifikation muß so aufgebaut sein, daß sie verstanden wird und daß sie von vielen Nutzern genutzt werden kann. Eine mögliche Verbindung von Gegenständen (Begriffen) einer Klassifikation gründet sich auf ihre Nähe zum Sachinhalt von Dokumenten, d. h. auf die Ähnlichkeit ihrer Merkmale. Durch eine Verringerung der allgemeinen Merkmale werden immer allgemeinere Begriffe gebildet, die sich auf unterschiedlichen Abstraktionsebenen befinden. Die Einheit sämtlicher Abstraktionsebenen und der zu ihnen gehörenden Begriffsreihen bildet das sogenannte Abstraktionssystem oder den Stammbaum der Begriffe.

Eine andere Art von Beziehungen zwischen den Begriffen betrifft die Beziehungen der Teile eines Gegenstandes zum Ganzen. Diese Beziehungen kann man analog zum Abstraktionsschema ebenfalls in Form einer Leiter oder eines Stufensystems darstellen, die in diesem Falle die Beziehungen des Teils zum Ganzen widerspiegeln.

Ein mehr oder weniger großes Klassifikationssystem, das praktischen Zwecken dient, wird selten nur nach einem der aufgeführten Prinzipien aufgebaut.

Beim Aufbau eines Klassifikationssystems findet sowohl das eine wie auch das andere Prinzip Anwendung. Man darf sie aber nicht miteinander verwechseln. Ein ständiges Problem der Klassifikation besteht in der Abstimmung der häufig sogar vorstellbaren praktischen Vorzüge mit den Forderungen nach einer strengen Systematisierung. Der praktische Wert einer Klassifikation hängt von der richtigen Wahl des Teilungsprinzips ab. Dieses Prinzip besteht darin, daß alle Merkmale nach einem Artbegriff, der für sie gemeinsam ist, geteilt werden, wobei die Merkmale in den zu der gleichen Art gehörenden Begriffen variiert werden.

Alle Begriffe, auch solche Begriffe, die der Einteilung zugrunde liegen, finden ihren Ausdruck in Termini. Zum Zwecke der Klassifikation erhalten die Termini zusätzliche Indizes, die die Reihenfolge bezeichnen, in der diese Termini stehen müssen, um das zwischen den Begriffen bestehende Über- und Unterordnungsverhältnis zum Ausdruck zu bringen. Zu diesem Zweck kann man fast sämtliche Indizes oder Kombinationen von Indizes verwenden, für die nach allgemeiner Übereinkunft ein bestimmter Platz in einer Begriffsreihe festgelegt ist. Es gibt zwei Grundsysteme von Indizes: Buchstabensysteme und Ziffernsysteme. Da die Termini aus Buchstaben bestehen, Ziffern aber exakter den Platz in der Begriffsreihe anzeigen, so ist es zweckmäßiger, Ziffern als Klassifikationsindizes zu verwenden. Sollen Gegenstände oder Begriffe entsprechend den Beziehungen, die zwischen ihnen bestehen, geordnet werden, so ergibt sich ein bestimmtes System. Wenn hierbei sämtliche Gegenstände oder Begriffe eines bestimmten Wissenschaftsgebietes Berücksichtigung finden, so nennt man dieses System ein geschlossenes System. Die Einteilung dieser geschlossenen Struktur M in Klassifikationsgruppen (Teilmengen) muß jedesmal nach *einer* Grundeinteilung erfolgen. Jedes Element der Menge $\mathfrak{M}$ darf auf jeder Etappe der Teilung nur zu einer Klassifikationsgruppe gehören.

Wird eine bestimmte Eigenschaft eines Gegenstandes als Kriterium für die Bestimmung ihrer Übereinstimmung oder ihres Unterschiedes bezüglich einer Reihe von Gegenständen – von Elementen der Menge M – genommen, so bildet sie (diese Eigenschaft) das verallgemeinernde bzw. Unterscheidungsmerkmal.

Die Menge der zu klassifizierenden Elemente von $\mathfrak{M}$ ist durch jedes beliebige Merkmal R nur in dem Falle teilbar, wenn seine Elemente Eigenschaften bilden, die es gestatten, die Einteilung nach diesem Merkmal vorzunehmen. Ist eine Menge $\mathfrak{M}$ zuerst nach dem Merkmal R_1 teilbar, und kann die bei dieser Gruppierung gebildete Teilmenge nach den Merkmalen $R^2, \ldots R^m$ weiter unterteilt werden, so entstehen im Prozeß der Teilung zwischen diesen Merkmalen bestimmte Beziehungen, die darin zum Ausdruck kommen, daß jedes Merkmal der folgenden Teilungsetappe ein Merkmal der vorhergehenden Etappe konkretisiert.

Bei der Ordnung der angeführten Merkmale zu einer Reihe, in der jedes folgende Merkmal ein vorhergehendes Merkmal konkretisiert, erhält man eine Klassifikationsfolge von Merkmalen. Im Ergebnis der Einteilung einer Menge von $\mathfrak{M}$ Elementen von Informationen in Informationsflüsse nach konkretisierenden Merkmalen erhält man entsprechende Gruppierungen von Informationsflüssen, von denen jede folgende Gruppe konkreter als die vorhergehende Gruppe ist.

Auf dieser Weise bildet die Gesamtheit der Klassifikationsmerkmale ein sich immer mehr verzweigendes System. Im Zusammenhang damit, daß als Grundlage für die Teilung jeder sich verzweigenden Gruppe ein entsprechend konkretisierendes Merkmal dient, ist die gesamte sich verzweigende Struktur des Gruppierungssystems der Struktur des Systems der Merkmale vollständig analog und identisch.

Die Identität zwischen der Struktur der Gruppierungen und der der Merkmale gestattet es, folgende Schlußfolgerungen zu ziehen:

1. Die Zahl der Teilungsetappen der Menge von Elementen, die die Informationsflüsse bilden, ist gleich der Zahl der gewählten Etappen zur Konkretisierung der Merkmale.

2. Jede folgende Verzweigung der Gruppierungen und Merkmale ist konkreter als die vorhergehende.

Hieraus ist zu ersehen, daß die Klassifizierung einer bestimmten Menge ihre Teilung (fortgesetzte Teilung) in Klassifikationsgruppen nach bestimmten Merkmalen beinhaltet. Das Verfahren zur Anstückelung der sich verzweigenden und immer konkreter werdenden Merkmale durch die folgenden Etappen macht es möglich, sich eine Klassifikation als einen algorithmischen Prozeß vorzustellen, und die Teilung der Menge nach den Klassifikationsmerkmalen als Klassifikationsalgorithmus anzusehen. Die Anwendung dieser Algorithmen auf die Teilung einer Menge in Gruppen, die genau definierte Eigenschaften besitzen, bildet die Grundlage für die Schaffung eines wissenschaftlich begründeten Klassifikationssystems und einer optimalen Struktur der Klassifikatoren.

Die oben dargelegten methodologischen Grundlagen für eine Klassifikation von Informationsflüssen müssen bei der Aufstellung eines Klassifikatorenkatalogs so angewandt werden, daß die Wahl und die Konkretisierung der Teilungsmerkmale sowie die Art und Weise der Bildung der Gruppierung die Möglichkeit bietet, einen Klassifikatorenkatalog von Informationsflüssen aufzubauen. Außerdem erfordert der Aufbau eines Klassifikators die Berücksichtigung der verschiedenen Klassifikations- und Indexierungssysteme mit dem Ziel, ein optimales Schema zu erreichen.

Je nach den Merkmalen, die der Klassifikation zugrunde gelegt werden, erhält man zwei Arten von Klassifikationssystemen. In dem einen System gründet sich die Klassifikation auf äußere Kennzeichen eines Dokumentes: auf den Namen des Autors, den Titel des Dokumentes, seine Registriernummer bzw. auf den Namen seines Herausgebers. Der anderen Klassifikation liegt der Inhalt des Dokumentes zugrunde, der seinerseits mit Hilfe von Begriffen ausgedrückt wird. Die Begriffe und ihre Beziehungen bilden in diesem Falle die Grundlage für die Klassifikation der Dokumente nach ihrem Inhalt. Diese Systeme werden entsprechend den Kriterien, die Anwendung finden, in allgemeine oder spezialisierte, lineare oder multiaspektive, hierarchische oder koordinative, nationale oder internationale (universale), geschlossene oder offene, mathematische oder semantische, komplizierte oder einfache, logische oder unlogische, funktionierende oder nichtfunktionierende Systeme eingeteilt.

Die positiven Prinzipien dieser Systeme (was ihre Anwendung zum Aufbau eines Klassifikators für Informationsflüsse anbelangt) werden dabei nach folgenden Aspekten bestimmt: ihre Struktur oder ihr Aufbau; die Eignung ihrer Sprache (Terminologie); ihre Chiffrierung (ihre Indizes); die redaktionelle Überarbeitung der Schemata (ihr Format, ihre Absätze, ihr Umfang, ihre Anmerkungen usw.); ihre Überarbeitungsprozeduren; das Indexieren nach solchen Prinzipien; ihre Umwandlung bzw. Überarbeitung zu einer für EDVA günstigen Form; ihre Publikation.

Aber nicht alle hier genannten Systeme sind in gleicher Weise vom Gesichtspunkt des Indexierens von Interesse. Man kann viele Beispiele dafür anführen, daß *eine* Forderung, die an eine befriedigende Indexierung gestellt wird, als grundlegende Forderung aufgefaßt wird, während andere vergessen werden. So gründet sich das Indexieren in der Facettenklassifikation von S. R. Ranganathan nur auf *eine* mnemo-technische Regel. Diese Klassifikation besitzt viele Vorzüge gegenüber anderen Systemen, aber alles Neue, was Ranganathan einführt, wird nicht den bereits existierenden Methoden und Prinzipien für den Aufbau von Indizes gegenübergestellt, sondern ergänzt und entwickelt diese weiter. Um die Bezeichnungen in der Facettenklassifikation leichter zu verstehen und sie sich zu merken, wurde ein System einer einheitlichen Widerspiegelung der Begriffe ausgearbeitet, das heißt, beim Indexieren wird eine strenge Mnemotechnik eingehalten:

1. die Einheit wird erreicht durch die Anwendung von allgemeinen, geographischen, chronologischen und sprachlichen Bestimmungstafeln;

2. dem Einzelbegriff der betreffenden Klasse entspricht ein Index nur einmal in einer Facette, wobei er in dieser Klasse in beliebiger Reihenfolge Verwendung finden kann;

3. die gleichen Indizes, die in der bevorzugten Klasse ausgearbeitet wurden, finden auch in sämtlichen verwandten Klassen Anwendung;

4. wenn in benachbarten Abschnitten die Facetten aus der Hauptklasse nicht alle zutreffen, so werden sie wahlweise verwendet.

An keiner einzigen Stelle der Klassifikation von Ranganathan wird auch nur ein Thema wiederholt. Der Wert der Facettenklassifikation besteht auch darin, daß sie es gestattet, äußerst enge Begriffe zu indexieren. Um einen solchen Feinheitsgrad zu erreichen, ist z. B. in der internationalen Dezimalklassifikation (DK) ein aufgeblähter und äußerst langer Index erforderlich. Die Prinzipien, die dem Indexieren nach der Facettenklassifikation zugrunde liegen, machen sie im Verhältnis zu anderen Systemen bedeutend stärker ausbaufähig.

Von der großen Zahl von Klassifikationssystemen für wissenschaftlich-technische Literatur hat die DK eine weite Verbreitung gefunden. Sie findet in mehr als 50 Ländern der Welt Anwendung. Die DK gehört zu den hierarchischen Klassifikationssystemen. In diesem System werden die vielfältigsten dokumentierten Informationsquellen aus allen Gebieten des Wissens in 10 Hauptklassen eingeteilt. Jede dieser Hauptklassen wird in 10 Unterklassen unterteilt, diese wiederum jeweils in 10 kleinere Klassen usw.

Auf den unteren Teilungsebenen wird in bestimmten Teilen der DK eine Teilung nach Arten vorgenommen; in anderen Abschnitten erfolgt dagegen nicht eine Teilung nach Arten, sondern es finden streng hierarchische Teilungsprinzipien Anwendung, die so aufgefaßt werden, daß sich gleiche und parallele Unterklassen ergeben. Vielfach entsprechen die Unterklassen aber verschiedenen Aspekten einer Klasse, wobei die Aspekte in anderen Teilen des Systems angeordnet sein können. Die meisten Unterklassen bilden ein Spezialgebiet von Wissenschaft und Technik (Ökonomie, Bauwesen, Physik usw.). Die Systematisierung der Literatur nach der DK erfolgt durch eine ständige Erweiterung der Einteilungsgrundsätze nach dem Prinzip ihrer Entfaltung vom Allgemeinen zum Besonderen, so bedeuten z. B. 5 – Mathematik, Physik, Chemie, Naturwissenschaft; 51 – Mathematik; 511 – Arithmetik usw.

Zum Zwecke einer leichteren Überschaulichkeit und als Gedankenstütze wird bei längeren DK-Zahlen nach jeweils drei Ziffern ein Punkt gesetzt.

Die DK umfaßt neben der Haupttafel, in der die sogenannten Haupt-DK-Zahlen aufgeführt sind, die die einzelnen Wissensgebiete bezeichnen, Hilfstafeln. In diesen sind die allgemeinen Anhängezahlen der Form, der Sprache, des Ortes, der Zeit, des Gesichtspunktes usw. aufgeführt. Sie dienen dazu, allgemeine Merkmale eines zu klassifizierenden Dokumentes, wie z. B. das Land, aus dem es stammt oder das es betrifft, die Sprache, in der es geschrieben ist usw., zu kennzeichnen. Neben den *allgemeinen Anhängezahlen* aus den Hilfstafeln kennt die DK noch *besondere Anhängezahlen*. Diese stehen in der Haupttafel bei einer bestimmten Haupt- bzw. Untergruppe; sie besitzen nur innerhalb der Gruppe, auf die sie sich beziehen, Gültigkeit und dienen dazu, besondere Gesichtspunkte dieser Gruppe zu kennzeichnen. Beide Arten von Anhängezahlen werden an die Haupt-DK-Zahl mittels besonderer Symbole oder Zahlen (Zeichen) angehängt. Mit Hilfe dieser Anhängezahlen erreicht die DK eine große Beweglichkeit und Anpassungsfähigkeit an die unterschiedlichen Bedingungen bei den verschiedenen Nutzern. Dadurch wird es möglich, die Feingliederung der Einteilung in einem weiten Rahmen entsprechend den Anforderungen zu variieren.

Informationseinrichtungen, die die Recherche der dokumentierten Quellen mit Hilfe von EDVA, Lochkartensortiermaschinen oder anderen mechanischen Hilfsmitteln vornehmen, verwenden oft Ordnungssysteme, die auf der Anwendung der Methode des sogenannten koordinativen Indexierens beruhen (Schlüsselwortsysteme oder Thesauren).

Ein Thesaurus, der seinem Wesen nach ebenfalls eine hierarchische Ordnung widerspiegelt, nimmt als Grundlage für die Systematisierung die Namen (Beziehungen) der zu ordnenden Gegenstände (Fakten). Diese werden als *Schlüsselwörter* bezeichnet. Ein Teil von ihnen wird als verbindlich für das Indexieren erklärt. Diese Schlüsselwörter heißen *Deskriptoren*. Alle anderen werden als Nicht-Deskriptoren bezeichnet. Sie dienen dazu, den Nutzer auf den zutreffenden Deskriptor hinzuweisen.

Beim Aufbau von Thesauren gilt es zu beachten, daß ein solcher nicht beliebig aufgebaut werden kann, sondern er ein hierarchisches Klassifikationssystem ist, das in ausreichendem Maße die Erfassung von komplexen Sachverhalten beim Indexieren sichern muß. Dieses Merkmal eines Thesaurus beeinflußt wesentlich den Algorithmus seines Aufbaus. Wenn man die verschiedenen Typen von Klassifikations- und Indexierungssystemen betrachtet, so kann man ein logisches Schema für den Aufbau einer optimalen Klassifikation entwickeln. Die Etappen ihres Aufbaus können dem Aufbau eines Klassifikators für Informationsflüsse zugrunde liegen. Diese Etappen könnte man folgenderweise aufzählen:

1. entsprechend der vorgegebenen zu klassifizierenden Teilmenge wird ein Komplex von zu klassifizierenden Fakten zusammengestellt;

2. die Menge der noch nicht erforschten Gegenstände aus dem zusammengestellten Komplex wird bestimmt;

3. aus dieser Menge wird die Grundlage für die Klassifikation ausgewählt;

4. die Merkmale für die Klassifikation werden bestimmt;

5. die Komplexität des Indexierens für den Vergleich der verschiedenen Klassifikationssysteme wird zahlenmäßig bestimmt;

6. die am besten geeignete Grundlage für die Klassifikation wird ausgewählt;

7. es wird überprüft, ob sämtliche „Gegenstände“ aus der Menge auf ihre Eignung als Grundlage der Klassifikation überprüft wurden;

8. die optimalen Grundlagen für die Klassifikation, die gewonnenen Klassen und ihre Mächtigkeit werden festgehalten.

Der Aufbau eines optimalen Klassifikationssystems und die Zusammenstellung eines Kataloges von Klassifikatoren für Informationsflüsse kann auf der Basis folgender Klassifikations- und Indexierungssysteme erfolgen:

1. der internationalen Dezimalklassifikation (DK);
2. der Facettenklassifikation von Ranganathan;
3. von Schlagwortverzeichnissen;
4 des Uniterm-Systems;
5. von Deskriptoren-Systemen (Thesauren) [16].

Ein wichtiges Problem bei der Schaffung eines Klassifikators für Informationsflüsse ist das Indexieren. Man kann insbesondere nicht von Indexieren reden, ohne seinen Zusammenhang mit der Struktur der Klassifikation zu beachten. Die Grundlage jeder beliebigen Systematisierung bildet die Abfolge der Gegenstände (Begriffe) selbst und nicht ihrer Symbole. Mit anderen Worten: eine Symbolisierung darf nicht zum Selbstzweck werden, ohne daß sie die Begriffe des Ordnungsschemas mit allen ihren vielseitigen Verbindungen in gewisser logischer Weise organisiert. Handelt es sich um eine lineare Organisation, so kann man, indem man als Gesetzmäßigkeiten den Übergang vom Allgemeinen zum Besonderen auffaßt, die Folge des Aufbaus der Indizes entsprechend verstehen. So spiegelt in der Dezimalklassifikation ein kürzerer Index bzw. eine kürzere Notation oder DK-Zahl einen allgemeineren Begriff wider, der innerlich mit einem stärker in die Einzelheiten gehenden Index der zweiten, dritten usw. Stufe koordiniert wird. Wenn es sich um eine multiaspektive Facettenklassifikation handelt, so stimmt jedes Glied eines ihres Indizes streng mit dem Einzelbegriff einer bestimmten Facette bzw. einer bestimmten Kategorie überein und bringt die logische Wechselverbindung eines Gegenstandes mit einem anderen zum Ausdruck.

Die Struktur eines Klassifikationssystems bildet die Grundlage, nach der die Indizes sowohl für alle ihre Hauptelemente als auch für alle Hilfselemente festgelegt werden.

Die Struktur eines Klassifikationssystems kann man um so leichter verstehen, je besser man ihre Symbolik (ihr System von Indizes, Notationen usw.) verstehen kann, und umgekehrt. Aus diesem Grunde besteht eine Hauptforderung an die Symbolik eines Klassifikationssystems, daß die Indizes alle Verbindungen und Unterschiede zwischen den Begriffen exakt und allseitig widerspiegeln. Diese Forderung bildet den Inhalt der Vergabe der Indizes. Sie steht in direktem Zusammenhang damit, welche Form die Indizes bzw. Notationen erhalten. Diese können kurz oder lang, leicht oder schwer les- und aussprechbar sein. Ein gleicher Begriff kann an verschiedenen Stellen eines Ordnungsschemas durch gleiche oder unterschiedliche Symbole (Indizes) ausgedrückt werden. Indizes auf gleicher Teilungsstufe können die gleiche oder eine unterschiedliche Zahl von Zeichen besitzen usw.

Die zweite Forderung an die Wahl der Indizes für ein Ordnungsschema lautet: Kürze und Einfachheit. Man muß aber beachten, daß durch eine übertriebene Kürze der Indizes (Notationen) bei einer mechanisierten Recherche ihre Ausdruckskraft verringert wird. Es entsteht ein sogenanntes Rechercherauschen (Rechercheballast), weil z. B. bei einer falschen Verschlüsselung eines Indexes in die Maschinensprache Recherchefehler auftreten. Die Kürze hängt ihrerseits von der Länge des Ausgangsindexes und der Gleichmäßigkeit der Verteilung der Bezeichnungen auf die Begriffe einer Teilungsstufe sowie von der Gesamtzahl der Bezeichnungen ab, die im Klassifikationssystem Verwendung finden.

Indizes (Notationen), die nur aus Buchstaben oder aus Ziffern bestehen, sind logischer, aber auch länger und schwerer zu behalten. Gemischte Indizes (Notationen) erweitern die Basis für die Vergabe von Symbolen; damit wird der einzelne Index kürzer. Sie sind leichter zu verstehen und lassen sich leichter merken. Eine übertriebene Anwendung von Misch-Indizes macht aber das Ordnungsschema unübersichtlich.

Ein wesentlicher Faktor einer befriedigenden Verschlüsselung ist die Einfachheit der Notationen. Hierzu gehört außer einer leichten Lesbarkeit und Aussprechbarkeit der Notation als wichtige Eigenschaft ihre Mnemotechnik. Dieser Begriff bedeutet mehr, als daß man sie sich leicht merken kann, weil verwandte Begriffe einheitlich wiedergegeben werden. Klassifikationssysteme, die unter Berücksichtigung der Regeln der Mnemotechnik aufgebaut wurden, sind durchgängig konsequent aufgebaut.

Eine dritte nicht minder wichtige Forderung an eine zufriedenstellende Verschlüsselung ist die „Dehnbarkeit“, d. h., ein Klassifikationssystem muß so aufgebaut sein, daß eine Umordnung der Begriffe möglich ist, ohne seine Gesamtstruktur zu verletzen.

Ein Klassifikationssystem – mag es auch noch so exakt die gesamte

Menge an Informationsflüssen (ihre quantitativen und qualitativen Unterschiede) widerspiegeln – besitzt nur eine kurze Lebensdauer, wenn sein System von Indizes es nicht gestattet, uneingeschränkt neue Begriffe in das System aufzunehmen. Daher muß ein Klassifikationssystem regelmäßig überprüft und ergänzt werden. In diesem Sinne kann man das Indexieren als einen Spezialfall der Textübersetzung ansehen.

Die Notationen einer Klassifikation (die Indizes) bilden in ihrer Gesamtheit die Informationsrecherchesprache, in die versucht wird, ein Dokument, das in einer natürlichen Sprache geschrieben ist, zu übersetzen. Eine solche Übersetzung wird unmöglich, wenn in der Informationsrecherchesprache Notationen fehlen, die neu aufkommenden Begriffen entsprechen.

Unter *Indexierungstiefe* versteht man die Bestimmung des Platzes einer Information im System der Informationsflüsse (SIF) mit Hilfe eines Klassifikationskatalogs der Informationsflüsse. Diesen Prozeß kann man in gewisser Weise mit der richtigen Anordnung eines Präparates unter einem Mikroskop zum Zwecke seiner Betrachtung vergleichen. Indexierungstiefe und Auflösungskraft eines Klassifikators sind umso größer, je stärker zusammengesetzte Termini in terminologische Einheiten aufgespalten werden, von denen jede ein besonderes, anstelle des Terminus stehendes Zeichen (Zahl) besitzt. Umgekehrt nimmt die Indexierungstiefe ab, wenn man sich dazu entscheidet, mehrere spezielle Termini nicht aufzunehmen oder für nicht anwendbar zu erklären, sondern statt dessen einen umfassenderen (allgemeineren) Begriff (Gattungsbegriff) zu verwenden.

So kann man z. B., anstatt für die einzelnen Arten von Referateorganen gesonderte Termini zu verwenden, alle unter dem gemeinsamen Begriff „Referateorgane" zusammenfassen.

Die Indexierungstiefe hängt wesentlich von der Zahl der Termini ab, die zum Indexieren einzelner Dokumente oder ihrer Teile Verwendung finden, sowie von der allgemeinen Begriffs- „Kartei". Über die Indexierungstiefe darf man in jedem konkreten Fall erst nach Beratung mit den Vertretern der verschiedenen Fachgebiete eine Entscheidung treffen. Ist für bestimmte Nutzer ein Gegenstandsbereich nur von untergeordnetem Interesse, so kann man sich mit einer geringeren Indexierungstiefe zufrieden geben. Aus diesem Grunde können in ein und derselben Gruppe eines Klassifikators die Informationsflüsse eine unterschiedliche Indexierungstiefe besitzen.

Bei Gebieten, die von großem wissenschaftlichen Interesse sind, muß man die Terminologie so organisieren, daß man sowohl allgemeine als auch ganz spezielle Anfragen beantworten kann.

Die Indexierungstiefe eines Klassifikators kann man wesentlich erhöhen, wenn man Termini die Rolle von Kodizes verleiht. Wenn auch die Hauptkennziffer für die Indexierungstiefe die Auflösungskraft sämtlicher Termini ist, so gibt es doch noch einen Faktor, der nicht hiervon abhängt. Ein solcher Faktor ist der Grad der Spezifizierung der Materialien des Klassifikators. Auch wenn die Begriffskartei eine gute Auflösungsfähigkeit besitzt, aber die Dokumente schlecht organisiert sind (d. h. wenn man eine zu indexierende Einheit an verschiedenen Stellen der Klassifikation einordnen kann), dann muß man viele Kreuzverweisungen machen. Dies ist erforderlich, weil beim Indexieren eine große Menge von Termini verallgemeinert werden.

Im Grunde genommen muß man den Grad der Spezifizierung des zu indexierenden Materials mit der Spezifik der Termini abstimmen, die dieses Material bezeichnen. Reicht es für die Indexierung aus, die allgemeinen Gattungsbegriffe zu verwenden, so kann man als Informationseinheit (d. h. als kleinsten Teil eines Dokumentes, der mit einem selbständigen Index aus dem Ordnungssystem gekennzeichnet wird) das Dokument als Ganzes nehmen, selbst wenn es einen großen Umfang besitzt. Wenn es jedoch zur zufriedenstellenden Unterscheidung von strukturell zusammengesetzten Termini erforderlich wird, einen Teil des Terminologie-Bestandes mit großem Auflösungsvermögen auszustatten, dann muß man eine entsprechende kleinere Informationseinheit wählen (ein sehr kurzes Dokument, einzelne Kapitel, Abschnitte oder Absätze eines Dokumentes).

Eine angenäherte Bestimmung der erforderlichen Indexierungstiefe kann man mit Hilfe folgender Formel vornehmen:

$$n = \frac{k}{c} \cdot 100\%$$

Hier bedeuten:

n = Indexierungstiefe (in Prozent)

k = Zahl der Elemente, die zur informatorischen Erschließung eines Dokumentes Verwendung finden, d. h. Zahl der Notationen bzw. anderen Ordnungsymbolen, durch die das betreffende Dokument für einen Nachweis gekennzeichnet würde (vom Indexierer ausgewählt)

c = Zahl der dualen Informationseinheiten, die in einem Dokument enthalten sind (vom Leser ausgewählt).

Man muß besonders bemerken, daß sowohl die Indexierungstiefe als auch der Typ der zu indexierenden Informationen von den Grundkategorien der Informationsnutzer bestimmt werden muß.

Die zu indexierenden Informationen können durch Schlüsselwörter repräsentiert werden. Das gibt die Möglichkeit, die weiteren Schritte des Indexierens mit Hilfe einer EDVA zu automatisieren. Zu diesem Zweck wird in die EDVA ein Programm eingegeben, nach dem die relative Bedeutung der einzelnen Wörter gewertet wird. Eine solche Wertung kann z. B. in der Form erfolgen, daß die Häufigkeit der wiederholten Verwendung der einzelnen Wörter durch den Autor ausgezählt wird. Zwischen der Häufigkeit der Verwendung eines Wortes und seiner Bedeutung besteht eine bestimmte Abhängigkeit: in der Regel sind die am häufigsten verwendeten Wörter für das betreffende Thema besonders wichtige Wörter. Sie sind die Wörter, auf deren Grundlage das Wörterbuch für das spätere Indexieren der Dokumente mit Hilfe von Schlüsselwörtern erstellt wird.

Die Anwendung dieser Methode bereitet keine allzu großen Schwierigkeiten. Es ist lediglich erforderlich, daß das Dokument in einer für die maschinelle Bearbeitung geeigneten Form vorliegt. Die Rolle der Maschine beschränkt sich praktisch auf die Aufstellung einer Liste sämtlicher Textwörter, die Zählung der Häufigkeit des Auftretens der einzelnen Wörter im Text und die Benutzung der erzielten Auszählungsergebnisse, um die Wörter zu bestimmen und auszudrucken, die am häufigsten verwendet wurden. Einige Wörter, die keine Informationen übertragen (z. B. und, oder, nicht usw.), werden automatisch unterdrückt. Im Zusammenhang mit der Automatisierung des Indexierungsprozesses entstehen zwei Probleme:

1. das Problem, daß ein Informationsballast (Rechercherauschen) entsteht;

2. das Problem, daß die Auswahl unvollständig erfolgt, d. h. wichtige Dokumente werden nicht gefunden (Rechercheverlust) [16].

Informationsballast stellen solche Dokumente dar, die durch alle Schlüsselwörter indexiert wurden, die in der Anfrage enthalten sind, trotzdem aber keine Antwort auf die Anfrage enthalten. Dieses erklärt sich hauptsächlich durch den Umstand, daß zwischen den Wörtern syntaktische Beziehungen bestehen, die beim Indexieren nicht berücksichtigt werden. Zwischen den gleichen Schlüsselwörtern von verschiedenen Dokumenten bestehen oft ganz verschiedene syntaktische Beziehungen.

Diese syntaktischen Beziehungen üben auf den Indexierungsprozeß einen sehr unterschiedlichen Einfluß aus, der von den einzelnen Wissensgebieten abhängt. Durch keine Veränderung der Reihenfolge der Wörter oder der Veränderung ihrer Verbindungen kann man ein anderes Dokument finden. Eine verhältnismäßig einfache Methode zur Beseitigung des Informationsballastes besteht in der Flexion der Schlüsselwörter.

Ein Nichtwiederauffinden von indexierten Dokumenten (Recherecheverlust) ergibt sich dann, wenn ein Dokument durch andere Wörter indexiert wird, als die, die in der Anfrage enthalten sind. Das ist z. B. der Fall, wenn Synonyme verwendet werden. Um dieses Problem zu lösen, gibt es zwei Möglichkeiten:

1. Für jeden Begriff wird ein einziger Terminus festgelegt, der allein beim Indexieren von Dokumenten verwendet werden darf. In diesem Falle werden aus dem fertigen Klassifikationsschema sämtliche Synonyme ausgeschieden.

2. In die Maschine wird ein Wörterbuch der Synonyme eingegeben, das von ihr automatisch berücksichtigt wird. Jedes Wort erhält die Nummer der für alle Synonyme dieses Wortes gemeinsamen Kode-Nummer. In der Regel wird das Synonym-Wörterbuch auf Magnetband eingegeben. Das ermöglicht es der Maschine, es mit großer Geschwindigkeit zu lesen.

Bei der Eingabe von neuen Dokumenten in den Informationsspeicher wird jedes Schlüsselwort automatisch durch die Kode-Nummer des entsprechenden Begriffes ersetzt. Eine solche Methode erleichtert bedeutend die Arbeit des Indexierens, denn sie gibt dem Indexierer völlige Freiheit bei der Wahl der Schlüsselwörter.

Eine Ursache für ein unvollständiges Wiederauffinden von Dokumenten kann auch die Tatsache sein, daß Dokumente durch Schlüsselwörter indexiert wurden, die allgemeine (weitere) Begriffe darstellen, die mehrere speziellere (engere) Begriffe umfassen.

Die Anwendung der Notationen der DK bei der Aufstellung eines Klassifikators für Informationsflüsse macht es möglich, die Synonymie der Wörter zu vermeiden und zwei oder mehrere Begriffe mit Hilfe des Beziehungszeichens (:) zu einander in Beziehung zu setzen. Normalerweise bedeutet dieses Zeichen, daß ein Gegenstand (Begriff) sich in einer bestimmten Beziehung zu einem anderen Gegenstand befindet, wobei die Hauptsache darin besteht, daß vom Gesichtspunkt des Indexierens der Begriff, der den Hauptgesichtspunkt zum Ausdruck bringt, an die erste Stelle, vor den Doppelpunkt, gesetzt wird. Man kann dieses Zeichen auch zur Bezeichnung der Anwendung verwenden: ein Gegenstand A, wird auf einen Gegenstand (in einem Gegenstand) B angewendet.

Die Notation (DK-Zahl) des anzuwendenden Gegenstandes wird stets an die erste Stelle gestellt, während die DK-Zahl des Gegenstandes, auf den er Anwendung findet, an die zweite Stelle, nach dem Doppelpunkt kommt. Eine Vertauschung der DK-Zahlen ist nicht gestattet, d. h., dieses Verhältnis wird zu einem asymmetrischen erklärt. Zum Beispiel wird beim Indexieren eines Dokumentes über die Anwendung von Plasten im Maschinenbau an die erste Stelle die DK-Zahl für Plaste gesetzt, obwohl das Dokument in einen Informationsfonds über Maschinenbau eingestellt wird.

Beim Indexieren mit Hilfe der DK kann eine Variante des Ersetzens der Anhängezahlen, als der am wenigsten beständigen Teile der Notationen, durch eine paarweise Anordnung von Deskriptoren Anwendung finden. Das macht es möglich, eine Tiefenindexierung vorzunehmen, die den Informationsballast vermindert. Eine DK-Zahl nennt man eine zusammengesetzte DK-Zahl, wenn sie im Inneren auch nur eines der folgenden Zeichen besitzt:
+ (Plus); : (Doppelpunkt); / (Schrägstrich); ' (Apostroph).

Besitzt eine DK-Zahl nicht diese Zeichen, so nennt man sie eine einfache DK-Zahl. Einfache DK-Zahlen erhält man, wenn man eine zusammengesetzte DK-Zahl, die + Zeichen oder : Zeichen enthält, an diesen Zeichen teilt.

So werden aus der zusammengesetzten DK-Zahl
621.878.23:629.114.2
die beiden einfachen DK-Zahlen
621.878.23 und 629.114.2

Wenn das Zeichen (/ Schrägstrich) mehr als drei Klassen vereinigt, so werden die Zahlen, die diesen Klassen entsprechen, weggelassen und man erhält eine einfache DK-Zahl. Wenn das Zeichen (/ Schrägstrich) zwei oder drei Klassen vereinigt, so werden aus der zusammengesetzten DK-Zahl entsprechend zwei bzw. drei einfache DK-Zahlen gebildet, die sich nur hinsichtlich ihrer letzten Ziffern voneinander unterscheiden. Die Aufteilung einer zusammengesetzten DK-Zahl, die ein (' Apostroph) enthält, in einfache DK-Zahlen geschieht analog wie bei DK-Zahlen mit dem Zeichen / (Schrägstrich). Der Hauptteil einer einfachen DK-Zahl wird Haupt-DK-Zahl genannt; er umfaßt den linken Teil einer einfachen DK-Zahl bis zur Anhängezahl.

Die Verwandlung einer DK-Zahl in eine maschinenlesbare Form kann auf folgende Weise erfolgen:

1. Eine zusammengesetzte DK-Zahl wird in einfache DK-Zahlen umgewandelt. Zum Fixieren des Beziehungszeichens finden spezielle Merkmale Anwendung; die einfache DK-Zahl links vom ersten Doppelpunkt erhält das Merkmal 1, die einfache DK-Zahl rechts vom letzten Doppelpunkt erhält das Merkmal 3, während die DK-Zahlen zwischen

dem ersten und letzten Doppelpunkt das Merkmal 2 erhalten. Für diese Merkmale wird eine spezielle Spalte im Lochkarten-Eingabebeleg vorgesehen.

2. Der Hauptteil einer einfachen DK-Zahl wird geteilt; wenn er mehr als 10 Zeichen enthält, werden das elfte und die folgenden Zeichen weggelassen. Für den Hauptteil einer einfachen DK-Zahl ist ein besonderer Abschnitt auf dem Lochbeleg vorgesehen.

Auf einer Lochkarte wird nur einfach eine DK-Zahl nach dem Verfahren der lokalen Kodierung eingelocht.

Eine der interessantesten Besonderheiten des automatischen Indexierens von Dokumenten bei der Aufstellung eines Klassifikator-Katalogs für Informationsflüsse (insbesondere nach der DK) besteht in der Anwendung von unterschiedlichen zusätzlichen Methoden der Analyse und des Indexierens. Die Möglichkeit, gleichzeitig verschiedene Indexierungssysteme bei der Klassifikation von Informationsquellen anzuwenden, wurde beim Aufbau des SMART-Systems genutzt.

Die Ergebnisse der experimentellen Informationsrecherche nach dem SMART-System werden als Verzeichnis von Dokumentennummern dargeboten. Diese sind nach einer abnehmenden Relevanz (Übereinstimmung mit der Anfrage) geordnet. Das Gesamtverzeichnis enthält sämtliche Dokumentennummern der einheitlichen Liste, die das Ergebnis einer Recherche nach den verschiedenen Methoden enthält. Dieses Gesamtverzeichnis ist so aufgebaut, daß eine einzelne Dokumentennummer in ihm nur einmal vorkommt, wobei ihre Position durch die Position des betreffenden Dokumentes in den nach den verschiedenen Methoden erzielten Einzelverzeichnissen, die diesem Gesamtverzeichnis zugrunde liegen, bestimmt wird.

Ungeachtet der Tatsache, daß die Reihenfolge der Dokumentennummern in dem Gesamtverzeichnis in gewissem Grade von der Reihenfolge der Abarbeitung der Einzelverzeichnisse abhängt, hat dies jedoch bei genügend geringer Bedeutung von n im Vergleich zur Zahl der Dokumente in den Verzeichnissen keine wesentliche Bedeutung für die Wertungskriterien bezüglich der Relevanz der Informationen, die der im Endergebnis erzielten Liste zugrunde gelegt sind. Die Prozedur einer Vereinigung der Listen macht es möglich, eine Reihe von allgemeinen Schlußfolgerungen zu ziehen. Insbesondere erhält ein Dokument, das in der Menge von n Einzellisten die kleinste Positionsnummer i besitzt, hinsichtlich seiner Position in der Gesamtliste keine höhere Positionszahl als $(n - i)$. Damit hängt die Position eines Dokumentes in der Gesamtliste von seiner besten Position (der kleinsten Positionsnummer) in sämtlichen Einzellisten ab.

Offensichtlich verbessert eine Kombination verschiedener Analyse- und Indexierungssysteme für Dokumente die Positionsmerkmale ihrer Relevanz in dem Falle, wenn mit Hilfe unterschiedlicher Methoden, aber einem ungleichen Erfolg, unterschiedliche Teilmengen und Mengen relevanter Dokumente recherchiert werden. Wenn eine Methode über die übrigen dominiert, d. h. sie das Wiederauffinden sämtlicher Dokumente und dabei mit der höchsten Relevanzstufe (der kleinsten Positionsnummer) sichert, so kann eine Vereinigung mit den mit Hilfe anderer Methoden erzielten Ergebnissen das Ergebnis sogar verschlechtern, in keinem Falle kann dadurch aber das Ergebnis verbessert werden. Wenn man die Effektivität einer Recherche, bei der die Ergebnisse von verschiedenen Methoden vereinigt werden, miteinander vergleicht, so kann man darüber eine Entscheidung treffen, ob es zweckmäßig ist, Varianten von kombinierten Strategien im Rahmen eines arbeitenden Informationssystems anzuwenden.

Auf der Grundlage der oben angeführten Darlegungen kann man den Schluß ziehen, daß man zur Optimierung der Nutzung von Informationen in der Wissenschaft ein einheitliches Indexierungssystem für den Aufbau des Klassifikatorkatalogs der Informationsflüsse ausarbeiten muß.

Dieses Indexierungssystem muß praktisch die Möglichkeit bieten, die Rechentechnik zur optimalen Lenkung der Informationsflüsse einzusetzen. Zu diesem Zwecke müssen die klassifikatorischen Gruppierungen auf bestimmte Art und Weise kodiert werden, wobei Zahlen-, Buchstaben- oder gemischte Kodizes Anwendung finden können. Auf Grund der Spezifik der meisten heute üblichen EDVA wird der Vorschlag gemacht, zu diesem Zweck Ziffernnotationen zu verwenden. Das Verfahren zur Verschlüsselung der Informationsflüsse durch solche Kodizes oder Indizes bestimmt das Kodierungssystem.

Beim Kodieren muß man folgende Regeln beachten:

1. Zwischen den Klassifikationsgruppierungen, den zu klassifizierenden Gegenständen und ihren Kodizes muß eine eindeutige Übereinstimmung bestehen;

2. die verschiedenen zu klassifizierenden Gruppen und Gegenstände müssen unterschiedliche Kodizes besitzen;

3. sämtliche zu klassifizierende Gruppen oder Gegenstände ohne Ausnahme müssen unterschiedliche Kodizes erhalten;

4. das Kodierungssystem muß voll und ganz mit dem DK-System übereinstimmen, mit dem Unterschied, daß zu jeder Haupt-DK-Zahl, die einen bestimmten Inhalt bezeichnet, ein zusätzlicher Index hinzugefügt wird, der auf den Informationsträger hinweist;

5. das Kodierungssystem, das für den Klassifikator der Informationsflüsse Anwendung findet, muß anpassungsfähig sein und ständig überarbeitet werden.

Für eine optimale Nutzung der Informationen durch die Wissenschaftler ist der Zugang der wichtigsten Kategorien der Informationsnutzer zu den Informationsflüssen von großer Bedeutung. Dieser Zugang wird durch ein entwickeltes und zuverlässig funktionierendes System von Informationsbeziehungen zwischen den Schöpfern der Informationen, den Hauptkategorien der Informationsnutzer und den Informationszentren gesichert.

Zuvor ist jedoch eine Präzisierung einiger Begriffe erforderlich. Unter *Informationsverbindung* verstehen wir die Wechselbeziehung im System der wissenschaftlich-technischen Information, die im Informationsaustausch zwischen den Schöpfern der Informationen, ihren Nutzern und den Informationszentren als Mittlerstellen zwischen Informationsschöpfern und -nutzern zum Ausdruck kommt.

Informationsschöpfer ist jeder, der ein Informationszentrum mit Informationen in schriftlicher oder mündlicher Form versorgt.

Informationsnutzer ist derjenige, der bestimmte Materialien (in schriftlicher oder mündlicher Form) von einem Informationszentrum erhält.

Informationspartie ist eine beliebige Anzahl von einzelnen Informationsträgern (z. B. von Mikrofilmen, Büchern, Übersichtsartikeln, Auskünften usw.), die mehr als eine Einheit umfaßt.

Informationszentrum ist ein organisiertes Kollektiv von Menschen, das eine Mittlerrolle im Informationsaustausch zwischen Informationsschöpfern und Informationsnutzern ausübt. Ein solcher Mittler ist z. B. ein Verlag, der Literatur herausgibt, eine Bibliothek, eine Informationseinrichtung usw. Ein Informationszentrum ist aber nicht ein Kollektiv von Wissenschaftlern, das sich auf einem Symposium versammelt hat. Die Rolle eines Mittlers spielt in diesem Falle dasjenige Organ, das die Materialien des Symposiums herausgegeben und seine Durchführung organisiert hat.

Die Beziehungen zwischen den Informationszentren und den Informationsnutzern müssen so organisiert werden, daß sie eine reibungslose Informationsversorgung der Wissenschaftler, Ingenieure und anderen Nutzer sichern. Gleichzeitig ist es erforderlich, daß die Informationen ohne Zeitverzug in die Auskunftsfonds (Informationsrecherchefonds) der Informationszentren gelangen.

Die quantitativen Beziehungen zwischen einem Informationszentrum und einem Informationsnutzer sind unter Berücksichtigung dieser Forderungen im Regelfalle durch folgende Gleichung gekennzeichnet:

(1) $$g = \frac{t'}{T} \sum_{i}^{n} = 1 \frac{\varrho_i}{I_i} (T - \tau_i)$$

Hierbei bedeuten:

g = Größe des einmaligen Informationsausstoßes;

n = Zahl der Nutzer der betreffenden Art von Informationen;

t' = Zeitintervall zwischen dem Erscheinen der einzelnen Informationsausgaben;

ϱ_i = Größe der gelieferten Partie von Informationen an den Informationsnutzer;

T = Zeitdauer für die Informationsversorgung;

I_i = Zeitdauer, bis der i-te Nutzer die Information empfangen hat;

τ_i = Dauer der Lieferung einer Informationspartie an den i-ten Informationsnutzer.

Die quantitativen Beziehungen zwischen den Informationsschöpfern (den Wissenschaftlern, Rationalisatoren usw.) und den Informationszentren kann man durch folgende Gleichung ausdrücken:

(2) $$G = \sum_{j=1}^{k} \frac{\varrho_j (T + \tau_j)}{I'_j}$$

Hierbei bedeuten:

G = Gesamtumfang der innerhalb einer Zeitperiode empfangenen Informationen;

k = Zahl der Informationsschöpfer der betreffenden Art von Informationen;

ϱ_j = Größe der Informationspartie, die vom j-ten Informationschöpfer ausgearbeitet wurde;

I'_j = Zeitintervall zwischen den Lieferungen des j-ten Informationsschöpfers;

τ_j = Dauer der Informationsausarbeitung durch den j-ten Informationsschöpfer.

Wie aus den Gleichungen (1) und (2) zu ersehen ist, werden die quantitativen Beziehungen zwischen den Informationsnutzern, den Informationsschöpfern und den Informationszentren bei jeder Elementarverbindung durch folgende Parameter bestimmt:

durch die Größe der Partie und die ausgearbeiteten Informationen; durch die Größe des Intervalls zwischen den einzelnen Lieferungen; durch die Zeitdauer, die für die Ausarbeitung der einzelnen Informationspartien von ihren Schöpfern benötigt wird.

Sämtliche Informationsbeziehungen in einer Region kann man nach dem Charakter ihres Funktionierens in zwei Gruppen einteilen:

1. einmalige Informationsbeziehungen (die nicht mehr als einmal im Verlauf der Planperiode funktionieren, z. B. Anfrage – Antwort);

2. langfristige Informationsbeziehungen (die regelmäßig über eine gesamte Planperiode funktionieren, wie z. B. die selektive Informationsverbreitung).

Von größtem Interesse sind die langfristigen Informationsverbindungen. Sie stellen Zufallsgrößen dar, die verschiedenen Verteilungsgesetzen unterworfen sind. Der Charakter der Verteilung der Größen der einzelnen Informationspartien an die Nutzer kann mit Hilfe von verschiedenen Verteilungsgesetzen für Zufallsgrößen beschrieben werden: durch das Gesetz der Normalverteilung, durch das WYBULL-Gesetz und durch das Demonstrationsgesetz. Zum Unterschied von der Größe der Lieferpartie an Informationen können die Bedeutungen der Intervalle zwischen den Lieferungen, die eine diskrete Größe darstellen, mit ausreichender Genauigkeit mit Hilfe des Poissonschen-Verteilungsgesetzes beschrieben werden. Die Größe des Zeitintervalls zwischen den Informationslieferungen an die einzelnen Nutzerkategorien kann in diesem Falle durch folgende, bis zur vollständigen Bedeutung eines Mittelwertes der Häufigkeit abgerundete Größe charakterisiert werden:

$$(3) \qquad I = \left[\frac{\sum_{i=1}^{n} I_i m_i}{n} \right]$$

Hierbei bedeuten:

I_i = Intervall zwischen der i-ten und $i + 1$-ten Informationslieferung;
m_i = Häufigkeit des Auftretens des i-ten Intervalls;
n = Gesamtzahl der Informationslieferungen an die betreffenden Nutzerkategorie.

Aus der Gleichung (1) charakterisiert das Verhältnis der Größe der Lieferpartien an Informationen in bezug auf die Bedeutung des Intervalls, die durchschnittliche tägliche Informationslieferung (oder den durchschnittlichen täglichen Informationsverbrauch). Die Größe der durchschnittlichen täglichen Informationslieferung besitzt ebenfalls Zufallscharakter infolge des Zufallscharakters der Größe der Lieferpartien an Informationen und der Lieferungsintervalle. Nach diesem Verteilungsgesetz kann die durchschnittliche tägliche Größe nicht mit dem Verteilungsgesetz für die Größe der Informationspartien zusammenfallen.

Für praktische Zwecke, um die Parameter der Informationsverbindungen zwischen den Informationsschöpfern, den Informationsnutzern und den Informationszentren in der Zeit zu untersuchen, wird eine Charakteristik eingeführt, die die Zuverlässigkeit des Funktionierens einer jeden Informationsverbindung anzeigt. Unter Zuverlässigkeit einer Informationsverbindung versteht man in diesem Falle ihre Fähigkeit, eine rhythmische Arbeitsweise der Informationszentren, Informationsschöpfer sowie der Gruppen der Informationsnutzer, zwischen denen diese Verbindung besteht, zu sichern.

Eigenschaften, die den Begriff der Zuverlässigkeit der Informationsverbindungen kennzeichnen, sind: Stabilität, Elastizität und zuverlässiges Arbeiten der Verbindung. Die Stabilität einer Informationsverbindung wird durch den Grad der Abweichung der mathematischen Erwartung der Größen des betreffenden Parameters von seiner errechneten Größe charakterisiert. Quantitativ wird dieser Grad mit Hilfe des Stabilitätskoeffizienten K ausgedrückt.

$$K = \frac{\varrho_\mu}{\varrho_\nu} \tag{4}$$

Hierbei bedeuten:

ϱ_μ = die mathematische Erwartung des Parameters (Größe der Informationspartie, Dauer des Intervalls, durchschnittliche tägliche Informationsversorgung usw.);

ϱ_ν = errechnete Größe dieses Parameters.

Die Eigenschaft, daß sich der Parameter der Informationsverbindung innerhalb gewisser Grenzen ändert, ohne daß sich die Beziehungen zu den Informationsschöpfern verändern, kennzeichnet die Elastizität dieser Verbindungen. Quantitativ kann die Elastizität einer Verbindung durch die Wahrscheinlichkeit p beschrieben werden, mit der die Bedeutung des Parameters der Informationsverbindung nicht die festgelegten Grenzen überschreitet. Für das entsprechende Verteilungsgesetz des Parameters kann man folgende Grenzen festlegen:

$$x_1 = x - kS; \quad x_2 = x + kS.$$

Das bedeutet die Wahrscheinlichkeit, daß die Teile der statistischen Daten dieses Parameters innerhalb dieser Grenzen fallen. Dem Parameter entspricht die Wahrscheinlichkeit, nicht unter der Grenze p (Toleranzgrenze) zu liegen.

Hierbei bedeuten:

x_1, x_2 = Extremalwert des Parameters;

$\bar{x}$ = statistischer Mittelwert der betreffenden Charakteristik;

$$\bar{x} = \frac{x_1 + x_2 + \ldots + x_n}{N}$$

N = Zahl der Messungen des Parameters;
S^2 – statistische Dispersion:

$$S^2 = \frac{1}{N} \sum_{i=1}^{N} (x_i - x)^2$$

$$k = k_\infty \left(1 + \frac{x_j}{\sqrt{2N}} + \frac{5x^2 + 10}{12N}\right);$$

Hierbei werden k_∞ und x_j aus folgenden Beziehungen bestimmt:

$$\varrho = \frac{1}{\sqrt{2\pi\sigma}} \int_{-k_\infty}^{k_\infty} e^{-\frac{(x-a)^2}{2\sigma}} \mathrm{d}x;$$

$$1 - \gamma = \frac{1}{\sqrt{2\pi\sigma}} \int_{x_j}^{\infty} e^{-\frac{(x-a)^2}{2\sigma}} \mathrm{d}x$$

Für das Normalverteilungsgesetz oder über die normierte Laplace-Funktion ergibt sich

$$p = 2\varphi_0(k_\infty), \quad 1 - \gamma = 0{,}5 - \varphi\, O\,(x_j).$$

Diese Grenzwerte bilden die Grenzen für die Elastizität der Informationsverbindung nach der errechneten Bedeutung des Parameters. Die Zuverlässigkeit einer Informationsverbindung wird durch ihre Fähigkeit charakterisiert, die wichtigsten Nutzerkategorien mit Informationen zu versorgen. Die Zuverlässigkeit der Verbindungen kann man quantitativ durch Arbeitsgrenzen der Veränderlichkeit der Bedeutung des Parameters beschreiben. Das Arbeitsintervall (Intervall für die Zuverlässigkeit einer Informationsverbindung) wird nach folgender Regel ausgewählt:

$$x_1^z = \begin{cases} x_1, \text{ wenn } x_1 > x_{\min}, \\ x_{\min}, \text{ wenn } x_1 < x_{\min}. \end{cases}$$

$$x_2^z = \begin{cases} x_2, \text{ wenn } x_2 < x_{\max}, \\ x_{\max}, \text{ wenn } x_2 > x_{\max}. \end{cases}$$

Hierbei bedeuten:

$x_{\min}, x_{\max}$ = die entsprechenden Bedeutungen der Parameter, während x_1 und x_2 die Bedeutung der Grenzen der Elastizität der Informationsverbindung kennzeichnen.

In der Direktive des XXIV. Parteitages der KPdSU wurde die Aufgabe gestellt, die Bearbeitung der Flüsse an wissenschaftlich-technischen und ökonomischen Informationen zu mechanisieren und zu automatisieren. Zu diesem Zweck ist eine wesentliche Vervollkommnung der Informationsflüsse und eine umfassende Anwendung der modernen Rechentechnik in der Informationsbearbeitung erforderlich.

Die Optimierung der Nutzung der angesammelten Informationsmassive durch die Forscher und die Sicherung des Zugangs jedes Nutzers zu jeder beliebigen Informationsquelle bilden eine wichtige Reserve zur Erhöhung der Effektivität der wissenschaftlichen Tätigkeit.

Kapitel VI

Die Mechanisierung und Automatisierung der Arbeit in einem wissenschaftlichen Forschungskollektiv

1. Die Hauptrichtungen der Nutzung von technischen Mitteln in einem wissenschaftlichen Kollektiv

Die Notwendigkeit, in umfassendem Maße moderne technische Hilfsmittel bei der Organisation und Leitung von wissenschaftlichen Forschungsvorhaben einzusetzen, hat zu einer bedeutenden Zunahme des Einsatzes von hochqualifizierten Wissenschaftlern für wissenschaftliche Hilfsoperationen sowie zu einem allgemeinen Kompliziertwerden der Verwaltungsarbeiten geführt. Sie stehen damit in Zusammenhang, daß sich die wissenschaftlichen Forschungseinrichtungen in Großbetriebe mit einer „industriellen Produktion von wissenschaftlichem Wissen" verwandelt haben. Auf der Grundlage von Zeitaufwandsberechnungen (Zeitbudgets) bei 70 Prozent der Wissenschaftler der Akademie der Wissenschaften der Ukrainischen SSR, die den wissenschaftlichen Grad eines Doktors bzw. Kandidaten der Wissenschaften besitzen, wurde ermittelt, daß sich 59 Prozent von ihnen weniger als die Hälfte ihrer Arbeitszeit mit wissenschaftlichen Forschungsarbeiten beschäftigen (ungefähr drei bis dreieinhalb Stunden, ausgehend von einem achtstündigen Arbeitstag), während sich 19 Prozent aller Wissenschaftler nur durchschnittlich zwei Stunden am Tage mit Forschungsarbeit beschäftigen können. Auf Hilfsoperationen in der wissenschaftlichen Forschung verwenden selbst die am höchsten qualifizierten Wissenschaftler täglich zwei bis dreieinhalb Stunden ihrer Arbeitszeit. Aus diesem Grunde ist die Schlußfolgerung vollauf gerechtfertigt: „Äußerst vorsichtige Prognosen lassen erwarten, daß durch eine rationelle Organisation der wissenschaftlichen Arbeit und eine wesentliche Automatisierung auf dem Gebiet der Leitung von wissenschaftlichen Forschungseinrichtungen es möglich wird, die Arbeitseffektivität der Wissenschaftler auf das Mehrfache zu steigern, ohne die Zahl der Wissenschaftler und die finanziellen Aufwendungen für die Wissenschaft zu erhöhen" [42, S. 9].

Das Problem der Verbesserung der Organisation der wissenschaftlichen Arbeit besitzt zwei Aspekte.

Einerseits besteht die Aufgabe darin, die Organisation der Forschung zu rationalisieren (durch die Schaffung der günstigsten physiologischen, psychologischen, ästhetischen und ethischen Bedingungen für das wissenschaftliche Schöpfertum in jedem Strukturglied einer wissenschaftlichen Forschungseinrichtung). In der Regel wird dieser Aspekt wissenschaftliche Arbeitsorganisation der Wissenschaftler (WAOW) genannt. O. V. Korol' ist der Auffassung, daß die WAOW „vor allem in der Herstellung eines rationellen Verhältnisses der einzelnen Forschungsetappen, Forschungseinrichtungen, Forschungsmethoden usw." und „der Arbeitsbedingungen eines wissenschaftlichen Kollektivs besteht, die ebenfalls in bestimmter Weise auf die Erfüllung der einzelnen Operationen einen Einfluß ausüben" [192, S. 96–102]. Im Zusammenhang damit umfaßt die WAOW die Vervollkommnung der informationellen, organisatorischen und ökonomischen Verbindungen innerhalb einer wissenschaftlichen Forschungseinrichtung und zwischen wissenschaftlichen Forschungseinrichtungen, ein rationelles Verhältnis zwischen den einzelnen Arten der Forschungsoperationen im Rahmen der einzelnen Wissenschaftszentren und andere Fragen.

Andererseits besteht die Vervollkommnung der Organisation der wissenschaftlichen Tätigkeit in der Mechanisierung und Automatisierung, der allseitigen Einführung von technischen Hilfsmitteln in wissenschaftlichen Forschungseinrichtungen. Hauptsächlich besteht die „Industrialisierung" der Forschungsarbeiten in der Ausstattung von wissenschaftlichen Forschungseinrichtungen mit moderner Technik, mit den neuesten Meßgeräten und mit komplizierten experimentellen Ausrüstungen.

Die Anwendung von Mechanisierungs- und Automatisierungsmitteln in der wissenschaftlichen Tätigkeit besitzt zwei Richtungen: die Einführung der Technik in die Leitungstätigkeit von wissenschaftlichen Forschungseinrichtungen und ihr Einsatz unmittelbar im Forschungsprozeß als Instrumente des schöpferischen Denkens.

In der Leitung von Forschungsvorhaben finden technische Hilfsmittel zur Sammlung, Speicherung und Verarbeitung von Informationen über den Zustand der Forschungsarbeiten, zur operativen Leitung des Arbeitsablaufs, mit dem Ziel, Maßnahmen zur Korrektur von Abweichungen vom vorgesehenen Forschungsprogramm zu ergreifen, zur Planung und Prognostizierung der Forschungsarbeiten, zur Erfassung und Kontrolle, zur Korrektur des Forschungsprogramms, zur Umverteilung von materiellen und Arbeitskräfteressourcen Anwendung.

Die Leitung einer wissenschaftlichen Forschungseinrichtung mit Hilfe von Mechanisierungs- und Automatisierungsmitteln bildet ein System der Leitung einer wissenschaftlichen Tätigkeit durch die Ausübung von Funktionen der technisch-ökonomischen Operativplanung, der Vorbereitung, Organisation und Versorgung, der Abrechnung, Analyse, Kontrolle und Regulierung bestimmter Elemente zur Sicherstellung der Forschungsarbeiten. Diese Elemente der Forschungsarbeit sind folgende: Grundmittel, wissenschaftliche Kader und ihre Lohnfonds, sowie die Planungsunterlagen für die Durchführung des Forschungsvorhabens; die materiell-technische Versorgung des Forschungsvorhabens; Finanzierung der Forschung und Überleitung der erzielten Forschungsergebnisse in die Produktion.

Unter der Funktion der Leitung wird eine bestimmte hierarchische Stufenleiter der Leitung der gesamten Forschungstätigkeit einer wissenschaftlichen Forschungseinrichtung (oder eines ihrer Versorgungs-Teilsysteme) verstanden, eine Tätigkeit, die die Gesamtheit der Planungs- und Abrechnungsarbeiten sowie andere Leitungstätigkeiten umfaßt. Die Durchführung von Leitungsarbeiten ist mit einer Verarbeitung von Leitungsinformationen verbunden. Diese umfassen die Gesamtheit der Kennziffern und Daten, die bestimmte Parameter der Tätigkeit einer wissenschaftlichen Forschungseinrichtung enthalten.

Das Leitungssystem einer wissenschaftlichen Forschungseinrichtung unter Verwendung technischer Hilfsmittel muß folgende Ergebnisse liefern:

– eine effektive Erfassung, Sammlung und Übermittlung der Primärinformationen;

– eine rationelle Bildung und Bewegung der Informationsflüsse, die zur Vorbereitung und zum Treffen von Entscheidungen zur Regelung des Ablaufs der Forschungsarbeiten erforderlich sind;

– eine rechtzeitige Versorgung der Leiter und der für die Durchführung verantwortlichen Personen mit Informationen über Abweichungen vom normalen Ablauf der Forschungsarbeiten und Sicherung einer operativen Einwirkung auf sich entwickelnde Abweichungen;

– eine maximale Nutzung sämtlicher technischer Hilfsmittel des Systems, darunter auch der Nachrichtenübermittlungskanäle;

– umfassende Möglichkeiten zur Regulierung und Koordinierung der Tätigkeit sämtlicher Strukturglieder des Systems seitens der Leitungsorgane;

– eine Erhöhung der Anpassungsfähigkeit der Arbeit der Leitungsorgane der wissenschaftlichen Forschungseinrichtung bei der Entscheidung von konkreten Aufgaben.

Ausgehend von ihrer Zusammensetzung, ihrem Inhalt und ihren Wechselbeziehungen zwischen den Planungs- und Abrechnungs- sowie den anderen Leitungsarbeiten kann man in einer wissenschaftlichen Forschungseinrichtung folgende drei Arten von Teilsystemen herausstellen:

1. Versorgungs-Teilsysteme;
2. Funktional-Teilsysteme;
3. Informations-Teilsysteme.

Die Versorgungs-Teilsysteme bilden autonome, miteinander verbundene Teile des Leitungssystems einer wissenschaftlichen Forschungseinrichtung; sie umfassen den Planungs- und Abrechnungskomplex sowie andere Komplexe von Leitungsarbeiten, von denen jeder die Leitung mit einem seiner Elemente versorgt. Entsprechend diesen Elementen gibt es im Leitungssystem einer wissenschaftlichen Forschungseinrichtung z. B. Teilsysteme zur Versorgung mit experimentellen Ausrüstungen und anderen Grundmitteln; Teilsysteme zur Versorgung mit wissenschaftlichen Kadern und für ihre Entlohnung usw. Außerdem muß man zu Teilsystemen dieser Art die Teilsysteme rechnen, die ihrem Inhalt nach synthetische Systeme darstellen (Systeme für Planung und Abrechnung der Aufwendungen für die Durchführung der Forschungsarbeiten und ihrer ökonomischen Effektivität; für die Gesamt-Buchführung).

Unter einem funktionalen Teilsystem versteht man den Teil des Leitungssystems einer wissenschaftlichen Forschungseinrichtung, der *eine* Leitungsfunktion erfaßt. Man kann folgende funktionalen Teilsysteme unterscheiden: Teilsystem für Prognostizierung; Teilsystem für Perspektivplanung; Teilsystem für technisch-ökonomische Planung; Teilsystem für Operativplanung; Teilsystem für operative Abrechnung; Teilsystem für Kontrolle und Regulierung; Teilsystem für buchhalterische und statistische Erfassung und Rechenschaftslegung; Teilsystem für Analyse der wirtschaftlichen und wissenschaftlichen Forschungstätigkeit der wissenschaftlichen Forschungseinrichtung.

Die informationellen Teilsysteme bilden in ihrer Gesamtheit den informationellen Teil des Leitungssystems einer wissenschaftlichen Forschungseinrichtung. Sie sichern die Erfassung, Sammlung, Ordnung Übertragung und Bearbeitung sämtlicher Informationen, die zur Durchführung der Leitungsarbeiten erforderlich sind.

Damit gibt es in der Leitung einer wissenschaftlichen Forschungseinrichtung eine große Zahl von Operationen, die mechanisierbar und automatisierbar sind. Zu diesem Zweck werden von der sowjetischen Industrie eine Vielzahl von Ausrüstungen mit einem unterschiedlichen Kompliziertheitsgrad hergestellt. Das Problem besteht darin, solche technischen Mittel einzusetzen, die für eine bestimmte wissenschaftliche Forschungseinrichtung unter ökonomisch gerechtfertigten Bedingungen ihrer Tätigkeit notwendig sind. Zur Mechanisierung der Leitungsarbeit ist eine vollständige Information über sämtliche vorhandenen Maschinen und über ihre „Eignung" zur Ausübung der verschiedenen Operationen erforderlich. Erst auf dieser Grundlage kann man das erstrebte Ziel konkretisieren und daraufhin festlegen, ob man manuelle oder maschinelle Hilfsmittel für die Arbeit am wirtschaftlichsten einsetzen kann.

In erster Linie ist es wichtig, eine „logische" Klassifikation der Maschinen entsprechend dem Charakter der von ihnen auszuführenden Operationen zu besitzen. Wenn man über solche Daten verfügt, fällt es verhältnismäßig leicht, die Bedeutung jeder einzelnen Maschine zu qualifizieren. Bevor eine Maschine in der Leitung einer wissenschaftlichen Forschungseinrichtung zum Einsatz gelangt, ist es notwendig, die Vorzüge einer Mechanisierung und die dabei möglicherweise auftretenden Schwierigkeiten exakt zu bestimmen, sowie sorgfältig die Arbeitsprozesse zu studieren, die mechanisiert werden sollen.

Jede Leitungsarbeit besteht in der Durchführung einer oder mehrerer Operationen. Es ist zweckmäßig, Fragen der Mechanisierung im Rahmen einer Analyse folgender Operationen zu untersuchen:

1. Informationsübermittlung – räumliche Übertragung, Bearbeitung und Weitergabe von Informationen von einer Person an eine andere;
2. Informationserfassung – Aufzeichnung von Primärinformationen;
3. Sortieren – Einteilung nach Kategorien, Klassifikation und Zusammenstellung, Analyse und Auswahl, Ordnung in einer bestimmten Reihenfolge von Informationen;
4. Kopieren und Vervielfältigen – Zurückrufen von Informationen, Vervielfältigen, Übertragung von Daten aus einem Dokument in ein anderes;
5. Kontrolle – Vergleich einer Mitteilung mit anderen Mitteilungen, Studium, Erkennung, Bestätigung der Richtigkeit von Dokumenten;
6. Berechnungs- und Rechenarbeiten;
7. Informationsspeicherung – Eingeben von Informationen in einen Speicher, Deponierung und Archivierung von Dokumenten; Einbindearbeiten.

Alle aufgeführten Operationen besitzen ein gemeinsames Element, die Wahrnehmung der Informationen. Bevor eine Maschine mit der Ausführung einer beliebigen Operation beginnen kann, muß sie die Informationen „wahrnehmen", d. h. sie müssen in eine „maschinenlesbare" Form überführt werden. Dieser Umstand bildet den Grenzfaktor bei der Ausarbeitung eines Systems zur Mechanisierung der Verwaltungsarbeit. Für die Arbeit der Maschinen benötigt man Operatoren (Bedienungspersonal), die die schriftlich oder mündlich übermittelten Informationen in eine „maschinenlesbare" Form übertragen, damit diese in die Maschine eingegeben und verarbeitet werden können. Auch in diesem Falle werden nach wie vor Menschen benötigt, um die Ausgangsinformation in eine solche Form zu überführen, die der „Wahrnehmungsfähigkeit" der Maschine entspricht. So ist z. B. für eine EDV die Anfertigung von Lochkarten oder eines Lochstreifens, eines Magnetbandes oder einer Filmrolle erforderlich.

Das Problem einer rationellen Auswahl der technischen Mittel, insbesondere der EDV, unter Berücksichtigung der Spezifik der wissenschaftlichen Forschungseinrichtung ist so kompliziert, daß gegenwärtig in vielen Ländern ein Streben nach zentralisierten Lösungen zu beobachten ist. In den USA wurden zu diesem Zweck beim Nationalen Büro für Standards (National Bureau of Standards, NBS) Institute für angewandte Technologie gebildet. Im Jahre 1965 erfolgte dort die Bildung eines Zentrums zur Nutzung der EDV, was eine bedeutende Erweiterung der Standardisierung der Methoden der automatischen Datenverarbeitung und ihrer Einführung kennzeichnete [193, S. 37—41].

Zu den Aufgaben des Zentrums zur Nutzung der EDV gehören die Ausarbeitung von Standards, die Bearbeitung von Informationen, der Austausch von wissenschaftlichen Informationen, die Versorgung mit Maschineneinrichtungen, die Planung von Leitungsmaßnahmen, der Aufbau eines Systems für Forschung, Entwicklung und Technologie der Informationsverarbeitung. Die Abteilung zum Austausch von technischen Informationen des Zentrums beschäftigt sich ausschließlich mit Fragen der Sammlung und des Austausches von Informationen über die Nutzung von EDV. (Es wurde eine umfangreiche Sammlung von Zeitschriften- und anderer Literatur, wie Lektionen, Konferenzmaterialien, Referate usw. angelegt.) Man arbeitet an der Entwicklung eines Systems der automatisierten Informationsrecherche nach bereits vorhandenen Entwicklungen und am Aufbau von EDV-Systemen. In dieser Abteilung wird auch eine Leitung nach EDV-Programmen aufgebaut, die von verschiedenen Organisationen genutzt werden können. Das Zentrum zur Nutzung der EDV berät die föderalen Institutionen der USA in Fragen der Einführung automatisierter Informationssysteme, einschließlich der Wahl der EDV, der Effektivität des Systems und der Verbesserung der Methoden der Datenverarbeitung.

Gegenwärtig besitzt die EDV eine entscheidende Bedeutung für die Automatisierung der Leitung von wissenschaftlichen Forschungseinrichtungen. In allen Ländern ist ein intensives Anwachsen der Bestände an EDV zu verzeichnen, und ihr Anwendungsgebiet dehnt sich schnell aus. Hiervon zeugen z. B. die Analyse der Entwicklungstendenzen und die Prognosen über die Wertung der Veränderungen in der automatisierten Informationsverarbeitung mit Hilfe der EDV für die Zeit von 1965 bis 1975. Der bekannte amerikanische Kybernetiker H. Simon trifft in dem Buch „Wege zur Automatisierung der geistigen Arbeit des Menschen und die Leitungsprozesse" die Voraussage, daß im Jahre 1985 elektronische Datenverarbeitungsanlagen mit heuristischen Programmen in großem Umfange in der Leitung der Wissenschaft, der Industrie und Wirtschaft Anwendung finden werden. Psychologische und soziologische Theorien werden dann ein solches Entwicklungsniveau erreicht haben wie die modernen theoretischen Vorstellungen der Chemie und Biologie [194]. Der Aufbau von automatisierten Leitungssystemen für wissenschaftliche Forschungseinrichtungen unter Anwendung der EDV ist bereits nicht mehr eine so weit entfernte Zukunftsaufgabe für sämtliche Forschungsinstitute. Zur Zeit werden automatisierte Leitungssysteme für große wissenschaftliche Forschungsprojekte entwickelt und erfolgreich angewandt, an denen Dutzende von wissenschaftlichen Forschungseinrichtungen beteiligt sind. Dort wird nach mittelfristigen Prognosen gearbeitet und die Erfüllung der Forschungsaufgaben wird ständig korrigiert und analysiert. Zu solchen Systemen gehören: „Pattern", „Fame", „Quest", „Forecast" und „Hindsight", „Score" und „Profile", die in der sowjetischen Literatur beschrieben wurden [101]. Obwohl sie alle mehr oder weniger mit Forschungsprojekten auf dem Gebiet der Entwicklung neuer Waffensysteme im Zusammenhang stehen, können viele rationelle Lösungswege, die bei diesen Projekten gefunden wurden, für die Automatisierung von Leitungsarbeiten in allen Typen von wissenschaftlichen Forschungseinrichtungen genutzt werden.

Eine andere Hauptrichtung in der Mechanisierung und Automatisierung von Arbeiten in wissenschaftlichen Forschungseinrichtungen besteht in der Anwendung von technischen Mitteln zur Optimierung der wissenschaftlichen Forschung. Gegenwärtig sind in der Wissenschaft alle Voraussetzungen zur Mechanisierung des überwiegenden Teiles der arbeitsaufwendigen Prozesse der Informationsversorgung für Forschungsvorhaben, für die die Wissenschaftler zur Zeit noch 20 bis 40 Prozent ihrer Arbeitszeit aufwenden müssen, vorhanden.

Die Anwendung von maschinellen Methoden zur Bearbeitung der wissenschaftlichen, in Dokumenten verkörperten Informationen wirft als Problem Nummer Eins die Frage der Kodierung und der Entwicklung von Informationsrecherchesprachen auf. Voraussetzungen für den Aufbau solcher Informationsrecherchesprachen bilden vollkommenere Klassifikationen der Dokumente. Diese Klassifikationen hängen unmittelbar davon ab, daß die Klassifikationen der Wissenschaften selbst vervollkommnet werden. Dabei ist der Tendenz der gegenseitigen Durchdringung der Wissenschaften Rechnung zu tragen. Das Problem der Entwicklung von Informationsrecherchesprachen ist eines der schwierigsten und am wenigsten bearbeiteten Probleme auf dem Gebiet der Verarbeitung dokumentaler wissenschaftlicher Informationsquellen.

Was wird bei einer wissenschaftlichen Information formalisiert und was bildet ihren schöpferischen Teil? Zu diesem Zweck kann man sämtliche Anfragen nach Informationen der Wissenschaftler in zwei Gruppen einteilen: bei der ersten Gruppe ist eine Antwort auf die Anfrage *in offener Form* in den Informationsquellen enthalten, bei der zweiten Gruppe erfordert die Anfrage eine *analytisch-synthetische Bearbeitung* der Informationen. Zur ersten Gruppe gehören Mitteilungen über bestehende Patente, über vorhandene Referatekarten und andere Dokumentennachweise, Forschungs- und Entwicklungsberichte, Bücher, Zeitschriftenhefte, Fakten- und Sachverhalte, Adressen, Standards, technische Normative, Übersetzungen, Dissertationen, Pläne usw. Sie bilden gegenwärtig 85 Prozent–90 Prozent sämtlicher Anfragen, die an die Bibliotheken und Informationseinrichtungen gerichtet werden, und können vollständig formalisiert werden. Eine andere Gruppe von Anfragen verlangt eine wissenschaftliche Bearbeitung der Materialien: aus einer großen Masse von bereits bekanntem Wissen müssen die „Körnchen" von prinzipiell neuem Wissen herausgefunden werden. Die Recherche nach einer solchen Antwort stellt eine qualitative Umwandlung von Informationen dar und besteht ihrem Wesen nach in der Gewinnung von neuen Informationen. Diese sind in den Informationsmassiven in versteckter Form enthalten. So sind z. B. in den Patentinformationen auf dem Gebiet eines Industriezweiges die Beschreibungen von Konstruktionen von Maschinen enthalten, die in den nächsten fünf bis sieben Jahren in Produktion gehen, und die in zehn bis zwölf Jahren als Massenerzeugnisse auf dem Weltmarkt erscheinen. Um diese Patentschriften ausfindig zu machen, muß man diesen Informationsfluß wissenschaftlich untersuchen. Diese Untersuchung kann nur von hochqualifizierten Spezialisten durchgeführt werden, von Wissenschaftlern, die auf dem zu untersuchenden Gebiet zu Hause sind, oder von Informationsforschern, die hinsichtlich ihrer wissenschaftlichen Qualifikation das gleiche Niveau wie Wissenschaftler besitzen.

Der formalisierbare Teil der Anfragen kann vollständig mechanisiert werden – vom Eingang der Anfrage bis zur Erteilung der Antwort. Hierin liegt eine große Reserve zur Erhöhung der Effektivität der Informationsarbeit. Selbst äußerst einfache Mechanisierungsmittel, wie z. B. Lochkarten, verringern in bedeutendem Maße den Arbeitsaufwand für die Informationsbearbeitung. Die Zusammenstellung einer Bibliographie von Literatur nach 30 Sachverhalten beansprucht bei Verwendung von Kerblochkarten zehn Stunden (ein Wissenschaftler benötigt zur Ausarbeitung der gleichen Bibliographie 120 Stunden). Durch Übergang von Kerblochkarten zu Maschinenlochkarten kann der Arbeitsaufwand auf sieben Stunden gesenkt werden. Eine Effektivität aus der Anwendung von analytischen Rechenmaschinen wird bei Dokumentenfonds erzielt, die 10000 bis 100000 Dokumente umfassen, und die einen jährlichen Zugang von 5000 bis 10000 neuen Dokumenten aufweisen, wenn wöchentlich eine bis drei Anfragen von Wissenschaftlern an die Informationseinrichtung gestellt werden. Die Schnelligkeit der Informationsbearbeitung hängt auch von der Exaktheit der „Übersetzung" der Anfrage in die Maschinen„sprache" ab. Je exakter die Recherchevorschrift aus Deskriptoren aufgestellt wird, d. h. die Menge der Deskriptoren, die den Inhalt der Anfrage kennzeichnen, desto schneller und vollständiger findet man die Dokumente im Informationsrecherchefonds. Von großer Bedeutung für die Erhöhung der Effektivität der Arbeit von Lochkartensortiermaschinen und von EDV ist die richtige Zusammenstellung der Deskriptorensprache (des Thesaurus). Ein Deskriptor ist ein Terminus der Informationsrecherchesprache, der zur Identifizierung eines Dokumentes Verwendung findet. Die Menge der Deskriptoren, die den Inhalt eines Dokumentes charakterisieren, wird (Deskriptoren-)Recherchebild genannt. Beim Aufbau dieses Recherchebildes findet ein Thesaurus – ein Deskriptorenwörterbuch – Anwendung. *Einem* mehrdeutigen Wort der natürlichen Sprache entsprechen mehrere Deskriptoren; mehreren synonymen Wörtern entspricht dagegen *ein* Deskriptor der Informationsrecherchesprache.

Die rechtzeitige und vollständige Nutzung der wissenschaftlich-technischen Informationen ist ohne Anwendung von Mitteln zur Mechanisierung und Automatisierung der Informationsprozesse und insbesondere der bibliographischen Prozesse nicht möglich. Der Einsatz von modernen Maschinen in der Arbeit der Bibliotheken macht es nicht nur möglich, die bibliothekarischen Prozesse zu intensivieren, sondern führt auch zu qualitativen Veränderungen im Inhalt der Formen der Informationsbetreuung der Wissenschaftler.

Beim Übergang zu maschinellen Methoden der bibliothekarischen

Informationsbetreuung von wissenschaftlichen Forschungseinrichtungen ist es erforderlich, vorher einen großen Komplex an Arbeiten zu erledigen, die in einer Analyse des betreffenden (bibliothekarischen) Systems – einer Systemanalyse – bestehen. Eine solche Systemanalyse beinhaltet: die Bestimmung der Kapazität des Systems, seiner wahrscheinlichen (und für die Zukunft prognostizierten) Auslastung, der Häufigkeit der von Seiten der Leser innerhalb einer bestimmten Zeitperiode eingehenden Anfragen, den Bedarf an den einzelnen Arten von Literatur und sonstigen Publikationen sowie weitere Fragen. Bei der quantitativen Analyse können die erprobten Methoden der mathematischen Theorie der Massenbedienung der Wahrscheinlichkeitstheorie und der Theorie zufälliger Prozesse sowie der Operationsforschung Anwendung finden.

Grundlegende Voraussetzungen für die Wahl bestimmter Mechanisierungs- und Automatisierungsmittel bilden die Unterlagen aus der quantitativen Analyse sowie auch rein ökonomische Überlegungen (Kosten für den Kauf und die Nutzung der Ausrüstungen, Ausgaben für den Aufbau des Informationsfonds und seine Übertragung in maschinenlesbare Form usw.). Der Komplex der Mechanisierungs- und Automatisierungsmittel muß praktisch sämtliche Prozesse der bibliothekarischen und informationellen Betreuung der Nutzer umfassen.

Die wichtigsten dieser Prozesse sind folgende:

1. die Prozesse der analytisch-synthetischen Bearbeitung der Dokumente (Klassifikation, Systematisierung, Zusammenstellung von systematisierten Bibliographien, Referateorganen und anderen Verzeichnissen);

2. die Suche von Dokumentenadressen oder von faktographischen Informationen in einem Informationsrecherchefonds;

3. Prozesse der Aushändigung der Primärdokumente (die Lösung dieser Aufgabe besteht in der Hauptsache in der Anwendung von Transportmitteln, die die Dokumente auf Grund ihrer Adressen heraussuchen).

Die Mechanisierung und Automatisierung der bibliographischen Informationsprozesse setzt vor allem voraus, daß die Zeiten für die analytisch-synthetische Bearbeitung, die Klassifikation und die Dokumentenrecherche verkürzt werden, sowie die Organisation des Auskunftsapparates bzw. des Informationsrecherchesystems (IRS) verbessert werden. Ein typisches Beispiel für die Mechanisierung der Informationsversorgung der Wissenschaftler in einer wissenschaftlichen Forschungseinrichtung ist das System der selektiven Informationsverbreitung (SIV) unter Anwendung von EDV.

Die wichtigsten Etappen und Charakteristiken der SIV bstehen in folgendem: eine EDVA vergleicht die in der Form von Überschriften der Zeitschriftenartikel und der Forschungs- und Entwicklungsberichte eingegangenen Informationen mit den „Interessengebieten" der einzelnen Wissenschaftler einer wissenschaftlichen Forschungseinrichtung. Dieser Vergleich erfolgt, indem Wörter oder Wortgruppen, die in den Nutzerprofil-Karten für jeden Informationsnutzer enthalten sind, mit den Wörtern verglichen werden, die in den Überschriften der Artikel bzw. der Forschungs- und Entwicklungsberichte stehen. Gleichzeitig zieht die EDV die Materialien heraus, die für einen größeren Kreis von Wissenschaftlern von Interesse sind und ordnet sie in einer bestimmten Reihenfolge. Diese Materialien werden in den wöchentlich herausgegebenen Signalinformationen publiziert.

Die Aufstellung der Karten mit den Nutzerprofilen, die ein Verzeichnis der Wörter darstellen, die die spezifischen Interessengebiete eines bestimmten Wissenschaftlers kennzeichnen, bildet einen äußerst arbeitsaufwendigen Prozeß. Dies ist jedoch eine einmalige Arbeit; später bedürfen die Karten nur selten einer geringfügigen Korrektur. Diese Karten haben die Form von Matrizen aus zehn Spalten mit je 30 Zeilen. Auf diese Weise kann man auf einer Karte bis zu 300 Wörter festhalten. Die maximale Wortlänge beträgt sieben Buchstaben, wobei jedem Wort ein Identifikator als dienstliches Erkennungszeichen vorangestellt wird.

Die zehnte Spalte ist für die Namen der Autoren vorgesehen, die übrigen sind in sechs Wortgruppen in jeder Spalte (zu fünf Zeilen in der Gruppe) unterteilt. Die erste Gruppe bilden die grundlegenden Wörter. Damit die Maschine beginnen kann, die weiteren Vergleichsoperationen vorzunehmen, ist es erforderlich, daß mindestens eines dieser Wörter in den Dokumentenüberschriften enthalten ist. Das gesamte Fassungsvermögen dieser ersten Gruppe beträgt über alle neun Spalten somit 45 grundlegende Wörter. Reicht diese Kapazität nicht aus, so kann man zusätzliche Nutzerprofilkarten verwenden, jedoch haben sich in der Praxis neun Spalten als völlig ausreichend erwiesen.

Diese Profilkarten werden auf Lochkarten übertragen, von denen daraufhin die Informationen auf Magnetband zur Eingabe in die Maschine übertragen werden. Das Magnetband wird von Zeit zu Zeit durch neue „Profile" ergänzt.

Eingabe: Jede wissenschaftlich-technische Zeitschrift erhält eine sechsstellige Kode-Nummer, die den Platz der Zeitschrift in einem alphabetischen Verzeichnis aller Zeitschriftentitel bezeichnet. Die Kode-Nummern werden zusammen mit dem vollständigen Titel der Zeitschriften auf Magnetband übertragen und in die Maschine eingegeben.

Sämtliche bei der Bibliothek der wissenschaftlichen Forschungseinrichtung eingehenden Zeitschriften werden durchgesehen. Die Artikel, die für einen größeren Nutzerkreis von Interesse sind, werden mit dem Buchstaben „*B*" gekennzeichnet, damit sie später in den wöchentlichen Signalinformationen erscheinen. Die Materialien, die nur für bestimmte Spezialisten von Interesse sind, werden mit dem Buchstaben „*A*" gekennzeichnet. Die Code-Nummern der Zeitschriftentitel, Jahrgang, Heftnummer, Nummer der Zeitschrift, Name des Autors, vollständiger Titel des Artikels, Seitennummern und andere kurze Angaben sowie die entsprechenden Anmerkungen („*A*" oder „*B*") werden auf Lochstreifen übertragen. Dieses geschieht zu den jeweils günstigsten Zeitabständen. Gleichzeitig wird eine Kopie des Streifens in Maschinenschrift zur Kontrolle angefertigt.

Die Eingabe der Informationen über wissenschaftlich-technische Forschungs- und Entwicklungsberichte bildet ein gewisses Problem. Die Überschrift eines F/E-Berichtes gibt in der Regel nicht seinen Inhalt exakt wieder. Häufig enthält der gleiche Bericht Angaben zu verschiedenen Themenstellungen, außerdem unterliegen viele Berichte bestimmten Vertraulichkeitsbestimmungen.

Die Durchführung der maschinellen Recherche:

Auf Magnetbändern werden die Informationen über die Interessenprofile der Informationsnutzer, die Titel der Zeitschriften mit den Kode-Nummern und das „Wörterbuch der grundlegenden Wörter", das auf der Grundlage eines Hilfsprogramms von der EDV auf der Grundlage der Profilkarten zusammengestellt wurde, gespeichert.

Vor der Recherche werden alle diese Informationen in die Maschine eingelesen. Daraufhin werden unmittelbar in den Hauptspeicher vom Lochstreifen die Daten über die Neueingänge an Zeitschriftenartikeln und Forschungs- und Entwicklungsberichten eingegeben.

Die Maschine schreibt getrennt die Zeitschriftentitel und die Artikelüberschriften auf und zieht die Namen der Autoren und die Schlüsselwörter (d. h. sämtliche Wörter aus den Überschriften außer solchen wie „und", „oder" usw.) heraus. Daraufhin erfolgt ein Vergleich der herausgezogenen Wörter mit den Wörtern aus den Karten mit den Nutzerprofilen in folgender Reihenfolge: Name der Autoren, grundlegende Wörter, zweitrangige Wörter.

Der Vergleich der Autorennamen erfolgt durch direkten Vergleich nach dem Prinzip „ja – nein". Wenn festgestellt wird, daß keine grundlegenden Wörter aus einer Profilkarte in den Überschriften der Dokumente enthalten sind, dann wird die weitere Recherche nach diesem

Profil für den betreffenden Nutzer beendet. Wird eine Übereinstimmung festgestellt, wird die Operation mit einer Analyse der oben aufgezählten Arten von Verbindungen fortgesetzt. Die Ergebnisse der Recherche nach jedem Nutzerprofil werden auf Magnetband aufgezeichnet, von dem daraufhin das Ausdrucken der Daten erfolgt. Gleichzeitig werden die neu in die Maschine eingegebenen bibliographischen Informationen auf ein Magnetband aufgezeichnet, das für die folgenden retrospektiven Recherchen Verwendung findet.

Die Ausgabe und Verbreitung der Informationen:

Die Angaben, die von der EDVA ausgedruckt werden, werden von Mitarbeitern der Informationseinrichtung überprüft, die feststellen ob die einzelnen Nachweise mit den Profilkarten übereinstimmen. Diese Kontrolle erfolgt in Form eines Überfliegens der Deskriptoren. Eingehender werden die Ausdrucke überprüft, die Hinweise auf den voraussichtlichen Charakter der Relevanz enthalten. Hier wird erstens die Relevanz analysiert, zweitens werden Primärdaten für die Vornahme von Korrekturen in den Nutzerprofilkarten gewonnen.

Nach der Überprüfung werden die fertigen Signalinformationen selektiv den individuellen Informationsnutzern übersandt, die gleichzeitig gebeten werden, die Relevanz und die Wichtigkeit jeder Position in der Sendung zu bewerten. Diese Angaben werden später in der Informationseinrichtung bearbeitet und dienen als Ausgangsmaterial für die Vervollkommnung des Systems der SIV.

Zeitschriftenartikel, die in ein Verzeichnis aufgenommen werden sollen, werden manuell sortiert und wöchentlich in alphabetischer Reihenfolge der Zeitschriftentitel auf Lochstreifen übertragen. Dieser Streifen wird daraufhin in einen Maschinendrucker eingegeben, der den Abschnitt des Bulletins ausdruckt, der die Zeitschriftenartikel enthält.

Die Kosten für die Nutzung eines manuellen und automatisierten SIV sind ungefähr gleich. Die Anwendung der EDV bietet jedoch die Möglichkeit, qualifizierte Spezialisten einzusparen und erhöht in bedeutendem Maße die Qualität der Informationsversorgung. Der von der SIV betreute Nutzerkreis kann erweitert werden, die Vollständigkeit der Recherche und ihre Relevanz werden erhöht, alle Nutzer werden in gleicher Qualität betreut (was in der Praxis bei manuellen Systemen selten vorkommt) usw. Das System der selektiven Informationsverbreitung kann auch Informationen aus Fragebogenaktionen und statistische Informationen sammeln und verarbeiten.

Außer der Informationsversorgung werden mit Hilfe der EDV verschiedene mathematische Aufgaben und die Durchführung von Berechnungen wissenschaftlicher und ingenieurtechnischer Arbeiten durchgeführt, die Bearbeitung von experimentellen Daten und die statistische Bearbeitung von Ergebnissen aus Experimenten, d. h. praktisch sämtliche wissenschaftlichen Hilfsarbeiten. Die wissenschaftliche Forschung besteht jedoch nicht nur aus Ingenieurberechnungen und einer Informationsverarbeitung. Ihren wertvollsten Teil bildet die schöpferische Komponente – die Aufstellung und Überprüfung von wissenschaftlichen Hypothesen, der Aufbau von Theorien, die Ermittlung neuer Gesetzmäßigkeiten, die Bildung neuer Begriffe und wissenschaftlicher Abstraktionen, der Beweis aufgestellter Hypothesen, die kritische Wertung früherer Errungenschaften usw. Kann man auch diesen Teil der wissenschaftlichen Forschungsarbeit mechanisieren und automatisieren? Wird die EDV im Zusammenhang mit der zunehmenden Rolle von technischen Mitteln in der Tätigkeit der wissenschaftlichen Forschungseinrichtungen zu einem Kollegen der Wissenschaftler, zu einem mechanisierten Co-Autor ihrer wissenschaftlichen Entdeckungen und Erfindungen? In den letzten Jahren wird in der Literatur häufig über die Perspektive der Schaffung von vollständig automatisierten Industriebetrieben geschrieben. Kann man auch ein automatisiertes wissenschaftliches Forschungsinstitut aufbauen, in dem die Wissenschaftler die Rolle von gewissermaßen hochqualifizierten Bedienungskräften und Einrichtern übernommen haben, die nur der Maschine die Programme und die Forschungsziele eingeben? Diese Fragen, die mit der Entwicklung der Kybernetik zusammenhängen, sind aktuell und erfordern eine Lösung.

2. Die Formalisierung des wissenschaftlichen Wissens. Die Möglichkeiten und Grenzen eines „maschinellen" Intellekts in der Wissenschaft

Die Informationsverdichtung in einem System faktographischer Informationen (SFI) und einem System theoretischer Informationen (STI) erfolgt mit Hilfe komplizierter Denkoperationen, aus denen sich das sogenannte logische Denken zusammensetzt. Die Formalisierung von Denkoperationen wird mit Hilfe logischer Kalküle erreicht. Das Wort Kalkül (russ. isčislenie – d. Red.) ist ein Terminus, der viele Bedeutungen besitzt. A. A. Markov schreibt: „Den Terminus ‚Kalkül' werden wir hier und im weiteren als Lösung verstehen, nacheinander bestimmte exakt beschriebene Operationen mit Wörtern in einem bestimmten

Alphabet vorzunehmen" [195, S. 235]. Anknüpfend an diese Auffassung präzisieren wir, daß ein Kalkül ein System von Regeln zur Umwandlung einer fixierten Klasse von Objekten darstellt, die Operationen unterzogen werden, die durch Wörter eines bestimmten Alphabetes kodiert sind und bei denen die Art der elementaren Operationen, die mit den Wörtern vorgenommen wird, angegeben ist.

Der Terminus „Formalisierung" ist mehrdeutig, aber gewöhnlich wird seinem Inhalt folgender Gedanke zugrunde gelegt: Zur Bezeichnung von Aussagen oder von Teilen von Aussagen sowie auch zur Bezeichnung verschiedener Arten von Operationen, die es ermöglichen, aus einfachen Aussagen kompliziertere Aussagen aufzubauen, wird eine Formalisierung der Aufzeichnung, d. h. ein streng bestimmtes System von Symbolen eingeführt. Die Aussagen werden in der Form von Formeln aus eingeführten Symbolen aufgezeichnet. Die Formeln bauen sich nach bestimmten Regeln auf. Bekanntlich werden z. B. mit Hilfe der logischen Konstanten Konjunktion $\wedge$, Disjunktion $\vee$, Implikation $\supset$ Negation $\sim$, des Quantors der Gemeinsamkeit (Alloperators) $\forall$ und des Quantors der Existenz (Existenzialoperators) $\exists$ die entsprechenden logischen Konstanten der russischen Sprache „und", „oder", „wenn" ... „dann", „es ist nicht wahr, daß", „jeder" und „existiert" aufgeschrieben. Die inhaltliche Aussage „das Verhältnis von wissenschaftlichen Fakten in einer faktographischen Beschreibung ist so, daß für beliebige zwei Fakten aus dem Gebiet der Beschreibung das Verhältnis wahr ist, wenn ein Fakt sich in der betreffenden Beziehung zu dem anderen Fakt befindet, so hat auch der andere Fakt die gleiche Beziehung zum ersteren Fakt" – wird in der formalen Aufzeichnung wie folgt wiedergeben:

$$R\,(\forall x)\,(\forall y)\,(R(x,y) \supset R(y,x))$$

Zum Aufbau eines logischen Kalküls muß man außer den Symbolen die Axiome und die Regeln für die Durchführung des betreffenden Kalküls bestimmen, die es gestatten, auf formalem Wege logische Schlußfolgerung aus einem beliebig aufgestellten Aussagensystem zu ziehen und sämtliche identisch-wahren Aussagen dieses Kalküls formell zu charakterisieren. Die identisch-wahren Aussagen werden aus der Menge sämtlicher möglicher Aussagen beim Aufbau eines logischen Kalküls abgeleitet. Zu identisch-wahren Aussagen gehören solche komplizierten Aussagen, deren Wahrheitsbedeutung keinen Veränderungen im Prozeß der Gewinnung von Schlußfolgerungen und Folgen innerhalb der Grenzen des betreffenden Kalküls unterworfen ist, unabhängig davon, welche Aussage an die Stelle einer veränderlichen Aussage gesetzt wird, die zur komplizierten Aussage gehört. Beim formalen Herangehen an den Aufbau eines Kalküls werden die Formeln einfach als endliche Folgen von individuell unterscheidbaren Symbolen aufgefaßt, denen keinerlei Bedeutung zugeschrieben wird. So ist z. B. in der Gilbertschen Auslegung die Euklidische Geometrie ein System, das sich auf den Begriffen „Punkt", „Gerade", „Ebene", „liegt", „kongruent", „parallel" und „zwischen" aufbaut, denen keinerlei Bedeutungen zugeschrieben werden. Nach der Auffassung von J. Gilbert sind diese Termini Bezeichnungen für bestimmte Mengen von Objekten.

Die Menge sämtlicher identisch wahren Formeln wird durch das Axiomensystem des Kalküls charakterisiert. Als Beispiel führen wir das Axiomensystem des Aussagenkalküls an [196].

Dieses System umfaßt folgende Axiome:

1. $A \supset (B \supset A)$.
2. $(A \supset B) \supset ((A \supset (B \supset C)) \supset (A \supset C))$.
3. $A \supset (B \supset A \wedge B)$.
4. $A \wedge B \supset A$.
5. $A \wedge B \supset B$.
6. $A \supset A \vee B$.
7. $B \supset A \vee B$.
8. $(A \supset C) \supset ((B \supset C) \supset (A \vee B \supset C))$.
9. $(A \supset B) \supset ((A \supset \neg B) \supset \neg A)$.
10. $\neg\neg A \supset A$.
11. $\dfrac{\mathfrak{A},\ \mathfrak{A} \supset \mathfrak{B}}{\mathfrak{B}}$

Das letztere Axiom ist die Schlußregel: die Wahrheit der Formel $\mathfrak{B}$ ist bewiesen, wenn die Wahrheit der Formel $\mathfrak{A}$ und $\mathfrak{A} \supset \mathfrak{B}$ vorher festgestellt wurde. Die Formel $\mathfrak{B}$ ist identisch-wahr, wenn die früheren Formeln $\mathfrak{A}$ und $\mathfrak{A} \supset \mathfrak{B}$ identisch-wahr waren. Die übrigen Axiome sind per definitionem identisch-wahr. In ihnen können die propositionalen Buchstaben A, B, C durch beliebige Formeln des Aussagenkalküls ersetzt werden, auch durch falsche Formeln, trotzdem wird die identische Wahrheit der Axiome nicht verletzt. Sämtliche identisch-wahren Formeln eines Aussagenkalküls werden durch Vertauschungen und Anwendung der Schlußregel erzielt, d. h. durch eine Prozedur des Schließens (des Beweisens) wird ihre identische Wahrheit festgestellt. Aus diesem Grunde werden die auf diesem Wege erzielten Formeln beweisbare Formeln oder formale Theoreme genannt.

Die Formalisierung wissenschaftlicher Urteile bedeutet ihre Modellierung in der Form eines bestimmten kontinuierlichen Prozesses. Sie entfaltet sich entsprechend den aufgestellten Umwandlungsregeln (Schlußregeln) für die Zeichen. Gilbert schrieb: „Die Grundidee meiner Beweistheorie besteht in der Beschreibung der Tätigkeit unseres Verstandes, mit anderen Worten, es ist ein Protokoll über die Regeln, nach denen faktisch unser Denken funktioniert. Das Denken vollzieht sich nun einmal parallel zu dem Gespräch und dem Schreiben durch Schaffung und Aufreihung von Thesen. Wenn irgendwo eine Gesamtheit von Beobachtungen und Erscheinungen existiert, die es verdient, Gegenstand einer ernsten und gründlichen Forschung zu werden, so ist es gerade hier, denn die Aufgabe der Wissenschaft besteht ja darin, uns von der Willkür der Gefühle und Vorurteile zu befreien und uns vor Subjektivismus zu bewahren ..." [197, S. 382] „Das Protokoll", von dem Gilbert schreibt, damit meint er die Darstellung der gedanklichen Operationen als logischer Kalkül.

In der Gilbertschen Darstellung enthält die axiomatisierte euklidische Geometrie als Axiome Prädikate, die Zeichen einer Zahl von Orten der Verhältnisse von Termini als freie Variablen enthalten. Die Gesamtheit der Axiome bildet die Klasse der möglichen Systeme der Objekte.

Die Formalisierung macht es infolgedessen möglich, in ein System als Objekte nicht nur Gegenstände (Individuen) einzubeziehen, sondern auch Eigenschaften, Beziehungen, gegenständliche Funktionen.

In der modernen Wissenschaft wird zu dem Zweck, die wissenschaftliche Information zu organisieren und Formen einer Informationsverdichtung zu schaffen, immer häufiger eine Formalisierung einer Theorie vorgenommen, d. h. mehrdeutige Wörter der natürlichen Sprache, durch die eine wissenschaftliche Information ausgedrückt wird, werden in künstliche Sprachen „übersetzt", die nur eine eindeutige Verwendung der Wörter und Begriffe zulassen. Die Formalisierung der Sprache einer wissenschaftlichen Theorie ist stets unvollständig, sie stellt jedoch schon an sich eine höhere Etappe in der Organisierung der Informationen dar, weil sie es gestattet, Erscheinungen exakter und eindeutiger widerzuspiegeln. Wir wollen eine solche Theorie bedingt eine formalisierte Theorie nennen.

Eine formalisierte Theorie besitzt folgende Besonderheiten:

1. das Denotat (die Bedeutung) hat die Funktion eines Konzeptes (Sinnes);

2. die Ersetzung eines Teiles eines Denotates verändert nicht das Konzept;

3. ein Name ändert sich nicht, wenn seine Teile in einer solchen Weise ersetzt werden, daß die Denotate die gleichen bleiben.

Diese Besonderheiten werden durch den künstlichen Charakter der Zeichen dieser Theorien, durch ihre eindeutige Bestimmtheit bedingt. In den beschreibenden Theorien, die nur die natürliche Sprache verwenden, besitzt die Information andere Eigenschaften. In der natürlichen Sprache von beschreibenden Theorien ist folgendes festzustellen:

1. Das Konzept bildet in der Regel nicht ein Denotat (hier stellt man eine Polysemie der Wörter fest, sie zeigt sich darin, daß zu ein und demselben Objekt viele Denotate existieren);

2. jede beliebige Veränderung der Struktur eines Denotats verändert ein Konzept;

3. der Sinn eines Namens verändert sich von Grund auf, wenn eines seiner Teile irgendwie verändert wird, unabhängig davon, wie sich die Denotate verhalten.

Auf Grund dieser Besonderheiten bilden sich unterschiedliche Niveaus des Wissens heraus. Eine formalisierte Theorie stellt sich aus zwei Niveaus bestehend dar: eine geordnete Folge von Zeichen; sie bezeichnen wissenschaftliche Termini, deren Polysemie (Vieldeutigkeit) und der diesen entsprechende Sinn beseitigt ist. Das erste Niveau von ihnen kann man als einen Kalkül darstellen, der aus einem Satz von mathematischen Symbolen und einer bestimmten Gesamtheit von Algorithmen zu ihrer Umwandlung dargestellt wird. Aus diesem Grunde kann man einen bedeutenden Teil der Operationen zur Bearbeitung von Informationen, die in dem ersten Niveau eingeschlossen sind, mit Hilfe einer EDVA realisieren. Das zweite Niveau steht im Zusammenhang mit der Aufgabe, den Zeichen im Prozeß der Verwirklichung ihrer kommunikativen Rolle in der Wissenschaft einen Sinn zu geben. Um den Unterschied zwischen den verschiedenen Niveaus einer formalisierten Theorie zu erläutern, teilen wir bedingt die Informationen, die in einer wissenschaftlichen Forschungsarbeit umgewandelt werden, in zwei Arten ein: in maschinelle und semantische Informationen.

Wir nennen maschinelle Informationen die Gesamtheit der geordneten Signale von unterschiedlicher physikalischer Natur, die Kenntnisse (Wissen) ausdrücken, das im sozialen Milieu zirkuliert und das von maschinellen oder automatisierten Einrichtungen (z. B. von EDVA, von Lochkartenrechenmaschinen usw.) gesammelt, bearbeitet und ausgegeben wird. Eine Existenzform der maschinellen Information bilden die verschiedenen künstlichen Sprachen, die auf der Basis von natürlichen Sprachen entwickelt wurden. Eine Sprache, in der eine maschinelle Information ausgedrückt wird, besteht aus einer Folge von Zeichen, Stromimpulsen usw., denen erst bei ihrer Nutzung durch den Menschen ein Sinn beigegeben wird. Mit anderen Worten, die Form der maschinellen Information erhält ihren Sinn erst dann, wenn sie mit dem Menschen im System „Mensch–Maschine" in Wechselwirkung tritt. Eine maschinelle Information bleibt bei allen Umkodierungen unverändert erhalten.

Neben einer solchen Art von Informationen gibt es auch eine andere Art, die unmittelbar im Bewußtsein des Menschen mit Hilfe von logischen Regeln umgewandelt wird. Diese Informationen wollen wir semantische Informationen nennen. Das zweite Niveau einer formalisierten wissenschaftlichen Theorie besteht aus einer geordneten endlichen Menge von Elementen von semantischen Informationen, die durch Zeichen ausgedrückt werden, die eine Bedeutung besitzen, die durch ihren Sinn bestimmt wird.

Im Zusammenhang hiermit entsteht folgende Frage. Gehören zum Logischen nur die maschinellen Informationen oder nur die semantischen Informationen oder beide? Von der Antwort auf diese Frage hängt die Bewertung des Charakters des Prozesses der Informationsverdichtung ab. Wenn das Logische die maschinellen Informationen sind, so ist es prinzipiell möglich, sämtliche Gedankenoperationen, die in der wissenschaftlichen Erkenntnis Anwendung finden, zu formalisieren, und damit das wissenschaftliche Schöpfertum voll zu automatisieren. Wenn dagegen das Logische die semantischen Informationen sind, so kann man es nicht vollständig formalisieren. Dann bilden sämtliche maschinellen und automatischen Informationsumwandler, insbesondere die EDVA, Einrichtungen, die gleiche Funktionen wie das menschliche Gehirn ausüben. Wenn dagegen die Antwort so ausfällt, daß zum Logischen sowohl die maschinellen Informationen als auch die semantischen Informationen gehören, dann stellen die Maschinen denkende Maschinen dar, und die gesamte Sphäre des wissenschaftlichen Schöpfertums kann im Prinzip ihnen übertragen werden, während sich die Rolle des Wissenschaftlers auf die Rolle einer Bedienungskraft an einem solchen Denkmechanismus beschränkt. Vom Gesichtspunkt des gesunden Menschenverstandes fällt es leicht, eine Antwort auf diese Frage zu finden, jedoch ist in Wirklichkeit dieses Problem ziemlich kompliziert.

Wenn es möglich würde, die theoretischen Informationen vollständig zu formalisieren, so würde sich damit die Möglichkeit eröffnen, eine „Logik der Entdeckungen" zu schaffen: durch Vertauschungsoperationen und Schlußregeln könnte man einen solchen erzeugenden Prozeß aufbauen, in dem in geronnener Form sämtliche theoretische Informationen über die Welt, auf einmal gegeben, niedergelegt wären. Die Sache bestünde dann nur darin, mit Hilfe einer Art von EDV diese Informationen in der Form einer formalisierten Aufzeichnung zu „entfalten".

In der Geschichte der Wissenschaft tauchte wiederholt das Problem der Schaffung einer „Logik der Entdeckung" auf [17]. Aristoteles sah in der von ihm geschaffenen „Logik" ein Instrument zur Feststellung der Wahrheit nicht nur auf dem Gebiet der „ersten Philosophie" (der Wissenschaft über die Grundursachen und Urgründe), sondern auch in der Mathematik, in der Ethik, der Politik, in der Lehre von den Bewegungen („Physik"), in der Klassifikation der Tiere usw. Infolgedessen war die Logik von Aristoteles nicht einfach eine Beschreibung von Schlüssen (wie z. B. in der Logik der Stoiker, in der die Schlüsse logische Variablen waren und die Verbindungen der Existenz einzelner Fakten fixierten), sondern ein Instrumentarium zum Beweis der Wahrheit in der Erkenntnis der Wirklichkeit, ein heuristisches Mittel zur Wahrheitsfeststellung.

Galilei, Descartes, Bacon und viele andere Denker der Neuzeit verwandten nicht wenig Anstrengungen darauf, ein „neues Organon" zu finden, d. h. eine solche Art von Logik, die in der Lage war, nicht nur als Norm für die Richtigkeit des Denkens aufzutreten, sondern vielmehr als Mittel zur Gewinnung von neuen Informationen über die Wirklichkeit. Descartes in seiner bekannten Arbeit „Discours de la méthode pour bien conduires sa raison et chercher la vérité dans les sciences" (Abhandlung über die Methode, um gut seinen Verstand zu führen und die Wahrheit in den Wissenschaften zu suchen); Leibniz in seinem Werk „Nouveaux essais sur l'entendement humain" (Neue Essais über den menschlichen Verstand), Bacon in „Novum organum scientiarum" (Neues Organon der Wissenschaften) waren bestrebt, bestimmte logische Regeln für das Auffinden eines vorher unbekannten Wissens von der Welt aufzustellen. Leibniz machte z. B. in seinen im Jahre 1901 veröffentlichten Manuskripten einen Entwurf zu einem Kalkül von Prädikaten. Er war bestrebt, einen solchen Kalkül der Beweisführung zu schaffen, der gleichzeitig einen allgemeinen qualitativen Kalkül darstellte, d. h. ein Handeln mit Hilfe von Zeichen, die in allen möglichen anderen logischen Schlüssen Anwendung finden konnten. Nach Meinung von Leibniz müßte es möglich sein, eine besondere Art Universalsprache zu schaffen, die es ermöglicht, beliebige Erkenntnisaufgaben zu lösen. Diese Sprache, die in der Form eines einheitlichen Systems von formallogischen Kalkülen aufgefaßt wurde, mußte nach Meinung von Leibniz eine Art Programm für eine algorithmische Lösung sämtlicher Forschungsprobleme sein. In einem solchen Falle ist das Schöpfertum ein vollständig formalisierbares System, und aus diesem Grunde wird es möglich, daß ein Universalprogramm existiert, das es gestattet, wissenschaftliche Entdeckungen durch einen Satz vorher definierter logischer Regeln zu machen.

Die formalen und logischen Denkprinzipien waren auch ein Hauptforschungsobjekt von I. Kant. Er stellte sich das Ziel aufzudecken, wie Denken und Verstand die Natur erforschen. Nach Kants Meinung besitzt das Denken eine kategorienmäßige Struktur, die im Verhältnis zu den sinnlichen Erfahrungen eine regulierende und lenkende Funktion ausübt. Die gleiche Bedeutung besitzt in der Erkenntnis der Ideen die Vernunft. Den Anwendungsgebieten des Verstandes und der Vernunft sind Grenzen gesetzt: ihre Überschreitung führt zu falschen Schlüssen und zu falschen, illusorischen Urteilen. Ungeachtet einer Reihe von zweifellos kunstreichen Entdeckungen Kants in bezug auf „das schöpferische Laboratorium" des menschlichen Verstandes blieb die Aufgabe, eine „Logik der Entdeckungen" zu schaffen, unlösbar. J. St. Mill, durch die Mißerfolge seiner Vorgänger gewarnt, war gezwungen niederzuschreiben: „Wenn man auch den Erfindungsgeist entwickeln kann, so kann man ihn doch keinen bestimmten Regeln unterwerfen; es gibt keine Wissenschaft, die dem Menschen die Fähigkeit gibt, in seinem Verstand eben das hervorzubringen, was seinem Ziel entspricht" [198, S. 257]. Mit den Problemen der bewußten Lenkung des schöpferischen Prozesses beschäftigten sich in dem einen oder anderen Grad bekannte Wissenschaftler wie B. Bolzano, H. v. Helmholtz, H. Poincaré, Polya u. a.

Neue Hoffnungen auf die Automatisierung schöpferischer Prozesse wurden durch die Erfolge der Kybernetik geweckt. Die EDVA stellen sogenannte heuristische Programme auf, sie „spielen" Schach und Dame, sie führen die Recherche der vom Forscher benötigten Informationen durch. Der Kreis der von EDVA lösbaren Aufgaben nimmt in schnellem Tempo zu. Gibt dies aber Grund zu schlußfolgern, daß diese Erfolge der Kybernetik uns dem von Descartes, Bacon und anderen Denkern der Vergangenheit gestellten Ziele näherbringen? Ist denn prinzipiell eine Situation möglich, daß eine Maschine Informationen erarbeiten wird, die Neuheitswert besitzen? Wird in einem solchen Falle der Wissenschaftler dann als Co-Autor der von einer EDVA gemachten wissenschaftlichen Entdeckung, als gleichberechtigter Kollege eines „denkenden" Automaten auftreten?

Heutzutage bilden EDVA bereits eine unabdingbare Voraussetzung für die Realisierung vieler wissenschaftlicher Forschungsarbeiten. So wurde z. B. in Brookhaven (USA) von einer Gruppe von Experimentatoren die Verteilung der Nukleonen und anderer Teilchen an Nukleonen untersucht. Dies konnte nur geschehen, weil eine EDVA innerhalb einer Stunde eine statistische Analyse von 1,5 Mill. experimentellen Daten vornahm. I. A. Akčurin, der diese Experimente auswertete, gab folgende Prognose ab: „Im Prinzip blieben nur wenige Schritte zu tun — und in den nächsten Jahren werden diese Schritte zweifellos getan werden, damit eine solche Lage sich ergibt, daß neue Elementarteilchen von folgendem Komplex entdeckt werden: Beschleuniger + registrierende Einrichtung + elektronische Rechenmaschine, ohne irgendwelche unmittelbare Mitwirkung eines Physikers im Prozeß des Experimentes selbst" [176, S. 96]. Möglicherweise wird gerade infolge einer allseitigen Einführung der EDVA in die Praxis der wissenschaftlichen Forschung die lange gesuchte „Logik der Entdeckungen" praktisch, auf Grund der Erfahrungen der Wissenschaft realisiert?

Vor mehr als 100 Jahren sagte Lady Lovless, die Tochter von Lord Byron, die als erste ein Programm für eine Ziffernrechenmaschine entwickelte: „Eine analytische Maschine kann nicht auf die Schaffung von irgend etwas Neuem prätendieren. Sie ist nur in der Lage, das auszuführen, für das wir sie anzustellen vermögen" [199, S. 30]. Stimmen aber heute noch die abwertenden Worte von Lovless über die Möglichkeiten der Rechentechnik? Auf diese Frage kann man keine eindeutige Antwort geben.

Die modernen elektronischen Rechenmaschinen mit allgemeiner Zweckbestimmung bleiben tatsächlich „Idioten", d. h. sie erfüllen nur die Aufgaben, die der Mensch vorher programmiert hat. Zuerst werden einfache Methoden und Prozeduren (oder Algorithmen) aufgestellt, die eine Reihe von Operationen in einer bestimmten Reihenfolge darstellen. Ihre Durchführung wird durch die Stellung von logisch eindeutigen und unzweideutigen Bedingungen gesichert. Auf der Grundlage des aufgestellten Algorithmus wird ein Programm ausgearbeitet, das für die Rechenmaschine aus einem bestimmten Zeichenvorrat kodiert wird. Ein Mensch, der das Programm kennt, kann jeden „Schritt" der Maschine voraussehen.

Damit eine elektronische Datenverarbeitungsmaschine erfolgreich arbeiten kann, müssen ihre Arbeitsmethoden und Arbeitsprozeduren relativ einfach sein. Gerade dies hat auch die häufig bei Spezialisten auf dem Gebiet der Rechentechnik vorhandene Meinung über die „Unvernunft" der modernen Rechenmaschinen allgemeiner Zweckbestimmung verstärkt. Einige Autoren sprechen aus diesem Grunde der EDVA eine Logik in ihren Handlungen ab. So schreibt A. P. Gokieli: „Verwandlungen in ‚logische Maschinen' nach dem Schema der mathematischen Logik stellen keine logischen, sondern mathematische Umwandlungen dar . . ." [200, S. 339] Hierbei geht man davon aus, daß eine EDVA „nicht das mechanisiert, das innerlich dem begrifflichen Denken teilhaftig ist, sondern das, was als Eigenschaft äußerlich den Denkprozeß begleitet und das selbst einen gewissen automatischen Charakter besitzt" [200, S. 417]. Aber sind denn z. B. die logischen Verknüpfungen (Bindewörter) „und", „oder", „es ist nicht wahr, daß", „ist äquivalent mit" „schließt aus" nicht nur „äußere Begleiter" des Denkens. Sie organisieren im Innern das Schließen, spiegeln wesentliche Verbindungen der Wirklichkeit wider und werden nichtsdestoweniger „mechanisiert".

Zuweilen wird folgendes Argument entgegengehalten: „In der Maschine findet kein wirklich logischer Prozeß der Ziehung eines Schlusses aus einem anderen statt, da dieser Prozeß mit dem Verstehen der Bedeutung der Ausgangsthesen und der Endergebnisse der Schlußfolgerung verbunden ist. Die Maschine kopiert nur den einen Teil von ihr, der mit dem Operieren mit Gedanken als sinnlichen Zeichen nach bestimmten Gesetzen verbunden ist, für die man in der Maschine das materielle Analogon finden kann" [201, S. 165]. Folglich sind die Handlungen der Maschine „nicht-logische" Handlungen, weil sie nur einen Teil des Denkens des Menschen kopiert (ohne sein „Verstehen der Bedeutung der Schlußfolgerungen"). Aber dieser mechanisierte und abkopierte Teil bildet einen logischen Prozeß, dargestellt in der Form eines Schemas für Schlußfolgerungen in einer bestimmten mathematischen Operation. So wie für den Menschen ist auch dieser Prozeß für die Maschine durch sinnliche Zeichen ausgedrückt: für den Menschen in Form einer natürlichen oder formalisierten Sprache; für die Maschine in der Art von nur formalisierten Aufzeichnungen. Was die „Deutung" der sinnlichen Zeichen, ihr „Verstehen" anbelangt, so hängt dies davon ab, ob ein entsprechendes Programm in die EDVA eingegeben wurde. Wenn man der Maschine ein logisches Handeln abspricht. dann verbietet sich ein Dialog zwischen Maschine und Mensch, den die Kybernetik anstrebt, indem sie den Komplex „Maschine—Mensch" vervollkommnet. Selbstverständlich denkt eine Maschine nicht in dem Sinne, wie dies der Mensch tut, aber die Logik ihrer Handlungen wird von der Logik der ihr zugrunde liegenden und vom Menschen entäußerten konstruktionstechnischen Ideen bestimmt. Die Umwandlung der menschlichen Tätigkeit ist nicht einfach eine materielle, sondern auch eine Verkörperung von Wissen, der Logik des Handelns des Menschen zur Umwandlung von Wissen.

Das Logische ist nicht nur der Inhalt, sondern auch die Form des

Denkens. Aus diesem Grunde hat es die EDVA mit der Form des Denkens zu tun. Die „Unvernunft" der Maschinen besteht nicht darin, daß sie unlogisch handeln, besteht nicht in dem mechanischen Wechsel des Aufleuchtens des Lichtes von Trioden, sondern darin, daß sie nur die Logik eines Programmes realisieren, das von einem Wissenschaftler aufgestellt wurde und den Verlauf seiner Schlußfolgerungen, seines Denkens verkörpert.

Die „Unvernunft" der EDVA wird durch die positiven Besonderheiten der Arbeit der Rechenmaschinen vollauf kompensiert: die Objektivität ihrer Entscheidungen, ihre Wiederholbarkeit, ihre Zuverlässigkeit und Schnelligkeit.

Gleichzeitig erfaßt eine EDVA tatsächlich nicht den Inhalt des „Logischen"; sie hat es im wesentlichen nur mit dem „mathematischen Skelett" der Denkoperationen, mit der *Form* des Logischen zu tun. Eine maschinelle Information besteht aus einer Zeichenfolge, deren Wirkungen durch vorher eingegebene Regeln bedingt sind. Damit sie zu einer semantischen Maschine wird, sie den Sinn einer wissenschaftlichen Information erfaßt, müßte sie eine Interpretation der Formeln auf einem bestimmten inhaltlich gegenständlichen Gebiet vornehmen. Eine solche Interpretation kann logisch und alogisch erfolgen.

Eine logische Interpretation besteht in dem Vergleich von Formeln als Aussagen mit den Bedeutungen der Wahrheit der Aussagen in logischen Situationen. Beispiele einer solchen Interpretation, insbesondere von Konstruktionen einer mehrwertigen Logik, sind bei A. A. Zinov'ev [186, S. 169–176] zu finden.

Alogische Interpretationen bestehen in dem Vergleich von Formeln mit gegenständlichen Gebieten, wobei die Formeln als Gegenstände dieser Gebiete und die Wahrheitsbedeutungen als mögliche Eigenschaft dieser Gegenstände angesehen werden. Zum Beispiel wird die mehrwertige Logik auf diese Weise auf einem gegenständlichen Gebiet, nämlich dem Gebiet der Relais-Kontakt-Schemata so interpretiert [202]. Ihre „Fakten" sind nicht mit den empirisch ermittelten wissenschaftlichen Fakten identisch. Das Hauptziel von solchen Interpretationen besteht in der Feststellung des eigentlich formal-logischen Teils einer wissenschaftlichen Theorie. In dem Maße, in dem dieses Ziel erreicht wird, wird die Zweckmäßigkeit der Teilung zwischen analytischen und synthetischen Wahrheiten, oder, wie man sie noch in der Logik nennt, zwischen F-Wahrheiten und L-Wahrheiten gerechtfertigt.

In der Naturwissenschaft gibt es aber außer Formalismen auch noch ihre inhaltliche Interpretation. A. Einstein schrieb, indem er gegen die neopositivistischen Auffassungen in der Physik polemisierte: „Die

Physikbücher sind voll von komplizierten mathematischen Formeln. Aber den Beginn jeder physikalischen Theorie bilden Gedanken und Ideen und nicht Formeln" [203, S. 530]. Dieser Umstand ist von entscheidender Bedeutung für die Feststellung der Wahrheit einer theoretischen Information.

Eine formalisierte Theorie wird auf gegenständlichen Gebieten interpretiert. Es werden verschiedene Arten von Interpretationen vorgenommen: eine semantische, eine modellierende, eine vermittelte Interpretation (eine Interpretation mit Hilfe eines logischen Systems) als Unterart einer semantischen Interpretation und schließlich eine empirische Interpretation.

Wenn in den mathematischen und eng mit ihnen verbundenen Wissenschaften häufig eine semantische und modellierende Interpretation Anwendung finden, so findet auf den meisten Gebieten der Naturwissenschaft und der Gesellschaftswissenschaft überwiegend eine empirische Interpretation Anwendung, indem die Formalismen mit den Angaben über die Objekte verglichen werden, die mit Hilfe der Beobachtung oder des Experiments fixiert werden können.

Die semantische Interpretation bildet eine besondere Form der Abspiegelung einer formalisierten Theorie, die Variable als Hauptbestandselemente ihrer Struktur enthält, auf eine andere konkretere Theorie. Im Ergebnis einer solchen Abspiegelung vollzieht sich die Ersetzung der Variablen durch konstante Elemente der konkreteren Theorie: die Bedeutungen der Elemente dieser Theorie werden zu Definitionen der Ausgangszeichen einer formalisierten Theorie. Diese Art der Interpretation findet in breitem Umfang in deduktiven Theorien Anwendung, während sie in der Form ihrer Unterarten (der modellierenden und vermittelten Interpretation) auch in nicht-deduktiven Systemen Anwendung findet.

Die modellierende Interpretation einer formalisierten Theorie kann mit Hilfe einer Reihe von Modellen erfolgen, die den Ausgangszeichen einer Theorie nicht nur Bedeutung verleihen, sondern auch ihre einzelnen Thesen illustrieren, sie offenkundig machen, als Gedächtnisstütze dienen usw. Ein Modell fixiert die Struktur von Objekten, die Beziehungen zwischen Elementen mit Hilfe ihrer abstrakten Darstellung in der Form bestimmter Mengen von abstrakten Objekten.

Besondere Bedeutung besitzt in der modernen Wissenschaft die empirische Interpretation, die es möglich macht, den Sinn der in Theorien verwendeten Termini zu erfassen, ihnen eine Auslegung gibt. In der theoretischen Physik versuchen, wie W. Heisenberg schreibt, die Naturforscher eine Gruppe von Erscheinungen zu verstehen, indem sie mathematische Symbole einführen, die in Übereinstimmung mit bestimmten Fakten, insbesondere mit Meßergebnissen, gebracht werden können: [204, S. 145]. Die empirische Interpretation vollzieht die „Übersetzung" einer abstrakt-theoretischen Bedeutung in eine empirisch-offensichtliche, eine verständliche Bedeutung. Die „Übersetzung" von Formalismen in eine natürliche Sprache mit Hilfe ihrer Interpretation in Systemen von Objekten stellt eine Suche nach der Bedeutung der formalen Konstruktionen der modernen Wissenschaft dar.

Damit bildet das Logische die inhaltliche Bedeutung, die durch eine bestimmte Sprache ausgedrückt wird und aus Kalkülen und ihren Interpretationen in bestimmten gegenständlichen Gebieten besteht.

A. L. Subbotin hob in Beantwortung der Frage, welche Art von Beziehungen man logische und welche man außerlogische Beziehungen nennen müsse, ebenfalls die Einheit von Formalismus und seiner inhaltlichen Interpretation hervor. „Wenn ein logisches System ein Formalismus ist, der in der Einheit mit seiner bestimmten inhaltlichen Interpretation gesehen wird, welchen Charakter besitzt aber dann die syntaktische Struktur des Formalismus? Oder kann man ein logisches System einen Formalismus an sich in seinem syntaktischen Inhalt nennen; aber legen wir dann den Begriff des „Logischen" nicht zu weit aus? Nach unserer Auffassung ist es richtig, der ersten Alternative den Vorzug zu geben und wir sind geneigt, in der reinen Syntax nur das mathematische Skelett eines Systems zu sehen. Auf bestimmte logische Objekte sind mathematische Methoden offensichtlich ebenso erfolgreich anwendbar wie auf Objekte einer anderen, physischen Natur" [205, S. 100].

In Verbindung mit einer solchen Fragestellung gewinnt das Problem der Universalität der Logik große Bedeutung, über das in der letzten Zeit umfassender in der Literatur diskutiert wurde. A. A. Zinov'ev, M. V. Popovič, B. V. Birjukov, V. G. Kuznecov und andere Autoren vertreten in dieser Frage unterschiedliche Auffassungen. Die einen (z. B. M. V. Popovič und A. A. Zinov'ev) vertreten die These von der Universalität der Logik in dem Sinne, daß es eine logische Theorie gibt (d. h. daß eine solche konstruiert werden kann), die mit gleichem Erfolg für beliebige Ziele Anwendung finden kann. Zinov'ev sprach den Gedanken aus, daß der eigentlich logische Teil der modalen Logiken, der mit dem Begriff „logische Modalität" verbunden ist, auf die gewöhnliche deduktive Logik zurückgeführt werden kann, während Popovič, der diese These weiter entwickelte, behauptet, daß sie auch auf die Wahrscheinlichkeitslogik und auf die induktive Logik anwendbar ist. Nach seiner Auffassung finden die „Induktion und andere Methoden des Schließens, soweit sie einen Beweis darstellen, im Rahmen einer deduktiven Theorie des logischen Schlußfolgerns Platz" [206, S. 110].

Die Vertreter des entgegengesetzten Standpunktes lehnen die Universalität der Logik ab und sehen es allein durch die Tatsache, daß mehrere Dutzend verschiedene logische Theorien existieren, als erwiesen an, daß die Logik von einem gegenständlichen Gebiet abhängig ist. Nach ihrer Auffassung bedingen die ontologischen Besonderheiten des zu untersuchenden gegenständlichen Gebietes die „Logik" der Widerspiegelung. Hierin sind sie geneigt, die „Identität von Denken und Sein" zu sehen; die logischen Gesetze erscheinen als Ebenbild der Gesetze der objektiven Welt in „subjektiver Form".

Die Vorstellung von der Universalität der Logik wurde von Leibniz formuliert und von Hegel und seinen Schülern weiterentwickelt. Sie besteht darin, daß die Gesetze des Denkens mit den Gesetzen der objektiven Welt übereinstimmen. Aus diesem Grunde kann man die Gesetze des Denkens unabhängig von dem zu untersuchenden gegenständlichen Gebiet erfassen und auf ihrer Grundlage ein „Gedankenalphabet" aufbauen. Die richtige Anwendung dieses „Gedankenalphabets" verhilft uns automatisch dazu, daß wir inhaltlich bedeutsame Mitteilungen über die Welt erhalten.

Bei dem Problem der Universalität der Logik muß man unserer Auffassung nach zwei Aspekte unterscheiden: einen eigentlichen logischen Aspekt und einen methodologischen Aspekt. Wenn man mit dem Begriff das „Logische" nur die formale Beschreibung bestimmter logischer Prozesse in der wissenschaftlichen Erkenntnis erfaßt und von einer bestimmten Interpretation dieser Beschreibung abstrahiert wird, so ist die Logik selbstverständlich universal. Unabhängig von der Quantität der gegenständlichen Gebiete, derjenigen Sachen, Beziehungen und Eigenschaften, die sie umfassen, existieren einheitliche universale Beweisregeln, d. h. Gesetze des Denkens als identisch-wahre Formeln (Aussagen) einer logischen Theorie, die bei beliebigen Bedeutungen der Variablen wahr sind. Hierbei wird die Frage nach der Vollständigkeit einer logischen Theorie nicht in Betracht gezogen. Wenn man aber mit dem Begriff des „Logischen" nicht nur den Formalismus als „mathematisches Skelett" der wissenschaftlichen Schlüsse, sondern auch seine inhaltliche Interpretation erfaßt, dann entsteht auch ein anderer, ein methodologischer Aspekt. Er besteht in folgendem: welche Beziehungen bestehen zwischen einer interpretierten formalen Beschreibung und dem realen logischen Prozeß? Diese Frage bezieht sich selbstverständlich auf den Inhalt und nicht auf die Form der wissenschaftlichen Schlüsse. In diesem Falle und bei einer solchen Fragestellung kann das Problem der Universalität der Logik nicht eindeutig gelöst werden. Gerade dieser Aspekt ist aber für die Analyse von verdichteten theoretischen Informationen wichtig, die in wissenschaftlichen Texten in der Regel eine bestimmte Interpretation besitzen.

Folglich ist das Logische nicht die maschinelle Information, sondern die semantische Information, die man nicht vollständig formalisieren kann.

Bekanntlich hat seinerzeit J. Gilbert ein Programm für den Aufbau der Mathematik nach bestimmten „finiten" intuitiven Schlüssen entwickelt, die a priori absolut wahr sind. Er ging davon aus, daß man die Sprache der Mathematik so formulieren müßte, daß in ihr die Schlüsse Schlußfolgerungen nach exakt festgelegten Regeln darstellen. Eine mechanische Anwendung dieser Regeln muß unabhängig von der Bedeutung der Objekte zu richtigen Schlußfolgerungen führen. Formalisierte Schlüsse müßten Gegenstand der Mathematik werden, in der nur finite Methoden zugelassen sind.

Das Programm von Gilbert erwies sich als nicht durchführbar. Im Jahre 1931 wies K. Gödel nach, daß die Widerspruchsfreiheit einer genügend reichen und entfalteten Theorie nicht mit Mitteln erreicht werden kann, die in der gleichen Theorie formalisiert werden können. Eine Theorie ist entweder widersprüchlich oder sie taugt nicht zur Formalisierung des Beweises der eigenen Widerspruchsfreiheit. Gödel wies nach, daß die Formeln eines Systems in der Form von Zahlen darstellbar sind. In Termini dieser Vorstellung kann man eine Formel entwickeln, die von ihrer eigenen Unbeweisbarkeit spricht. Im Rahmen dieses Systems kann eine solche Formel weder etwas beweisen noch etwas widerlegen. Das Theorem von Gödel ist von entscheidender Bedeutung für die Bestimmung der Grenzen einer Formalisierung des logischen Denkens. A. L. Subbotin schreibt: „Aus der Richtigkeit des Gödelschen Theorems über die Unvollständigkeit der breiten Klasse solcher widerspruchsfreier Systeme muß man offensichtlich den Schluß ziehen, daß, wenn in einem logischen Kalkül eine bestimmte inhaltliche Theorie formalisiert wird, so kann sie in diesem Kalkül nicht vollständig widergespiegelt werden. Eine logische Formalisierung erfolgt stets im Rahmen bestimmter Grenzen und auf jeder Etappe bleibt ein bestimmter nicht aufgedeckter, nicht formalisierter Rest übrig. Zwar bleibt die Möglichkeit offen, ein umfassenderes System aufzubauen, das einen Teil dessen formalisiert, das vorher nicht erfaßt wurde, und in dem bereits eine bestimmte Antwort auf die Frage der Ableitbarkeit der uns interessierenden Klasse von Aussagen gegeben wird. Aber auch in diesem System werden wiederum neue unlösbare Aussagen festgestellt, die uns dazu zwingen, unseren logischen Apparat erneut umzubauen usw. Auf diese Weise kann man eine immer mehr in die Tiefe gehende Formalisierung eines zu untersuchenden Inhalts vornehmen, ohne jedoch jemals eine absolute Vollkommenheit zu erreichen. In dieser ständig aufgelösten und trotzdem immer wieder neu entstehenden Nichtübereinstimmung zwischen der Formalisierung und dem zu formalisierenden Inhalt kann man einen dialektischen Widerspruch sehen – die innere Quelle für die Entwicklung der formalogischen Mittel der Wissenschaft" [205, S. 22f.].

Im letzten Jahrzehnt fanden in der Wissenschaft mathematische Methoden, insbesondere die Mittel der Algebra, eine immer größere Verbreitung. Die Anwendung der Algebra in der Wissenschaft (insbesondere der Lieschen Algebra, der algebraischen Geometrie, der kommutativen Algebra und anderer mathematischer Methoden) war durch die große Masse der Größen bedingt, mit denen es die moderne Wissenschaft zu tun hat, wenn sie Erscheinungen der Realität studiert.

Nach unserer Auffassung ist dies keine zufällige Erscheinung. Sie hängt mit dem Prozeß der Erhöhung der „Informationskapazität" der in der Wissenschaft verwendeten Begriffe, mit der Verdichtung der theoretischen Informationen zusammen. Algebraische Konstruktionen nehmen im Verhältnis zu anderen Konstruktionen eine große Menge an Informationen auf. Die Entwicklung eines wissenschaftlichen Gedankens stellt einen kontinuierlichen Prozeß der Zunahme der Menge an theoretischen Informationen über die Realität und über ihre Elemente dar. Von Zeit zu Zeit entsteht in der Wissenschaft eine Situation, wo ihre Entdeckungen so viele Informationen enthalten, daß sie mit den vorhandenen mathematischen Mitteln nicht mehr ausgedrückt werden können. In diesem Falle kommt die Algebra den Wissenschaftlern zu Hilfe. So war es im 17. Jahrhundert, als die Geraden, Kurven, Flächen und unterschiedlichsten Oberflächen nicht mehr mit Hilfe von Gleichungen erfaßt werden konnten. Descartes arbeitete damals die Methode der orthogonalen Koordinaten aus, mit deren Hilfe es möglich wurde, die o. a. Objekte durch algebraische Gleichungen auszudrücken. Zu Beginn des 20. Jahrhunderts entfaltete sich die algebraische Topologie. Die von ihr untersuchten topologischen Räume werden mit anderen algebraischen Objekten – mit Gruppen vom Homologien und Cohomologien – verglichen.

Heutzutage benötigt die Wissenschaft, die die „Informationskapazität" ihrer Begriffe im Zusammenhang mit dem Studium der Welt der

Elementarteilchen außerordentlich vergrößert hat, ebenfalls einen neuen algebraischen Apparat. Möglicherweise hat dies zu der Lage geführt, daß in der modernen Mathematik sich diejenigen Abschnitte am stürmischsten entwickeln, die mit der Algebra zusammenhängen: die allgemeine Theorie der Kategorien und Funktoren, der Topologien geschichteter Räume, die kommutative Algebra usw. Aber auch sie können nicht die gesamte Vielfalt der Eigenschaften der Realität ausdrücken, weil jedes Einzelne ein Teil des Unendlichen ist, und dieses Einzelne auszudrücken die Unendlichkeit zu beschreiben bedeutet. Es ist verständlich, daß dies eine unlösbare Aufgabe ist. Wir wollen dies am Beispiel der Anwendung der linearen Algebra in der Wirtschaftswissenschaft erläutern.

Die Größen, die in einer Kennziffer einer Zweigverflechtungsbilanz organisiert sind, kann man durch ein System von linearen Gleichungen ausdrücken. Die Beziehungen zwischen den Kennziffern werden als funktionale Verbindung eines unendlichen Systems von Punkten in einem n-dimensionalen Raum in Form einer Hyperfläche dargestellt. Damit ergibt sich die Möglichkeit, die diskreten Bedeutungen der Funktion zu finden, d. h. die Extremalbedeutungen der Funktion unter eingeschränkten Bedingungen zu definieren. Lineare Abhängigkeiten von solcher Art finden sich häufig in der Wirtschaft. Mit Hilfe der linearen Programmierung wurde es möglich, ökonomische Situationen, die als lineare Funktionsverbindungen dargestellt werden, mit Hilfe des Apparates der linearen Algebra widerzuspiegeln. Sie wird auch durch eine mathematische Analyse ergänzt. Die Wirtschaft bildet jedoch eine Gesamtheit von äußerst komplizierten, miteinander verflochtenen Verbindungen. Ihre überwiegende Masse ist nichtlinear. Eine allgemeine mathematische Theorie der nichtlinearen Verbindungen wurde bekanntlich noch nicht geschaffen und aus diesem Grund läßt sich ein großer Teil von ökonomischen Verbindungen nicht ausdrücken. Ist es nun aber möglich, eine Theorie der nichtlinearen Verbindungen der Wirtschaft zu schaffen?

Um eine Antwort auf diese Frage zu geben, muß man sich daran erinnern, daß die Produktion in erster Linie eine Produktion von Gebrauchswerten ist. Es ist unmöglich, eine allgemeine ökonomische Kennziffer für sämtliche konkreten Arten der Arbeit in der Gesellschaft zu finden. Auch unter den Bedingungen des Sozialismus bleibt die Ware nach einem Ausdruck von Karl Marx der Leveller (Gleichmacher) der verschiedenen Werte. Aber jede Ware ist nicht nur das Ergebnis von lebendiger Arbeit, sondern auch von vergangener, in den Arbeitsmitteln, Rohstoffen usw. vergegenständlichter Arbeit.

Aus diesem Grunde bedeutet, die nichtlinearen Verbindungen in der Wirtschaft widerzuspiegeln, die gesamte Menge von historischen Bedingungen, die zur Schaffung einer bestimmten Produktion geführt haben, aufzudecken, oder mit anderen Worten, in das Verständnis der Wirtschaft bewußt eine Abstraktion der aktuellen Unendlichkeit einzubeziehen. Damit ergibt sich, daß die Aufgabe aus einer unendlichen Zahl von Unteraufgaben, Schritten, Lösungen usw. besteht, von denen keine einzige abgeschlossen ist.

Die sich entwickelnden Methoden der nichtlinearen Programmierung (quadratische, dynamische Programmierung) besitzen einen eingeschränkten Geltungsbereich und finden nicht so sehr in Aufgaben Anwendung, in denen die nichtlinearen Beziehungen bekannt sind, sondern in der Hauptsache dort, wo es künstliche Einschränkungen gibt. Solche können z. B. Straftarife sein. Außerdem wird die Nichtlinearität als Gegebenheit und nicht im Prozeß der Entwicklung von ökonomischen Beziehungen betrachtet.

Das Vorhandensein von Grenzen für eine Formalisierung des wissenschaftlichen Wissens bestätigen auch die Schlußfolgerungen der Forschungen auf dem Gebiet der mathematischen Logik über die Möglichkeiten eines automatischen Aufbaus von wissenschaftlichen Theorien. Um die EDVA als Instrument einzusetzen, das eine Theorie aufstellt, müssen ihr die Ausgangsprinzipien, das Endziel (die Grenze) ihrer Entwicklung und ein entsprechendes Programm gegeben werden. Die Ausgangsprinzipien kann man formulieren, man kann auch ein Programm für ihre Entwicklung aufstellen, aber die Bestimmung der Grenzen einer Theorie erweist sich als eben derjenige nichtformalisierbare „Rest“, der die Aufgabe unlösbar macht. Als höchste Form der Verdichtung von wissenschaftlichen Informationen besitzt die Theorie eine komplizierte Struktur. Neben den Kernen der Informationsgerinnung (den Abstraktionen und konstruktiven Objekten), umfaßt sie eine faktographische Beschreibung, Schlußregeln, Aussagen, die mit den Kernen der Gerinnung der theoretischen Informationen korrelieren usw.

Als Grenze (äußerste Punkte) einer Theorie fassen wir das gegenständliche Gebiet, das nach einer beliebigen endlich großen Zahl von Applikationen (Anwendung einer Theorie zur Erklärung von Fakten) auftritt, bei dem, wenn man auf es diese Theorie in üblicher Weise anwendet, dies zu logischen Widersprüchen führt. Die Entwicklung einer Theorie ist ein Prozeß der Informationsverdichtung. D. P. Gorskij stellt als anschauliches Beispiel für „intensiviertes“, „verdichtetes“ Wissen [187, S. 271] die axiomatischen Theorien heraus. In ihnen wird in geronnener (verkürzter) Form die gesamte Menge an Wissen (Theoremen) widergespiegelt, das zu einem bestimmten Objektkreis gehört. In der modernen Wissenschaft gewinnen solche Arten von Theorien eine immer größere Bedeutung, die in höchstem Grade verdichtete wissenschaftliche Informationen enthalten. Von ihnen finden besonders häufig die hypothetisch-deduktive, die genetische und die axiomatische Form des Aufbaus von Theorien Anwendung.

Eine wissenschaftliche Theorie besitzt Grenzen für ihre Entwicklung (Ausdehnung). Von dem polnischen Logiker A. Lindenbaum wurden interessante Ergebnisse über sogenannte vollständige Supersysteme erzielt. Ausgehend von diesen Ergebnissen bewies T. Kubinski das Theorem: „Es existiert eine Menge S gemeinsam mit der ihre Folge darstellenden endlichen Funktion C mit folgenden Eigenschaften:

(1) Zu keinem einzigen widerspruchsfreien System, das sich auf S stützt, darf man sein widerspruchsfreies Supersystem konstruieren, das sich ebenfalls auf S stützt.

(2) Es gibt unendliche monotone Familien von widerspruchsfreien Systemen, deren Summen widerspruchsfreie Systeme sind."

Aus dieser Theorie zog Kubinski die Schlußfolgerung, daß es Grenzen für die Erweiterung von willkürlichen widerspruchsfreien und eine exakte logische Struktur besitzenden wissenschaftlichen Theorien gibt [207, S. 300f.].

Hier erhebt sich naturgemäß die Frage nach dem logischen Weg zur Bestimmung der Grenzen einer Theorie, d. h. der Grenzen für eine mögliche Verdichtung von Abstraktionen von wissenschaftlichen Informationen in ihrem Inhalt. Die Unlösbarkeit dieser Aufgabe ergibt sich unserer Auffassung nach als eine Schlußfolgerung aus dem Theorem von W. Kraigh, dessen logische Analyse in der Arbeit von E. E. Lednikov [208, S. 111–118] gegeben wird. Das Theorem von Kraigh besteht in folgendem: Wenn T ein theoretisches System darstellt, das eine rekursiv aufgezählte Menge von Axiomen besitzt, dann gibt es für es eine effektive Prozedur zur Lösung der Frage über die Zugehörigkeit einer willkürlichen, richtig aufgestellten Formel in T auf die Menge der Axiome A_i. Folglich existiert, wenn K eine beliebige rekursive Menge von außerlogischen (individuellen, funktionalen, prädikativen) Konstanten ist, die mindestens eine prädikative Konstante enthält, ein System, dessen Theoreme exakt die gleichen Theoreme von T darstellen, in denen es keine anderen als die zur Menge K gehörenden Konstanten gibt. Wenn wir annehmen, daß T einen bestimmten Teil der Naturwissenschaft ausdrückt und daß die Konstanten K zu „zu beobachtenden" Ereignissen gehören und in einer „empirischen" Sprache ausgedrückt sind, während andere, nicht zu beobachtende

Ereignisse „theoretische“ Ereignisse sind, so existiert ein System, das nicht die „theoretischen“ Konstanten verwendet und dessen Theoreme Theoreme von T sind, die die zu „beobachtenden“ Ereignisse und Sachen betreffen. Hieraus folgt, daß eine Axiomatisierung der Theorie T nur in dem Falle gegeben ist, wenn die Menge sämtlicher wahren Aussagen, die aus T abgeleitet und in einer „empirischen Sprache“ ausgedrückt wurden, bestimmt ist, d. h. wenn Informationen über sämtliche möglichen wahren empirischen Folgen der betreffenden Theorie vorhanden sind. Damit muß man, um die Grenzen einer axiomatisierten Theorie zu bestimmen, einen Ersatz für sie – ein System T – besitzen, von dem alles bekannt ist, und das seine Möglichkeiten als theoretisches System erschöpft, das eine heuristische Bedeutung besitzt. Folglich muß man, um die Grenzen einer Theorie zu kennen, zuerst diese in ihrer erschöpfend vollständigen Variante schaffen, analog wie man, wenn man eine Entdeckung voraussagen will, sie machen muß. Die Bestimmung der Grenzen einer Theorie ist nicht eine durch irgendeinen Algorithmus formalisierbare Prozedur, denn sie erfordert die Axiomatisierung der maschinellen und semantischen Informationen. Aus diesem Grunde ist die Aufgabe, mit Hilfe der EDVA den Prozeß des logischen Aufbaus von wissenschaftlichen Theorien vollständig zu automatisieren, ohne ihre heuristischen, voraussagenden Möglichkeiten erschöpft zu haben, eine unlösbare Prozedur.

In der letzten Zeit werden Versuche unternommen, die Möglichkeiten der Rechenmaschinen dadurch zu erweitern, indem man in ihnen das algorithmische Programm durch ein heuristisches Programm ersetzt, d. h. indem man Methoden zur Problemstellung und -lösung, die der Mensch anwendet, in die Maschine modelliert.

Ein heuristisches Programm unterscheidet sich wesentlich von einem algorithmischen Programm. Das Ziel eines heuristischen Programms besteht darin, Lösungen zu suchen. Die verschiedenen Kriterien zur Überprüfung der möglichen Kombinationen, Ziele und Teilziele werden durch die Maschine selbst überprüft. Der Mensch programmiert Prozesse der geistigen Arbeit, die an eine Intuition, an ein Schließen usw. erinnern, aber die Maschine wählt selbständig bei der Suche nach einer Lösung. Sie verwandelt sich aus einer „unvernünftigen“ immer mehr in eine „verständige“ Maschine. Innerhalb der Grenzen, die durch das Theorem von Gödel über die Formalisierbarkeit gesteckt sind, ist es möglich, eine beliebige Logik und eine entsprechende technische Konstruktion zu schaffen. Die bekannten amerikanischen Logiker Nagel und Newman schrieben: „Die Schlußfolgerungen von Gödel besitzen auch Beziehung zu der Frage, ob man Rechenmaschinen konstruieren kann, die in der Lage sind, den Kopf eines Mathematikers zu ersetzen. In der gegenwärtigen Vorstellung ist die Wirkungsweise einer solchen Maschine einem fixierten Satz von Regeln unterworfen, die in ihrer Konstruktion verkörpert wurden und in ihrem Arbeitsprinzip von einander folgenden Operationen genutzt werden. Im Lichte des Theorems von Gödel über die Unvollständigkeit der elementaren Zahlentheorie gibt es eine unendliche Menge von Aufgaben, die prinzipiell für diese Maschinen unlösbar sind, ganz gleich, wie kompliziert sie konstruiert sind und wie schnell sie arbeiten mögen" [209, S. 1695].

Kommen wir im Zusammenhang hiermit noch einmal auf ein Zeugnis eines Spezialisten auf dem Gebiet der Schaffung eines „maschinellen Intellektes" zurück. Der amerikanische Kybernetiker Newell schreibt: „Wir müssen die Möglichkeit haben, neue sprachliche Bedingtheiten auszudrücken, zweideutige und unklare Behauptungen aufzustellen, Probleme zu formulieren und Prozeduren festzulegen, die Syntax mit der Semantik zusammenmischen usw. Alles dieses ist, nicht nur für die Kommunikation, sondern notwendig auch deshalb, damit die Maschine diese Sprache zur inneren Lenkung und Lösung eines Problems verwendet. Man muß die Möglichkeit berücksichtigen, Doppelsinnigkeiten auszunutzen, was eine zusätzliche Forderung stellt, die an die Maschine gestellt werden muß. Wenn die Maschine nicht einen doppelsinnigen Begriff formulieren kann, so kann sie niemals die Arbeit an einer Reihe von konsequent angenäherten Bedeutungen beginnen, um eine exakte Lösung zu finden. Der Mensch muß seinerseits die Möglichkeit haben, in die Maschine unzweideutige Daten einzugeben. Anders kann er die Maschine nie dazu bringen, ihm bei der Formulierung einer komplizierten Lösung zu helfen" [210, S. 267f.].

Die „Annäherung" des heuristischen Programms von Maschinen an den menschlichen Verstand, von dem Newell schreibt, bildet die notwendige Zukunft der elektronischen Datenverarbeitungstechnik.

Auf der Grundlage dieser Darlegungen kann man folgende Schlußfolgerungen ziehen:

1. Eine universelle theoretische Information gibt es nicht. Sowohl in der Logik wie auch in der Mathematik und erst recht in der Physik und in den anderen Wissenschaften liegen den theoretischen Konstruktionen empirische Ausgangsprämissen zugrunde. Aus diesem Grunde ist eine theoretische Information stets an ein bestimmtes gegenständliches Gebiet „angebunden", das durch ein bestimmtes System von wissenschaftlichem Wissen widergespiegelt wird.

2. Eine Formalisierung von wissenschaftlichen Schlußregeln kann niemals die inhaltliche Seite dieser Schlußregeln erschöpfen und vollständig widerspiegeln. Im Zusammenhang damit bilden logische Mittel (hierzu gehören auch diejenigen, die durch die mathematische Logik vertreten werden) Voraussetzungen, um die Wahrheit zu finden, aber nicht den Weg, um sie zu entdecken. Das gleiche muß man auch von den mathematischen Methoden sagen. Ein mathematischer Apparat ist ein Satz von Zeichen, die erst nach der Interpretation dieser Zeichen anhand von empirischen Daten über Erscheinungen einen bestimmten Sinn bekommen. In Zusammenhang damit entsteht unausbleiblich das Problem des Verhältnisses des mathematischen Zeichens zu seinem Sinn, d. h. die Notwendigkeit einer Inhaltsanalyse, einer Interpretation.

3. Mathematische und logische Methoden sichern nur einen zuverlässigen Weg zu einer Entdeckung; sie verkürzen auf einzelnen Etappen diesen Weg: sie bilden aber kein Rezept für eine „Logik der Entdeckung".

4. Da das Logische die semantischen Informationen sind, so ist es unmöglich, sie erschöpfend zu formalisieren. Diese Einschätzung erstreckt sich selbstverständlich nicht auf die maschinellen Informationen.

3. Die wissenschaftliche Arbeitsorganisation – eine perspektivreiche Richtung zur Vervollkommnung der Organisation der Forschungsarbeiten in einem wissenschaftlichen Kollektiv

Eine effektive Anwendung der Mechanisierungs- und Automatisierungsmittel in einer wissenschaftlichen Forschungseinrichtung setzt voraus, daß die Arbeit im wissenschaftlichen Kollektiv rationell organisiert ist. Die WAOW (Wissenschaftliche Arbeitsorganisation der Wissenschaftler) ist eine angewandte „technologische" Richtung, die sich auf die Errungenschaften der „Wissenschaften von der Wissenschaft" gründet und die praktische Frage einer besseren Nutzung der materiellen und Arbeitskräfteressourcen in der Wissenschaft löst. Sie ist eng mit der WAO (wissenschaftlichen Arbeitsorganisation) sowie mit allen anderen Mitteln zur Erhöhung der Effektivität der Produktion verbunden.

Auf der Allunions-Beratung über Fragen der wissenschaftlichen Arbeitsorganisation in der Industrie und im Bauwesen, die in Moskau im Jahre 1967 stattfand, wurde folgende Definition des Begriffes WAO gegeben: „Unter den gegenwärtigen Bedingungen muß man eine solche Arbeitsorganisation als wissenschaftliche ansehen, die sich auf den Errungenschaften der Wissenschaft und den fortgeschrittenen Erfahrungen gründet, die systematisch in die Produktion übergeleitet werden, die es gestattet, auf die beste Art und Weise die Technik und die Menschen im einheitlichen Produktionsprozeß zu vereinigen, die die effektivste Nutzung der materiellen und Arbeitskräfteressourcen sichert, die ununterbrochen die Arbeitsproduktivität erhöht, die den Gesundheitsschutz des Menschen fördert und die mithilft, daß sich die Arbeit allmählich in das erste Lebensbedürfnis verwandelt" [122].

Die WAOW besitzt eine Reihe von spezifischen Besonderheiten, die diese zu einer selbständigen Richtung machen. In den letzten Jahren erschienen Arbeiten zur wissenschaftlichen Arbeitsorganisation von A. I. Ščerbakov, V. S. Sominskij, V. G. Fomin, A. S. Konson, P. B. Zavlin, A. P. Solov'ev, G. E. Slezinger, V. P. Vorob'ev, G. A. Samoilov und von anderen Autoren, in denen die psychologischen, physiologischen, produktionsmäßigen und anderen Faktoren untersucht werden, die zu einer Erhöhung der Effektivität der wissenschaftlichen Forschungsarbeit führen. Der Gegenstand der WAOW wird in ihnen als Gesamtheit von Bedingungen, Verfahren und Arbeitsmethoden definiert, die es gestatten, maximale Arbeitsergebnisse bei Verausgabung eines Minimums an materiellen Mitteln und menschlichen Anstrengungen zu erzielen [212]. Andere stellen die Spezifik des Schöpfertums heraus, verbinden sie aber nicht mit den Methoden der wissenschaftlichen Organisation der Arbeit der Wissenschaftler in wissenschaftlichen Forschungseinrichtungen selbst. Unserer Meinung nach hängt der Erfolg der Entwicklung und Einführung von Maßnahmen der WAOW davon ab, wie stark in ihnen die Besonderheiten der wissenschaftlichen Forschungsarbeit Berücksichtigung finden.

Die WAOW besteht in der Herstellung von optimalen quantitativen und qualitativen Beziehungen zwischen den schöpferischen Möglichkeiten der in der Forschung Beschäftigten, den Arbeitsmitteln und Arbeitsgegenständen, die unter den gegebenen Produktionsbedingungen bei minimaler Verausgabung von schöpferischen Anstrengungen und materiellen Mitteln ein maximales Ergebnis an wissenschaftlicher Produktion gewährleisten. Die WAOW ist ein Prozeß (und kein System) zur Aufrechterhaltung von für die schöpferische Arbeit günstigsten Bedingungen durch die Organisierung und Einführung eines Komplexes von ökonomisch-organisatorischen, technischen und biologisch-medizinischen Maßnahmen. Dementsprechend kann man die Hauptaufgaben der WAOW durch eine allgemeine Definition präzisieren:

1. Kaderauswahl und -einsatz in einem wissenschaftlichen Kollektiv;
2. Festlegung von Maßnahmen zur Arbeitszeitordnung;

3. Festlegung, welche persönlichen und beruflichen Eigenschaften die Mitarbeiter auf Grund der von ihnen auszuübenden funktionalen Verpflichtungen besitzen müssen;

4. Aufbau eines Systems einer ständigen Aus- und Weiterbildung der Kader;

5. Schaffung von Bedingungen zur Erfüllung der Verpflichtungen durch den Leiter (bzw. die wissenschaftliche Autorität);

6. Sicherung von entsprechenden Arbeitsbedingungen, einer entsprechenden Arbeitsplatzgestaltung und von optimalen Arbeitsräumen für die Mitarbeiter einer wissenschaftlichen Forschungseinrichtung;

7. ein rationelles Verhältnis zwischen mechanisierten und nichtmechanisierten Operationen in der wissenschaftlichen Forschung;

8. eine rationelle Kostenberechnung für das Forschungsvorhaben;

9. eine rationelle Standortverteilung der wissenschaftlichen Forschungseinrichtungen.

Eine bestimmende Voraussetzung für die WAOW in einem Forschungskollektiv ist die richtige Auswahl und der Einsatz der wissenschaftlichen Kader. Wenn ein Forschungskollektiv unrationell zusammengesetzt ist, dann können selbstverständlich keinerlei komplexe Maßnahmen der WAO die Kennziffern seiner Arbeit verbessern. Eine rationelle Organisation der strukturellen Unterglieder von schöpferischen Kollektiven, das Verhältnis zwischen der Zahl der Wissenschaftler und der Laboranten, die Planung und Leitung der Tätigkeit der Forscher sowie die Kontrolle über die Durchführung der Forschung hängen ebenfalls wesentlich davon ab, wie rationell das Forschungskollektiv zusammengesetzt ist.

Die Bildung eines Forschungskollektivs als eines einheitlichen Systems umfaßt folgende Maßnahmen:

1. Bestimmung des notwendigen Qualifikationsniveaus und der potentiellen Fähigkeiten der Forscher vom Gesichtspunkt der Lösung der gestellten Forschungsaufgabe;

2. Ermittlung des möglichen Mechanisierungsgrades für einen bestimmten Teil des wissenschaftlichen Forschungsprozesses (Auswertung von experimentellen Ergebnissen, Kopieren und Vervielfältigen von Zeichnungen, Verteilung von technischen Dokumentationen, Recherche von wissenschaftlich-technischen Informationen usw.);

3. Bestimmung des Klassifikationsniveaus der Bedienungskräfte;

4. Auswahl der Kandidaturen für die Ausführenden und den Leiter, Studium ihrer psychologischen Verträglichkeit;

5. Ausarbeitung eines Programms zur Qualifizierung der Mitglieder des Kollektivs, um die Erreichung des Forschungszieles zu beschleunigen;

6. Festlegung der Struktur des Kollektivs: der Zahl der Leiter und Ausführenden im Kollektiv, der Zahl der Sektoren, Arbeitgruppen usw.

Ein Kollektiv von solcher Art ist ein multifunktionales System, für das sowohl schöpferisch begabte Persönlichkeiten als auch Durchschnittsingenieure mit mittlerer Qualifikation und Leiter benötigt werden. Bei der Kollektivbildung muß man insbesondere festlegen, welche Kader notwendig sind.

Von großer Bedeutung für eine wissenschaftliche Arbeitsorganisation ist die Festlegung eines rationellen Arbeits- und Erholungsregimes, eine Ordnung für den Wechsel der verschiedenen Arten der wissenschaftlichen Tätigkeit — Lesen, Darlegung der Forschungsergebnisse, ihre Beratung usw. Die Arbeitszeit eines Wissenschaftlers muß exakt eingeteilt sein und darf möglichst wenig durch außerplanmäßige Sitzungen, Telefonanrufe usw. gestört werden. Gleichzeitig darf sie aber auch nicht zu streng reglementiert werden. Wenn man z. B. eine Kontrolltafel über die Anwesenheit von hochqualifizierten Wissenschaftlern (Doktoren und Kandidaten der Wissenschaften) einführt, ihnen die Möglichkeit nimmt, eine Bibliothek aufzusuchen, so schafft man den illusorischen Eindruck, daß man eine wirksame Maßnahme zur effektiveren Nutzung ihrer Arbeitszeit eingeführt hat. In Wirklichkeit führt dies in der Regel zu einem Absinken der Produktivität der wissenschaftlichen Arbeit. Damit sich ein Schöpfertum entwickelt, sind gewisse, nicht festzulegende Situationen erforderlich, die die Möglichkeit geben, zwischen mehreren Lösungen eine Wahl zu treffen.

Ein wirklich schöpferisches Denken unterscheidet sich von einem gewöhnlichen mathematischen oder analytischen Ingenieurdenken dadurch, daß selbst dann logische Schlußfolgerungen oder Lösungen zustande kommen, wenn gewisse Fakten oder Daten fehlen. Ein solcher Typ des Denkens muß nicht obligatorisch zu einer einzigen möglichen logischen Schlußfolgerung führen, da es mehrere Lösungen geben kann. Die Ergebnisse hängen in hohem Maße von der Vorstellungskraft, der Intuition, dem Wissen und den Erfahrungen des Menschen ab.

Was die Persönlichkeit selbst anbelangt, die mit einem schöpferischen Denkvermögen ausgestattet ist, so muß man feststellen, daß es so etwas wie ein Monopol auf schöpferische Fähigkeiten nicht gibt. Die meisten Menschen zeigen in ihrer alltäglichen Arbeit mehr schöpferisches Denkvermögen als ihnen selbst bewußt wird. Damit Forscher ihr schöpferisches Potential voll auschöpfen können, benötigen sie eine wissenschaftlich begründete, relativ freie Regelung ihrer Arbeitszeit.

Ein wichtiges Element der WAOW ist die Festlegung eines richtigen Verhältnisses zwischen den persönlichen und beruflichen Qualitäten der Wissenschaftler und dem „Satz" derjenigen funktionalen Verpflichtungen, die sie im Kollektiv zu erfüllen haben. Zu diesem Zweck ist offensichtlich ein Test erforderlich, d. h. eine Überprüfung der Eigenschaften der Wissenschaftler, sowie eine exakte Bestimmung ihrer funktionalen Rollen. Das Testen besteht in einer Diagnostik der individuellen Fähigkeiten mit Hilfe von Standard-Fragen und Aufgaben, mit dem Ziel, die Möglichkeiten zur Erfüllung bestimmter Aufgaben zu werten. In den USA werden z. B. alle Personen getestet, die in weiterführenden Bildungseinrichtungen eine Ausbildung aufnehmen wollen, Aspiranten, „Leiter" (Manager) und viele andere. Es gibt viele, die solche Tests ablehnen, und nicht wenige, die sie verteidigen. So wird z. B. angenommen, daß wissenschaftliches Schöpfertum nicht voraussagbar sei, und daß man deshalb auch nicht die Fähigkeit zum schöpferischen Arbeiten, die Erudition eines Wissenschaftlers usw. testen könne. Offensichtlich haben diejenigen am meisten recht, die in solchen Tests eine wertvolle Hilfsmethode sehen, die andere Methoden ergänzt, wie z. B. das Zusammentragen von objektiven Daten, das Interview mit dem Kandidaten, die Analyse seiner Selbsteinschätzung usw. Von der Theorie der WAOW müssen die Grenzen der Anwendbarkeit solcher Tests in bezug auf Wissenschaftler bestimmt werden. Die Erfahrungen einer Reihe anderer Länder besagen, daß mit dieser Methode als einem Maßstab zur Ermittlung von Fähigkeiten eines Menschen oft vollauf zufriedenstellende Ergebnisse erzielt werden können.

Es gibt kein stereotypes Muster eines Wissenschaftlers. Aber es gibt bestimmte Eigenschaften, die Menschen mit verschiedenen Charakteren gemeinsam sind, die Fähigkeiten zu einem schöpferischen Denken besitzen. Ein solcher Mensch ist mit einem guten Vorstellungsvermögen ausgestattet, er fürchtet sich nicht, eine einmalige, neue Idee vorzuschlagen. Er ist Spezialist für die Lösung von nicht trivialen Aufgaben und fähig, neue Möglichkeiten für die Anwendung vorhandener Gegenstände oder Techniken vorauszusehen.

Was den Charakter anbelangt, so haben folgende Eigenschaften eine große Bedeutung für eine schöpferische Persönlichkeit: eine Aufgeschlossenheit für Probleme, ein aktiver und forschender (wißbegieriger) Verstand, ein Optimismus, Energie und Enthusiasmus, eine konstruktive Einstellung zu den Dingen und die Ablehnung von unvollständigen oder gewöhnlichen Erklärungen, eine Aufgeschlossenheit gegenüber neuen Ideen und neuen Erfahrungen, eine geistige Beweglichkeit und die Fähigkeit, sich an unvorhergesehene Veränderungen anzupassen, ein umfangreiches Wissen, Selbstvertrauen und gleichzeitig eine selbstkritische Einstellung, Standhaftigkeit bei der Verteidigung seiner Überzeugungen, den Mut zum Risiko, aber zu einem einkalkulierten Risiko, die Fähigkeit, seine Ideen anderen mitzuteilen, Initiative und Hartnäckigkeit bei der Verfolgung einer schwierigen Aufgabe bis zu ihrem Abschluß.

Einige Menschen besitzen die Fähigkeit, sich in sämtlichen Phasen des Schöpfertums zweckmäßig zu verhalten, andere besitzen nur einen Teil der notwendigen Eigenschaften. Ein Mensch kann eine originelle Idee aufwerfen, ist aber nicht in der Lage, sie weiter zu entwickeln. Ein anderer kann bezüglich des Teils der Ideenfindung schwach sein; er versteht es aber sehr gut, die Ideen anderer auszuarbeiten. Ein Dritter besitzt die Fähigkeit, Ergebnisse von Experimenten zu analysieren und ihre Bedeutung zu interpretieren.

Die Entwicklung der schöpferischen Fähigkeiten ist ein kompliziertes und interessantes Problem. Niemand kann einem anderen eine schöpferische Fähigkeit „einflößen", aber man kann mit Hilfe der Leitung, von Unterstützung und von Vorschlägen solche Voraussetzungen schaffen, die für die Entfaltung eines Schöpfertums günstig sind. Erforderlich ist der Wunsch und das Streben zu einem schöpferischen Zustand.

Äußerst wichtige Faktoren für die Entwicklung von schöpferischen Fähigkeiten sind Enthusiasmus, Wissensdrang, eine umfassender Weitblick und ein Selbstvertrauen.

Enthusiasmus entwickelt sich dann, wenn der Mensch in dem, was er macht, Befriedigung findet, oder zumindest spürt, daß er etwas Nützliches tut. Es fällt schwer, Schöpfertum zu entwickeln, wenn man nicht sieht, welcher Nutzen aus einer Arbeit entstehen wird. Man muß versuchen, ein positives Herangehen und eine konstruktive Einstellung zu den Problemen herauszuarbeiten. Auch nach einem Mißerfolg darf man nicht seinen Optimismus verlieren und man darf nicht schwanken bei dem Versuch, etwas zu vollenden, was einem anderen nicht gelungen ist. Aus Mißerfolgen kann man vieles lernen, man muß nur energisch versuchen zu erklären, was falsch war und dieses beim nächsten Mal richtig machen.

Je größer die Übereinstimmung zwischen den Qualitäten eines Wissenschaftlers und seiner funktionalen Rolle im Kollektiv, desto höher ist das Ergebnis der wissenschaftlichen Arbeit.

Unter den Bedingungen der modernen wissenschaftlich-technischen Revolution, in der eine schnelle Zunahme von neuem Wissen stattfindet, ist es notwendig, daß die Mitglieder eines Kollektivs ständig lernen und ihre wissenschaftliche Qualifikation erhöhen. Dies kann auf den verschiedensten Wegen erfolgen — sowohl auf formellen Wegen (durch Ablegung entsprechender Examina, z. B. des Kandidatenminimums in der Sowjetunion, durch Aneignung von Fremdsprachenkenntnissen in besonders organisierten Sprachzirkeln usw.) als auch auf informellen Wegen. Informelle Weiterbildungsmethoden gründen sich auf einen ständigen persönlichen Gedankenaustausch zwischen den Mitarbeitern einer wissenschaftlichen Forschungseinrichtung, auf einen Informationsaustausch zwischen ihnen (z. B. auf Seminaren usw.). Die Schaffung eines Systems der ständigen Aus- und Weiterbildung der Kader sowie die Sicherung eines persönlichen Meinungsaustausches in einer kameradschaftlichen Atmosphäre bilden wichtige Elemente der WAOW.

Ohne einen umfassenden Weitblick gibt es keinen Fortschritt in der Wissenschaft. Mit der zuweilen noch vorhandenen schlechten Gewohnheit, über eine Idee nur deshalb zu lächeln, weil sie nicht in den allgemeinen Rahmen paßt, muß aufgeräumt werden. Dies zu lernen bedeutet, einen großen Schritt vorwärts auf dem Weg zum Schöpfertum zu tun. Häufig kann eine Beratung von Problemen – sogar von sehr speziellen oder technischen Problemen – mit Menschen, die keine Spezialisten auf dem betreffenden Gebiet sind, zu einem unerwarteten Erfolg führen. Wie erstaunlich es auch klingen mag, aber im Verlauf solcher Unterredungen können wertvolle und nützliche Vorschläge oder Fragen geboren werden, die zu neuen Gedanken den Anstoß geben. Ein Nichtspezialist kann oft exakt auf die Wahrheit hinweisen, die ein Spezialist nicht sieht, weil er zu nahe an sie herangekommen ist.

Man muß seine Kenntnisse auf seinem Fachgebiet vertiefen und seinen Überblick über benachbarte Gebiete erweitern. Es ist vorteilhaft, sich gewisse, in keiner Weise mit seinem Fachgebiet zusammenhängende Kenntnisse anzueignen, weil man dadurch seinen Weitblick erweitert und seinen Intellekt schärft.

Es ist unverbrüchliche Pflicht eines jeden Wissenschaftlers, auf seinem Fachgebiet die Literatur zu lesen und gut informiert zu sein. Es ist ebenfalls erforderlich, einen vollständigen Überblick über die Literaturquellen zu besitzen und fähig zu sein, aus ihnen das Wesentliche zu entnehmen. Dieser Prozeß führt zur Entwicklung der Fähigkeit, Themen zu wählen, die von wirklichem Wert oder Interesse sind. Außerdem ist es immer nützlich, über jede neue Idee sich eine Aufzeichnung zu machen.

Außerordentlich nützlich ist die aktive Mitarbeit in technischen Gesellschaften und auf Konferenzen. Hier hat man die Möglichkeit, umfassend seine Meinung auszutauschen und kritische Hinweise zu erhalten. Sämtliche Arten einer Tätigkeit, die den allgemeinen Erkenntnisstand und die Erfahrungen erweitern, stärken das Vertrauen in die eigene

Kraft. Die natürliche Folge hiervon sind das mutige Entgegennehmen von Kritik und die Verteidigung der eigenen Überzeugungen. Und noch eine wichtige Voraussetzung für den schöpferischen Prozeß: man darf nicht auf seinen Lorbeeren ausruhen. Weder ein großer Erfolg noch eine Niederlage dürfen den Enthusiasmus untergraben.

Eine notwendige Voraussetzung für das Schöpfertum ist die Schaffung einer solchen Atmosphäre, in der sämtliche neuen Ideen auf guten Boden fallen: keine einzige fortschrittliche Idee, ganz gleich, wie ungewöhnlich sie auch zuerst erscheinen mag, darf ohne Prüfung beiseite geworfen werden. Nichts tötet so den schöpferischen Enthusiasmus wie ein blindes Ablehnen von Ideen ohne Erklärung der Gründe.

Äußerst wesentlich ist auch der Fakt, daß kein Schöpfertum dort aufkommen kann, wo alles auf die Erringung einer maximalen und sofort auf der Hand liegenden Effektivität gerichtet ist, weil eine große Arbeitsbelastung und äußerst knappe Terminstellungen die Phantasie unterdrücken und keine Zeit zum Denken lassen. Glänzende Ideen überkommen Menschen nur in humoristischen Erzählungen blitzartig. In Wirklichkeit kommen einem Ideen zu jeder Zeit, selbst unter außergewöhnlichsten Umständen, in den Kopf, aber dieses ist immer nur der erste Schritt im schöpferischen Fortschritt.

Ein Problem zu finden, fällt nicht schwer. Viele können ohne Schwierigkeiten zum Beispiel eine Anlage oder einen Prozeß nennen, die nicht den Anforderungen entsprechen. Schon schwerer fällt es, die Notwendigkeit einer Vervollkommnung solcher Baugruppen zu erkennen, die nicht unmittelbar mit der Arbeit im Zusammenhang zu stehen scheinen, oder die wesentlichen Anforderungen entsprechen. In vielen Fällen sind solche Baugruppen gut konstruiert und notwendig; nur mit der Zeit veraltern sie und werden überflüssig. Ein großes Problem kann einen niederdrücken, wenn man alles auf einmal sieht, aber alles sieht ganz anders aus, wenn man sich einer Frage Schritt für Schritt nähert.

Eine große Bedeutung besitzt der Leiter im schöpferischen Prozeß. Jede schöpferische Tätigkeit muß durch den Leiter angeregt und entschieden unterstützt werden. Schöpferisches Denken erfordert Experimentieren mit neuen Ideen, die sich sehr häufig als falsch erweisen können. Aus diesem Grunde muß die Leitung ein einkalkuliertes Risiko eingehen und gewisse Mißerfolge für den Fortschritt in Kauf nehmen. Das bedeutet jedoch keinesfalls, daß man jede beliebige vorgeschlagene Idee aufgreifen muß; aber man muß davon ausgehen, daß keine einzige Organisation eine längere Zeit erfolgreich arbeiten kann, wenn sie nicht einen bestimmten Teil ihrer Haushaltsmittel im Interesse des Fortschritts riskiert.

Ein Leiter, der nicht die potentielle Quelle schöpferischer Ideen, die in jedem Mitarbeiter steckt, ausnutzt, versteht nicht seine volle Verantwortung auch gegenüber der übergeordneten Leitung und gegenüber seinen Mitarbeitern. Menschen, die einem zu lösenden Problem am nächsten stehen, gelangen häufig zu solchen Lösungen, die solche nicht sehen, die weiter entfernt von ihm stehen.

Ein Leiter kann vieles zur Stimulierung der schöpferischen Tätigkeit seiner Mitarbeiter tun. Zu diesem Zweck muß er zuerst verstehen, daß das Potential des Schöpfertums universell ist, daß man dieses Potential aber entwickeln muß. Ein Leiter darf nie Ideen ablehnen, wie ausgefallen sie ihm auch vorkommen. Im Gegenteil, er muß die Entwicklung der in ihnen enthaltenen Gedanken und ihre Überprüfung unterstützen. Außerdem muß der Leiter ein Enthusiast und Optimist sein, aufgeschlossen gegenüber Ideen und Vorschlägen.

Eine schöpferische Arbeit kann auf verschiedene Art und Weise stimuliert werden, von größter Bedeutung ist aber der Fakt ihrer Anerkennung. Ein wesentliches Moment ist auch die Entlastung von einem Teil der Alltagsarbeit und die Einräumung von mehr Möglichkeiten zu schöpferischer Arbeit. Von nicht geringer Bedeutung ist auch die materielle Interessiertheit.

Es kommt vor, daß Leiter leichtfertig eine Idee ablehnen, nach der Formel: „Wir haben bereits den Versuch gemacht, aber es ist nichts dabei herausgekommen." In diesem Falle vergißt man die Tatsache, daß der Fortschritt jeden Tag weiter geht. Das, was vor einem Monat nicht glückte, kann heute gelingen.

In einem wissenschaftlichen Kollektiv kann man die potentiellen schöpferischen Fähigkeiten der Kollektivmitglieder durch eine Umverteilung der Arbeit entfalten. Menschen mit schöpferischen Neigungen können zu einer Arbeit eingesetzt werden, die ihr Talent erfordert, während Menschen, denen eine solche Fähigkeit abgeht, gewöhnliche Arbeitsaufgaben erhalten können. Ein neuer Mitarbeiter kann auf den richtigen Weg gelenkt werden, wenn er „im Gespann" mit einem schöpferischen Mitarbeiter eingesetzt wird. Dieses kann auf seine Tätigkeit stimulierend wirken. Man muß sich aber vor Augen halten, daß selbst eine außerordentlich talentierte schöpferische Persönlichkeit keinen Nutzen bringt, wenn sie eine falsche Orientierung erhält; d. h. ein in eine falsche Richtung gelenktes Schöpfertum kann sich sehr schnell viel unheilvoller auswirken als ein Fehlen von schöpferischen Fähigkeiten überhaupt. Es ist gut, wenn ein Leiter von Forschungsarbeiten sich offen folgende Fragen beantwortet:

1. Wenn ich von einer neuen Idee hörte, habe ich dann mein Urteil bis zu einer sorgfältigen Überprüfung vertagt?

2. Habe ich automatisch Mängel gesucht?

3. Habe ich das Problem richtig betrachtet?

4. Habe ich die starken Seiten des Problems gesucht und habe ich versucht, für sie praktische Anwendungsmöglichkeiten zu finden?

5. Habe ich das schöpferische Denken durch mein Handeln oder nur durch meine Worte gefördert?

6. Werde ich in meinen Urteilen von meiner Gewogenheit für alte Ideen und zu einzelnen Mitarbeitern beeinflußt?

7. Habe ich zuweilen eine Idee nur deshalb abgelehnt, weil ich mich nicht auf dem Posten gefühlt habe?

8. Wende ich das in der Praxis an, für das ich mit Worten eintrete?

Damit eine wissenschaftliche Arbeit durch ein Ergebnis gekrönt wird, muß man den Mitarbeitern entsprechende Arbeitsmöglichkeiten und einen gewissen Komfort am Arbeitsplatz und in ihren Arbeitsräumen bieten. Ein Schreibtisch muß das notwendige Zubehör besitzen; ein Telefon, ein Zeichenbrett, eine Kartei, ein Diktiergerät, Papierablagekästen usw. Die Arbeitsräume müssen Regale für Literatur besitzen, sie müssen zur Betrachtung von Mikrofilmen eingerichtet sein, ein Tonbandgerät zur protokollarischen Aufnahme von Sitzungen und interessierenden Beratungen besitzen usw. E. I. Kissel' hat errechnet, daß auf Grund einer nicht rationellen Lage der Arbeitsräume, einer zu geringen Anzahl von Telefonen, einer schlechten Organisation des Arbeitsplatzes und aus anderen ähnlichen Gründen die Mitarbeiter einer großen wissenschaftlichen Forschungseinrichtung mehr als 1600 Arbeitsstunden am Tag auf Grund von Laufereien im Vorraum verlieren [213, S. 122]. Die Orgtechnik, typisierte Formulare für Dokumente und Eingaben, eine rationelle Arbeitsplatzordnung für die Mitarbeiter unter Berücksichtigung ihrer Wünsche und der Möglichkeiten – alles dies muß als wichtige Elemente des Planes zur Einführung einer wissenschaftlichen Arbeitsorganisation im Kollektiv Berücksichtigung finden.

Von großer Bedeutung für die Erhöhung der Effektivität der schöpferischen Arbeit ist die Anwendung von Mechanisierungs- und Automatisierungsmitteln für einzelne Arten von geistiger Tätigkeit. Ein direktes Ergebnis der schnelleren Erledigung von Arbeiten bei ihrer Mechanisierung ist die Einsparung an Arbeitskräften. Eine Einsparung an Arbeitskräften und an Arbeitszeit kann auch infolge der Fähigkeiten der Maschine erreicht werden, Informationen gleichzeitig auf zwei und mehreren Dokumenten (in der Form von Kopien) zu fixieren. Weiterhin können Einsparungen durch den Umstand erreicht werden, daß in einem mechanisierten System besser die Exaktheit der Niederschriften kontrolliert und vorhandene Fehler leichter festgestellt werden können.

In der Regel lassen sich die Arbeitsleistungen von Maschinen leichter normieren: dieses erleichtert eine Planung der Arbeit und gibt einen gewissen Aufschwung auf dem schwierigen Gebiet einer exakten technischen Normung der Büroarbeit. Andererseits ist es notwendig, auch auf einige Mängel der Maschinen und von mechanisierten Arbeitssystemen hinzuweisen:

1. eine geringere Anpassungsfähigkeit, als sie dem menschlichen Gehirn eigen ist;
2. die geringere Fähigkeit, verschiedene Modifizierungen oder Veränderungen vorzunehmen;
3. die mehr oder minder hohen Anfangskosten;
4. die hohen Kosten für den Betrieb der Maschinen, für die Herstellung von speziellen Vordrucken, für die Instandhaltung usw.;
5. die Notwendigkeit einer speziellen Ausbildung der Bedienungskräfte.

Maschinen sind nicht in der Lage, selbständig zu denken. Sie führen nur das aus, was man ihnen „befiehlt", wobei diese Anweisungen unbedingt vom Konstrukteur, von der Bedienungskraft oder – wenn es sich um eine EDVA handelt – vom Programmierer kommen müssen. Das Gehirn eines Menschen unterscheidet sich von einer Maschine in fünf wichtigen Punkten:

1. die Kapazität des menschlichen Gehirns ist relativ gering;
2. ein Mensch führt die Operationen langsamer durch;
3. ein Mensch kann nicht gleichzeitig mehrere Operationen durchführen;
4. ein Mensch ist zu einem induktiven Denken fähig;
5. ein Mensch kann vergessen.

In vielen Systemen einer mechanischen Arbeit wechseln maschinelle Operationen häufig mit manuellen Operationen ab. Meist werden solche Operationen nicht mechanisiert, in denen die individuelle Auswahl und Anwendung von menschlichen Erfahrungen eine überwiegende Bedeutung besitzen. Es liegt auf der Hand, daß für den Einsatz von Maschinen in ihrer gegenwärtigen Form sich wiederholende Massenoperationen am besten geeignet sind. Je größer die Zahl der Varianten ist, aus denen ein Mitarbeiter eine Auswahl zu treffen hat, desto schwerer fällt es, für eine solche Operation mit dem erforderlichen ökonomischen Effekt eine Maschine einzusetzen.

Zuweilen führt eine Mechanisierung zu einer zu stark differenzierten Arbeitsteilung, bei der eine Arbeit in zu viele kleine Elemente gestückelt wird. In einem solchen Falle kann die Mechanisierung dazu führen, daß eine schwere manuelle Arbeit durch eine ermüdende maschinelle Arbeit ersetzt wird. Die Monotonie von Berechnungen, die ein Mitarbeiter im Kopf durchführt, kann durch die monotone Arbeit an der Tastatur einer Rechenmaschine ersetzt werden. Diese Momente müssen bei einer WAOW berücksichtigt werden.

Eine rationelle Kostenberechnung für ein Forschungsvorhaben besteht darin, daß die Proportionen für die einzelnen Kostenarten wissenschaftlich begründet festgelegt werden, mit dem Ziel, in erster Linie die materiell-technischen Faktoren der wissenschaftlichen Tätigkeit abzusichern.

Nach der Beratung und Abstimmung eines Projektes aus dem Themenplan für wissenschaftliche Forschungsarbeiten werden die Kostenpläne mit einer Aufschlüsselung der Ausgaben für die einzelnen Ausgabenpositionen aufgestellt, und zwar für die Positionen:

1. Materialien;
2. Spezialausrüstungen für wissenschaftliche experimentelle Arbeiten;
3. Arbeitslohn;
4. Sozialversicherungsbeiträge;
5. Ausgaben für Dienstreisen zu wissenschaftlichen Einrichtungen und Produktionsstätten;
6. Ausgaben für Dienstleistungen eigener Hilfseinrichtungen;
7. Ausgaben für Arbeiten, die von fremden wissenschaftlichen Forschungsinstituten und anderen Organisationen durchgeführt werden;
8. sonstige technologische Kosten;
9. Gemeinkosten.

Unter der Position „Spezialausrüstungen für wissenschaftliche experimentelle Arbeiten" werden die Ausgaben für den Kauf und die Sonderanfertigung von speziellen Ausrüstungen, von speziellen Vorrichtungen und Instrumenten, von Werkzeugen, Apparaten, Anlagen und anderen Mechanismen und Ausrüstungen eingesetzt, die für die Arbeiten an einem bestimmten wissenschaftlichen Forschungsthema erforderlich sind, oder die zur Komplettierung von Funktionsmustern (bzw. Versuchsmustern der neuen Technik) in den Laboratorien oder Abteilungen benötigt werden.

Die Ausgaben für den Kauf von Ausrüstungen und von Inventar, die als Grundmittel eines wissenschaftlichen Forschungsinstituts erforderlich sind, werden über die Gemeinkosten berücksichtigt.

In der Position „Arbeitslohn" werden die Löhne und Gehälter (einschließlich der Urlaubsgelder) für die Wissenschaftler, die wissenschaftlich-technischen und ingenieurtechnischen Mitarbeiter der wissenschaftlichen Forschungslaboratorien (Abteilungen) und für die in den Hilfsbetrieben beschäftigten Arbeiter aufgeführt (wenn diese Betriebe aus dem Haushalt des wissenschaftlichen Forschungsinstituts finanziert werden und ihre Arbeitskräfte in dem Arbeitskräfteplan des Instituts aufgeführt sind), sofern diese unmittelbar an dem betreffenden Thema mitarbeiten. In der gleichen Position wird der Gehaltsanteil der Leiter der Laboratorien, der Abteilungs- und Sektorenleiter, im Verhältnis zur Arbeitszeit, die sie an dem betreffenden Thema arbeiten, erfaßt.

Von großer Bedeutung für die Berechnung der Kosten in der Position „Arbeitslohn" ist die richtige Bestimmung des Arbeitsaufwandes, die in der Hauptsache von folgenden Faktoren abhängt.

1. von dem Zweig der Volkswirtschaft bzw. dem Wissenschaftszweig, zu dem das Thema gehört;

2. vom Charakter der durchzuführenden Arbeiten (ob es sich um theoretische Forschungsarbeiten, Erkundungsforschung oder um angewandte Forschung handelt, um Konstruktionsarbeiten oder um die Überleitung von Forschungsergebnissen);

3. von dem angestrebten Endergebnis des Forschungsvorhabens (ob ein Funktionsmuster für eine Maschine, ob Pläne (Schemata), verschiedene Empfehlungen in einem wissenschaftlichen Forschungs- und Entwicklungsbericht usw. herauskommen sollen);

4. von der Bedeutung, der Aktualität und dem Grad, in dem das Thema erforscht ist, sowie von der Kompliziertheit der Materialsammlung;

5. von der Kategorie des Instituts und von dem Verhältnis zwischen seinen wissenschaftlichen Kadern und den Hilfskräften.

Entsprechend der Individualität und Spezifik jedes Themas und des sich aus diesem Grunde ergebenden Fehlens von exakt festgelegten Arbeitsaufwandsnormen für ein bestimmtes Thema, wird der Arbeitsaufwand für ein Thema (die Zahl der Mitarbeiter, ihre Qualifikation und ihre Gehaltsstufen, sowie die Zeit, die jeder Mitarbeiter an dem Thema zu arbeiten hat) vom wissenschaftlichen Leiter bestimmt, indem er vom Arbeitsprogramm und – für das betreffende Planjahr – von dem abgestimmten Arbeitskräfteplan ausgeht.

Unter Berücksichtigung der Zahl der Arbeitskräfte und ihrer Qualifikationsstufen, der Zeit, während der sie an dem Thema arbeiten (in Monaten), und ihrer Gehaltsstufen wird die Lohnsumme für das betreffende Planjahr bestimmt. Von der berechneten Lohnsumme werden bei Aufnahme in den Kostenplan die tatsächlich erzielten Einsparungen des Lohnfonds der Mitarbeiter des Instituts infolge zeitweiliger Arbeitsunfähigkeit oder aus anderen Gründen prozentual abgesetzt.

In der Position „Gemeinkosten" werden in der Hauptsache die Ausgaben für die Leitung und die Ausübung von Bedienungsfunktionen für ein wissenschaftliches Forschungsinstitut erfaßt, die man nur schwer den konkreten Themen zuschlagen kann.

Einige sowjetische Ökonomen machen, ausgehend von der Notwendigkeit der Einführung von progressiveren Formen und Methoden einer auf die einzelnen Themen aufgeschlüsselten Kostenplanung für die Wissenschaft und um eine effektivere Nutzung der zur Verfügung gestellten Mittel zu erreichen, den Vorschlag, ein Verfahren einzuführen, nach dem die auf der Grundlage von Berechnungen ermittelten Kosten der wissenschaftlichen Forschungsarbeiten für die gesamte Planungsperiode in der Regel bis zum Abschluß der Arbeiten am Thema unverändert bestehen bleiben. In einzelnen Fällen, z. B. bei Themen auf dem Gebiet der Erkundungsforschung usw., muß, wenn von einem Forschungsinstitut begründete Kalkulationen vorgelegt und ausreichende Gründe für die Änderung der Gesamtkosten der Arbeiten an einem bestimmten Thema vorgebracht werden, der zuständigen Leitung das Recht eingeräumt werden, diese Veränderungen zu beraten und zu bestätigen. Im entgegengesetzten Falle wird der Kostenplan für die wissenschaftlichen Forschungsarbeiten an einem Thema, wie dies in der Gegenwart häufig der Fall ist, ungenau, oberflächlich und überblicksmäßig aufgestellt und durch die Jahres-Kostenpläne korrigiert, das heißt, die Idee, Typenkostenpläne aufzustellen und einzuführen, bringt nicht das erwartete Ergebnis. Unter den Voraussetzungen, daß die Kosten der Arbeiten an einem Thema für die gesamte Laufzeit des Themas bestimmt werden, muß die Beratung der Themenpläne für wissenschaftliche Forschungsarbeiten und der Kostenpläne gleichzeitig erfolgen.

Hierbei müssen in den Themenplan eines Instituts in erster Linie solche Themen aufgenommen werden, die aus den vorhergegangenen Jahren übernommen wurden, unter Angabe der Beträge, die durch die Kostenpläne für diese Themen ausgewiesen werden, erst dann folgen die neuen Themen unter Angabe ihrer vollständigen geplanten Kosten, in den Grenzen der dem Institut zur Verfügung gestellten Mittel. Eine wissenschaftlich begründete Festlegung der Proportionen für die einzelnen Kosten für jedes Thema bildet eine wichtige Reserve zur Einsparung von Mitteln bei der Durchführung von Forschungsarbeiten.

Ein Problem der WAOW ist nicht nur die exakte funktionale Aufteilung der Verpflichtungen der einzelnen Wissenschaftler innerhalb der Kollektive, sondern auch die territorial-geographische Standortverteilung und die Raumverteilung innerhalb ihrer Gebäude der strukturellen Unterglieder einer wissenschaftlichen Forschungseinrichtung und der wissenschaftlichen Forschungseinrichtungen selbst, innerhalb einer Region. Diese Aufgabe wird im Rahmen einer wissenschaftlichen Forschungseinrichtung mit Hilfe verschiedener Methoden gelöst, insbesondere durch die Anwendung von beweglichen Raumteilern zur Schaffung von Arbeitsräumen, die in ihrer Form und Größe Strukturveränderungen der wissenschaftlichen Forschungseinrichtung angepaßt werden können (Entwicklungen des Staatlichen Instituts für Projektierung von wissenschaftlichen Forschungsinstituten der Akademie der Wissenschaften der UdSSR), von wissenschaftlich begründeten Telefon- und Fernsehnetzen innerhalb der einzelnen Gebäude usw. In den letzten Jahren hat sich in der UdSSR die Zahl der wissenschaftlichen Forschungseinrichtungen schnell vergrößert. Weitab von zentralen Instituten, die sich in Moskau, Leningrad, Kiew, Nowosibirsk und Tomsk befinden, entstehen deren Filialen. Um diese werden wiederum Laboratorien, Industriezweiginstitute usw. organisiert. In Zusammenhang damit steht vor der Theorie der WAOW die Aufgabe, Prinzipien für eine rationelle Standortverteilung von wissenschaftlichen Forschungseinrichtungen auszuarbeiten. In der Sowjetunion gibt es gegenwärtig mehr als 5000 wissenschaftliche Institutionen und es entstehen immer mehr neue Hochschulen, Forschungsinstitute und wissenschaftliche Zentren.

Vor mehr als 10 Jahren wurde die Sibirische Abteilung der Akademie der Wissenschaften der UdSSR in Nowosibirsk aufgebaut. Stützpunkte von ihr werden in Jakutsk, Magadan, auf Sachalin, Kamtschatka, den Kurilen, in Tschukotka und in Ulan-Ude errichtet.

Akademikerstädtchen, Komplexe von wissenschaftlichen Forschungsinstituten und Hochschulen werden in der Umgebung von Irkutsk, von Krasnojarsk und von Wladiwostok aufgebaut. Vorgesehen ist die Schaffung von großen Zentren der Grundlagenwissenschaft in der Ukraine, im Fernen Osten und im Nordkaukasus. Neue wissenschaftliche Produktionszentren in Melekes, Puschtschino, in Dubna, Obninsk, Protwino, Swajatoschino und Donezk haben sich bereits wissenschaftliche Anerkennung errungen. Bis vor kurzem noch entstanden Städte auf Grund militärischer Erwägungen oder als Handelszentren; in den letzten Jahren werden jedoch immer mehr Städte auf der Basis von wissenschaftlichen Einrichtungen gegründet. Es entsteht ein neues territoriales System von wissenschaftlichen Zentren, deren Bildung die Veränderungen in der Standortverteilung neuer Hauptzentren der Grundstoff- und Schwerindustrie, der Energetik usw. widerspiegelt. B. Kedrov, Ju. Bočarov und K. Sergeev weisen auf folgende Hauptgesetzmäßigkeiten für die Entwicklung eines Netzes von „Wissenschaftsstädten" in der UdSSR hin:

1. die ununterbrochene Erweiterung der Zone der räumlich-geographischen Verteilung von wissenschaftlichen Zentren, besonders in den östlichen Gebieten der Sowjetunion;

2. die Zunahme der Dichte des Netzes von Siedlungen um Großstädte mit einem bereits vor längerer Zeit entstandenen und entwickelten System von wissenschaftlichen Einrichtungen;

3. die Entstehung von miteinander verbundenen Gruppen von spezialisierten Wissenschaftszentren auf der Basis großer komplexer wissenschaftlicher Institutionen;

4. die komplizierte Gestaltung der Funktionen einzelner Wissenschaftszentren auf der Grundlage einer geographisch-räumlichen Annäherung von wissenschaftlichen Forschungsinstituten für die einzelnen Zweige an Versuchsbetriebe und an Hochschulen [214].

Ein anschauliches Beispiel dafür bildet Akademgorodok der Sibirischen Abteilung der Akademie der Wissenschaften der UdSSR in Novosibirsk. Im Jahre 1958 entstand dieses Wissenschaftszentrum, das für 50000 Einwohner berechnet war. Nach 10 Jahren wurde mit dem Bau von Akademgorodok Prawye Tschomy begonnen, das für 15000 Einwohner berechnet ist. In Prawye Tschomy gibt es Konstruktionsbüros für industrielle Physik, Hydroimpulstechnik, für Meßgeräte- und wissenschaftlichen Gerätebau, für chemische Katalyse und für Biopräparate sowie ein wissenschaftliches Forschungsinstitut für wissenschaftlich-praktische Ausarbeitung von mathematischen Modellen für die Arbeit großer Industriekomplexe. Für die Zukunft ist geplant, einen zweiten Satelliten von Akademgorodok mit dem Charakter von Versuchsbetrieben zu errichten.

Die oben aufgeführten Gesetzmäßigkeiten für eine gruppenweise Standortverteilung von wissenschaftlichen Zentren hängt mit der ununterbrochenen Verstärkung der Rolle der Wissenschaft in der Entwicklung der Volkswirtschaft der Sowjetunion und mit dem Komplizierterwerden solcher Hauptfunktionen moderner wissenschaftlicher Forschungseinrichtungen zusammen wie:

1. der Produktion neuen wissenschaftlichen Wissens auf dem Gebiet der Grundlagen- und angewandten Forschung;

2. der Ausarbeitung von Versuchs- und Funktionsmustern der neuen Technik;

3. der Festlegung von Wegen zur Überleitung der Ergebnisse von wissenschaftlichen Forschungsarbeiten in die Produktion;

4. der komplexen Ausbildung wissenschaftlicher und technischer Kader mit hoher Qualifikation;

5. der Koordinierung der wissenschaftlichen Tätigkeit und der Forschungs- und Entwicklungsarbeit in den Produktionseinrichtungen.

Auf Grund der Aktualität des Problems der Standortverteilung der wissenschaftlichen Forschungseinrichtungen hat die Theorie der wissenschaftlichen Arbeitsorganisation der Wissenschaftler die Aufgabe, rationellste Formen von Verbindungen zwischen wissenschaftlichen Kollektiven auszuarbeiten und informelle Leitungsmethoden für wissenschaftliche Forschungseinrichtungen ausfindig zu machen, die sich mit dem Informationsaustausch und der Standortverteilung von Forschungseinrichtungen entwickeln, die verschiedenen Behörden unterstellt sind und von verschiedenen Stellen finanziert werden. Bei der Bearbeitung dieser Probleme muß die Theorie der WAOW grundsätzlich direkt an die Erkenntnisse der Leitungswissenschaft und des gesamten Komplexes der wissenschaftswissenschaftlichen Disziplinen anknüpfen.

Die Optimierung der wissenschaftlichen Forschungstätigkeit ist ein aktuelles Problem in der Wissenschaft. Durch das Programm der KPdSU wurde den Sowjetwissenschaftlern die Aufgabe gestellt, eine führende Stellung in sämtlichen Hauptrichtungen der Weltwissenschaft einzunehmen. Um dieses Ziel zu erreichen, ist es notwendig, einen ganzen Komplex von Maßnahmen zur Vervollkommnung der Organisation und Leitung der wissenschaftlichen Forschung zu verwirklichen. Die Darlegung der hier behandelten Wege zur Optimierung der wissenschaftlichen Tätigkeit erhebt selbstverständlich keinen Anspruch auf Vollständigkeit. Die Autoren sehen ihre Aufgabe als erfüllt an, wenn das Buch einen Anstoß für schöpferische Diskussionen und weitere Arbeiten zu diesem komplexen Problem gibt.

Literaturverzeichnis

[1] Zločevskij, S. E., u. a.: Information in der wissenschaftlichen Forschung, Berlin 1972.
[2] Dobrov, G. M., u. a.: Potential der Wissenschaft, Berlin 1971.
[3] Sominskij, V. S.: Ėkonomika naučnych issledovanij, in: Ėkonomičeskaja Gazeta, Nr. 10/1967.
[4] Weinberg, A. M.: Kriterii vybora nauki, in: Mir Nauki, Nr. 2/1965.
[5] Narodnoe chozjajstvo SSSR v 1965 godu, Moskau 1966.
[6] Price, D. J. de Solla: Nauka o Nauke, in: Nauka o Nauke, Moskau 1966 (zit. nach: Wolkow, Soziologie der Wissenschaft, Berlin 1971, S. 228).
[7] Wolkow, G. N.: Soziologie der Wissenschaft. Studien zur Erforschung von Wissenschaft und Technik (Sociologija nauki [dt.]), Berlin 1971.
[8] Solow, R.: Technical Change and the Aggregate Production Function, in: Review of Economics and Statistics, Nr. 39/1957.
[9] Social'no-ėkonomičeskie problemy techničeskogo progressa, Sammelband, Moskau 1961.
[10] Metodologičeskie problemy nauki, Sammelband, Moskau 1964.
[11] Auger, P.: Die modernen Strömungen in der wissenschaftlichen Forschung (Current trends in scientific research. Survey of the main trends of inquiry in the field of natural sciences, the dissimination of scientific knowledge and the application of such knowledge for peaceful ends [dt.]), Westberlin 1962.
[12] Powell, S. F.: Rol' teoretičeskoj nauki v evropejskoj civilizacii, in: Mir Nauki, Nr. 3, 1965.
[13] o. V.: The Organisation of Research Establishments, Cambridge 1965.
[14] Ušakov, D. N. (Red.): Tolkovyj slovar' russkogo jasyka, Bd. 2, Moskau 1968.
[15] Žarikov, E. S.: Metodologičeskij analiz vozmožnostej optimalizacii naučnogo tvorčestva, Kiev 1968.
[16] Michajlov, A. I.; Černyj, A. I.; Giljarevskij, R. S.: Grundlagen der Informatik, Berlin 1970.
[17] Kosolapov, V. V.: Informacionno-logičeskij analiz naučnogo issledovanija, Kiev 1968.

[18] Gerčuk, Ja. P.: Sovremennye metody upravlenija sloznymi sistemami, in: Voprosy Filosofii, Nr. 9/1969.
[19] o. V.: Marksistko-leninskaja filosofija. Istoričestkij materializm, Moskau 1963.
[20] Karpov, M. M.: Osnovnye zakonomernosti razvitija estestvoznanija, Rostov a/Don 1963.
[21] Stoletov, V. I.: Posleslovie v knige ‚Nauka o nauke', Moskau 1966.
[22] Price, D. J. de Solla: The Science of Science, in: Bulletin of the Atomic Scientist, Nr. 21/1965.
[23] Mikulinskij, S. R.; Rodnyj, N. I.: Nauka kak predmet special'nogo issledovanija, in: Voprosy Filosofii, Nr. 5/1965.
[24] Dobrov, G. M.: Naukovedenie kak nauka, in: Problemy Povyšenija Effektivnosti naučno-issledovatel'skoj Raboty, Materialy naučnoj Konferencii, Teil 1, Novosibirsk 1968.
[25] Kopnin, P. V.: Logičeskie osnovy nauki, Kiev 1968.
[26] Korneev, M. Ja.: Nauka i nadstrojka, Leningrad 1958.
[27] Formy obščestvennogo soznanija, Moskau 1960.
[28] Dobrov, G. M.: Prognozuvanija – faktor efektivnogo upravlinija naukovo-techničnim progresom, in: Ėkonomika Radjans'ki Ukraini, Nr. 7/1969 (ukr.).
[29] Ussiolt, J.: Na puti k evropejskoj politike v oblasti naučnych issledovanij, in: Ėffektivnost' naucnych issledovanij, Moskau 1968.
[30] Protivorečia v razvitii estestvoznanija, Moskau 1965.
[31] Hegel, G. W. F.: Wissenschaft der Logik, 2. Teil. Die subjektive Logik oder Lehre vom Begriff, Berlin 1971.
[32] Lenin, V. I.: Philosophische Hefte, in: Werke, Bd. 38, Berlin 1964.
[33] Batiščev, G. S.: Protivorečie kak kategorija dialektičeskoj logiki, in: Vyšsaja Škola, Moskau 1963.
[34] Monsaroff, B.: Economics, Science and Production, New York 1958.
[35] Pravda vom 23. Oktober 1968.
[36] Reviews of National Science Policy of the United States, Paris 1968.
[37] Povyšenie ėkonomičeskoj effektivnosti osnovnych proizvodstvennych fondov v pjatiletnom plane na 1966–1970 gg., Kiev 1966.
[38] Gatovskij, L. M.: Ėkonomičeskoj mechanizm svjazi nauki s proizvodstvom, in: Naučnij simpozium po Probleme „Upravlenie, Planirovanie i Organizacija naučnych i techničeskich issledovanij" provodimij po Rešeniju Postojannoj Komissii SEV po Koordinacii naučnych i techničeskich Issledovanij (im folgenden stets nur: Naučnij simpozium . . .), Moskau 1968.
[39] Jewenes, J.; Sawers, D.; Stillerman, R.: The Sources of Invention, London-New York 1958.
[40] Anisimov, G.: O principach ekonomičeskogo stimulirovanija naučnych i techničeskich issledovanij, in: Naučnyj Simpozium . . ., Moskau 1968.

[41] Berg, A. I. (Red.): Kibernetiku na službu kommunizmu, Bd. 5, Moskau 1967.
[42] Gluškov, V. M.; Afanas'ev, V. N.; Stognij, A. A.: Nekotorye voprosy primenenija informacionno-spravočnych sistem dlja avtomatizacii upravlenija naučnymi razrabotkami i organizacijami, in: Puti Avtomatizacii naučno-issledovatel'skich Rabot (Materialien des Symposiums), Moskau 1968.
[43] Gluškov, V. M.: Einführung in die technische Kybernetik (Vvedenie v Kibernetiku [dt.]), Berlin [1]1969, [2]1970.
[44] Novik, I. B.: Kibernetika. Filosofskie i sociologičeskie problemy, Moskau 1963.
[45] o. V.: Filosofskie voprosy kibernetiki, Moskau 1961.
[46] Berg, A. I.: Kibernetika – nauka ob optimal'nom upravlenii, Moskau-Leningrad 1964.
[47] Wiener, N.: Mensch und Menschmaschine, Frankfurt/M.-Westberlin 1952.
[48] Zeman, J.: Poznanie i informacija, Moskau 1966.
[49] Gluškov, V. M.: Myšlenie i kibernetika, in: Voprosy Filosofii, Nr. 1/1963.
[50] Novik, I. B: O modelirowanii složnych sistem, Moskau 1965.
[51] o. V.: Struktura i formy materii, Moskau 1967.
[52] Ukraincev, B. S.: Processy somoupravlenija i pričinnost', in: Voprosy Filosofii, Nr. 4/1968.
[53] Ukraincev, B. S.: Kategorii „aktivnost' i cel'" v svete osnovnych ponjatij kibernetiki, in: Voprosy Filosofii, Nr. 5/1967.
[54] Dobrov, G. M.: Nauka o Nauke. Vvedenie v obščee naukovedenie, Kiev 1970.
[55] Nauka o Nauke, Moskau 1966 (engl. Ausg.: The science of science. Society in the technological age, Hrsg.: Goldsmith, M., Mackay, A., o. O. 1964).
[56] Mikulinskij, S. P.; Rodnyj, N. I.: Mesto Naukovedenija v sisteme nauk, in: Voprosy Filosofii, Nr. 6/1967.
[57] Bernal, J. D.; Mackay, A.: Na puti k „nauka o nauke", in: Voprosy Filosofii, Nr. 7/1966.
[58] Bibler, B. S.; Grjaznov, B. S.; Mikulinskij, S. R. (Red.): Očerki istorii i teorii razvitija nauki, Moskau 1969.
[59] Nalimov, V. V.; Mul'čenko, Z. M.: Naukometrija, Moskau 1969.
[60] Garfield, E.: Science Citation Index – a new Dimension in Indexing, in: Science, 1964, Jg. 144, Nr. 143 vom 8. Mai.
[61] Giljarevskij, R. S.: Opyt izučenija „SCI", in: Prokladnaja Dokumentalistika, Moskau 1968.
[62] Marty, J.: An Examination of Citation, in: ASLIB Proc., 1965, Jg. 17, Nr. 6, S. 184.
[63] Price, D. J. de Solla: Little science, big science, New York [2]1969.
[64] Vleduc, G. E.; Nalimov, V. V.; Stjažkin, N. I.: Naučnaja i techni-

českaja informacija kak odna iz zadač kibernetiki, in: ,Uspechi fizičeskich nauk', 1959, Jg. 69, Nr. 13, S. 1.
[65] Nalimov, V. V.: Količestvennye metody issledovanija processa razvitii nauki, in: Voprosy Filosofii, Nr. 1/1966.
[66] Nalimov, V. V.; Mul'čenko, Z.: Ob izpol'zovanii statističeskich metodov pri upravlenii razvitiem nauki, in: Naučnyj Zimpozium ..., Moskau 1968.
[67] Barinova, Z. B.; u. a.: Izučenie naučnych žurnalov kak kanalov svjazej. Ocenka vklada, vnosimogo otdel'nymi stranami v mirovoj informcionnyj potok, in: Naučno-techničeskaja Informacija, Moskau, Nr. 12/1966.
[68] Kozačkov, L. S.; Chursin, L. A.: Osnovnoe verojatnostnoe raspredelenie v sistemach informacoinnych potokov, in: Naučno-techničeskaja Informacija, Ser. 2, Nr. 2/1968.
[69] Kedrov, B. M.: O razvitii nauki v svjazi s technikoj, in: Naučnyj zimpozium po Probleme „Upravlenie, Planirovanie i Organizacija naučnych i techničeskich issledovanij", provodimij po Rešeniju Postojannoj Komissii SEV po Koordinacii naučnych i techničeskich Issledovanij, Moskau 1968.
[70] Rakitov, A. I.: Priroda naučnogo issledovanija, in: Voprosy Filosofii, Nr. 12/1968.
[71] Zinov'ev, A. A.: Osnovy logičekoj teorii naučnych znanij, Moskau 1967.
[72] Rakitov, A. I.: Anatomija naučnogo znanija, Moskau 1969.
[73] Černenko, L. D.; Kosolapov, V. V.: Ėlementy organizacii i upravlenija naučnymi issledovanijami, Kiev 1969.
[74] Zvorykin, A. A.: Sociologija nauki, in: Problemy Povyšenija Ėffektivnosti naučno-issledovatel'skoj Raboty, 1/1968.
[75] Zvorykin, A. A.: Strukturnyj analiz nauki, in: Filosofskie Nauki, Nr. 2/1968.
[76] Zvorykin, A. A.: Nauka, proizvodstvo, trud, Moskau 1965.
[77] Zvorykin, A. A.: Naučno-techničeskaja revoljucija i ee social'nye posledstvija, Moskau 1967.
[78] Materialy sekcii' Količestvennye metody izučenija razvitija nauki'. Vsesojuznoe Soveščanie po količestvennym Metodam v Sociologii, Moskau 1967.
[79] Sociologija nauki, Rostov a/Don 1968.
[80] Bašin, M. L.: Planirovanie naučno-issledovatel'skich i opytno-konstruktorskich rabot, Moskau 1966.
[81] Bašin, M. L.: Osnovnye metody obosnovanija stojmosti naučnych i techničeskich issledovanij, in: Naučnyj zimpozium ..., Moskau 1968.
[82] Konson, A. S.; Sominskij, V. S.: Ėkonomika naučnych razrabotok, Moskau 1968.
[83] Konson, A. S.: ,Ėffektivnost' truda naučnych rabotnikov, in: Socialističeskij Trud, Nr. 5/1965.

[84] O nekotorych voprosach usilenija roli nauki v stroitel'stve kommunizma, Novosibirsk 1967.
[85] Černov, I. V.; Ščerbakov, A. I.: Sociologičeskie voprosy organizacii naučnogo truda, in: Organizacija i ėffektivnost' naučnych issledovanij, Novosibirsk 1967.
[86] Omelenovskij, M. E. (Red.): Logika i metodologija nauki, Moskau 1967.
[87] Kopnin, P. V.; Popovic, M. V. (Red.): Logika naučnogo issledovanija, Moskau 1965.
[88] Tavanec, P. V. (Red.): Logičeskaja struktura naučnogo znanija, Moskau 1965.
[89] Popovič, M. V.: O filosofskom analize jazyka nauki, Kiev 1966.
[90] Kosolapov, V. V.: Informacionno-logičeskij analiz nauki, in: Povyšenie Ėffektivnosti naučnoj Dejatel'nosti, Teil 3, Novosibirsk 1968.
[91] Kosolapov, V. V.: Informacionnoe obespečenie i progozirovanie nauki, Kiev 1970.
[92] Černenko, L. D.; Kosolapov, V. V.: Techniko-ėkonomičeskie issledovanija kak forma informacionnoj dejatel'nosti, in: Naučnotechničeskaja Informacija, Ser. 1, Nr. 4/1969.
[93] Kosolapov, V. V.; Chajtin, G. L.; Dymerskaja, L. V.: Metodika sbora pervičnoj informacii ob organizacii naučnych issledovanij v promyšlennosti Ukrainskoj SSR i ich ėffektivnosti (im folgenden: Metodika ...), Teil 1 u. 2, Kiev 1969.
[94] Černenko, L. D.; Chajtin, G. L.; Dymerskaja, L. V.: Metodika ..., Teil 3, Kiev 1969.
[95] Ashby, W. R.: An Introduction to cybernetics, London 1956.
[96] Ashby, W. R.: Design for a brain, London [2]1960.
[97] Ovčinnikov, N. F.: Kategorija struktury v naukach o prirode, in: Struktura i formy materii, Moskau 1967.
[98] Wirtschaftswissenschaft, Nr. 10/1967.
[99] Gutenberg, A.; Richman, E.: Dynamics of Management, Pennsylvania 1968.
[100] Marx, K.: Das Kapital, Bd. 1, in: Marx/Engels, Werke (im folgenden: MEW), Bd. 23, Berlin 1968.
[101] Gvišiani, D. M.; Lisičkin, V. A.: Sistemy prognozirovanija v planirovanii i upravlenii naučnymi issledovanijami i razrabotkami, Moskau 1969.
[102] Kantorovič, L. V.: Ėkonomičestkij rasčet nailucsego ispol'zovanija resursov, Moskau 1959.
[103] Programm des XXII. Parteitages der KPdSU, Berlin 1962.
[104] Neues Deutschland vom 20. 12. 1966, S. 3.
[105] Anisimov, G.: O putjach realizacii ėkonomičeskich stimulov naučnotechničeskogo progressa, in: Voprosy Ėkonomiki, Nr. 11/1968.
[106] Bljachman, L. S.; Grinčel, B. M.: Sistema pokazatelej issledo-

vanija nauki i realizacii ee dostiženij, in: Ėkonomika i Organizacija Nauki, Moskau 1969.

[107] Bos, A. H.: Development principles of organizations, in: Management International Review, Nr. 9/1969.

[108] Marx, K.: Umrisse zu einer Kritik der Nationalökonomie, in: MEW, Bd. 1, Berlin 1956.

[109] Metodika opredelenija ėkonomičeskoj ėffektivnosti vnedrenija novoj techniki, mechanizacii i avtomatizacii proizvodstvennych processov v promyšlennosti, Moskau 1961.

[110] Velikanov, K. M.; Karandašova, K. S.: Nekotorye voprosy ėkonomičeskoj ėffektivnosti NIR, Trudy LPI 1966, Band 270, Seite 109.

[111] Volnjagina, S. K.: Opyt analiza ėkonomičeskoj ėffektivnosti naučno-issledovatel'skich organizacij, vypolnjajuščich issledovanija dlja nužd promyšlennosti, in: Puti povyšenija ėffektivnosti naučnogo truda, Nr. 2/1966.

[112] Golosovkij, S. I.: Ob očenke ėkonomičeskoj ėffektivnosti raboty naučno-issledovatel'skich institutov, Moskau 1967.

[113] Bogačev, V. N.: Srok okupaemosti. Teorija sravnenija planovych variantov, Moskau 1966.

[114] Sominskij, V. S.: Ėkonomika novych proizvodstv, Moskau 1965.

[115] Val'tuch, K. K.; Chochluškin, M. N.: K metodologii ėkonomiko-matematičeskogo modelirovanija processov razvitija otdel'nych otraslej proizvodstva sredstv proizvodstva, in: Modeli i Metodi optimal'nogo Razvitija i Razmeščenija Proizvodtsva, Novosibirsk 1965.

[116] Graždannikov, E. G.; Ščerbakov, A. I.: Prognozirovanie ėkonomičeskogo ėffekta ot ispol'zovanija dostiženij nauki i techniki, Novosibirsk 1969.

[117] Ėffektivnost' naučnych issledovanij, Moskau 1968.

[118] Millionščikov, M. D.: Osnovnye napravlenija techničeskogo progressa v svjazi s dostiženijami nauki, in: Vestnik AN SSSR, Nr. 2/1966.

[119] Dobrov, G. M.: K voprosu o razrabotke metodiki kompleksnogo analiza ėffektivnosti raboty naučno-issledovatel'skogo kollektiva, in: Problemy Povyšenija Ėffektivnosti naučno issledovatel'skoj Raboty, Teil 2, Novosibirsk 1968.

[120] March, L. G.; Simon, H. A.: Organizations, New York-London 1959.

[121] Seiler, E.: Improving the effectiveness of research and development, New York 1965.

[122] Issledovanie ėkonomičeskoj ėffektivnosti naučno-issledovatel'skich rabot, Moskau 1966.

[123] Makarenko, A. S.: Allgemeine Fragen der pädagogischen Theorie. Erziehung in der sowjetischen Schule, in: Werke (Sočinenija [dt.]), Bd. 5, Berlin 1956.

[124] Kosolapov, V. V.: Formirovanie tvorčeskogo kollektiva i naučnaja organizacija truda, Kiev 1968.

[125] Ličnost' i trud, Moskau 1965.

[126] Gramši, A. (Gramsci): Quaderni del carcere, in: Izbrannye proizvedenija, T. 3, Moskau 1959.

[127] Gors'kij, V. S.: Social'nye seredovišče ta istorika-filosofs'kij proces, Kiev 1969.

[128] Tichonovič, V. O.: Social'na ustanovka jak predmet konkretnosociologičnogo analizu, in: Filosofija ta Sociologija, Kiev 1969.

[129] Green, B. F.: Attidude measurement, in: Handbook of Social Psychology, hrsg. v. G. Lindsey, Bd. 1, o. O. 1959.

[130] Starościak, E.: Elementy nauki upravlenija, Moskau 1965.

[131] Marx, K.; Engels, F.: Die deutsche Ideologie, in: MEW, Bd. 3, Berlin 1961.

[132] Marx, K.: Das Kapital, Bd. 3, in: MEW, Bd. 25, Berlin 1968.

[133] Kelle, V.; Koval'zon, M.: Formy, obščestvennogo soznanija, Moskau 1959.

[134] Sherwin, Ch. W.: How do weapon systems get born? Project HINDSIGHT seaks answer, in: Armed Forces Management, Nr. 12/1969.

[135] Ortega y Gasset, J.: Der Aufstand der Massen (La rebelión de las masas [dt.]), Hamburg 1956, S. 30f.

[136] Bernal, J. D.: Die Wissenschaft in der Geschichte, Berlin 1967.

[137] Shibutani, T.: Society and Personality: an interactionist approach to social psychology, Englewood Cliffs, N. J., 1961.

[138] Glaser, B. G.: Organizational scientists: Their professional carreers, Indianapolis 1964.

[139] Semenov, N.: Ėffektivnost' nauki v našich rukach, in: Pravda vom 14. Nov. 1969.

[140] Herzen, A. I.: Ausgewählte philosophische Schriften, Moskau 1949.

[141] Combs, Ph.: The world education crisis. A system analysis, New York-London-Toronto 1968.

[142] Ščerban, A. N.: Zavodskaja putevka v nauku, Izvestija vom 7. April 1965.

[143] Organizacija i ėffektivnost naučnych issledovanij v promyšlennosti, Heft 1, Kiev 1969.

[144] Mikulinskij, S. R.; Jaroševskij, M. G.: Die Psychologie des wissenschaftlichen Schöpfertums und die Wissenschaftskunde, in: Wissenschaftliches Schöpfertum, Berlin 1972.

[145] Shepard, H.: Nine dilemmas in industrial research. The sociology in science, Glencoe, III., 1962.

[146] Kugel, S. A.: Professional'naja mobil'nost' v nauke i tendencii ee izmenenija v uslovijach naučno-techničeskoj revoljucii, in: Voprosy Filosofii, Nr. 11/1969.

[147] Luce, R. D.; Raiffa, H.: Games and Decisions, New York 1957.

[148] Waterman, A. T.: The changing environment of science, in: Science, 1965, Jg. 147, S. 3653.

[149] Uledov, A. K.: Obščestvennoe mnenie sovetskogo obščestva, Moskau 1963.
[150] Grušin, B. A.: Mnenija o mire i mir mnenij (problemy metodologii issledovanija obščestvennogo mnenija), Moskau 1967.
[151] Koval'zon, M. Ja.: Issledovanie obščestvennogo mnenija, in: Voprosy Filosofii, Nr. 9/1968.
[152] Storer, N.: The social system of science, New York 1966.
[153] Rodnyj, N. I.: O probleme obščich zakonomernostej razvitija nauki, in: Voprosy Istorija Estestvoznanija i Techniki, 25/1968.
[154] Marx, K.: Zur Kritik der Politischen Ökonomie (1861–1863), Heft XX, S. 1261, in: Kommunist, Nr. 7/1958 (Aus dem handschriftlichen Nachlaß von Karl Marx). – Der hier wiedergegebene Text stützt sich auf die vom IML, Berlin, freundlicherweise zur Verfügung gestellte Entzifferung der entsprechenden Handschrift von Marx (Anm. d. Verlages).
[155] Gusakov, M. A.: Analiz cikla „issledovanije – proizvodstvo", in: Ėkonomika i Organizacija Nauki, Moskau 1969.
[156] Bertalanffy, L. v.: General System Theory, in: Human Biology, 1951, Jg. 23, Nr. 4.
[157] Modržinskaja, E. D.: Problemy obščestvennogo mnenija na konferencii Britanskoj sociologičeskoj associacii, in: Voprosy Filosofii, Nr. 3/1956.
[158] Feigenbaum, E.; Feldman, J. (Red.): Computers and Thought, New York–San Franzisco–Toronto–London 1963.
[159] Ponomarev, Ja. A.: Psichika i intuicija, Moskau 1967.
[160] Forschungsplanung. Eine Studie über Ziele und Struktur amerikanischer Forschungsinstitute, München-Wien 1966.
[161] Leski, K.: Problematika razvitija techničeskich sredstv na etapach informacionnogo processa s momenta vvoda informacii i momenta ee vyvoda i razmnoženija, in: Kompleksnaja Mechanizacija i Avtomatizacija Processov Obrabotki, Poiska i Peredači na Rasstojanija naučno-techničeskoj Informacii (Trudy Simpoziuma), Moskau 1966.
[162] Bello, F.: How to cope with Information, in: Fortune, 1960, Jg. 72, Nr. 3.
[163] Hirsch, I.; Milwitt, W.: Increasing the productivity of scientists, in: Harvard Business Review, 1958, Jg. 36, Nr. 2.
[164] Glazman, M. S.: Wissenschaftliches Schöpfertum als Dialog, in: Wissenschaftliches Schöpfertum, Berlin 1972.
[165] Vojšvillo, E. K.: Opyt postroenija isčislenija predikatov, približennogo k estestvennomu jazyku, in: Logičeskaja Struktura Nauki, Moskau 1967.
[166] Vojšvillo, E. K.: Ponjatie, Moskau 1967.
[167] Vojšvillo, E. K.: Nekotorye voprosy teorii značenija s točki zrenija logiki i gnoseologii, in: Problema Znaka i Značenija, Moskau 1969.
[168] Vleduc, G. E., u. a.: Semiotika, in: Berg, A. I. (Red.): Kibernetiku – na Službu Kommunizmu, Bd. 5, Moskau 1967.

[169] Uspenskij, V. A.: K probleme postroenija informacionnogo jazyka dlja informacionnoj mašiny, in: Problema Kibernetiki, Nr. 2/1959.
[170] Reznikov, L. O.: Gnoseologičeskie voprosy semiotiki, Leningrad 1964.
[171] Narskij, I. S.: Problema značenija „značenija" v teorii poznanija, in: Problema Znaka i Značenija, Moskau 1969.
[172] Narskij, I. S.: Sootnošenie otraženija, informacii i značenija, in: Problemy Metodologii i Logiki Nauki, Heft 2, Tomsk 1965.
[173] Uemov, A. I.: Vešči, svojstva i otnošenija, Moskau 1963.
[174] Einstein, A.: Motiv des Forschens, in: Zu Max Plancks 60. Geburtstag (Ansprachen in der Deutschen Physikalischen Gesellschaft), Karlsruhe 1918, S. 29–32.
[175] Gluškov, V. M.: Gnoseologičeskie osnovy matematizacii, Kiev 1965.
[176] Akčurin, I. A.: Razvitie ponjatijnogo apparata fiziki elementarnych častic, in: Voprosy Filosofii, Nr. 10, 1968.
[177] Quine, W. V.: World and object, New York 1960.
[178] Goodman, N.: Safety, strength, simplicity, in: Philosophy of Sciences, 1961, Jg. 28, Nr. 2.
[179] Neter (Noether), E.: Invarianty ljubych differencial'nych vyraženij, in: Variacionnye Principy Mechaniki, Moskau 1959.
[180] Novikov, A.: Raspoznavanie obrazov s pomoščju integral'noj geometrii, in: Principy Samoorganizacii, Moskau 1966.
[181] Smorodinkij, Ja., A.: Časty i volny, Moskau 1964.
[182] Illarionov, S. V.: Gnoseologičeskaja funkcija principa invariantnosti, in: Voprosy Filosofii, Nr. 9/1966.
[183] Mamčur, E. A.: Problema kriterija prostoty naučnych teorij, in: Voprosy Filosofii, Nr. 9/1966.
[184] Budagov, R. A.: Literaturnye jazyki i jazykovye stili, Moskau 1967.
[185] Haywood, R. B. (Hrsg.): The works of the mind, Chicago 1947.
[186] Zinov'ev, A. A.: Očerk mnogoznačnoj logiki, in: Problemy Logiki i Teorii Poznanija, Moskau 1968.
[187] Gorskij, D. P.: Problemy obščej metodologii nauk i dialektičeskoj logiki, Moskau 1966.
[188] Šrejder, Ju. A.: O količestvennych charakteristikach semantičeskoj informacii, in: Naučno-techničeskaja Informacija, Nr. 10/1063.
[189] Izvestija vom 19. Juli 1969.
[190] Teoretičeskie Problemy Informatiki, Sammelband, Moskau [4]1968.
[191] Michajlov, A. I.; Černyj, A. I.; Giljarevskij, R. S.: Informatika – pervoe nazvanie teorii naučnoj informacii, in: Naučno-techničeskaja Informacija, Nr. 12/1966.
[192] Korol', O. V.: Problemi naukovoj organizacii praci v naukodoslidnomu kolektivi, in: Filosofija ta Sociologija, Kiev 1969.
[193] Statistical Reporter, Nr. 9/1967.
[194] Simon, H.: The shape of automation for men and management, New York 1965.

[195] Markov, A. A.: Teorija algoritmov, Trudy matematičeskogo instituta im. V. A. Steklova, Bd. 42, Moskau 1954.
[196] Kleene, S. C.: Introduction to mathematics, Amsterdam–Gröningen 1952.
[197] Gilbert, J.: Osnovanija geometrii, Moskva–Leningrad 1948.
[198] Mill, J. St.: A system of logic ratiocinative and inductive, London 1891.
[199] Bowden, B. V. (Hrsg.): Faster than thought, London 1953.
[200] Gokieli, A. P.: O prirode logičeskogo, Tbilissi 1958.
[201] Kopnin, P. C.: Dialektik–Logik–Erkenntnistheorie, Lenins philosophisches Denken – Erbe und Aktualität (Filosofskie idei V. I. Lenina i logika [dt.]), Berlin 1970.
[202] Šestakov, V. I.: Modelirovanie operacij isčislenija predloženij posredtsvom prostejšich četyrechpoljusnych schem, in: Vyčislietel'naja Matematika i vycislitel'naja Technika, Heft 1, Moskau 1953.
[203] Ejnštejn, A. (Einstein): Sobr. naučnych trudov, Bd. 4, Moskau 1967.
[204] Heisenberg, W.: Physik und Philosophie, Westberlin 1959.
[205] Subbotin, A. L.: Teorija sillogistiki v sovremennoj formal'noj logiki, Moskau 1967.
[206] Popovič, M. V.: Ob universal'nosti logiki, in: Voprosy Filosofii, Nr. 7/1969.
[207] Kubinski, T.: O granicach rozszerania teorii naukowych, in: Ruch filosoficzny, Warschau 1961, Jg. 20, Nr. 4.
[208] Lednikov, E. E.: Problema konstruktov v analize naučnych teorij, Kiev 1969.
[209] Nagel, E.; Newman, G.: in: The world of mathematics, 1960, Jg. 9, Nr. 3.
[210] Newell, A.: On programming a highly parallel machine to be an intelligent technician, in: Proceedings of the Western joint Computer Conference, 1960.
[211] Rekomendacii Vsesojuznogo soveščanija po organizacii truda, in: Socialističeskij Trud, Nr. 9/1967.
[212] Zavlin, P. B.; Judelevič, M. A.: Osnovnye problemy naučnoj organizacii truda v naučno-issledovatel'skich učreždenij, Leningrad 1968.
[213] Kissel', E. I.: Nekotorie voprosy naučnoj organizacii truda v naučno-issledovatel'skich institutach i rol' obščestvennych organizacij v ich rešenii, in: Informacionnyj bjulleten. Materialy zasedanij Komissii po ochrane truda v naučnych Učreždenijach pri Prezidiuma Central'nogo Komiteta profsojuza rabotnikov prosveščenija, vysšej školy i naučnych učreždenij 1966/67, Heft 1, Moskau 1967.
[214] Kedrov, B.; Bočarov, Ju.; Sergeev, K.: Sovremennaja nauka i problemy organizacii naučnych centrov, in: Architektura SSSR, Nr. 1/1969.

Personenregister

Sachregister

www.ingramcontent.com/pod-product-compliance
Lightning Source LLC
LaVergne TN
LVHW092156300926
849161LV00002B/288